草坪与地被科学进展

陈佐忠　周　禾　主编

中国林业出版社

图书在版编目（CIP）数据

草坪与地被科学进展 / 陈佐忠，周　禾　主编. －北京：中国林业出版社，2006. 8
ISBN 7-5038-4514-7

Ⅰ. 草…　Ⅱ. ①陈…②周…　Ⅲ. ①草坪－研究②地被植物－研究　Ⅳ. S688. 4

中国版本图书馆 CIP 数据核字（2006）第 078350 号

《草坪与地被科学进展》
编 委 会

主　编　陈佐忠　周　禾
编委会（按姓氏拼音顺序排列）
陈佐忠　蔡朵珍　孙　彦　王兆龙
徐　佳　周　禾　赵炳祥

中国林业出版社·环境景观与园林园艺图书出版中心
电话：66176967　66189512　　传真：66176967

出版　中国林业出版社（100009　北京西城区刘海胡同 7 号）
E-mail　cfphz@ public. bta. net. cn　电话　66184477
网址　www. cfph. com. cn
发行　新华书店北京发行所
印刷　三河市富华印刷包装有限公司
版次　2006 年 8 月第 1 版
印次　2006 年 8 月第 1 次
开本　787mm × 1092mm　1/16
印张　19. 5
字数　500 千字
定价　80. 00 元

前　言

本书酝酿于2004年在四川成都召开的中国草学会草坪专业委员会成立20周年纪念会之后。那时，我们深深感到，为了进一步提高我国草坪科技的水平，推动我国草坪科技的健康与可持续发展，我们有必要回顾我国20年草坪科技发展的历史，总结我国20年草坪科技发展的经验，展望我国未来草坪科技发展的趋势。这一想法得到草坪科技界同仁们的大力支持与赞同，因之，在我们关于征集本书论文的通知发出后，得到国内外同仁们的积极响应。本书的文章主要由三部分组成：专门为本书撰写的草坪与地被科学进展论文；在北京召开的全国地被科学研讨会论文；2005年在英国召开的国际草坪大会论文；这些论文，基本上反映了国内外草坪科技发展的现状、动态、水平与趋势，对于了解国内外草坪与地被科学的状况，推动我国草坪科技的提高与发展，会有一定作用。而在本书编写的过程中，赵炳祥博士、孙彦副教授、王兆龙博士等做了大量具体的工作。而本书的出版，得到了北京市园林局的支持。对此，我们表示衷心的感谢。

编者
2006年3月

目　　录

1　草坪耗水与合理灌溉研究进展

赵炳祥[1]　陈佐忠[2]

（1. 中国农业大学资源与环境学院　2. 中国科学院植物研究所，北京 100094）

摘要： 不同草坪蒸散率有很大差异。高草坪的蒸散是经由土壤—植物—大气连续体的动态水分传输过程。草坪蒸散研究是草坪节水的基础。合理灌溉是草坪节水的主要措施之一。合理灌溉就是要根据草坪的实际水分需求，确定草坪的最适灌溉量。

草坪具有美化环境、净化空气、调节气温、固持水土、为人们提供运动休闲场地等多种功能[1]。人类对草坪的应用有非常悠久的历史[2]。在现代社会中，经济的快速增长，城市化进程的加快促使草坪业大规模发展，人均草坪绿地的占有量已成为衡量城市人口生活质量和城市文明程度的重要标准。

蒸散（evapotranspiration，ET）是植物蒸腾和植物生长的土壤蒸发的合称。在农业生产中它是衡量作物耗水、指导灌溉的重要指标。人们很早就开始了蒸散的研究。1966 年，Philip 提出土壤—植物—大气连续体（SPAC）的概念为蒸散研究提供了坚实的理论基础[3]。在土壤—植物—大气连续体中，蒸散包括了土壤与大气、植物与大气之间的双重水分关系，受来自这 3 个层面多种因素的影响，错综复杂。草坪蒸散是草坪植物蒸腾和草坪土壤蒸发的合称。人们早期对草坪蒸散的研究侧重于基本规律的探讨，并参照了作物和牧草蒸散的大量数据[2]，直至 20 世纪 50、60 年代，水资源危机加剧，城市用水紧张，可用于灌溉草坪的水源受到极大限制，以节水为主要目的草坪蒸散研究逐渐兴起[4,5]。

草坪与农作物、牧草虽然都是人类驯化的产物，但人类对它们的使用目的有很大差别。作物和牧草直接或间接为人类提供衣、食等生活的基本原料，它们的籽实产量和茎、叶、根的生长量是人们栽培种植管理他们的主要目标之一；而人们建植管理草坪则主要是为了获得浓密均一、低矮平整的地被，一般不希望它大量生长。这种不同的使用目的使他们的蒸散特性具有很大的区别。作物的棵间蒸发在其蒸散中占相当大的比例，而正常生长的草坪完全覆盖地表，草坪草的蒸腾是草坪蒸散的主体，植株间土壤的蒸发量很小，以致可以忽略不计[6]。另外，作物和牧草的冠层结构在他们不同的生育时期变化很大，导致蒸散特征因其生育时期而异[7]；而养护管理得当的草坪，在整个生长季中生殖生长被抑制，没有明显的生育时期的变化，频繁的修剪使其冠层结构一般保持稳定，这样，不同季节的气候变化成为影响草坪蒸散的主要因素。总之，草坪有其独特的蒸散特性，和牧草及农作物相比其蒸散的复杂性相对较低[4]。

以草坪蒸散率研究为基础，草坪的蒸散研究主要包括以下相互联系的 3 个方面（图 1）。本文就这 3 个方面对草坪蒸散研究的进展予以论述。

1　草坪蒸散率

草坪的耗水率（water use rate，WUR）是指单位面积、单位时间内草坪蒸散和草坪植物

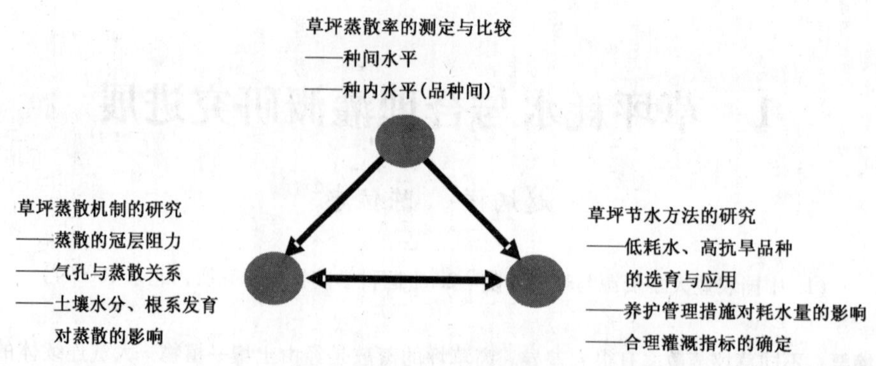

图 1　草坪蒸散研究的主要内容及相互关系

Fig. 1　Three main compositions of turfgrass evapotranspiration study and their relations

生长用水量的总和[2]。一般用 mm/d 表示。草坪的蒸散率（ET rate）是指单位面积、单位时间内草坪的蒸散量，它略小于草坪的耗水率。在研究和实际应用中人们测定的主要是蒸散率，所以常用它来表示草坪耗水量[4]。

草坪蒸散率直接反映了草坪水分需求量，是草坪水分管理的一个基本依据。影响草坪蒸散率的因素非常多。土壤、气候等环境因素的影响力很大，不同地理环境下同一种草坪的蒸散率会相差很大。在同一地区，不同的草种、同一草种的不同品种的草坪蒸散率也有差异。因此，了解当地环境条件下所使用草种的草坪蒸散率是草坪合理灌溉的前提。

1.1　草种的草坪蒸散率

20 世纪 60 年代前，草坪蒸散并未被专门研究。草坪蒸散率的测定往往穿插在农作物或牧草的蒸散研究中，或出现在研究蒸散机理的文献中[2,5,7,8]。

20 世纪 60 年代后期，美国的干旱、半干旱地区，水供应短缺，水价上涨，草坪养护耗水引起了人们的强烈关注。1967 年，美国西部的一个经济研究协会的报告指出，草坪总养护费用中，水消耗（按单位面积的耗水量和水价计算）占 14.5%，仅次于劳力消耗而位居第二。提高草坪水分管理的水平，充分利用日趋减少的灌溉用水，保证草坪的质量成为草坪蒸散研究的主要方向。但直到 20 世纪 70 年代后期人们对草坪蒸散的研究仍然十分有限，仅有少量报道。

Tovey[5] 测定了 Reno，Nevada 的混播草坪（草地早熟禾 34.0%、细羊茅 19.6%、草地羊茅 14.5%、丘氏羊茅 14.7%、白三叶 9.8%、其他草种 7.4%）和杂交狗牙根（Tiway 和 Tifgreen）的草坪蒸散率。在充足供水的条件下，壤土上混播草坪 3 个生长季（1965、1966、1967）的平均日蒸散量为 5.3mm，而砂壤土上为 5.1mm。杂交狗牙根的日平均蒸散量在两种土壤上差别不大，为 4.6mm。

Beard[2] 在他的草坪专著中对草坪蒸散的特点及影响因素进行了总结。由于草坪蒸散率测定的数据资料很少，他对不同草种的蒸散率仅作了一般性描述，指出草坪草的蒸散率一般为 2.5 ~ 7.6mm/d，少数情况下可超过 11mm/d。草种和草坪品种的耗水量各不相同，邱氏羊茅草坪耗水量远远少于草地早熟禾，而匍匐翦股颖的耗水量介于二者之间。

20 世纪 80 年代初期，草坪蒸散研究的力度大大增强，许多相关的文献在这个时期发表。人们对不同草种的草坪蒸散率有了比较深入的认识。Beard[4] 总结了当时草坪蒸散研究的成果。他划分了草坪蒸散率大小等级（表1），为人们对草坪蒸散率的分析比较提供了更清晰的量化概念。当时，13种草坪草的蒸散率已被测定，其中，暖季型草坪草所占的比例较大，而50%以上的冷季型草坪草的蒸散率仍处于未知状态。在已测定草坪蒸散率的草种中，冷季型草坪草草地早熟禾的草坪蒸散率较低，暖季型草坪草钝叶草、结缕草和狗牙根的蒸散率较高，但暖季型草坪草很抗旱，节水的潜力较大（表2）。

表1　草坪蒸散率分级[4]

Table 1　A classification of evapotranspiration rates for

相对等级	蒸散率	
	mm/d	英寸/周
很低 <4.0	<1.0	
低	4.0～4.9	1.1～1.3
较低	5.0～5.9	1.4～1.6
中等	6.0～6.9	1.7～1.9
较高	7.0～7.9	2.0～2.2
高	8.0～8.9	2.3～2.5
很高	>9	>2.5

草坪适应特定环境条件的能力会影响草坪的生长状态进而影响草坪的蒸散率。Beard当时所总结的蒸散率数据主要来自于适合暖季型草坪草生长的区域，这些地区不能为冷季型草坪草的生长提供最适条件。这可能是某些冷季型草坪草草坪蒸散率低于暖季型草坪草的主要原因。更多地区、更多草种的蒸散有待于人们去研究。

20世纪80年代末，众多草坪工作者的努力使草坪蒸散研究有了成果性进展。美国德克萨斯A&M大学的James Beard主持的USGA/GCSAA资助的草坪水分研究项目及其他大量的相关研究[9～16]已经基本阐明了美国广泛分布的16种常用草坪草的草坪蒸散率（表3）。

暖季型草坪草草坪和冷季型草坪草相比普遍具有较低的蒸散率。暖季型草坪草的夏季日平均最大蒸散率为3～9mm，而冷季型草坪草的为3.6～12.6mm。密度大，生长缓慢的杂交狗牙根、结缕草、野牛草和假俭草的耗水量很低，细羊茅的耗水量中等，而草地早熟禾、高羊茅、一年生早熟禾和匍匐翦股颖的耗水量很大。

表2　草坪草的夏季平均蒸散率（据1985年以前的报道总结）[4]

Table 2　Mean summer evapotranspiration rates of turfgrass（The summary of the reports results before 1985）[4]

草坪草种		夏季平均蒸散率（田间条件下测定）	
		mm/d	英寸/周
高羊茅	*Festuca arundinacea* Schreb.	7.2～12.6	2.0～3.5
多年生黑麦草	*Lolium perenne* L.	6.6～11.2	1.8～3.1
钝叶草	*Stenotaphrum secundatum*（Walt.）Kuntze.	6.3～9.6	1.7～2.6
海滨雀稗	*Paspalum vaginatum* Swartz.	6.2～8.1	1.7～2.2
巴哈雀稗	*Paspalum notatum* L.	6.2	1.7
狼尾草	*Pennisetum clandestinum* Hochst. ex Chiov.	5.8～9.0	1.6～2.5
匍匐翦股颖	*Agrostis stolonifera* L.	5.0～9.7	1.3～2.7
野牛草	*Buchloë dactyloides*（Nutt.）Engelm.	5.7	1.6
假俭草	*Erenochloa ophiuroides*（Munro）Hack.	5.5～8.5	1.5～2.3
格兰马草	*Bouteloua gracilts*（H. B. K.）Lag. ex Steud.	5.3～7.3	1.5～2.0
狗牙根	*Cynodon dactylon*（L.）Pers.	4.0～8.7	1.0～2.2
结缕草	*Zoysia japonica* Steud.	4.8～7.6	1.3～2.1
草地早熟禾	*Poa pratensis* L.	4.1～6.6	1.1～1.8

表 3 草坪草夏季平均蒸散率（1993 年以前的报道总结）[19]

Table 3 Mean summer evapotranspiration rates of turfgrass（The summary of the reports result before 1993）[19]

草种		夏季平均蒸散率	
冷季型草	暖季型草	mm/d	相对排序
	野牛草	5~7	很低
	杂交狗牙根	3.1~7	低
	假俭草	3.8~9	
	普通狗牙根	3~9	
	结缕草	3.5~8	
硬羊茅		7~8.5	中等
邱氏羊茅		7~8.5	
紫羊茅		7~8.5	
	美洲雀稗	6~8.5	
	海滨雀稗	6~8.5	
	钝叶草	3.3~6.9	
多年生黑麦草		6.6~11.2	高
	地毯草		8.8~10
	狼尾草		8.5~10
高羊茅			3.6~12.6
匍匐翦股颖			5~10
一年生早熟禾			>10
草地早熟禾			4，>10
多花黑麦草			>10

草坪蒸散率在不同草种间、同一草种的不同品种间以及不同地区相同的品种间都存在不同程度的差异。在草坪草中选择低耗水草种，降低草坪耗水量具有相当大的潜力空间。

表 3 总结的草坪蒸散率大多是使用小型蒸渗仪在田间或室内且土壤水分充足的条件下测定的。毋庸置疑这种方法测定的数值可以较准确地反映当地特定草种草坪的最大蒸散率。但在草坪的实际管理中不可能始终保证草坪充足供水，草坪的根系在田间土壤中的分布与蒸渗仪小桶内的分布也有差别，实际草坪蒸散率比最大草坪蒸散率往往相差较大。Carrow[9] 通过测定草坪土壤水分含量，利用土壤水分平衡法计算得出美国东南部较湿润地区 7 种常用草坪草种的草坪蒸散率。测量过程中的土壤水分条件为日常草坪管理的状态，允许土壤水分亏缺的出现。狗牙根（Tifway）草坪夏季平均蒸散率为 3.11mm，普通狗牙根为 3.03mm，结缕草（Meyer）为 3.54mm，普通假俭草为 3.80mm，钝叶草（Raleigh）为 3.28mm，高羊茅（Rebel II）为 3.57mm，高羊茅（Kentucky-31）为 3.69mm。比在干旱半干旱地区、土壤水分充足的条件下测定的相应草种的夏季日平均蒸散率低 40%～60%。

20 世纪 90 年代初，在美国大部分地区，大多数草种蒸散率的测定已经基本完成。虽然传统的测定蒸散率的研究对于新的草坪草种、品种还须持续进行，但草坪蒸散研究的重点已逐渐转移到种内水平，同时草坪研究者更加关注如何利用蒸散研究去指导更有效的草坪水分管理的实践。

1.2 草种内品种的草坪蒸散率

很多研究表明同种草坪草的不同品种的草坪蒸散率存在差异[2,4,11,17~23]，并且品种间差异的程度不亚于种间[22]。这虽然为选育低耗水品种提供了非常大的可能性，但由于草坪的蒸散率受诸多因素的影响，草坪研究者很难找到稳定的，可行的大量筛选节水品种的标记性状。不过草坪草种内品种的蒸散率及相关性状的研究，使人们对草坪的耗水特性有了更深入的认识。

1.2.1 冷季型草坪草

Shearman[22]在内布拉斯加对20个草地早熟禾品种的蒸散率研究表明：蒸散率最低的品种为Enable，3.86mm/d；蒸散率最高的品种为Birka、Sydsport和Merion，6.34mm/d。25℃条件下，不同品种草坪的茎密度、根密度、留茬量（verdure）、叶片的气孔密度及气孔指数（气孔数占表皮细胞数的比例）均有差别，但只有留茬量与品种的蒸散率显著正相关。当温度由25℃升至35℃时，品种的蒸散量会增加1.1～1.7倍。但25℃条件下的品种蒸散率排序和35℃时的并不相关，如Sydsport的蒸散率在25℃时为7.15mm/d，排在第一位；而在35℃时为8.17mm/d，仅处于中等水平。并且，35℃条件下，品种的蒸散率和叶片垂直生长速率正相关，和茎密度及留茬量负相关。Park和S. Dakata 35℃时的蒸散率高达10.36和10.43mm/d，它们的叶片垂直生长很快，冠层密度较低，降低了冠层阻力，使蒸散量增大。

Beard[4]也发现气候条件的变化会影响草地早熟禾种内不同品种草坪蒸散率的大小排序。最近的研究[24]表明草地早熟禾种内61个品种的蒸散率的差异有87%归因于环境蒸发力的变化，品种的蒸散特性很不稳定。

人们曾认为高羊茅的草坪型品种比牧草型品种耗水多且抗旱性差。Kopec和Bowman等[11,21]分别在田间和室内的高羊茅品种蒸散率比较研究证实了这个想法是错误的。

田间利用小型蒸渗仪测定的结果表明，高羊茅6个品种中，草坪型品种（Hundog、Adventure、Rebel、Mustang）的平均日蒸散率为6.6mm，牧草型品种（Kenhy、Kentucky-31）为7.2mm，品种间蒸散率差异程度为18%。Kenhy、Kentucky-31的蒸散率最高，Rebel、Mustang的最低，Adventure居中，但品种的抗旱性和蒸散率并未表现出相关性。Rebel、Mustang在土壤可利用水分含量很高时便发生了萎蔫，Adventure却能忍耐较大程度的土壤水分亏缺。

在温室条件下，高羊茅牧草型品种的蒸散量也大于草坪型品种，同时发现草坪草的生长对品种的蒸散率影响很大。实验中使用了20个品种。修剪后第一天的蒸散率比第七天的低22%左右，蒸散率的大小排序也有变化。修剪后第一天的蒸散率最高的为Maverick，9.8mm/d，最低的为Mesa，8.5mm/d；修剪后第七天的蒸散率最高的为Alta，13.5mm/d，最低的为Murietta、Silverado和Shortstop，10.0mm/d。第七天各个品种的蒸散率和它们的草屑产量（clipping yield）呈正相关。进一步的较长期观测（两个月）表明短期内（7天）测定的高羊茅品种的蒸散率比较稳定。短期室内蒸散量的比较有可能成为低耗水高羊茅草坪品种筛选的有效方法。

1.2.2 暖季型草坪草

与冷季型草坪草相比，暖季型草坪草的种内品种草坪蒸散率的差异程度较小[11,20,22,25]。

Beard[20]测定了24个狗牙根品种的蒸散率，1984～1986年3个生长季的测定结果表明所有品种中蒸散率最低的为A-22、A-29和Tufcote，4.2mm/d，最高的为Sunturf，5.2mm。差异程度仅为1mm。这与Kim and Beard[14]测定的暖季型草坪草种的蒸散率差异程度（1.2mm）很接近。Green et al. 和Atkins et al.[26,27]对结缕草和钝叶草品种的研究也得出相似的结论，种内品种间的蒸散率几乎没有差异。

人们已经发现一些冷季型草的品种的蒸散率与叶的垂直生长量正相关[21,22]，对暖季型草却没有发现相似的规律。狗牙根[20]、结缕草[26]、钝叶草[27]的品种的叶片生长量都不能作为其草坪蒸散率的稳定指示标记。和抗旱性结合起来的一些植物水分关系参数可能对选择低耗水品种更有价值[17]。

大多数品种的蒸散率是在土壤水分充足时测定的。所测得的仅是草坪实际耗水曲线的初始值[18]。随着土壤水分含量的下降，草坪的蒸散率逐渐下降[2,28]。Keenbone 和 Pepper[29]也报道狗牙根草坪的耗水量在每天灌溉 52mm 比灌溉 16mm 高 70%。在土壤水分亏缺的条件下，草坪品种的蒸散会表现出与水分充足时不同的特征。评价草坪品种的耗水量应考虑到土壤水分条件的变化[18,20]。

2 草坪蒸散机制的研究

草坪的蒸散是经由土壤—植物—大气连续体的动态水分传输过程。尽管土壤—植物—大气连续体中各个部分水分传输的介质不同、界面不一，但从物理学角度它可以看作是一个连续的统一体系，其中，土壤为水的源，大气为水的库。从源到库，水的自由能逐渐降低，形成由低到高的水势梯度，成为推动水分传输的主动力。水流通量取决于水势梯度和水流阻力[4,3,31]。连续体中任何一部分状态的变化都会影响草坪蒸散。

正常生长的草坪植物群体具有非常大的密度和盖度，蒸散发生的主要界面处于植物茎叶表面与大气之间。水分从草坪草蒸发到大气中可以经由茎叶表皮的气孔和角质层两个途径。但角质层对水分传输的阻力非常大，因此气孔成为草坪蒸散的主要通道。

草坪蒸散中水分从茎叶到大气的传输阻力主要包括 3 方面。可以用下式表示：$R_t = R_a + R_c + R_i$，其中，R_t 为总阻力；R_a 是水蒸气在冠层与大气之间传输时遇到的湍流交换阻力，也称为空气动力学阻力；R_c 为水蒸气在冠层内扩散的阻力，称冠层阻力；R_i 为水分在叶片内传输的阻力，称气孔阻力或内部阻力。与 R_i 相对应，R_a 和 R_c 是蒸散的外部阻力。

2.1 草坪的冠层特征与草坪蒸散

草坪的冠层是草坪蒸散的一个主要外部条件。草坪冠层的特征包括草坪茎叶的密度、叶面积、叶片的伸展方向和生长速率。茎叶平展且密度高的草坪冠层会阻碍水汽的上升扩散，同时也会减少冠层与大气之间的湍流交换，从而增加了草坪冠层中的水汽量，降低草坪内外的水汽压差使草坪的蒸散减弱，反之则会增强草坪蒸散[4]。

Johns et al.[32]定量研究了钝叶草的草坪蒸散阻力，发现水分充足条件下，钝叶草草坪的内部阻力（R_i）仅为外部阻力（$R_a + R_c$）的 1/4 到 1/2；并且当风速为 0.6m/s 时，钝叶草的实际蒸散和用修正的彭曼公式计算的潜在蒸散非常接近。他们认为土壤水分充足时，钝叶草的蒸散主要受外部条件——冠层及大气状况的控制，而植物体的生理状态和叶片内部结构对蒸散的影响不大。他们的结论和 Van Bavel[33,34]在苜蓿上及 Van Bavel 和 Ehrler[35]在高粱上获得的结果很相近。

不同草种的草坪蒸散率和相对应的草坪植物形态学特征的进一步研究[14]表明具有较低蒸散率的草坪往往具备以下冠层特征：①高冠层阻力——较高的茎叶密度和相对较平展的叶片；②低叶面积——叶片狭窄，且生长缓慢。Devitt 和 Morris[36]，及 Green 等[37]也报道了较慢的冠层生长与较低的草坪蒸散量有很大相关性。与之相对应，许多研究表明高留茬修剪或高施氮肥所导致的草坪茎叶快速生长和高蒸散量紧密相关[6,14,38~40]。

由此看来，草坪的冠层特征对草坪蒸散的影响是很有规律的。但冠层特征对草坪蒸散的影响力是随草种和品种的不同而变化的。尤其在草种内的品种间，土壤水分充足时，冷季型草坪草品种的草坪蒸散量和冠层特征高度相关[21,22,25,41]；而所见报道的暖季型草坪草品种的草坪蒸散量和冠层特征相关性不大[20,26,27]。

草坪的冠层特征和草坪蒸散的关系比较复杂，它仅仅是影响草坪蒸散众多因素当中的一个方面，不能简单的以冠层特征来判断草坪耗水量的大小。但对于一些草种如某些冷季型草，其冠层特征和蒸散的相关性很大，综合利用这些冠层指标可以为选育和应用低耗水草坪草种提供有效的手段[15,42]。从另一方面来看，草坪的冠层密度、生长量等冠层特征很易受养护管理措施的影响，从而影响草坪耗水量。人们可以通过合理的养护管理降低草坪的耗水量，促进节水。

2.2 气孔与草坪蒸散

虽然气孔仅占叶片总面积的1%左右，但它在植物的蒸腾中发挥着非常重要的作用。John etal.[32]发现土壤水分充足时，钝叶草的20%～30%的蒸散是受气孔控制的。但蒸散的气孔阻力比湍流阻力和冠层阻力小很多。

不同的草坪草种和品种的叶片气孔数目有很大差别（表4）。冷季型草坪草叶片的气孔主要分布在正面，背面的气孔数目明显少于正面。叶片正、背面气孔的数目没有相关性[23,37,43]。暖季型草坪草的叶片正、背面的气孔数目一般相差不大，背面的气孔数目略小于正面，并且二者之间有一定的相关性，叶片正面气孔数目多的草种往往背面气孔也较多[26,27,44]。

表4 草坪草的叶片气孔密度和蒸散率[26,27,37]

Table 4 Stomatal density of leaf blades and evapotranspiration for turfgrass[26,27,37]

草坪草种		品 种	气孔密度（个/mm²）		蒸散率
冷季型	暖季型		叶片正面	叶片反面	(mm/d)
硬羊茅		Waldina	203	0	7.4
匍匐翦股颖		Penncross	176	100	10.1
羊茅		Big Horn	147	0	9.3
丘氏羊茅		Jamestown	142	0	7.7
一年生早熟禾		——	135	71	9.8
草地早熟禾		Bensun	125	41	12.4
多年生黑麦草		Manhattan	125	17	9.1
高羊茅		Rebel	88	46	11.4
粗茎早熟禾		Sabre	87	0	8.4
草地早熟禾		Majestic	79	37	11.9
草地早熟禾		Merion	73	24	12.4
高羊茅		K-31	68	55	9.9
	钝叶草	Texas Common	246	107	6.7
		TXSA 8218	179	71	8.1
	结缕草	PI 231146	526	344	9.5
		Meyer	451	279	9.9

土壤水分不受限制时，不同的暖季型草坪草种间的草坪蒸散与叶片背面的气孔密度显著

负相关[44]，但在种内品种间没有表现出相关性[26,27]。冷季型草坪草种间和种内的叶片气孔数目和草坪的蒸散不相关[22,37]。

除叶片的气孔数目外，气孔的形状、大小、开闭状态、气孔在叶片上的位置及叶片角质层的厚度、表皮细胞的特征等均会影响草坪的蒸散。细化气孔与蒸散关系的研究也许会发现一些规律性现象。另外，土壤水分亏缺时气孔对植物的蒸散的影响会变大。在适当干旱的条件下，草坪蒸散与气孔的关系如何，未见报道。

2.3 土壤水分与草坪蒸散

土壤中的水分是草坪蒸散的源，当土壤水分含量降低到一定程度时，草坪的根系不能吸收到足够的水分维持正常的蒸散，同时，叶片的气孔关闭急剧增大了蒸散的气孔阻力，草坪的蒸散量会迅速降低。在此之前，草坪的蒸散会稳定地维持在较高的水平，不受土壤水分含量变化的影响。

Ekern[8]报道在夏威夷，土壤（Wahiawa 粉质黏土）的含水量高于 30%（水势大于 100kPa）时，狗牙根草坪可维持较高蒸散量。当土壤含水量下降至 26%（水势大于 1500kPa）时，草坪的蒸散量略有降低。当土壤含水量低于 26% 时，草坪的蒸散量迅速下降。

Biran 等[6]在室内控制条件下，用开放气体交换系统测定的结果与 Ekern 的结果很接近。他们观测了 4 种草坪草的蒸散量随土壤水分降低而变化的情况。草种为钝叶草、狗牙根、结缕草和高羊茅，土壤为等体积混合的砂壤土、泥炭和火山灰。当土壤水势大于 -100kPa 时，4 种草坪草的蒸散量都较稳定地保持在较高值。随土壤水势的降低，结缕草在 -880kPa 时蒸散量迅速下降，而其他 3 种草坪草的蒸散量在 -1400kPa 时才降低。

在较长时间的土壤干旱后的大量灌水会导致草坪蒸散量的极大升高，甚至高于未发生土壤干旱前的蒸散量[45]。草坪蒸散量的这种变化一部分归因于草坪草蒸腾的迅速恢复，另一部分决定于草坪生长环境水分条件的极大变化。Kneebone 等[46]认为草坪具有奢侈耗水的特性。当土壤中的水分含量过多时，草坪的蒸散量会随之加大。他们的研究表明，当狗牙根草坪的灌溉量为蒸发皿蒸发量的 254%、540% 和 808% 时，相对应的草坪蒸散量分别为蒸发皿蒸发量的 68%、109% 和 119%。

2.4 草坪蒸散和 C_3、C_4 代谢途径

大量草坪蒸散量的测定已清楚地表明暖季型草坪草的草坪蒸散量低于冷季型草坪草[19]。大多数暖季型草坪草属于 C_4 植物而大多数冷季型草坪草为 C_3 植物。C_3、C_4 代谢途径对草坪蒸散的作用机制的研究未见很多。Biran[6]（1981）的研究表明在生长速率相同时，C_3 植物高羊茅的耗水量远远高于属于 C_4 植物的 9 种暖季型草坪草。温度为 34.5℃时，C_3 草坪草和 C_4 草坪草的蒸腾率很接近，但 C_3 草坪草的净光合效率仅为 C_4 草坪草的 1/3。这与 C_3、C_4 植物的光合特性是相吻合的[47]。植物在利用光能进行光合作用时从气孔吸入 CO_2 的量与植物进行蒸腾作用时释放到环境中的水汽量是正相关的，吸入的 CO_2 越多，蒸腾的水汽量越大。C_4 植物具有效率极高的固定碳的代谢途径，它可以充分利用植物吸收的 CO_2，而 C_3 植物的碳固定效率较低。所以，固定等量的碳，C_3 植物比 C_4 植物需要吸收较多的 CO_2，而蒸腾较多的水分。

3 草坪合理灌溉的研究

合理灌溉是草坪节水的主要措施之一。不同地区、不同草种草坪的水分需求量不同。根

据草坪的实际水分需求适时适量灌溉，实现节水与草坪质量、功能维持的统一是草坪合理灌溉的核心。

草坪蒸散量为草坪管理者提供了草坪水分需求的基本数据。实测的蒸散量（ET_a）和经验公式推算的潜在蒸散量（ET_o）相比，获得适用于指导特定地区、特定草种灌溉的作物系数（k），是草坪合理灌溉的前提。另外，受环境条件、草坪耗水量及抗旱性等因素的影响，草坪的灌溉时机具有不稳定性，难于把握。近年来，人们对草坪合理灌溉的研究主要集中在灌溉量的确定和灌溉时机的把握两个方面。

3.1　草坪最适灌溉量

联合国粮食与农业组织（FAO）定义作物的需水量为“作物生长在开阔的田地，土壤的水、肥条件不受限制，在所处的气候环境中充分发挥生产潜力时，满足作物蒸散耗水所需的水分量”。因此，作物的需水量是指作物的最大实际蒸散量[48]。它和作物的生产潜力（籽实或营养体的产量、作物的生长量）相联系。草坪作为一种园林地被，其最主要的功能是环境保护和美化，草坪草的生长量只是草坪发挥功能的一个前提并不是草坪管理的目标。有时，为了节省养护成本人们还采取一些措施减缓草坪的生长[49]。因此，确定草坪需水量的标准是草坪质量及其功能的维持。很多情况下如对绿地草坪、设施草坪等，允许一定干旱胁迫时期的存在，这增加了草坪节水的潜力。

草坪最适灌溉量是指特定气候条件下，维持一定的草坪质量和功能所需的最小灌水量。最适灌溉量可通过测定特定的管理条件下草坪的蒸散量获得。确定了最适灌溉量，便可利用下面的公式计算具体地区的作物系数，用于指导草坪灌溉。

$$k = ET_a/ET_o$$

其中，k 为作物系数；ET_a 为实测的草坪蒸散量；ET_o 为利用气象数据通过经验公式推算的潜在蒸散量。潜在蒸散量（ET_o）是一种假设的理论最大蒸散量，又称参照作物蒸散量。它是一种开阔草地的蒸散量，这种草地的土壤水分充足，冠层高度为8～15cm，高矮均一，正常生长的植株完全覆盖地表[50]。确定了草坪的作物系数，便可利用公式 $ET_a = k \times ET_o$ 反推出特定地区具体时间草坪的实际需水量，将之反馈应用到草坪灌溉中，指导水分管理。这种基于草坪作物系数的反馈系统（feedback system）灌溉方法已在很多地区应用[5,9,51～55]。在干旱地区，利用反馈系统灌溉草坪和传统灌溉方法相比每年可节水136～152mm，并且可以最大程度减小干旱胁迫对草坪质量的的影响[54]。

一个地区的最适灌溉量可以通过不同的方法测得。近些年来研究较多的有两种方法。一种是固定草坪的水分管理水平，直接测定维持在一定质量下的草坪蒸散量（ET_a）作为最适灌溉量；另一种是根据计算的潜在蒸散量（ET_o）设定不同的水分管理水平，观测草坪质量的变化，对耗水量和质量综合分析获得最适灌溉量。在较早期的研究中，用于计算作物系数的 ET_a 大多是利用小型蒸渗仪在水分充足的条件下测定的[13,20,21,26,27]。这种方法成本较低，简便易行，测定条件一致，不同的地区可以进行比较。另外，土壤水分充足时的实测草坪蒸散率即相当于草坪的潜在蒸散率，可以用来评价不同经验公式计算的 ET_o 的准确性[5,9,54]。但是，土壤水分充足的条件很难代表大多数草坪水分管理的实际状况，在草坪的灌溉周期中总会存在不同程度的水分亏缺，基于这种土壤水分条件的 ET_a 低于水分充足时的蒸散率测定值，这种数据对草坪节水更有价值[9,55,56]。

Feldhake et al.[57]发现在美国西部干旱地区，草坪的质量随蒸散量的降低而变差。当蒸散量低于潜在蒸散量73%时，草地早熟禾和高羊茅草坪的质量会降低10%。但是，草坪的蒸散量维持在潜在蒸散量的73%以上时，草坪质量随蒸散量降低的变化很小。少于27%蒸散量的亏缺会减缓草坪的生长，但对质量的影响很小。Beach[58]也发现了相近的结果。他们的研究为通过评价分析草坪质量与灌溉量的关系来确定最适蒸散量提供了基础。

最近的研究中[51,52]，草坪研究者主要使用线性梯度灌溉系统（LGIS或LSIS）在田间较长时期实地观测评价灌溉量与草坪质量的关系，从而确定最适灌溉量。线性梯度灌溉系统[59,60]是由间隔一定距离呈直线排列的喷头组成的喷灌系统，通过调节供水强度，可以在田间条件下产生稳定均匀的灌溉量梯度。Ervin et al.[51]的研究表明在美国的Colorado州，当草坪的质量维持在可接受的水平时，以彭曼公式推测的苜蓿的潜在蒸散量为参照蒸散量，高羊茅草坪的作物系数为0.60~0.80，草地早熟禾草坪的作物系数为0.50~0.80。Qian Y. L. et al.[52]发现在美国德克萨斯州，维持5种草坪草最低可接受草坪质量的作物系数（以Class A蒸发皿蒸发量为参照蒸发量）分别为高羊茅（Rebel II）0.67；结缕草（Meyer）0.68；钝叶草（Nortam）0.44；杂交狗牙根（Tifway）0.35；野牛草（Prairie）0.26。

利用蒸散量反馈系统指导草坪灌溉时应注意草坪作物系数的不稳定性。作物系数从ET_a/ET_o求得，任何影响ET_a和ET_o因素都有可能使作物系数发生变化。Devitt et al.[61]比较了美国东南部干旱地区3个地方利用彭曼公式推算的ET_o，发现月平均风速和相对湿度的差异可导致3个地方的夏季月平均ET_o相差7%~18%。Carrow[9]指出美国东南部湿润地区杂交狗牙根（Tifway）、普通狗牙根、结缕草（Meyer）、假俭草、钝叶草（Raleigh）、高羊茅（Rebel II）和高羊茅（kentucky-31）的作物系数高与干旱、半干旱地区。并且每个草种的作物系数都随季节有很大变化，杂交狗牙根（Tifway）的变动最小为0.53~0.97，结缕草（Meyer）的变动最大为0.51~1.14。暖季型草坪草的作物系数随草种变异很大，不能归为一类作物系数使用。他建议，人们应依据草种和每月的作物系数计算灌溉量。Aronson et al.[13]也发现了美国南方湿润地区草坪作物系数在季节间的变动性，但这种变动性因计算时使用的参照潜在蒸散量而异。利用彭曼公式推算的参照潜在蒸散量比蒸发皿蒸散量更稳定，可以为灌溉提供可靠的数据。

另外草坪的作物系数还会受草坪的施肥、修剪高度、养护管理水平的影响[9,54]。再有，蒸散量反馈系统可以比较精确地确定草坪的灌溉量，但在田间实施灌溉时，还必须考虑到草坪根系的深度、吸水能力和土壤的持水能力、排水性[62]。

3.2 草坪灌溉的时机

草坪的耗水过程发生在土壤—植物—大气连续体中，草坪管理者可以从土壤水分含量、大气的蒸发需求和植物的水分状态来判断草坪的灌溉时机[62]。已经证明利用土壤张力计测定土壤水势和使用蒸发皿测定大气蒸发量来指导草坪灌溉有很大的节水潜力[63,64]，但在实际应用中这两种方法有他们的局限性，并且和土壤、大气相比，植物本身的水分状态同时反映了土壤和环境的水分状况，更能较全面地体现草坪的水分需求[65,66]。近些年来，许多草坪研究者致力以草坪冠层温度为指标确定灌溉时机的研究[65~68]。

在土壤水分充足的条件下，草坪草的蒸腾作用能降低叶片的温度使冠层温度低于（或接近）其周围的气温，随着土壤水分亏缺的加重，草坪草的蒸腾作用逐渐减弱，叶片的温度逐渐升高。如果蒸腾作用强烈减弱，甚至停止，草坪草的冠层会因吸收太阳辐射而使其温度高于周围的气温[66]。红外测温仪可以在大区域内和不同的水分胁迫水平，方便快速地测定冠层温度，这促进了冠层温度在作物干旱胁迫评价中的应用[69]。较早的基于冠层温度（*Tc*）和气温（*Ta*）差值的灌溉决策研究主要以作物为研究对象[70~73]。Throssell et al.[66]基于草地早熟禾草坪冠层温度的研究将“胁迫程度积温（*SDD*）”、“作物水分胁迫系数（*CWSI*）”和“水分临界点模型（*CPM*）”引入草坪的灌溉时机决策，并把这些方法的效果和土壤张力计法进行了比较。

用于确定灌溉的 *SDD* 公式[73]为：

$$SDD = \sum_{n=i}^{N} (Tc - Ta)_n$$

植物的冠层温度为 *Tc*，冠层周围的气温为 *Ta*，*i* 为灌溉后的第一天，*N* 为 SDD 达到预定值时的天数。当（$Tc - Ta$）<0 时，假定其值为零。SDD 值的增大表明植物水分胁迫的增强，可以根据具体情况确定 SDD 达到一定值时进行灌溉。

考虑到环境因素（水汽压差、温度）对 *SDD* 的影响，Idso et al.[74]根据经验观察的结果提出，在水分充足时，（$Tc - Ta$）与水汽压差（*VPD*）之间存在着线性相关的关系，并把这种关系称为无水分胁迫基准线（non-water-stressed baseline）。同时提出作物水分胁迫系数（*CWSI*），其公式为：

$$CWSI = (\Delta T_m - \Delta T_{\min}) / (\Delta T_{\max} - \Delta T_{\min})$$

ΔT_m 是测定的 Tc－Ta，ΔT_{min} 是在供水充足和当时测定的水汽压差下，植物蒸腾作用最大时的 Tc－Ta，ΔT_{max} 是在当时测定的环境气温下，植物蒸腾作用极度减弱或停止时的 *Tc－Ta*。当植物的蒸腾从最大降到最低时，CWSI 会从 0 变为 1。人们可以根据经验或试验设定一个 CWSI 值，当达到该值时进行灌溉。

临界点模型（CPW）则是使用土壤和环境参数预测 *Tc－Ta*。然后把它和实测的 *Tc－Ta* 比较，如果实测的 *Tc－Ta* 比预测的高，则应灌溉。

Throssell et al.[66]发现利用这 3 种方法和用张力计法确定的灌溉次数多，总用水量大。*SDD* 法和 *CWSI* 法所确定的灌溉比较接近于张力计法。他们认为这可能由于冠层温度对草坪水分状况的反应比较灵敏，所以导致了灌溉次数的增多。另外由于 *CWSI* 考虑了环境因素，可以用于其他地区，更适于指导草坪灌溉，但仍需进一步调整改进。

Jalali-Farahani et al.[67,68]利用田间测定的数据更深入地研究了草坪的 *CWSI*。他们发现 *CWSI* 受净辐射的影响也很大，并且比较了基于经验的和基于能量平衡理论的 *CWSI* 模型[74]。后者预测的精度更高，指出对于狗牙根草坪，午时 *CWSI* 为 0.16 时应灌溉草坪。冠层温度作为确定灌溉时机的指标的应用还处于发展阶段，*CWSI* 在不同的季节和不同的草种间表现不稳定，并且这种方法的节水效果也表现不一[65,67]。但这种方法以草坪植物本身为主体，更合理的体现了草坪的水分需求状态，是一种理想的草坪灌溉时机确定方法。

4 结语

草坪蒸散研究是草坪节水的基础。几十年来，国外在这个领域进行了比较深入的研究，并应用于抗旱、低耗水草种筛选、草坪合理灌溉和综合节水养护管理等方面。草坪蒸散的特征受气候、土壤等环境因子强烈影响，我们可以借鉴国外的草坪水分管理经验和研究成果，但必须以了解我国草坪的水分需求规律为前提，因地制宜。非常遗憾，我国草坪科研水平远远落后于草坪业的飞速发展。目前，我国干旱、半干旱地区城市用水短缺已成为限制草坪业发展的重要因素之一，而草坪蒸散的研究在我国几乎处于空白状态[28,75]。开展草坪蒸散的研究，找出适合我国的草坪节水途径已迫在眉睫。

参考文献

[1] Beard J B and Green R L. The role of turfgrass in environmental protectionand their benefits to humans. Journal of Environmental Quality，1994，23（3）：452~460

[2] Beard J B. Turfgrass：Science and Culture. Prentice-Hall，Inc.，Englewood Cliffs，New Jersey. 1973，658p

[3] Philip J R. Plant water relations：some physical aspects. Ann. Rev. Plant Physiol.，1966，17：245~258

[4] Beard J B. An assessment of water use by turfgrass. In：Gibeault V A and Cockerham S T ed. Turfgrass water conservation. Publ. 21405. Univ. of California，Rever- side. 1985，p. 45~60

[5] Tovey R，Spencer J S and Muckel D C. Turfgrass evapotranspiration. Agron. J.，1969，61：863~867

[6] Biran I，Bravdo B，Bushkin-Harav I，and Rawitz E. Water comsumption and growth rate of 11 turfgrass as affected by mowing height，irrigation frequency，and soil moisture. Agron. J.，1981，73：85~90

[7] Van Bavel C H M and Harris D G. Evapotranspiration rates from bermudagrass and corn at Raleigh，north Carolina. Agron. J.，1961，52：319~322

[8] Ekern P C. Evaotraspiration by bermudagrass sod，*Cynodon dactylon* L. Per.，in Hawaii. Agron. J.，1966，58：387~390

[9] Carrow R N. Drought resistance aspects of turfgrasses in the southeast：evapotranspiration and crop coefficients. Crop Sci.，1995，35：1685~1690

[10] Kim K S and Beard J B. Comparative evapotranspiration rates and associated plant morphological characteristics. Crop Sci.，1988，28：328~331

[11] Kopec D M，Shearman R C and Riordan T P. Evaportranspiration of tall fescue turf. HortScience，1988，23（2）：300~301

[12] Aronson L J，Gold A J and Hull R J. Cool-season turfgrass responses to drought stress. Crop Sci.，1987，27：1261~1266.

[13] Aronson L J，Gold A J，Hull R J and Cisar J L. Evapotranspiration of cool-season turfgrass in the humid northeast. Agron. J.，1987，79：901~905

[14] Kim K S and Beard J B. The effects of nitrogen fertility level and mowing height on the evapotranspiration rates of nine turfgrasses. Texas Turfgrass Research，Consolidated PR，1984，4269~4298

[15] Sifer S I，Beard J B and Kim K S. Criteria for visual prediction of low water use rates of bermudagrass cultivars. Texas Turfgrass Research，Texas Agric. Exp. Sta. PR-4519，1986，p. 22~23

[16] Meyer J L，Gibeault V A and Youngner V B. Irrigation of turfgrass below replacement of evapotranspiration as a means of water conservation：Determining crop coefficient of turfgrasses. In：Lemaire F. ed. Proc. 5th Int. Turfgrass Res. Conf.，Avignon，France，1985，p. 357~364

[17] White R H，Engelke M C，Anderson S J，Ruemmele B A，Marcum K B and Taylor G R. II. Zoysiagrass water relations. Crop Sci.，2001，41：133~138

[18] Fernandez G C J and Love B. Comparing turfgrass cumulative evapotranspiration curves. HortScience，1993，28（7）：732~734

[19] Kenna M P and Horst G L. Turfgrass water conservation and quality. In：Carrow R N，Christians N E，Shearman R C ed. International Turfgrass Society research journal 7，Intertec Publishing Corp.，Overland Park，Kansas，1993，p. 99~113

[20] Beard J B, Green R L and Sifers S I. Evapotranspiration and leaf extension rates of 24 well-watered, turftype Cynodon genotypes. HortScience, 1992, 27 (9): 986 ~ 988

[21] Bowman D C and Macaulay L. Comparative evapotranspiration rates of tall fescue cultivars. HortScience, 1991, 26 (2): 122 ~ 123

[22] Shearman R C. Kentucky Bluegrass cultivar evapotranspiration rates. HortScience, 21 (3): 1986, 455 ~ 457

[23] Shearman R C and Beard J B. Environmental and cultural priconditioning effects on the water use rate of *Agrostis palustris* Huds., cultivar Penncross. Crop Sci., 1973, 13: 424 ~ 427

[24] Ebdon J S, Petrovic A M and Zobel R W. Stability of evapotraspiration rates in Kentucky Bluegrass cultivars across low and high evaporative environments. Crop Sci., 1998, 38: 135 ~ 142

[25] Shearman R C. Perennial ryegrass cultivar evapotranspiration rates. HortScience, 1989, 24 (5): 767 ~ 769

[26] Green R L, Sifers S I, Atkins C E and Beard J B. Evapotranspiration rates of eleven Zoysia genotypes. HortScience, 1991, 26 (3): 264 ~ 266

[27] Atkins C E, Green R L, Sifers S I and Beard J B. Evapotranspiration rates and growth characteristics of ten St. Augustinegrass genotypes. HortScience, 1991, 26 (12): 1488 ~ 1491

[28] Pan Quan-shan. Study on the evapotranspiration and drought resistance of turfgrass. M. S. Thesis. China Agri. Uni., Beijing, 2000

[29] Kneebone W R and Pepper I L. Luxury water use by bermudagrass turf. Agron. J., 1984, 76: 999 ~ 1002

[30] Tipton J L. Evaluation of three growth curve model for germination analysis. J. Amer. Soc. Hort. Sci., 1984, 109: 451 ~ 454

[31] 龚元石. 土壤—植物—大气连续体水分传输研究现状与展望. 张福锁等主编，土壤与植物营养研究新动态. 中国农业出版社，北京，1995，p. 1 ~ 16

[32] Johns D, Beard J B and Bavel C H M van. Resistance to evapotranspiration from a St. Augustinegrass turf canopy. Agron. J., 1983, 75: 419 ~ 422

[33] Van Bavel C. H. M. Potential evaporation: the combination concept and its experimental verification. Water Res., 1966, 2 (3): 455 ~ 468

[34] Van Bavel C H M. Changes in canopy resistance to water loss from alfalfa induced by soil water depletion. Agric. Meteorol., 1967, 4: 165 ~ 176

[35] Van Bavel C H M and Ehrler W L. Water loss from a sorghum field and stomatal control. Agron. J., 1968, 60: 84 ~ 86

[36] Devitt D A and Morris R L. Growth of common bermudagrass as influenced by plant growth regulators, soil type and nitrogen fertility. J. Environ. Hort., 1989, 7 (1): 1 ~ 8

[37] Green R L, Beard J B and Casnoff D M. Leaf blade stomatal characterizations and evapotranspiration rates of 12 cool-season perennial grasses. HortScience, 1990, 25 (7): 760 ~ 761

[38] Feldhake C M, Danielson R E and Butler J D. Turfgrass evapotranspiration. I. Factors influencing rate in urban environments. Agron. J., 1983, 75: 824 ~ 830

[39] Krogman K K. Evapotranspiration by irrigated grass as related to fertilizer. Can. J. Plant Sci., 1967, 47: 281 ~ 287

[40] Madison J H and Hagan R H. Extraction of soil moisture by Merion bluegrass (*Poa pratensis* L. 'Merion') turf, as affected by irrigation frequency, mowing height, and other cultural operations. Agron. J., 1962, 54: 157 ~ 160

[41] Ebdon J S and Petrovic A M. Morphological and growth characteristics of low- and high-water use Kentucky

Bluegrass cultivars. Crop Sci., 1998, 38: 143~152

[42] Ebdon J S, Petrovic A M and Schwager S J. Evaluation of discriminant analysis in identification of low- and high-water use Kentucky Bluegrass cultivars. Crop Sci., 1998, 38: 152~157

[43] Dernoeden P H and Butler J D. Relation of various plant characters to drought resistance of Kentucky bluegrass. HortScience, 1979, 14: 511~512

[44] Casnoff D M, Green R L and Beard J B. Leaf blade stomatal densities of ten warm- season perennial grasses and their evapotranspiration rates. In: Takatoh H ed. Proc. 6th Intl. Turfgrass Res. Conf., Tokyo, July 1989, Jpn. Soc. Turfgrass Sci., 1989, p. 129~131

[45] Peacock C H and Dudeck A E. Physiological response of St. Augustinegrass to irrigation scheduling. Agron. J., 1984, 76: 275~279

[46] Kneebone W R and Pepper I L. Luxury water use by bermudagrass turf. Agron. J., 1984, 76: 999~1002

[47] Larcher Walter.（著），翟志席等译. 植物生态生理学（第五版）. 中国农业大学出版社，北京，1997

[48] 张旭东. 甘肃河东小麦水分需水规律及其分布特征. 干旱地区农业研究，1999，17（1）：39~44

[49] Green R L, Kim K S and Beard J B. Effects of Flurprimidol, Mefluidide, and soil moisture on St. Augustinegrass evapotranspiration rate. HortScience, 1990, 25 (4): 439~441

[50] Doorenbos J and Pruitt W O. Guidelines for predicting crop water requirements. FAO Drainage and Irrigation Paper 24, Food and Agriculture Organization. Rome, 1977

[51] Ervin H E and Koski A J. Drought avoidance aspects and crop coefficents of kentucky bluegrass and tall fescue turfs in the semiarid west. Crop Sci., 1998, 38: 788~795

[52] Qian Y L and Engelke M C. Performance of five turfgrasses under linear gradient irrigation. HortScience, 1999, 34 (5): 893~896

[53] Qian Y L, Fry J D, Wiest S C and Upham W S. Estimating turfgrass evapotranspiration using atmometers and the penman-monteith model. Crop Sci., 1996, 36: 699~704

[54] Devitt D A, Morris R L and Bowman D C. Evapotransportation, crop coefficients, and leaching fractions of irrigated desert turfgrass systems. Agron. J., 1992, 84: 717~723

[55] Garrot D J and Mancino C F. Consumptive water use of three intensively managed bermudagrasses growing under arid conditions. Crop Sci., 1994, 34: 215~221

[56] Doty J A, Braunworth W S, Tan S, Lombard P B and William R D. Evapotranspiration of cool-season grass growth with minimal maintenance. HortScience, 1990, 25 (5): 529~531

[57] Feldhake C M, Danielson R E and Butler J D. Turfgrass evapotranspiration. II. Responses to deficit irrigation. Agron. J., 1984, 76: 85~89

[58] Beach G. Irrigation of lawn, results of tests 1953~1957. Colorado St. Exp. Stn. Gen. Series, 1958, No. 685, p. 1~11

[59] Fernandez G C J. Repeat measure analysis of line-source sprinkler experiments. HortScience, 1991, 26 (4): 339~342

[60] Hanks R J, Keller J, Rasmussen V P and Wilson G D. Line source sprinkler for continuous variable irrigation-crop production studies. Soil Sci. Am. J., 1976, 40: 426~429

[61] Devitt D A, Kopec D, Robey M J, Brown P, Gibeault V A and Bowman D C. Climatic assessment of the arid southwestern united states for use in predicting evapotranspiration of turfgrass. Journal of Turfgrass Management, 1995, 1 (2): 65~81

[62] Carrow R N. Soil/water relationships in turfgrass. In: Gibeault V A and Cockerham S T ed. Turfgrass water conservation. Publ. 21405, Univ. of California, Reverside. 1985, p. 87~102

[63] Augustine B J and Snyder G H. Moisture sensor controlled irrigation for maintaining bermudagrass turf.

Agron. J., 1984, 76: 848 ~ 850

[64] O'Neil K J and Carrow R N. Kentucky bluegrass growth and water use under different soil compaction and irrigation regimes. Agron. J., 1982, 74: 933 ~ 936

[65] Horst G L, O'Toole J C and Faver K L. Seasonal and species variation in baseline functions for determining crop water stress indices in turfgrass. Crop Sci., 1989, 29: 1227 ~ 1232

[66] Throssell C S, Carrow R N and Milliken G A. Canopy temperature based irrigation scheduling indices for kentucky bluegrass turf. Crop Sci., 1987, 27: 126 ~ 131

[67] Jalali-Farahani H R, Slack D C, Kopec D M, Matthias A D and Brown P W. Evaluation of resistance for bermudagrass turf crop water stress index models. Agron. J., 1994, 86: 574 ~ 581

[68] Jalali-Farahani H R, Slack D C, Kopec D M and Matthias A D. Crop water stress index models for bermudagrass turf: A comparison. Agron. J., 1993, 85: 1210 ~ 1217

[69] Jackson R D. Canopy temperature and crop water stress. In: Hillel D. ed. Adances in irrigation, Vol. L. Academic Press, New York, 1982, p. 43 ~ 85.

[70] Ehrler W L. Cotton leaf temperatures as related to soil water depletion and meteorological factors. Agron. J., 1973, 65: 404 ~ 409

[71] Idso S B and Reginato R J. Remote-sensing of crop yields. Science, 1977, 196: 19 ~ 25

[72] Walker G K and Hatfield J L. Test of the stress-degree-day concept using multiple planting dates of red kidney beans. Agron. J., 1979, 71: 967 ~ 971.

[73] Jackson R D, Reginato R J and Idso S B. Wheat canopy temperature: A practical tool for evaluating water requirements. Water Resour. Res., 1977, 13: 651 ~ 656

[74] Idso S B, Jackson R D, Pinter P J, Reginato R J and Hatfield J L. Normalizing the stress degree day parameter for environmental variability. Agric. Meteorol., 1981, 24: 45 ~ 55

[75] 马燕玲. 草坪水分需求及研究趋势. 国外畜牧学—草原与牧草, 1998, 2: 13 ~ 16

作者简介：赵炳祥（1971 ~），男，河北衡水人，中国科学院博士。主要从事草坪生态综合管理，高尔夫球场建造与养护、管理等方向的研究实践

2 野牛草研究进展

周　禾　何　梅　王晓荣

（中国农业大学动物科技学院草业科学系，北京 100094）

摘要：总结了国内外野牛草研究的成果和进展，提出了野牛草今后的研究方向，为野牛草在生产上更好的利用提供了参考。

关键词：野牛草　抗性　育种

野牛草［*Buchloë dactyloides*（Nutt.）Engelm］原产于北美中南部温带和亚热带干旱半干旱地区的矮草原，是重要的耐牧型低矮牧草，在北美的干草原上广泛分布。野牛草属于禾本科野牛草属，该属只有一个种；属多年生暖季型草坪草，C_4 植物。由于野牛草具有许多的优良生物学特性，尤其具有抗旱、耐较低的养护水平等优点，所以美国西部干旱地区已经把它作为一种重要的草坪草种培育和使用。同时，它也是惟一作为草坪草使用的当地草种。野牛草自 20 世纪 40 年代作为水土保持植物引入我国，在甘肃地区首先试种，后在我国西北、华北及东北地区广泛种植，并表现出很好的适应性[1]。除了在北美本土野牛草被当作牧草和植被恢复植物利用外，在世界范围内，野牛草目前更主要是作为抗性草坪草被利用。

1 生物学特性的研究

1.1 形态特征

野牛草叶片卷曲，叶舌背有柔毛，且中间的柔毛长，边缘的短，不具叶耳，叶鞘短且平滑，叶片被有稀疏的表皮毛；株丛高 16 ~ 25cm，叶片的高度可达 25 ~ 30cm，叶片宽约 1 ~ 2mm，叶质较好，整个生长季内，叶色为蓝绿色；雌雄多异株，少同株，异花授粉，雄花的花轴高于株丛约 7.5 ~ 16cm，雄花于穗轴一侧生长，两排，成旗帜状，每一穗轴的雄花约 10 个，小花约长 4mm，雌花的花轴近地面生长，为聚合刺球状花序。野牛草的颖果包被在聚合状的颖苞中，每一花序含 1 ~ 5 粒种子。

野牛草具簇状分蘖和匍匐茎，匍匐茎发达，有时也有根茎发生。草层高度一般为 20 ~ 40cm，草叶细软，呈现灰绿色地毯状。宜在低地黏壤土中生长，喜光；也可在沙壤土、轻壤土、轻度盐碱土中正常生长，适应性强。

1.2 栽培及分布特点

在北京地区野牛草 4 月下旬返青，11 月初枯黄，绿期约 180 天，种子或营养繁殖（以地上匍匐茎）。野牛草在土壤温度高于 16℃开始生长，一般在 4 ~ 5 月播种，种子直播要进行种子处理以打破休眠，播后 7 ~ 10 天种子就会发芽。野牛草条播播量约为 2.5 ~ 5.0kg/1000m^2，撒播播量约为 1 ~ 1.5kg/1000m^2。苗期生长缓慢，易受杂草侵害，苗前除草剂的耐受性较差，但苗后除草剂耐受性较好。

在原产地，野牛草从加拿大到墨西哥、从落基山脉东侧到密西西比河谷都有广泛分布[2]。在天然野牛草种质资源中，有二倍体、四倍体和六倍体的存在。在美国，六倍体的分布范围较广泛，是野牛草自然分布的主体类型；二倍体的野牛草只分布在南方的小部分地区；四倍体野牛草分布在西部地区[3]。五倍体野牛草在天然种群中不存在，是人工杂交育种的结果。我国引进的野牛草多为国外育成的品种或品系，所以其多为五倍体，少四倍体和六倍体，没有发现二倍体的存在。野牛草的染色体基数为 $x = 10$[4]。野牛草具有适应性强、耐瘠薄土地、抗旱、耐热、耐盐碱、病虫害少、较抗寒、稍耐荫等特点，其最大的优点是抗旱性强。目前，野牛草在各国越来越多的应用于管理水平较低的地区，如高速公路的两旁、机场跑道、纪念碑、公园的绿化、高尔夫球道等。当然，野牛草也有其自身的不良特性，如种子不易萌发和绿期短等限制了野牛草推广和使用的范围。因此，在利用野牛草优良抗性的同时，还要针对它的不良特性进行改良研究。

2 抗性研究

2.1 抗旱性研究

国内外对野牛草的耗水和抗旱机理研究一般是从它的生物学特性、草坪蒸散量、草坪水分需求规律、草种水分需求特征和草坪土壤等方面进行的。

2.1.1 蒸散量的研究

蒸散作为衡量草种耗水的重要指标，是草种蒸腾和草种着生的土壤蒸发的总合。由于正常生长的草坪草完全覆盖地表，植株间土壤的蒸发量很小，以致可以忽略不计，所以蒸腾是草坪蒸散的主体[5]。野牛草在原产区年降水量是 380 ~ 630mm。Beard 和 Kim[6] 发现野牛草在其适合生长的原产地的蒸腾蒸发量仅 6mm/d，低于其他暖季型和冷季型草坪植物。赵炳祥[7]根据水分平衡法采用小型蒸渗仪测定的从 2001 年 4 月 18 日至 11 月 10 日野牛草总蒸散量：充足供水时为 758. 66mm；限量供水（即保证一定草坪质量前提下的最小水分消耗量）时为 624. 28mm。限量供水比充足供水节水 134. 38mm，两者之间的差异达到显著水平，表现出很大的节水能力。充足供水条件下夏季平均日蒸散量是 5. 0 ~ 7. 0mm/d，相当于 Kenna 等[8]总结的草坪蒸散量标准的“很低”的水平。张新民等[9]从 2001 年 4 月中旬至 11 月中旬测定野牛草生长季的蒸散量是：充足供水时为 759mm，限量供水（即保证一定草坪质量前提下的最小水分消耗量）时可节水 134mm。孙强等[10]采用小型蒸渗仪测得从 2002 年 4 月 1 日至 11 月 22 日野牛草的蒸散量是：充足供水时为 609. 82mm，平均日蒸散量是 3. 83mm/d，相当于 Beard[11] 总结的草坪蒸散量标准的“很低”的水平。

Bowman[14] 在对 17 种基因型野牛草的研究中发现，不同基因型材料的蒸散量有显著的不同，平均日蒸散量的范围是 3. 7 ~ 5. 6mm/d，试验表明这可能是不同基因型的叶片生长速度不同造成的。据报道，国外做了从 1991 年到 1995 年 22 个野牛草品种不同抗旱性的比较，表明品种间抗旱指标差异很大。

张新民等[15] 试验得出：北京地区常用草坪草整个生长季的适宜灌溉量为：高羊茅（391. 8mm）> 草地早熟禾（368. 3mm）> 多年生黑麦草（315. 1mm）> 狗牙根（300. 7mm）> 野牛草（184. 0mm）> 结缕草（110. 5mm）。高凯等[16] 在北京地区的试验结果表明，无论充足和限制灌溉条件下，冷季型草坪的蒸散量都显著大于暖季型草坪（$P < 0.01$）；3 种暖季型草坪间差较小；但暖季型草坪中的狗牙根和结缕草的蒸散量显著高于野牛草（$P < 0.01$）。从以上的研究可以看出，野牛草从其水分消耗来看，属于节水型草种，

这与其自身的水分消耗遗传特性占主导地位是分不开的。

2.1.2　草坪水分需求规律的研究

不同的草种在生长季节的不同时期蒸散量会表现出不同的变化特征，土壤的水分条件直接影响蒸散量的大小。

赵炳祥[7]在研究草坪草的水分需求规律时发现，野牛草在充足水分供应条件下，蒸散量的变化曲线是单峰型，在8月蒸散量达到最大值；8月之前蒸散量逐渐升高，6月的蒸散量比5月有所降低；8月以后，蒸散量下降较快；11月的蒸散量已经降到很低的水平。而在限量供水条件下，蒸散曲线则更接近于双峰型，5月和8月达到较高值，与充足供水条件下相比，蒸散量明显降低。

野牛草在5月达到一个蒸散高峰可能是由于北京地区5月气温开始升高，天气晴朗，太阳辐射大，空气相对湿度小所致；6月蒸散量曲线出现波谷可能是因为北京地区从6月开始进入雨季，虽然温度高，但阴雨天气减少太阳辐射，空气相对湿度高引起；8月蒸散量达到最大可能是因为野牛草属于暖季型草坪草，在平均气温28℃时最适合生长。野牛草在充足供水条件下，水分需求差异最大出现在7~8月份，这可能与2002年和2001年7~8月之间的气象因素变化很大有关。赵炳祥[7]发现，不同水分条件对蒸散量的影响均发生在草坪草生长状态较好同时环境蒸发力较高的时期，野牛草主要在夏季，这说明草坪在适宜生长的环境中水分需求的范围会变宽，此时限量供水的节水目的才能得以真正实现。

2.1.3　野牛草的生物学特征和水分需求的关系

2.1.3.1　叶片

叶片是草坪草进行光合作用的重要器官，也是草坪植物群体蒸散的主要界面。草坪草叶片的特征，尤其是气孔的形态、大小、密度等与草坪的蒸散关系密切[17]。

赵炳祥[7]用扫描电镜观察到野牛草的新叶上下表皮有一定差异。野牛草上表皮细胞的外壁具有一定量的硅质乳突，而下表皮较少。上下表皮细胞外壁均具粗糙的角质膜和蜡质层。气孔在上下表皮分布也基本一致，为带状纵向排列，气孔器不下陷。野牛草的气孔密度上表皮为176.36个/mm^2，下表皮为236.90个/mm^2；气孔口长上表皮为16.51μm，下表皮为14.91μm；保卫细胞长上表皮为23.57μm，下表皮为21.64μm；气孔器宽度上表皮为15.90μm，下表皮为14.55μm。郑群英等[18]观察到野牛草成熟叶片气孔为卵圆形，外覆蜡质，气孔下陷，以一定间距均匀分布在平行叶脉两侧。野牛草叶片表皮细胞中的长细胞呈规则的长柱形，排列整齐；柱细胞、硅细胞有规则的相间排列，分布在叶脉上方。气孔长为19.422μm，宽为8.293μm。气孔密度为上表皮139.30个/mm^2，下表皮为162.1个/mm^2。

相对而言，卵圆形气孔孔道比长圆形的相对细小。林植芳等[19]指出，气孔孔道相对细小的植物，其单位面积的气孔数要高于气孔孔道相对大的植物。Casnoff等[20]发现暖季型草的叶片下表皮气孔的密度与蒸散量显著负相关。总的来说野牛草气孔较小，密度大，而且下表皮的气孔密度大于上表皮，所以说野牛草蒸散量低与其较多的下表皮气孔数有关。Upadhyaya等[21]发现，当气孔孔径小于10μm时蒸腾速率与孔径宽度成正相关，而CO_2同化在气孔孔径大于2μm时保持常数，小于2μm时才呈现正相关。野牛草适宜生长在高温下，所以其较小的卵圆形气孔更适合它在不影响CO_2进入的同时有效降低水分散失。赵炳祥测得的野牛草新叶气孔宽度是上表皮15.90μm、下表皮14.55μm，大于10μm；郑群英[22]测得的野牛草成熟叶气孔宽度的结果是上下表皮气孔宽度一致，为8.293μm，这可能是草坪苗期比成熟期耗水多的一个原因。野牛草叶片的下表皮气孔密度大，表皮细胞有表皮毛、角质膜、蜡质层和硅质可能也是其蒸散量较低的原因。草坪的蒸散是植物群体的效应，不是植物个体作用的总和，群体与个体之间相互影响，尤其在土壤水分充足的条件下，蒸散的气孔阻力和植物体内的阻力作用小于冠层和空气动力学阻力[22]，因此，野牛草气孔与植株群体结合起来研究才能更客观的反映蒸散的真实情况。

2.1.3.2 根系

根系的分布与活性也是植物抗旱性的一个因素。Qian Yi 等[23]研究认为，野牛草的中度生根能力是抗旱性的一个重因素。

Huang BingRu 等[24]设计了野牛草水分供应的 3 个不同水平的处理，(1) 0~80cm 的土壤充足灌水；(2) 0~40cm 的土壤不灌水，40~80cm 的土壤充足灌水；(3) 0~80cm 的土壤均不灌水。结果发现第二个处理的野牛草叶片水势与第一个处理没有显著差异；第二个处理野牛草根的长度比第一个处理有所增加，在 40~80cm 间的土壤根的比重也大；第二个处理野牛草在更深土层的水分吸收率比第一个处理的高；第二个处理比第三个处理在 0~20cm 的土壤深度野牛草有更好氮吸收性能，说明在 0~20cm 处土壤水分的波动受到深层根水分供给的影响。因此说，野牛草在受到局部干旱胁迫时会通过改变根的分布和活性来维持其正常的生长，起到了一定的抗旱作用。野牛草品种间根的抗旱能力也不同。McKenney 和 Zartman[25]使用“Common”、“Prairie”和“Texoka”3 个野牛草品种进行了不同水分灌溉条件对其根的影响的试验，结果表明“Common”和“Texoka”在受到水分限制时更易增加根的生长深度来维持其正常生长。

2.1.3.3 性别

野牛草大多数是雌雄异株的，只有少数是雌雄同株的，所以雌雄植株间的抗性差异也是抗性研究的一个重要内容。李德颖[26]研究发现，在干燥的生长期间，雌株的平均水势比雄株低，并且有显著差异；使用水势测定法和电导率测定法得出的结果都表明，在营养生长阶段，性别间对水分胁迫的生理耐受性存在差异，野牛草的雄性植株较雌性植株的保水能力强。李德颖[26]认为雌性植株在草坪性状上优于雄株，但雌性植株在不同生长发育阶段的生理性状并不永远优于雄株。

2.1.3.4 碳 13 稳定同位素

很多研究已经证明，植物组织中的碳 13 稳定同位素比率（$\delta^{13}C$）与其水分利用效率存在线性相关关系[27~31]，赵炳祥[5]测定野牛草的 $\delta^{13}C$ 值为 -12.272，指示的植物水分利用率是 1.35，由此可以看出野牛草的水分利用率很高。这可能是因为野牛草属于 C_4 植物，有较高的光合效率从而导致了较小叶片蒸散量，但这方面作用机制的研究报道不多。

2.1.4 作物系数

草种的作物系数是指导草坪灌溉的重要指标，作物系数低的草种耗水量少。Qian 等[36]发现，在美国德克萨斯州，维持野牛草最低可接受草坪质量的作物系数是 0.26。赵炳祥[5]测得野牛草的作物系数在充足供水时是 0.59~1.56，而在限量供水（即保证一定草坪质量前提下的最小水分消耗量）时为 0.5~1.07，两种供水条件下作物系数差异显著（$P<0.05$），如果合理地限量供水，节水效果明显。野牛草在北京地区的作物系数较小。

草坪研究者很早就发现土壤水分条件对草坪作物系数的影响[37,38]，不少研究都致力于利用先进的土壤水分测定仪器确定在常规管理下草坪的实际蒸散量，从而确定更加准确的草坪作物系数[36,37,39]。赵炳祥[5]认为，草坪的蒸散主要是消耗浅层的土壤水分，土壤水分含量发生较大动态变化的土层深度为0~60cm，时域反射仪（TDR）可以准确快速的测定土壤水分含量，然后根据土壤水分平衡法确定草坪的实际蒸散量。赵炳祥的试验结果表明，草坪实际状态下的蒸散量有可能比使用小型蒸渗仪测定的结果低。因为TDR法对草坪的实际状态的扰动很小，所以测定的结果可能更接近实际；但是土壤质地和仪器误差可能也会影响蒸散量的测定精度，作物系数确定同样也受诸多因素的影响，所以在实际应用中也要考虑其他因素的作用。这个方法也同样适用于野牛草的水分蒸散研究。

2.1.5 保水能力

野牛草自身较强的保水力也是其具有强抗旱性的原因之一。葛晋刚等[40]通过分步评价法采用叶绿素含量、相对含水量、电导率、冠层温度4个综合指标比较野牛草的抗旱性强弱，结果表明，野牛草无论是正常供水还是在胁迫状态下都具有相对较小的失水速率，虽然萎蔫时土壤含水量较高，但其较低的蒸腾速率与较强的保水力可能是其抗旱的重要原因。Qian等[41]证明了野牛草在受到干旱胁迫时，水势降低较慢。可见野牛草的保水能力是其具有强抗旱性的一个重要原因。野牛草品种间的保水能力也不相同。Bowman[41]在对17种基因型野牛草的研究中发现许多商业品种有很好的水分保持能力。

野牛草生理指标和分子水平上的遗传指标的研究是今后工作的一个方向。大量研究证明，植物在逆境条件下，如干旱、低温、盐害胁迫时，植物膜透性的受损与生物氧自由基有关，而植物体内超氧化歧化酶（SOD）和过氧化氢酶（CAT）可清除氧自由基保护酶而被称为是植物的保护酶并与抗旱性有关[42~45]；水分胁迫下植物体会大量积累游离脯氨酸[46,47]。尽管有人报道水分胁迫下植物积累的脯氨酸不是各类植物的普遍现象[44]，但鉴于脯氨酸的生理功能，仍认为脯氨酸可作为水分胁迫的指标[48]，所以对野牛草进行这些生理指标的研究是必要的。随着现代分子标记技术的发展，野牛草遗传多样性的鉴定也成为选种和育种的基础工作。近年来，研究人员应用生理生化和生物技术对植物的抗旱表现进行了深入的研究，提出了各种抗旱鉴定与评价的方法和指标，并日益强调抗旱性的综合评价[49~56]。在草种抗旱性评价过程中，综合评价的研究比较少，也是用等权重的方法对各个指标进行综合评判，而忽视了各个指标的不同权重，为了克服综合评价方法中的不足，拟采用了层次分析法（AHP模型），确定了牧草不同抗旱性指标的不同重要等级，得出牧草抗旱性的综合评价体系，为科学客观地评价草种抗旱性提供一种新的方法[50~53,57~61]。野牛草的抗旱性评价也应该使用这一新的科学方法。

2.2 抗寒性的研究

关于野牛草抗寒性研究的相关报道较少。植物的抗寒性研究要从遗传、生理、生物学特性和生长环境等方面全面研究，才能认识到它真正的抗寒机理。

在我国，野牛草在-25℃的低温下仍能安全越冬。Frank[62]指出，在冬季上冻的地区，野牛草的栽培成活条件是植株停止生长前生长积温（GDD）要在1000℃以上，确定了野牛草种子栽培的最低温度条件。总的来说，野牛草是一种具有很好抗寒性的暖季型草坪草。Johnson[631的]研究结果表明，在北美大草原上，一些野牛草品种的抗寒性与染色体的倍数水平呈正相关，但这种相关性在北美的南方大草原上表现不明显。野牛草有二倍体、四倍体、五倍体和六倍体等多倍体植株体，遗传上的差异会导致抗性的不同，这也是今后野牛草抗性研究的一个方向。野牛草品种间的抗寒性也有差异。如："Prairie"、"NE84-609"、"NE84-

409”、“NE84-304”、“NE91-118”、“NE86-61”、“NE86-120” 和 “Tatanka” 就较其他商业品种的抗寒性强。Ball S[64] 发现，在冬季野牛草品种 “NE 91～118” 体内的可溶性糖比 “609” 多，可溶性糖的增加会提高植物的抗冻性。可见，在生理基础上野牛草品种间抗寒性存在差异。如果能够从品种间选育出更好抗寒性的品种，野牛草将会有广泛的利用前景。

2.3 抗病虫性的研究

野牛草作为草坪草使用时病虫害很少，有关的研究很少，国外有几篇关于介绍野牛草根部细胞表面膜有抗虫性的文章，但是野牛草也会受到特定种类病虫的感染，野牛草品种间的抗病虫性也有所不同。目前，粉蚧已经成为对野牛草有潜在危害的害虫之一。Johnson[65] 在研究粉蚧对野牛草的危害时发现，在 62 个野牛草材料中，“Prairie” 和 “609” 品种具有很高的抗虫水平，其他材料都中度感染粉蚧，这可能与抗虫害野牛草品种无毛的叶面上有抗虫机制有关。Baxendale[66] 也发现野牛草是臭虫（*Blissus occiduus*）很好的寄主。Tisserat[67] 在美国俄克拉荷马州和堪萨斯州第一次观察到色素外生真菌（*Ophiosphaerella herpotricha*）引起了野牛草在春季出现大片圆形死斑。从以上的报道中可以看出，虽然野牛草的病虫危害少，但一旦感染病虫害，危害性就很大，所以要对这些野牛草易感的病虫害进行有针对性的研究。近年来，野牛草不同性别的植株对草坪的性状的影响逐渐引起了科学家的重视。Quinn[68] 在研究了不同性别野牛草的营养生长、生态习性及适应性的差异时发现雌性比雄性植株更抗叶锈病。Jackson[69] 在研究微量元素对野牛草的毒性时发现，硼中毒会引起叶尖变白的变色病，钼中毒会引起叶坏疽，说明微量元素的施用不当会使野牛草致病，所以在给野牛草施用微量元素时应注意用量。目前，野牛草抗病虫性的研究工作还没有广泛开展，需要深入地从形态结构、生理机制和遗传差异等方面进一步研究。

2.4 耐盐性的研究

植物的抗盐性是一个复杂的问题，同植物的功能性结构变化有一定的关联。郑文菊等[70] 发现，盐分对植物的形态、显微结构和超微结构都有影响，但野牛草在这方面的研究还没有开始；在受到盐分胁迫时，植物也会产生相应的生理反应。

野牛草草坪表现出很好的耐盐性。但是因为植物有较少的耐盐性生理指标，所以野牛草在这方面的研究也很少。Wu[71] 发现野牛草有一个耐盐机制，野牛草的芽比根有更好的排盐能力；营养体建植的野牛草新芽比种子建植的野牛草新芽更耐盐胁迫；营养体建植的不同染色体倍数水平的野牛草植株之间的耐盐性有连续的遗传变化。Lin Hong 等[72] 发现耐盐性野牛草的根的细胞膜与盐敏感性野牛草的根的细胞膜相比，H^+－ATPase 活性和蛋白总含量都减少；单位重的根细胞膜磷脂含量增加，尤其是阴离子磷脂。在没有盐胁迫的情况下，耐盐性野牛草植株体内有不饱合脂肪酸 C_{14}：1，C_{18}：1 和 C_{18}：3，而在盐敏感性野牛草植株体内没有检测到这些物质；而在盐胁迫的情况下，耐盐性野牛草植株比盐敏感性野牛草植株会产生更多的双键指数（DBI）。野牛草品种间的抗盐性差异和植株不同位置的抗盐性差异的研究也有一些报道。

刘春华等[73] 认为，受盐胁迫时，叶片相对含水量高、细胞膜透性小、游离脯氨酸积量少、相对水势高和根系相对活力高的禾本科牧草耐盐性强。从以上的研究可以看出，野牛草功能结构、生理和遗传水平上的研究是其耐盐性机理的基础，选育耐盐性野牛草品种是提高其抗性从而扩大利用范围的一个可行途径。

2.5 耐低修剪性的研究

野牛草植株低矮，所以有较好的耐低修剪性，并且抗旱性强，所以在作为草坪使用时节约了大量的灌水。有研究表明，耐低修剪的特性在野牛草中可能是遗传的，Johnson[74]证明了这一点。Mintenko 等[75]在北美北方的大草原地区对 12 个草种做了 3 个修剪高度的草坪生长性状的调查时发现，野牛草和大多数其他草种在各个高度的性状都相似，但在试验草种中，野牛草的性状并不是最好的，如果作为耐修剪草坪草使用，应该通过进一步的选择和培育。

2.6 其他性状的研究

野牛草是一个有许多优良特性的草种，在许多方面抗性的研究还没有充分展开，如稍耐荫性、耐践踏性和耐碱性等。

野牛草稍耐荫性，品种间耐荫程度也有所不同。Kim[76]认为蒸散率低的草坪草一般耐荫性会较高，野牛草有较低的蒸散量，所以有一定程度的耐荫性。Wu[77]发现野牛草品种"Texoka"和"Highlight 24"的耐荫性明显不同，"Highlight 24"有较强的耐荫性。Morton[78]证明，不同品种野牛草在高荫蔽条件下的生长性能不同，有些品种具有耐荫性选择的潜力。Erusha 等[79]用一种设备分别测试了早熟禾、结缕草、高羊茅和野牛草的承载能力 *LBC*，发现野牛草的 *LBC* 值最小，这说明野牛草的耐践踏性不是很好。

Dotray[80]等发现野牛草对一些苗前除草剂表现出优良的抗性，所以在建立野牛草草坪时，使用除草剂能够有效安全的控制杂草。品种间的抗除草剂特性也不同，McCarty 等[81]发现，两个野牛草品种"Oasis"和"Prairie"对苗后除草剂的反应不同，恢复时间和安全程度要求都不同。Fry 等[82]对野牛草在苗期对除草剂的抗性做了试验，结果表明，野牛草对不同除草剂的反应和恢复程度不同，不同除草剂对植物造成的伤害也不同，所以在使用化学方法除草时，应使用野牛草抗性较好的除草剂。

2.7 不良特性的研究

2.7.1 打破种子休眠的研究

野牛草的颖果包被在合生的颖苞里，通常一个花序作为一个繁殖单位，含 1~5 个小花，平均 2 粒颖果，同一花序内的不同颖果休眠程度不同，即使在适宜的条件下，也仅有少数种子萌发。尽管去除颖苞，在水分含量达到萌发的临界值时，大部分种子仍不能萌发，仍需要低温和 KNO_3 处理，种子的生理休眠及后熟程度在同一个花序上的颖果间差异也很大。因此，如何打破种子休眠性是解决野牛草种子抗萌发特性的重要途径。

一般来说，原产热带的禾本科植物的种子，其休眠需要在高温条件下打破或用 KNO_3 处理；而起源于高纬度地区的禾本科植物的种子则需通过低温处理来打破。但野牛草似乎同时需要这两种处理。李德颖[83]的野牛草种子抗萌发性研究表明，野牛草种子的颖苞合生成较厚的机械障碍，影响了水分的渗透，同时也对吸胀的种子形成机械束缚；种子萌发除水分条件外，还需要低温和 KNO_3 处理；而且在同一花序上不同种子发芽率也有差异；变温可以提高种子的发芽率；GA_3（赤霉素）处理可以代替低温预冷及 KNO_3 处理，且发芽率较高，150mg/l GA_3 处理的种子两周后的发芽率达到 85%，它的作用主要是调节了淀粉酶的活性，尤其是 β-淀粉酶的活性。Kalton[84]研究发现，野牛草的颖果大小与发芽率无直接关系，而与种子寿命相关。

由此可以看出，野牛草种子休眠性的打破，不能仅从颖苞的物理打破处着眼，还要从生理方面进行研究，因为这方面的特性起着决定的限制作用，而这方面的工作才是今后工作的重点。

2.7.2 延长绿期的研究

野牛草作为草坪植物的明显不足是返青晚、枯黄早、绿期较短、休眠早。通过提早浇返青水、施肥、修剪等措施可以适当延长绿期。中国农业大学草地研究所进行了野牛草滞绿基因的转入研究，期望从中获得有较长绿期基因性状的野牛草植株。康黎芳等[85]在研究草坪草叶面喷施尿素的耐受性时发现，野牛草可能是由于叶面、叶背布满绒毛，叶面喷肥不易吸收，所以需要喷较高浓度的氮肥。喷肥后，叶内含氮增加会形成2次高峰，分别是在喷肥第1天和第5天，从第5天起叶色就开始转绿，从而使其绿期有所增加。Kenworthy 等[86]发现273个土生土长的野牛草材料的返青时间不同，这就为较长绿期品种的筛选提供了条件。野牛草较短的绿期可能是本身的遗传特性和原产地贫瘠的生长环境长期影响造成的，所以野牛草绿期延长的研究应该更注意从遗传的水平着眼，依据品种间的差异选育长绿期的品种。

3 结语和展望

3.1 从以上的试验结果可以看出：野牛草具有很强的抗旱性，在草坪蒸散量等级中处于“低”的水平；有较低的作物系数；在生长季中，野牛草在适宜生长的高温月份蒸散量达到最大值，水分需求的范围很宽，如果此时进行合理灌溉会有很好的节水效果；野牛草叶片、根和冠层对干旱胁迫都有不同程度的适应性；保水性能好。因为气象因子等其他因素年际变化的影响，野牛草的实际蒸散量的确定需要多年的数据积累，所以掌好握野牛草水分需求的规律和不同时期作物系数变化规律是一个长期的工作，也是有效节水的理论依据。抗旱性是野牛草的最主要特点。但目前的研究仅局限在生物学特性和草坪水分需求方面，今后的研究在继续深入前人所做的研究的同时，还应该开展生理生化、遗传和综合评价指标等方面的工作，以便能够深入和全面的了解野牛草抗旱的机理。因为野牛草种内有很大的遗传差异，所以品种间蒸散量差异的研究也是选育抗旱型野牛草品种的一个基础。

3.2 野牛草有一定的抗寒性，国内外这方面的研究不多。在生理、染色体水平上和品种间，野牛草的抗寒性都有差异，只有通过深入的研究，才能真正认识它的抗寒性机理，并从中选育出更好的抗寒性品种，扩大其利用范围。

3.3 野牛草草坪病虫害很少，但是一旦感染病虫害，就会对植株产生严重的危害性。野牛草品种间的抗病虫性有所不同，雌性和雄性植株的抗叶病虫性也不同。到目前为止，野牛草抗病虫性的工作还没有广泛开展，需要深入地从形态结构、生理机制和遗传差异等方面进一步研究。应该对野牛草易感染的病虫害有针对性的展开研究，以减少生产利用上的损失。

3.4 野牛草有较好的耐盐性，它的耐盐性机制目前还不清楚。野牛草本身有丰富的耐盐性遗传变化，这为选育耐盐性野牛草品种提供了条件。在国内，野牛草耐盐性生理指标的测定还没有开始，按照前人的工作经验，应该从叶片相对含水量、细胞膜透性、游离脯氨酸积累量、相对水势和根系相对活力等方面开始进行研究。野牛草特异性耐盐性功能结构的研究也是其抗盐性机制研究的一个重要方向。

3.5 野牛草稍耐修剪、稍耐荫和有选择性的抗除草剂性能是应该综合利用的良好特性，在这方面国内外研究的不多，应该给予应有的重视，从而提高野牛草的综合利用能力。

总的看来，野牛草有较好的草坪性状和观赏价值，是一种有优良综合抗性的暖季型草坪草，最大的特点是抗旱性强。野牛草引入我国，成功引种后被广泛种植，20 世纪 90 年代以前几乎占园林草坪总面积的 90% 以上，但进入 90 年代以后，随着绿期长的冷季型草坪的大量引进和种植，野牛草逐年减少。由于冷季型草坪耗水量大，所以在北方干旱少雨的城市种植造价要比野牛草高，野牛草成为北方绿化和缺水地区绿化及水土保持的首选草种。随着研究工作的不断深入，野牛草的利用也会越来越广泛。

参考文献

[1] 唐梁楠．优质草坪植物野牛草．农家顾问，2002；7：51～52

[2] Wu，L.，A. H. Harivandi，and V. A. Gibeault. 1984. Observations on buffalograss sexual characteristics and potential for seed production improvement [Buchloe dactyloides] inflorescence variation. Hort Science 19：505～506

[3] Johnson P G，T P Riordan，1998. Ploidy level determinations in buffalograss clones and populations. Crop Sci.，38（2）：478～482

[4] Johnson P G，Kevin E Kenworthu et al.，2001. Distribution of buffalograss polyploidy variation in the southern Great Plains. Crop Sci.，（41）：909～913

[5] Kenworthy K E，Auld D L，Wester D B et al. Evaluation of buffalograss germplasm for induction of fall dormancy and spring green-up. Journal of Turfgrass Management，1999；3（1）：23～42

[6] Beard J B，Kim K S. Low-water use turfgrasses. U. S. G. A. Green Section Record，1989；27：12～13

[7] 赵炳祥．草坪水分需求与调控机理的研究．北京：中国科学院博士学位论文，2002

[8] Kenna M P，Horst G L. Turfgrass water conservation and quality. In：Carrow R N，Christians N E，Shearman R C（ed.），International Turfgrass Society research journal 7，Intertec Publishing Corp.，Overland Park，Kansas，1993，99～113

[9] 张新民，胡林，边秀举等．北方常用草坪草蒸散量差异及耗水性评价．草业学报，2004；13（1）：79～83

[10] 孙强，韩建国，姜丽等．草坪蒸散量及水分管理的研究．草地学报，2004；12（1）：51～56

[11] Beard J B. An assessment of water use by turfgrass. In：Gibeault V A and Cockerham S T ed. Turfgrass water conservation. Publ. 21405. Univ. of California，Rever～side. 1985：45～60

[12] 李保国，龚元石，左强等．农田土壤水的动态模型及应用［M］．北京：科学出版社，1999

[13] 王孟本，李洪建．黄土高原人工林水分生态研究［M］．北京：中国林业出版社，2001

[14] Bowman D C 等. Comparative evapotranspiration of seventeen buffalograss（Buchloe dactyloides（Nutt.）Engelm.）genotypes. Journal of Turfgrass Management，1998；2（4）：1～10

[15] 张新民，孙新章，胡林等．北京地区常用草坪草的耗水规律及适宜灌溉量研究［M］．农业工程学报，2004，20（6）：77～80

[16] 高凯，刘自学，胡自治等．不同草种单播草坪蒸散量的研究［M］．草原与草坪，2004；2：43～46

[17] Feldhake C K，Danielson R E and Butler J D. Turfgrass evapotranspiration，I. Factors influencing rate in urban environment. Agron. J.，1983，75：824～830

[18] Krogman K K. Evapotranspiration by irrigation grass as related to fertilizer. Can. J. Plant Sci.，1967，47：281～287

[19] Madison J H，Hagan R H. Extraction of soil moisture by Merion bluegrass（Poa pratensis L. 'Merion'）turf，as affected by irrigation frequency，mowing height，and other cultural operations. Agron. J.，1962，54：157～160

[20] Springer T L, Taliaferro C M. Nitrogen fertilization of buffalograss. Crop-Science. 2001, 41 (1): 139~142

[21] Larcher Walter（著），翟志席等译. 植物生态生理学（第五版）. 北京：中国农业大学出版社，1997

[22] 郑群英，刘自学. 六种草坪草的叶片气孔形态和数量特征比较研究. 甘肃农业大学学报. 2003，.38 (2)：158~162

[23] 林植芳，李双顺，林桂珠. 叶片气孔的分布与光和途径 [J]. 植物学报，1996，28 (4)：387~395

[24] CasnoffD M, Green R L and Beard J B. Leaf blade stomatal densities of tenwarm-seanson perennial grasses and their evapotranopiration rates, In: Tadatoh H ed, Proc. 6th Lntl Turfgrasss. Conf., Todyo, July1989, Jpn. Soc, TurfgrassSci, m1989, p. 129~131

[25] Upadhyaya S K, Rand R H, Cooke J R. Role of stomatal oscillations on plant productivity and water use efficiency. American Society of Agricultural Engineers. ASAE Pap 81~4017

[26] 张志国. 草坪建植与管理. 山东：山东科学技术出版社，1998

[27] Qian Yi, Fry J D, Upham W S. Rooting and drought avoidance of warm-season turfgrasses and tall fescue in Kansas. Crop-Science, 1997; 37 (3): 905~910

[28] Huang BingRu, Huang B R. Water relations and root activities of *Buchloë dactyloides* and *Zoysia japonica* in response to localized soil drying. Plant and Soil, 1999; 208 (2): 179~186

[29] McKenney C B, Zartman R E. Response of buffalograss and bermudagrass to reduced irrigation practices under semiarid conditions. Journal of Turfgrass Management. 1997, 2 (1): 45~54

[30] 李德颖. 野牛草雌雄单性植株对水分胁迫反应的差异. 园艺学报，1996，23 (1)：62~66

[31] Bjorn M and Thorstenson Y R. Stable carbon isotope composition (δ13C), water use efficiency, and biomass productivity of Lycopersicon esculentum, *Lycopersicon pennellii*, and the F1 hybrid. Plant Physio., 1988 (88): 213~217

[32] 林光辉，柯渊. 稳定同位素技术与全球变化研究. 现代生态学讲座. 李博主编. 北京：科学出版社，1995，161~188

[33] Fraquhar G D and Richards R A. Isotopic composition of plant carbon correlates with water-use efficiency of wheat genotypes. Aust. J. Plant Physiol., 1984 (11): 539~552

[34] Wright G C, Hubick K T and Farguhar G D. Discrimimation in carbon isotopes of leaves correlates with water-use efficiency of field-grown peanut cultivars. Aust. J. Plant Physiol., 1988 (15): 815~825

[35] Hubick K T, Farquhar G D and Shorter R. Correlation between water-use efficiency and carbon isotope discrimination in diverse peanut (Arachis) germplasm. Aust. J. Plant Physiol. 1986 (13): 803~816

[36] Qian Y L, Engelke M C. Performance of five turfgrasses under linear gradient irrigation. HortScience, 1999, 34 (5): 893~896

[37] Carrow R N. Drought resistance aspects of turfgrass in the southeast: evapotranspiration and crop coefficients. Crop Sci., 1995, 35: 1685~1690

[38] Kopec D M, Shearman R C, Riordan T P. Evaportranspiration of tall fescue turf. HortScience, 1988, 27 (2): 300~301

[39] Qian Y L et al. Estimating turfgrass evapotranspiration using atmometers and the penman-monteith model. Crop Sci., 1996, 36: 699~704

[40] 葛晋刚等. 7种暖季型草坪草抗旱性评价及其生理机制的初步研究. 江苏林业科技，2004；31 (2)：12~15

[41] Qian Y L, Fry J D. Water relations and drought tolerance of four turfgrasses. American Society for Horticultural Science (USA), 1997; 122 (1): 129~133

[42] 刘德立. 超氧物歧化酶与植物抗逆的关系. 华中师范大学学报，1993；27 (1)：83~85

[43] Cakmak Ismall, Horst W J. Effect of aluminium on lipid peroxidation, superoxide dismutase, catalase, and peroxidase activities in root tips of soybean. Physiologia Plantarum. 1991; 83: 463 ~ 468
[44] 沈惠娟. 渗透胁迫下多效唑对刺槐细菌体内多胺、脯氨酸和保护酶系统的影响. 植物生理学报, 1993; 19 (1): 53 ~ 60
[45] 李棉树. 干旱对玉米叶片细胞透性及膜脂的影响. 植物生理学报, 1983; 9 (3): 223 ~ 228
[46] 曹仪植. 水分胁迫下植物体内游离脯氨酸的累积及 ABA 在其中的的作用. 植物生理学报, 1985; (11): 9 ~ 16
[47] Lerry D. Water deficit enhancement of proline and amino nitrogen accumulation in potato plants and its association with susceptibility to drought. Physiol. Plant, 1983; 57: 169 ~ 173
[48] Lrigoyen J J, Emerich D W. Water stress induced changes in concentrations of proline and total soluble sugars in nodulated alfalfa (Medicago sativa) plants. Physiologia Plantarum. 1992; 84: 55 ~ 60
[49] 马宗仁, 刘荣堂. 牧草抗旱生理学. 兰州大学出版社, 1993
[50] 胡荣海. 农作物抗旱鉴定方法和指标. 作物品种资源, 1986; (4): 36 ~ 38
[51] 黎裕. 作物抗旱教室方法和指标. 干旱地区农业压研究, 1993; 11 (1): 91 ~ 98
[52] 石大伟. 作物抗旱性指标的探讨. 干旱地区农业研究, 1984; (2): 54 ~ 36
[53] 高吉寅. 国外抗旱性筛选方法的研究. 国外农业科技, 1983; (7): 12 ~ 15
[54] 郭耀煌, 贾建民. 综合评价与排序. 系统工程理论与实践, 1990; 8 (2): 26 ~ 30
[55] 马宗仁, 阵宝书. 甘肃地方苜宿品种地理性分布与抗旱性关系的研究. 甘肃农业大学学报, 1993; 10 (6): 6 ~ 8
[56] 张文军, 齐艳红, 王德轩. 小麦苗期抗旱性决策评价和抗旱指标计算. 干旱地区农业研究, 1991; (2): 100 ~ 105
[57] 龚明. 作物抗旱性鉴定方法与指标及其综合评价. 云南农业大学学报, 1989; (1): 32 ~ 35
[58] 马宗仁, 阵宝书, 惠文. 甘肃省地方苜宿品种形态与抗旱性关系的研究. 甘肃农业大学学报, 1993; (2): 116 ~ 118
[59] 兰巨生. 作物抗旱指数的概念和统计方法. 华北农学报, 1990; 5 (2): 20 ~ 25
[60] 高宁. 16 种 (品种) 寒地型草坪草抗旱性及评定方法初探. 八一农学院学报, 1995; 18 (1): 68 ~ 71
[61] 李糙哲. 10 种苜蓿品种幼苗抗旱性的研究, 中国草地, 1991; (3): 1 ~ 3
[62] Frank K W. Date of planting effects on seeded turf-type buffalograss. Crop Science, 1998; 38 (5): 1210 ~ 1213
[63] Johnson P G et al. Distribution of buffalograss polyploidy variation in the southern Great Plains. Crop Science, 2001; 41 (3): 909 ~ 913
[64] Ball S. Soluble carbohydrates in two buffalograss cultivars with contrasting freezing tolerance. Journal of the American Society for Horticultural Science, 2002; 127 (1): 45 ~ 49
[65] Johnson Cicalese J et al. Identification of Mealybug (Homoptera: Pseudococcidae) resistant turf-type buffalograss germplasm. Journal of Ecconomic Entomology, 1998; 91 (1): 340 ~ 346
[66] Baxendale F P. Blissus occiduus (Hemiptera: Lygaeidae): a chinch bug pest new to buffalograss turf. Journal Economic Entomology, 1999; 92 (5): 1172 ~ 1176
[67] Tisserat N et al. Spring dead spot of buffalograss caused by *Ophiosphaerella* herpotricha in Kansas and Oklahoma. Plant Disease, 1999; 83 (2): 199
[68] Quinn J A. Evolution of dioecy in *Buchoë dactyloides* (Graineae) tests for sex-specific vegetative characters, ecological differences, and sexual inchepartitioning. American. Journal of Bot, 1991 78 (4): 481 ~ 488
[69] Jackson M B. Micronutrient toxicity in buffalograss. . Journal of Turfgrass Management (USA), 1995; 18

(6): 1337 ~ 1349

[70] 刘文菊，徐兰义，王勋陵．盐分对植物结构的影响．草业学报，1993; 2 (1): 78 ~ 80

[71] Wu L, Lin H. Salt tolerance and salt u ptake indiploid and polyploid buffalograsses (Buchloe dactyloides). Jounal of plant nutrition (USA), 1994; . 17 (11): 1905 ~ 1928

[72] Lin Hong; Wu Lin, Lin H, Wu L. Effects of salt stress on root plasma membrane characterics of salt-tolerance and salt-sensitive buffalograss clones. Environmental and Experimental Botany, 1996; 36 (3): 239 ~ 254

[73] 刘春华，苏加楷，黄文惠．禾本科牧草5个耐盐生理指标的研究．草业学报，1993; 2 (1): 45 ~ 54

[74] Johnson P G et al. Low-mowing tolerance in buffalograss. Crop Science, 2000; 40 (5): 1339 ~ 1343

[75] Mintenko A S, Smith S R, Cattani D J. Turfgrass evaluation of native grasses for the Northern Great Plains Region. Crop Science, 2002; 42 (6): 2018 ~ 2024

[76] Kim K S, Beard J B. Comparative turfgrass evapotranspiration rates and associated plant morphological characteristics. Crop Science, 1988; 28 (2): 328 ~ 331

[77] Wu L. Buffalograss turf performance and management in shade. California Turfgrass Culture, 1990; 40: 1 ~ 4

[78] Morton S J, Engelke M C, White R H. Performance of four warm-season turfgrass genera cultured in dense shade. I. Buchloe dactyloides and Eremochloa ophiuroides. Progress Report Texas Agricultural Experiment Station, 1991, publ. 1992: 4881 ~ 4921

[79] Erusha K S. A device to measure turfgrass load bearing capacity under field conditions Crop-science, 1999; 39 (5): 1516 ~ 1517

[80] Dotray P A. Established and seeded buffalograss tolerance to herbicides applied preemergence. Crop-science, 1999; 39 (5): 1516 ~ 1517

[81] McCarty L. B, Colvin D L. Buffalograss tolerance to postemergence herbicides. HortScience (USA). 1992; 27 (8): 898 ~ 899

[82] Fry J D, Upham W S. Buffalograss seedling tolerance to postemergence herbicides. HortScience, 1994; 29 (10): 1156 ~ 1157

[83] 李德颖．野牛草种子休眠机理初探．园艺学报，1995; 22 (4): 377 ~ 380

[84] Kalton R R. Size of caryopsis in buffalograss as related to their germination and longevity. Iowa State J Sci, 1959; 34: 47 ~ 80

[85] 康黎芳，王云山，李立新．草坪草叶面喷施尿素的耐受性及吸收作用．山西农业科学，1996; 24 (1): 50 ~ 52.

[86] Kenworthy K E. Evaluation of buffalograss germplasm for induction of fall dormancy and spring green-up. Journal of Turfgrass Management, 1999; 3 (1): 23 ~ 42.

作者简介：周禾（1955 ~），男，教授，博导，中国草学会秘书长，草坪专业委员会副主任兼秘书长，主要从事草坪学的教学与科学工作。

3 国外草坪杂草化学防除技术的某些进展

张志国　张　勇

（山东农业大学资源与环境学院，山东泰安　271018）

摘要：本文从应用角度介绍了目前国外草坪杂草化学防除技术的某些进展，希望对我国的草坪杂草防除有一定的参考价值。

关键词：草坪　杂草　化学防除

化学防除作为草坪杂草防除的重要辅助手段，具有经济、简便、有效的优点。本文根据国外有关的研究报道，介绍国外在草坪杂草化学防除方面的技术现状，以期能够为我国建植高质量的草坪，更经济有效地防除草坪杂草提供参考。

根据防治特点可将草坪杂草分为 3 类：夏季一年生禾本科杂草、阔叶杂草和多年生（二年生）杂草。一般情况下，一年生杂草和两年生杂草主要用芽前型除草剂防除，而多年生杂草主要用芽后型除草剂来防除[1]。

1 芽前型除草剂的选则和应用

1.1 应用芽前型除草剂的注意事项

芽前型除草剂在杂草种子发芽前施用，抑制种子的萌发。如果在杂草萌发后施用，其除草效果就会大大降低。因此确定适宜的施药期是使用芽前型除草剂的关键所在[2,3]。

施药时间不当是造成芽前型除草剂防效不高的主要原因之一[4,5]。因为马唐等一年生杂草在春季土壤温度持续保持在 12.7℃时开始发芽，而一年生早熟禾等两年生杂草在初秋温度降到 12.7℃时开始发芽[5]。因此使用芽前型除草剂防除夏季一年生杂草应当在早春时施药，防除两年生杂草应当在夏末施药，效果最好[1,6]。

确定适宜的施药期有许多方法。最为可靠的是测定土壤温度[4,7]。尽可能地测定表层土壤温度，因为表层土壤中含有大量的杂草种子。要在早晨测定全天能够接受太阳直射地方的土壤温度。当土壤温度能够连续 3 天超过 10～13℃时，就应该施药了。有些人应用连翘属（*Forsythia*）植物的开花作为指示物，通常非常有效，正确的指示是花瓣的凋落，而不是初花。如果你在初花时就施药，除草剂的防效就有可能不能持续到整个杂草萌发期结束[5,7]。如果杂草是牛筋草可以稍晚些，因为牛筋草发芽要比其他杂草（如马唐（*Digitaria sanguinalis*（L.）Scop.））的发芽晚大约 3 周[7]。牛筋草（*Eleusime indica*（L.）Gaertn.）一旦条件适宜，就会从夏季到秋季持续发芽，一次使用芽前型除草剂不可能防除整个夏季的牛筋草，这就需要进行第二次施药，一般在第一次施药后 7～8 周后进行，药量为第一次的一半。第二次施药可以保证土壤中的除草剂达到防除整个夏季的杂草的水平[7]。

芽前型除草剂还可以在秋季施药，秋季施药可以保证除草剂在土壤中适时保持除草活性。1967 年，美国宾夕法尼亚州大学在 12 月 7 日施用敌稗，进行了第一次秋季施用芽前型除草剂防除次年杂草的试验。在这次试验中，秋季施药的杂草防除效果和次年春天施药的除草效果相同。自从20世纪80年代中期以来，相当数量的研究表明晚秋使用除草剂可以很有效的防除杂草，尤其是残效期长的除草剂，如氨基丙氟灵（Prodiamine）和氟硫草定（Dithiopyr）效果更佳[4,5]。秋季用药有助于减少春季的工作量，还可以避免施药时间难以确定的问题。然而秋季用药也有其不足之处，尤其是秋季用药易造成草坪质量下降，必须在春季进行草坪复状。关于秋季使用芽前型除草剂后草坪春季覆播复状的研究发现，覆播多年生黑麦草（*Lolium perenne* L.）通常会成功。然而，在这种情况下覆播匍匐翦股颖不会成功。覆播草地早熟禾（*Poa pratensis* L.）还可以。另外秋季用药的防效不如春季用药好。最近，研究表明春季在适当的时期使用芽前型除草剂，有效性好，安全性高[5]。

如果防除的是夏季杂草，要在春季施药；但如果要防除冬季杂草，在秋季施药效果最佳[8]。研究表明在9月中旬施药，增加了对当年冬季和次年春天早熟禾的防效，而且可以同时防除一些阔叶杂草，如繁缕（*Stellaria media*）、宝盖草（*Slamium amplexicaule* Linn.）和婆婆纳（*Veronica didyma* Tenore）。

土壤湿度对芽前型除草剂的防效影响很大[5]。施药后，50mm的降雨或灌溉能够增加芽前性除草剂活性[3]。这样可以使药剂在土壤表层形成封闭层，阻止杂草出土，或者使药剂迅速到达土壤的根系分布层，减少有效成分的挥发或降解[7,9]。

芽前型除草剂通常需要重复用药。当暴露在环境中时，许多除草剂开始降解。通常需要60~75天，土壤中的除草剂就会降解到不能抑制杂草种子萌发的水平。重复用药的间隔一般是8~10周，以便延长杂草防除的有效期[3]。

为防止一次用药药效不能持续整个杂草种子萌发期，也可以分成两次使用（通常第二次的使用量是第一次的一半）[5,7,10,11]。另一种解决难以确定施药期的方法就是应用氟硫草定，它具有相对较好的芽后型除草活性（至少在马唐开始分蘖之前有效）[5,10]。不过氟硫草定主要还是作为芽前型除草剂应用[5]。

1.2 芽前型除草剂的选择

许多芽前型除草剂可以防除单子叶杂草，也有防除阔叶杂草的[12]。大部分芽前型除草剂可同时防除单、双子叶杂草。防除阔叶杂草的除草剂有主要有异亚草胺（Isoxaben）；其他芽前型除草剂主要有：环草隆（Tupersan）、二氯喹啉酸（Quinclorac）、二甲戊乐灵（Pendulum）、氟硫草定（Dithiopyr）、氟草胺（Benefin）、黄草消（Oryzalin）、农思它（Oxadiazon）和氨基丙氟灵（Prodiamine）等（表1）。

1.2.1 播后苗前可应用的芽前型除草剂

环草隆和二氯喹啉酸可以在草坪种子播后萌前中应用。其他除草剂必须在播种前3周或新建草坪修剪3次后施药[13]。

近40年来，春末或夏初建植冷季型草坪时，环草隆（Tupersan）一直是首选除草剂，它可以有效地控制狗尾草（*Setaria viridis*（L.）Beauv.）、马唐和稗草（*Echinochloa crusgalli*（L.）Beauv. Var.），而不影响草坪种子的萌发[14,13]，但这种除草剂不能防除阔叶杂草和许多难以防除的杂草，如牛筋草和黍（*Panicum* L.）[13]。由于环草隆不具备芽后除草的能力，所以应在播种后、夏季一年生单子叶杂草萌发前施药[14]。适用草坪草为：匍匐翦股颖（*Agrostis stolonifera*）、羊茅属（*Festuca* L.）草坪草、多年生黑麦草和草地早熟禾，但不能用于以种子繁殖或匍匐枝繁殖的暖季型草坪上，如狗牙根（*Cynodon dactylon*（L.）Pers）[13]。

环草隆可以和基肥混用，还可以和喷播相结合，同时完成种子、肥料、芽前型除草剂、水和覆盖物的操作[14,15]。

表1 草坪用主要芽前型除草剂

Table 1 The preemergernt herbicides used in turf

除草剂 Herbicide	防除对象 Weed problem	适用草坪草 Turf	施药时间 Dealing time
环草隆 (Tupersan)	马唐、稗草等	匍匐翦股颖、羊茅属草坪草、多年生黑麦草、草地早熟禾	播后萌前
二氯喹啉酸		野牛草、普通狗牙根、杂交狗牙根、多年生黑麦草、高羊茅、结缕草	
氟硫草定 (Dithiopyr)	四叶期以下的马唐，也可防除牛筋草、繁缕、大戟和其他一年生恶性单、双子叶杂草		
氨基丙氟灵 (Prodiamine)	牛筋草、一年生早熟禾		
二甲戊乐灵 (Pendimethalin)	大多数单子叶	多年生黑麦草、羊茅属、早熟禾、结缕草等	草坪成坪后
农思它 (Oxadiazon)	双子叶杂草		
异亚草胺 (Isoxaben)	蒲公英、三叶草、车前草等阔叶杂草		

除了环草隆外，二氯喹啉酸也可以在播种时施用，还可以在播后萌前使用，能够有效防除马唐和其他一些杂草[16]。可用于早熟禾（*Poa annua* L.）、多年生黑麦草、野牛草（*Buchloë dactyloides*）、狗牙根、多年生黑麦草、高羊茅（*Festuca arundinacea* Schreb.）和结缕草（*Zoysia japonica* Steud.）等新建草坪上；也可以在播种前7天施药，用于匍匐翦股颖、细羊茅（*Festuca rubra* var. commutata Gaud）和草地早熟禾等草坪的杂草防除[13]。

1.2.2 成熟草坪中可应用的芽前型除草剂

许多芽前型除草剂可有效防除阔叶杂草，其中异亚草胺杀草谱最广[17,8]。它兼具有芽前和芽后除草的功能[3]。必须在阔叶杂草萌发前使用，可有效防除蒲公英、三叶草、车前草等阔叶杂草。为了同时防除一年生早熟禾、马唐等一年生单子叶杂草，它可以与氨基丙氟灵、氟硫草定、二甲戊乐灵、黄草硝等其他芽前型除草剂混用[17,8]。

氟硫草定可芽前芽后防除草坪中的四叶期以下的马唐，也可防除牛筋草、繁缕和其他一年生恶性单、双子叶杂草，其持效期可达3个月以上[10]。氟硫草定是一种根系抑制剂，影响根系细胞分裂。只能在新建草坪第二次修剪后或在成熟草坪，即根系已经发育完全的草坪中应用，可用在大多数冷季型和暖季型草坪上，但对有些栽培变种敏感，尤其是翦股颖和细羊茅，注意查看产品说明[10]。

氨基丙氟灵（Prodiamine）也具有后效作用，可在新建草坪第二次修剪后或在成熟草坪中防除未萌发的牛筋草和一年生早熟禾[13]。

二甲戊乐灵是一种广谱芽前型除草剂，防除大多数单子叶和双子叶杂草，包括马唐，牛筋草、狗尾草和大戟。二甲戊乐灵可用于大多数冷季型和暖季型草坪中。

一年生早熟禾是二年生恶性杂草，除了以上防除单子叶的芽前型除草剂外，其他除草剂，如拿草特（Pronamide）、乙呋黄草（Ethofumesate）、宝成（rimsulfuron）也具有较好的芽前芽后防除效果。但必须谨慎应用。例如乙呋黄草应当用在完全休眠的狗牙根草坪中，否则将会使狗牙根过早休眠；另外在坡地的草坪中应用拿草特和宝成（rimsulfuron）时，应注意他们的易移动性[8]。

2　芽后型除草剂的选择和应用

芽后型除草剂一般只对已经出苗的杂草有效。苗期杂草（2～4叶期）和旺盛生长的杂草对这类除草剂最为敏感，防除所需要的药量也最少。这一时期除草剂的吸收和传导都很理想，杂草也没有充分发育，根系也较弱。用药稍晚就会影响药剂在目标植物中的传导，增加防除难度。芽后型除草剂应当仅在杂草旺盛生长期使用。杂草主要在4.4℃～26.7℃时旺盛生长。在这一温度范围之外施药，药效太慢，既不能有效除草，也容易对草坪草产生危害[3,17]。

2.1　新建草坪中芽后型除草剂的选择和应用

在草坪建植期，应用芽后型除草剂来防除杂草是一种理想的方法，可以促使草坪尽快成坪，占有空间、增加密度、增强与杂草的竞争力[14]。而且，等到草坪足够成熟后再施药，此时草坪对除草剂有了一定的抗性。一般修剪3次后再施药比较安全[14,15,4]。

对新建草坪最安全的除草剂是溴苯腈（Bromoxynil），这种除草剂对于大多数新建草坪都是安全的，不会伤害草坪草幼芽，可以防除刚萌发的阔叶杂草，尤其是一年生的阔叶杂草。但要注意溴苯腈对成熟的阔叶杂草无效[14,18]。

二氯喹啉酸是一种芽后型除草剂，可以有效的选择性防除单、双子叶杂草，尤其是马唐、狗尾草、白三叶和蒲公英[14,17]。二氯喹啉酸可以应用到大多数新建草坪中，在一年生早熟禾、野牛草、普通狗牙根、杂交狗牙根、高羊茅和结缕草草坪上，可以在种子萌发7天后施用；对于其他草坪种类，包括匍匐翦股颖、细羊茅、草地早熟禾和多年生黑麦草，可以在萌芽后28天施用。二氯喹啉酸除能防治许多已萌发的单子叶杂草和双子叶杂草外，还能对一些未萌发的双子叶杂草和单子叶杂草，如马唐和狗尾草，起到封闭作用。还可以将其与2，4-D、定草酯、二氯皮考啉酸、二甲四氯、二甲四氯丙酸等其他阔叶杂草除草剂混用，来扩大杀草谱。

乙呋黄草（Ethofumesate）是惟一可以在冷季型草坪上防除萌后一年生早熟禾的除草剂，主要用在多年生黑麦草、草地早熟禾、匍匐翦股颖、高羊茅中，低剂量时可用于钝叶草和休眠狗牙根中。在一年生早熟禾萌发的高峰期施药，再在入冬前重施一次，在秋季可能效果不明显，但来年春季效果会非常明显[6]。对于高羊茅品种可以在播种前、播种时或播种后的任何时候施用乙呋黄草；对于多年生黑麦草，可以在草坪种子萌发2周后施用；对于草地早熟禾，则必须在草坪种子萌发8周后施用。如果一年生早熟禾在春天就萌发比较多，则必须用乙呋黄草来防除了[13]。

2.2　成熟草坪中芽后型除草剂的选择和应用

对于成熟草坪中的杂草防除，应用较广的除芽后型除草剂二氯喹啉酸、乙呋黄草外，还有防除单子叶杂草的有机砷类除草剂吡氟禾草灵（Fluazifop）、唑禾草灵（Fenxoaprop）、氟硫草定（Dithiopyr）、拿捕净（Sethoxydim）和氯磺隆（Chlorosulfuron）等；防除阔叶杂草的苯氧基类除草剂，如2，4-D、2，4-D丁酯、2，4-D丙酸、二甲四氯（MCPA）、二甲四氯丙酸（MCPP）和麦草畏（Dicamba）等[4,3]和近年来才应用于草坪的定草酯（Triclopyr）、二氯皮考啉酸（Clopyralid）[19]（表2）。

表2 草坪用主要芽后型除草剂

Table 2 The postemergernt herbicides used in turf

除草剂 Herbicide	防除对象 Weed problem	适用草坪草 Turf	施药时间 Dealing time
溴苯腈（Bromoxynil）	刚萌发的阔叶杂草	各种单子叶草坪草	阔叶杂草港萌发时用药
二氯喹啉酸（Quinclorac）	马唐、狗尾草、白三叶、蒲公英	野牛草、普通狗牙根、杂交狗牙根、多年生黑麦草、高羊茅、结缕草	种子萌发7天后
乙呋黄草（Ethofumesate）	一年生早熟禾	高羊茅	播种前、播种时或播种后的任何时候
		多年生黑麦草 草地早熟禾	草坪种子萌发2周后草坪种子萌发8周后
唑禾草灵（Fenoxaprop）	一年生单子叶杂草和狗牙根	草地早熟禾、细羊茅、结缕草和多年生黑麦草	在草坪草萌发4星期后施用
甲胂一钠（MSMA）	牛筋草、莎草科杂草	多年生黑麦草、羊茅属、早熟禾等	在第三次修剪后施用
2，4-D	双子叶杂草，但对白三叶、繁缕、马齿苋等不敏感	各种单子叶草坪草	
2甲4氯丙酸（MCPP）	三叶草和繁缕等		
麦草畏（Dicamba）	蓼科杂草 马齿苋和大戟	大多数单子叶草坪草，在剪股颖、假俭草和钝叶草中应用应要严格按照说明使用	至少修剪2次后
二氯皮考啉酸（Clopyralid）	三叶草、蓟和凤梨草	多年生黑麦草、羊茅属、早熟禾、结缕草等	
定草酯（Triclopyr）	欧亚活血丹、酢浆草	除剪股颖外的冷季型草坪	
吡氯黄隆（Halosulfuron）	一年生扩叶杂草 莎草科杂草	多年生黑麦草、羊茅属、早熟禾、结缕草等	播种前两周或等草坪成坪或根系发达后
吡氟禾草灵（Fluazifop）	一年生单子叶杂草和狗牙根	高羊茅和结缕草	
氟硫草定（Dithiopyr）	马唐、牛筋草、繁缕、大戟等一年生杂草	多年生黑麦草、羊茅属、早熟禾、结缕草等	草坪成坪后
拿捕净（Sethoxydim）	一年生单子叶杂草	假俭草、细羊茅	
氯磺隆（Chlorosulfuron）	阔叶杂草	草地早熟禾、细羊茅草	

2.2.1 单子叶杂草的防除

有机砷除草剂主要有甲砷一钠（MSMA）、甲砷钠（DSMA）和双甲基砷酸钙（CMA）等。在多数冷季型草坪中施用时，除草剂剂型和用量是很重要的，否则可产生严重的药害[3]。有机砷类除草剂能够防除已萌发的马唐，一般需要重复用药，尤其是当马唐分蘖之后。有机砷除草剂可能会使草坪变黄或产生灼伤，例如高羊茅，但这种伤害只是暂时的，一周或两周后即可恢复。有些厂家将有机砷除草剂与防除阔叶杂草的除草剂混合，如2，4-D可以同时防除阔叶杂草、单子叶杂草和莎草科（*Cyperaceae*）杂草[10]。

吡氟禾草灵可用在高羊茅和结缕草草坪上来控制一年生单子叶杂草和狗牙根。应当在春季杂草较小或夏季之前应用[3]。

唑禾草灵可用来防除草地早熟禾、细羊茅、结缕草和多年生黑麦草中的一年生单子叶杂草和狗牙根。春季施药最好，施药时草坪不能受干旱和热胁迫[11,10]。唑禾草灵可能造成某些草坪草如草地早熟禾的黄化，但很快便可恢复。唑禾草灵不能防除阔叶杂草和莎草科杂草，与防除阔叶杂草的除草剂，如2，4-D、麦草畏、定草酯等混用时会降低对马唐的防除效果；可以先施用唑禾草灵，一周或两周后再使用防除阔叶杂草的除草剂，就可避免这种情况。唑禾草灵可以防除分蘖后的马唐，但要增加药量。由于唑禾草灵残效期很短，所以要达到长期防除马唐的目的，可以和芽前型除草剂混用[10]。

氟硫草定可芽前芽后防除草坪中四叶期以下的马唐，也可防除牛筋草、繁缕、大戟和其他一年生恶性单、双子叶杂草。

拿捕净防除假俭草（*Eremochloa ophiuroides*）和细羊茅草坪中的许多一年生单子叶杂草。春季应用最好，此时温度低，杂草较小，容易防除[3]。

氯磺隆（Chlorosulfuron）可选择性地防除草地早熟禾和细羊茅草坪中的高羊茅。低剂量和点处理可以降低草坪药害[3]。

2.2.2 阔叶杂草的防除

苯氧基类除草剂是选择性内吸性广谱除草剂[3]。虽然苯氧基类除草剂的作用机制相似，但他们的有效性存在差别。通常厂家总是提供由不同成分相互混合而成的产品[19]。

2，4-D在20世纪40年代开始应用，是一种应用历史最长，应用最广泛的除草剂。胺类是常用的化合物类型，但挥发性太强，酯类挥发性较弱，在早春和初秋除草效果也较好，但要注意当温度超过29.4℃时不要使用。酯类2，4-D也可以用来防除野蒜和野葱[15,19]。白三叶、繁缕、马齿苋（*Portulaca oleracea* L.）和欧亚活血丹对2，4-D不敏感。在新建草坪上要限制或避免应用2，4-D，在翦股颖、假俭草和钝叶草上也是如此。然而有些厂家可以将2，4-D转化成其他类型的除草剂，可以在以上草坪中应用，详见产品说明书[19]。

二甲四氯和二甲四氯丙酸化学结构和杀草谱相似，农药生产厂家常常将它们与2，4-D混合。二甲四氯和二甲四氯丙酸虽然杀草谱没有2，4-D的广，但能够防除几种重要的杂草，如三叶草（*Trifolium repens* L.）和繁缕[19]。

麦草畏是安息香酸类除草剂，作用方式与苯氧基除草剂类似。麦草畏可以防除许多阔叶杂草，有几种杂草是2，4-D和二甲四氯丙酸所不能防除的。尤其是可以防除具有匍匐习性的杂草，如蓼科（Polygonaceae）杂草和马齿苋等。麦草畏对欧洲活血丹（*Glechoma Hederasecea* L.）的防效也高于苯氧基类除草剂。当在翦股颖、假俭草和钝叶草（*Stenottaphrum secundatum*）中应用麦草畏时要谨慎，因为这几种草坪草对麦草畏非常敏感[19]。

定草酯是一种相对较新的除草剂，杀草谱没有2，4-D、二甲四氯和二甲四氯丁酯广泛，但可以防除这3种除草剂不能防除的杂草，它在现有的除草剂中对欧亚活血丹和酢浆草（*Oxalis corniculata* L.）活性最高[19]。定草酯常常单独应用或与2，4-D、二甲四氯或二氯皮考啉酸混用来增加杀草谱[18]。定草酯不能单独以高浓度用于所有暖季型草坪和翦股颖中。但如果以低浓度与其他除草剂混用可以用于暖季型草坪中[18]。

二氯皮考啉酸也是一种较新的除草剂，可以单独应用，但常与其他除草剂混合后出售。当单独使用时，二氯皮考啉酸对于大多数冷季型和暖季型草都是安全的，杀草谱没有其他阔叶杂草除草剂的广，但可防除一些关键性杂草，如三叶草和蓟（*Cirsium arvense*（L.）Scop.）[19,20]。Confront 是一种定草酯和二氯皮考啉酸的混合物，用于暖季型草坪中[17]，对许多恶性阔叶杂草有特效[18]。

2.2.3 多年生（越年生）杂草的防除

多年生杂草难以防除，主要是因为它具有储藏养分的地下块茎、块根、匍匐茎或鳞茎。草坪中的多年生杂草主要有狗牙根、鸭茅（*Dactylis glomerata* L.）、偃麦草（*Etgtrigia repen*L.）、蒲公英（*Taraxacum mongolicum* Hand.-Mazz.）、白三叶和莎草。冬季一年生杂草主要有一年生早熟禾、野蒜（*Allium vineal* L.）、繁缕和宝盖草等[4]。

应该根据生育周期来决定施药时间。多年生杂草，如蒲公英和三叶草，在秋季抗药性最弱，也是储存越冬养分的时期，如果在秋季施药，药剂可以随着养分到达根系，达到彻底根除的目的；而在春季施药，养分流向地上枝叶，药剂很难到达根系，防效会降低[4]。

2.2.3.1 选择性除草剂

在草坪中选择性防除单子叶多年生杂草有一定难度，因为杂草和草坪草生物学性质很相似[4]。

防除多年生杂草的芽后型除草剂主要有阿特拉津（Atrazine）、西马津（Simazine）、精高恶唑禾草灵（Fenoxapropp-ethyl）、精稳杀得（Fluazifop-p-butyl）、2，4-D、甲黄隆（Metsulfuron methyl）、绿黄隆（Chlorsulfuron）等（表3）。

表3 防除草坪中多年生和二年生杂草的除草剂

Table 3 The herbicides to control perennial and biennial weed

除草剂 Herbicide	防除对象 Weed problem	适用草坪草 Turf
阿特拉津（Atrazine） 西马津（Simazine）	一年生早熟禾 冬季生阔叶杂草	假俭草、钝叶草、结缕草和狗牙根等暖季型草坪
精高恶唑禾草灵（Fenoxapropp-ethyl） 精稳杀得（Fluazifop-p-butyl）	暖季型多年生杂草	冷季型草坪
二氯喹啉酸（Quinclorac） 2，4-D	白三叶、婆婆纳、蒲公英等 蒲公英、车前草、芥菜、荠	单子叶草坪
甲黄隆（Metsulfuron methyl）	白三叶、欧亚活血丹、大戟、酢浆草	草地早熟禾、狗牙根、钝叶草、结缕草、假俭草
绿黄隆（Chlorsulfuron）	大多数阔叶杂草、高羊茅和多年生黑麦草草丛、一年生单子叶杂草的草斑，	草地早熟禾、细羊茅、翦股颖、雀稗、狗牙根
草甘膦（Glyphosate） 草胺膦（Glufosinate）	多年生恶性杂草	休眠暖季型草坪

阿特拉津和西马津是芽后防除暖季型草坪中冬季生杂草的主要除草剂，可以用在假俭草、钝叶草、结缕草和狗牙根等暖季型草坪中，防除一年生早熟禾和冬季生阔叶杂草。兼具芽前和芽后除草活性[3,8,15,17]。一年生早熟禾是温带高尔夫球场上的主要杂草之一[6]。这种除草剂的最佳施药期是仲秋（10 月和 11 月），此时杂草小，容易控制，为了防除更加完全，可以在 3 周后进行第二次施药。在一月份之后施药效果不佳。若在春季草坪返青期施药，可造成草坪草的生长暂时受抑制[3,17]。

精高恶唑禾草灵和精稳杀得可以选择性地抑制暖季型多年生杂草，如狗牙根，但不能完全杀死[4]。狗牙根是高羊茅草坪中常见的一种杂草[21]。在冷季型草坪上应用这两种除草剂时，要严根限制药量和用药时间[4]。

精高恶唑禾草灵，在春季狗牙根开始返青时使用，每 3 周用一次；夏季用药应当延长用药间隔期或减少用药量。旺盛生长的杂草很容易用精高恶唑禾草灵防除，在春季或初夏狗牙根旺盛生长期使用，但要注意在干旱或热胁迫时不要用药。在使用阔叶除草剂后 14 天内用药会降低防效。高羊茅必须在播种 4 周后使用。在施药后 24 小时内不要修剪，也不要和含苯氧基的除草剂混用[21]。

精稳杀得在施药时加 0. 25% 的非离子性表面活性剂。在春季狗牙根返青后第一次用药，第二次用药要在初秋。有时可能产生暂时的轻微药害，尤其是在炎热干旱的时候用药。两种药都会产生轻微的长期药害[21]。

二氯喹啉酸可防除白三叶、婆婆纳和蒲公英等越年生（多年生）阔叶杂草，添加甲基化种子油可以增加药剂的吸收和除草效果[10,23]。

2，4-D 可防除具有直根系的多年生阔叶杂草，如蒲公英、车前草（*Plantago depressa* Willd.）和荠（*Capsella Bursa-pastoris*（L.）Medic.）[19,24]。

甲黄隆低剂量可防除白三叶、欧亚活血丹、大戟和酢浆草。施药后至少两个月才能播种。甲黄隆可用于草地早熟禾、狗牙根、钝叶草、结缕草和假俭草草坪中，不要在草坪受胁迫或冷季型草坪在温度高于 29. 4℃时使用[19]。

绿黄隆可以在大多数草坪中点施，也可以在高尔夫球场上喷洒，可以防除大多数阔叶杂草，抑制野生紫罗兰，还可以防除多年生杂草草丛和一年生单子叶杂草的草斑，例如高羊茅和多年生黑麦草草丛。绿黄隆仅可用于草地早熟禾、细羊茅、翦股颖（修剪超过 1. 27cm）、狗牙根草坪中。绿黄隆可以与许多阔叶杂草除草剂混用来扩大杀草谱[19,23]。

2. 2. 3. 2 非选择性除草剂

对于多年生杂草来说，选用非选择性除草剂非常有效，尤其是在休眠的暖季型草坪中防除冷季型杂草。从长远来看，最好选择内吸型的除草剂，当杂草旺盛生长时施药，如果有必要，可重复用药[4,22]。非选择性除草剂一次用药可达到长期控制狗牙根的目的[21]。

非选择性除草剂，如草甘膦（Glyphosate）或草胺膦（Glufosinate），对防除多年生恶性杂草很有效。但要注意这些除草剂不但会杀死杂草，还会杀死草坪草，因此，这类除草剂应当在杂草旺盛生长时，并且有充足的时间来修复或重建草坪[18]。还可防除暖季型草坪中的冬季生杂草，必须在草坪完全休眠时使用，并且不能覆播。如果要覆播，可以在覆播前 45 天用拿草特（Pronamide）或氟草胺（Benefin）芽前型防除一年生早熟禾[25]。

3 使用除草剂应注意的几个问题

除草剂的药效受很多方面的影响，在使用除草剂之前都应当本着“先试验后使用”的原则，进行小范围内的试验，确定安全后再使用，以免造成不必要的损失。

草坪杂草化学防除只是草坪杂草防除的辅助手段之一，只靠应用除草剂不可能达到理想的防除效果。要想从根本上消除杂草的危害，最重要的就是要完善草坪管理技术，加强草坪管理，只有健康的草坪才能抵制杂草的危害。

另外在应用除草剂防除草坪杂草时，要注意防止杂草抗药性的产生，防止长期应用一种或一类除草剂，可将除草机制不同的除草剂轮用或混用，可减少杂草抗药性的产生[25]。

4 对发展我国除草剂的几点启示

（1）我国草坪业起步较晚，杂草防除技术比较落后，直接引进国外比较成熟的除草剂品种是一种快捷途径，另外在引进的基础上要积极进行除草剂的安全性研究及混用研究。

（2）积极进行杂草发生分布规律调查，为各地区杂草防除的最佳时机的确定提供依据，确保以最低的投入获取最佳的防除效果。

（3）积极进行除草机理研究，创造高活性、高安全性、高效率的除草剂品种。

（4）科研人员应及时将成熟技术公布于众，积极推动科研成果推广应用，推动我国草坪业的发展。

（5）政府部门应尽快完成药剂用于草坪杂草防除的登记，使我国的草坪化学防除规范化、有序化，从而推动草坪化学防除工作迈上新的台阶。

参考文献

[1] Jeffrey Derr. Manage grassy weeds in landscape beds ［J］. Grounds Maintenance（Overland Park），1998，33（11）：18～20

[2] Fred Yelverton. Control winter weeds pre-emergently in warm-season turf ［J］. Grounds Maintenance（Overland Park），19

[3] McCarty，Bert. Winter weed control southern style ［J］. Landscape Management，1998，37（3）：46～50

[4] Matt Fagerness. Weed control：Before you can outsmart weeds，you must first understand them ［J］. Grounds Maintenance（Overland Park），2002，37（1）：14～18

[5] Thomas L Watschke. Maximize pre-emergence control in cool-season turf ［J］. Grounds Maintenance（Overland Park），1999，34（2）：20～22

[6] Eric Kohler. Taking control：A plan of attack for Poa ［J］. Grounds Maintenance（Overland Park），2003，38（4）：32

[7] Thomas L Watschke . Timing is everything ［J］. Grounds Maintenance（Overland Park），2003，38（1）：14～20

[8] Clint Waltz. Winter weeds ［J］. Grounds Maintenance（Overland Park），2003，38（10）：45

[9] Thomas L Watschke . How irrigation affects your applications ［J］. Grounds Maintenance.（Overland Park）：2000，35（4）：C20～22

[10] Jeffrey Derr. . Crabgrass control ［J］. Grounds Maintenance（Overland Park），2003，38（1）：28～30

[11] Eric Liskey. Improve your efficiency with strategic chemical use ［J］. Grounds Maintenance（Overland Park），1998，33（10），12～16

[12] Clint Waltz. Broadleaf weed warfare ［J］. Grounds Maintenance（Overland Park），2002，37（1）：20～22）

[13] Shawn Askew. Seedling safety ［J］. Grounds Maintenance（Overland Park），2003，38（8）：22

[14] Thomas L Watschke. Standing strong [J]. Grounds Maintenance 2001, 36 (6): 38 ~ 40[1] Anonymous . How to: Establish turf from seed [J] . Grounds Maintenance (Overland Park), 2002, 37 (8): 52

[15] Jeffrey F Derr. Put the chill on winter weeds [J] . Grounds Maintenance (Overland Park), 1998, 33 (10), 33 ~ 35

[16] John C Fech. How to: Rehabilitate a lawn [J] . Grounds Maintenance (Overland Park), 1999, 34 (8): 33 ~ 36

[17] Bert McCarty. Managing broadleaf weeds in warm-season turf . Grounds Maintenance (Overland Park), 2000, 35 (2): G8 ~ 11

[18] Fermanian, Tom. Up north, you don't have to kill all the weeds [J] . Landscape Management, 1996, 35 (12)

[19] Steve Hart. Take a shot at broadleaf weeds [J] . Grounds Maintenance (Overland Park) 2001, 36 (1): 10 ~ 13

[20] David Gardner. Broadleaf weed control [J] . Grounds Maintenance (Overland Park), 2003, 38 (3): 38

[21] Anonymous. Non-selective chemicals [J] . Grounds Maintenance (Overland Park), 2003, 38 (7): 20

[22] Jeff Higgins. Give bermudagrass sports turf proper fall management. Grounds Maintenance (Overland Park), 1999, 34 (8): C17 ~ 21

[23] Fred Yelverton. Control winter weeds pre-emergently in warm-season turf [J] . Grounds Maintenance (Overland Park), 1999, 34 (9) G1 ~ 3

[24] Bert McCarty . Putting the brakes on bermudagrass [J] . Grounds Maintenance (Overland Park), 2002. , 37 (6): 16 ~ 19

[25] Diggle, A J, Neve, P B & Smith, F P. Herbicides used in combination can reduce the probability of herbicide resistance in finite weed populations [J]. Weed Research, 43 (5): 371 ~ 382

作者简介：张志国，男，山东农业大学教授，博士，主要从事草坪管理方面的教学与科研。

4　草坪抗旱抗热生理研究及进展——综述

黄炳茹　许　燕

（Department of Plant Biology and Pathology，Rutgers University，New Brunswick，NJ08901）

摘要：干旱和高温是限制草坪生长的两个重要因素。随着灌溉水资源的日益紧缺和全球气候变暖带来的持续升温，两者都将成为今后草坪管理工作中亟待解决的问题。在过去的10年中，科研工作者们已经进一步了解了草坪草的抗旱抗热机理。多种可能的抗旱机制中，渗透调节和脱水蛋白的诱导在耐旱途径中起主要作用，脱落酸通过控制气孔的关闭提高植物的避旱能力；而糖含量的变化、抗氧化物的代谢、热激蛋白的诱导以及细胞分裂素的合成等都在抗高温机制中有所贡献。

关键词：干旱胁迫　高温胁迫　耐旱　避旱　土壤高温　空气高温

自然环境中生长的植物不断遭受着各种环境因素的胁迫。某些种类的草坪草在胁迫条件下仍然能够繁荣生长，而另一些却不能正常生长。如果我们能了解这些植物的抗逆机制，就可以发展相应的管理技术，从而强化这些机制的效应。例如通过育种或生物技术的方法使后代获得或增强某些特性。草坪草的基础生理学和抗性生理学研究正在得到更多的关注。据目前所知，许多因素可能限制草坪草的生长，包括高温、低温、干旱、盐碱、光照、遮挡及践踏。干旱胁迫对冷季和暖季型草都是一大限制因素。这种胁迫在灌溉水资源日益紧缺的情况下变得更为严重。而高温胁迫是冷季型草的另一主要限制因素。在全球持续变暖的背景下，这个问题将更加突出。因此科研工作者们正在努力增加对草坪草抗旱抗热机理的认识。在这篇综述里，我们将总结和讨论最近10年中抗旱抗热生理学研究取得的进展。

1　干旱胁迫

在世界上许多地区的水资源日益紧缺的同时，农业用水、居民生活用水和工业用水的需求却在持续增加。草坪工业现今面临的一大挑战就是协调干旱胁迫与水资源储备的平衡。因此，关于草坪草在干旱胁迫下的生理反应和抗旱机制的研究将为在有限的水资源下培育和保养优质草坪草提供科学依据。

1.1　干旱胁迫下的生长与生理反应

干旱胁迫抑制植物根系的生长，使根长和根重都有所下降。轻度的干旱或局部的土壤干燥可以促使根系向深处发展以获取水分（Huang and Fu，2000）。严重的干旱则会增加根系死亡率。干旱导致的根死亡在表层土中比在深层土中更加明显（Huang and Gao，2000）。整个土层中的根系分布可能因为水分缺失而改变。在结缕草（*Zoysia japonica*）、野牛草（*Buchloe dactyloides*）、高羊茅（*Festuca arundinacea*）以及早熟禾（*Poa pratensis*）中，表层土的干燥使得其中生长的根系减少，从而增加了水分相对充足的深层土中的根系比例（Huang，1999；Huang and Fu，2001）。另外，根茎重之比在干旱条件下有所增加（Carrow，1996a）。

可能是干旱对叶茎生长的抑制多于其对根系生长的抑制，所以碳素更多地转移到根贮存（Huang and Fu，2000）。

植物的许多生理功能也在干旱中受阻，包括光合作用、呼吸作用、激素的合成，以及水分和养料的摄取（Huang and Gao，1999）。干旱还可能导致氧化性胁迫，这与植物中的抗氧化酶活性降低和膜脂过氧化反应增强有关（Jiang and Huang，2001b；Zhang and Schmidt，2000）。氧化性损害经常引起膜渗漏，这在严重的干旱下会导致细胞死亡。

1.2 抗旱机理

植物的抗旱能力包括结构和生理上的适应。草坪草的两大抗旱机制分别是干旱忍耐机制和干旱回避机制。干旱忍耐是指植物适应干旱胁迫而存活。干旱回避是指植物通过发展深广的根系及相应的叶茎特征来减少土壤蒸腾失水，从而推迟自身组织失水的发生。两种机制可以同时运作，确保植物在干旱下存活。它们的效应在许多情况下不可区分。一种机制的相对重要性依赖于干旱持续时间、干旱强度以及草坪草的种类。干旱回避机制可以使植物在短期干旱中维持基本的生长和功能直到土壤存水耗尽，而干旱忍耐机制能够帮助植物承受更长时间的干旱。

一种重要的耐旱机制叫做渗透调节，指缺水状态持续时，多种溶质在细胞中积累，使组织的渗透势下降，从而缓解失水的现象。渗透调节对植物的耐旱能力起着决定性作用。它帮助植物在给定的叶片水势下保持细胞膨压，推迟叶片的枯萎，使得植物的生长和生产量在供水不足的情况下仍然得以保持。积累的溶质保护了细胞蛋白、各种酶、细胞器和细胞膜免受缺水带来的损害。渗透调节对保护缺水条件下分生组织的活力也至关重要，而这正是复水后功能得以恢复的基础。复水后，所积累的溶质将被重复使用或代谢，代谢产物将被用作恢复生长的能源。有报道表明，渗透调节的能力有种间差别，由大到小依次是野牛草 > 结缕草 > 百慕大草（*Cynodon dactylon*）> 高羊茅（Qian and Fry，1997）。他们发现草坪复水后的修复能力与渗透调节的能力成正相关。

蛋白质的合成或降解的变化也是一个可能对耐旱能力有影响的基础代谢过程。许多证据表明，干旱诱导蛋白的积累与缺水环境下的生理性适应间存在一定的关系（Bray，1993；Riccardi et al.，1998）。干旱胁迫下，在多种生物中积累的一类蛋白质是脱水蛋白（胚胎形成晚期盛产（LEA）D11 家族），大小从 9 到 200kDa 不等（Close，1996）。它们是亲水性、热稳定的，可以保护其他蛋白质，保持细胞的生理性完整（Bray，1993；Close，1996）。虽然发生在胁迫条件下的蛋白质变化，诸如脱水蛋白的合成，已在多种植物中被广泛研究过，但关于草坪草中的干旱相关蛋白的识别和了解的报道却相当有限。一个在高羊茅中进行的研究发现有 24 ~ 60kDa 的类似脱水蛋白的多肽在累积的缺水效应中被诱导（Jiang and Huang，2002）。

保持高的叶片水势、气孔流通量、蒸腾作用和光合作用以及低水平的电渗率（一种细胞膜稳定性的指标）对抗旱有积极的贡献（Huang and Gao，1999；Jiang and Huang，2001a；Lehman and Engelke，1993）。就高羊茅栽培种来说，较好的抗旱表现也与叶片的厚度、表皮蜡质含量及组织密度正相关，而与气孔密度和叶片宽度负相关（Fu and Huang，2003）。这些结构特征是影响蒸腾失水的主要因素。百慕大草比结缕草有更好的避旱能力，因为其气孔上方更快的蜡质形成速度使它有较低的蒸腾失水率（Beard and Sifers，1997）。但某些结缕草基因型有着相对高含水量、组织体积高弹性模量和质外体高含水分数，因此也表现出增强的胁迫后恢复能力，且只需较少的补充灌溉（White et al.，2001）。这表明，生物物理和形态特征的改善都将促进结缕草保水能力的提高。

根系是满足蒸腾需要的主要动力，在调控植物水分状态，避免干旱损害的过程中发挥重要作用。纵深的根系统有利于从含水充分的深层土壤中吸收水分，而侧根在浅层土中的延伸则有助于吸取小量的间歇性降水。草坪草抗旱能力的物种及品种间差异与根系深度的差别有关。Huang and Gao（1999）报告，高羊茅抗旱品种比敏感品种有着更深的根系。White et al.（1993）和 Carrow（1996b）则提出抗旱的高羊茅品种有更长的总根长和更大的根长密度。纵深延展的根系有利于水分的摄取（Bonos and Murphy，1999；Huang and Fry，1998；Huang et al.，1997b；Sheffer et al.，1987）和叶片干枯的缓解（Qian et al.，1997）。Huang（1999）发现野牛草深度的根系有液压起重的性质，它可以在夜晚将水分从较深的土壤中抽提到干涸的表面。根系还可以调节代谢和碳素分配以适应干旱胁迫下的需要。表层干燥土壤中的根呼吸速率和根中碳素分配在干旱时有所下降，但在较湿润的深层土壤中有所增加（Huang and Fu，2000）。这一调节可以帮助维持根的生长，保持其在表层干燥土壤中的养分摄取，从而延续植株在局部干旱条件下的生长，对深根植物来说更是有利。高的根弹性也对延长高羊茅干旱胁迫下的生存有贡献（Duncan and Carrow，1997；Huang et al.，1997a；Huang et al.，1997b）。Huang et al.（1997a）总结出，高羊茅的抗旱能力更多地与根弹性和根活力有关，而不是总根重或根长。Carrow（1996b）也提出，深根区中有较大的根长密度以及当土壤变干时仍能保持蒸腾对高羊草的抗旱能力很重要。Marcum et al.（1995）指出浅层土壤中的根系深度、重量和分枝情况对结缕草的抗旱能力很重要。

根系又是脱落酸合成的重要位点。合成的脱落酸被转运到叶茎，引起保卫细胞中的信号级联反应。反应使得几种离子的细胞膜转运被改变，保卫细胞失去膨压，气孔关闭，从而导致气孔流通量、蒸腾速率和光合作用的改变。脱落酸作为一种代谢因子调节植物对环境胁迫的抵抗能力的重要性在其他物种中已经得到广泛的认同（Bray，1993；Pekic et al.，1995）。但是关于草坪草中脱落酸信号与抗旱的关系却所之甚少。Wang et al.（2003）报告，早熟禾抗旱品种在短期干旱胁迫下显示了较慢的脱落酸积累速率，暗示了叶片中的脱落酸低速积累有利于短期干旱下光合作用速率的保持，使干物质得以积累以支持植物在长期干旱下的生存。早熟禾的抗旱品种以较低的脱落酸积累速率和较慢的叶片水势、光合作用、气孔通量及草质的下降为特征。抗旱品种的气孔对叶片中脱落酸的变化更加敏感（Wang and Huang，2003）。

2 高温胁迫

冷季型草的叶茎的最适生长温度在 18～24℃，根则在 10～18℃（Beard，1973）。夏季，空气和土壤的温度都常常高于最适范围，从而限制叶茎和根的生长。因此，过高的温度被认为是夏季冷季草衰老和死亡的最主要的环境因素。

2.1 高温胁迫下的生理反应及适应

高温胁迫可以对多种生长及生理过程造成损害。草坪草遭受高温伤害后的最初可见标志是叶片褪色和稀疏。冷季型草的根生长通常也受到高温胁迫的抑制。夏季温度升高时，倒退性的根死亡和草质的下降会同时发生（Huang and Liu，2003），生理上或细胞内部的损伤更常常先于这些表面的损害而发生。

光合作用是对高温最敏感的生理学反应之一。当温度高于最适范围时，冷季草的总光合速率迅速下降，相应的叶茎和根的呼吸速率则都随温度的增加而上升。高温引起的光合作用的减弱会使气孔关闭及多种代谢反应受阻。在匍匐翦股颖（*Agrostis Stolonifera* var. *palustris*）中，高温下的这种光合作用与呼吸作用的不平衡可能导致日总碳源消耗量高于日生产量（Huang and Gao，2000），从而使得碳水化合物短缺和生长受抑。且其叶茎和根中的非结构性碳水化合物、蔗糖、葡萄糖、果糖及分配到根中的碳含量在夏季也都有下降，同时还伴随草质下降和倒退性的根死亡（Xu and Huang，2003）。Liu and Huang（2000a）总结出，碳水化合物可用量，尤其是葡萄糖和果糖的含量，是与匍匐翦股颖的抗热能力密切相关的一个重要生理特性。

高温还会通过抑制植物的抗氧化保护系统引起氧化性损伤，导致叶片衰老。匍匐翦股颖的叶茎在高温下所受的伤害就被认为与氧化性破坏有关。这种破坏是由于叶茎和根中的抗氧化保护酶的活性受到抑制及脂质的过氧化造成的（Huang et al.，2001；Liu and Huang，2000b；Zhang et al.，2002）。但是，关于高温胁迫与多种活性氧例如过氧化物、过氧化氢、羟基及单氧间的直接联系却所知有限。Larkindale and Huang（2005）曾在热处理后5分钟检测到过氧化氢产量的增加，而这一增加最先出现在叶茎与根细胞的质外体和细胞核附近。

有证据表明，热激蛋白（HSP）对保护细胞不受高温伤害起到重要作用。关于草坪草中的蛋白质在热激下所产生的变化的研究还很有限。Park et al.（1996）报道了耐热的匍匐翦股颖品种中有更多的HSP25 mRNA与多核糖体相连，且其耐热性与随后转录而成的额外的HSP25多肽的存在有关。Dimascio et al.（1994）发现多年生黑麦草（*Lolium perenne*）的抗热品种与热敏品种中，高温诱导产生的HSP26 mRNA的水平存在可检测的差异。据此他认为分析热激蛋白可以作为研究耐热特征的一种快速可行的手段。

蒸腾降温是一种重要的避热机制。它可以帮助草坪在高温下存活（Sifers and Beard，1993）。Bonos and Murphy（1999）报道，抗热的肯塔基蓝草在高温干旱的情况下可以探寻深层的土壤水分，从而使得夏伤症状显著缓解，气孔阻力减少（基于品种），草面温度在胁迫后比非抗热品种低5℃。这说明保持蒸腾降温或者说气孔张开与草坪草在高温干旱下更好的生存密切相关。延展的根系和活跃的水分摄取对满足高温胁迫下上升的蒸腾需求必不可少。Lehman and Engelke（1993）检测了早熟禾品种间根系深度的差别后建议，以根系延展度为指标进行筛选将有助于加快抗热种质选育工作的进展。

2.2　高温在空气和土壤中的不同效应

过去关于抗热性的研究主要着重于空气中的高温。但即使在气候温暖的地区，土壤温度也常常会达到伤害性的高度，不利于冷季型草叶茎的生长和存活。在一个把叶茎和根置于不同的空气与土壤温度的实验中，我们发现土壤温度比空气温度对调控匍匐翦股颖的生长更重要（Xu and Huang，2000a；Xu and Huang，2000b；Xu and Huang，2001；Xu et al.，2001）。Xu and Huang（2000a）、Xu and Huang（2000b）发现，当匍匐翦股颖的根系处于土壤高温（35℃）而叶茎保持于最适空气温度（20℃）中时，叶茎和根的生长都明显受阻。反之，将土壤温度从35℃降到20℃而保持空气高温（35℃）则增加了叶茎和根的生长及光合作用活性（Xu and Huang，2001；Xu et al.，2001）。

虽然已知土壤温度影响冷季草的叶茎生长，但调控其生长的生理学基础还没有完全了解，根中感知土壤高温和调节叶茎生长的主要因素并不清楚。Liu et al.（2002a）报道，土壤高温导致的叶茎损伤和叶片衰老与细胞分裂素的合成受抑制有关。细胞分裂素主要由根部合成，可能参与调节叶茎对土壤高温的反应。当匍匐翦股颖的根部被置于高温下时

(35℃)，叶片和根中细胞分裂素的含量都有下降。而向其根区注射细胞分裂素可以缓解叶片的衰老（Liuet al.，2002a；Liu et al.，2002b）。土壤高温对叶茎的不利效应可能也归因于其对根吸收养分的能力的损害。在3种最主要的营养元素（氮、磷、钾）中，钾对土壤温度的变化最敏感（Huang and Xu，2000）。叶片和根中高含量的钾可以通过促进叶片气孔张开和根部水分吸收来推动蒸腾降温，从而提高植物对空气和土壤高温的耐受力。我们最近在匍匐翦股颖中进行的研究发现，当根部处于土壤高温中时，其中细胞分裂素合成的下降先于水分和养料吸收的下降和叶片衰老而发生（Liu and Huang，2005）。由此推测，细胞分裂素可能是导致叶茎中一系列变化发生的早期根信号。这一结论有待进一步的研究证明。

3 结语

过去10年的研究成果加深了我们对干旱和高温胁迫下的生理学反应的了解。暖季型草和冷季型草的一些抗旱和抗高温的生理学特征已被确认。然而，在世界上许多地方干旱和高温胁迫仍然是限制草坪草生长的首要因素，因此关于抗胁迫机制的研究就更加迫在眉睫。更多的努力应该放在了解高温干旱下草坪草中相应基因的诱导、蛋白质的表达及信号转导上。这些信息应该能够帮我们找到更多的抗胁迫手段。抗性生理学研究所获得的信息可以用于基因工程或育种工作中，以培育出更多抗胁迫的优良草类产品。

参考文献

[1] Beard，J. B. 1973. Turfgrass：Science and Culture Prentice-Hall，Inc.，Englewood Cliffs

[2] Beard，J. B.，and S. I. Sifers. 1997. Genetic diversity in dehydration avoidance and drought resistance within the *Cynodon* and *Zoysia* species. Intl. Turfgrass Soc. Res. J. 8：603～610

[3] Bonos，S.，and J. Murphy. 1999. Growth responses and performance of Kentucky bluegrass under summer stress. Crop Science 39：770～774

[4] Bray，E. A. 1993. Molecular responses to water deficit. Plant physiology 103：1035～1040

[5] Carrow，R. N. 1996a. Drought resistance aspects of turfgrasses in the southeast：Root-shoot responses. Crop Science 36：687～694

[6] Carrow，R. N. 1996b. Drought avoidance characteristics of diverse tall fescue cultivars. Crop Science 36：371～377

[7] Close，T. J. 1996. Dehydrins：Emergence of a biochemical role of a family of plant dehydration proteins. Physiologia Plantarum 97：795～803

[8] Dimascio，J. A.，P. M. Sweeney，T. K. Danneberger，and J. C. Kamalay. 1994. Analysis of heat shock in perennial ryegrass using maize heat shock protein clones. Crop Science 34：798～804

[9] Duncan，R. R.，and R. N. Carrow. 1997. Stress resistant turf-type tall fescue（*Festuca arundinacea* Schreb.）：Developing multiple abiotic stress tolerance. Intl. Turfgrass Soc. Res. J. 8：653～662

[10] Fu，J.，and B. Huang. 2003. Leaf characteristics associated with drought resistance in tall fescue cultivars. Acta Horticulturae

[11] Huang，B. 1999. Water relations and root activities of *Buchloe dactyloides* and *Zoysia japonica* in response to localized soil drying. Plant and Soil 208：179～186

[12] Huang，B.，and J. D. Fry. 1998. Root anatomical，physiological and morphological responses to drought stress for tall fescue cultivars. Crop Science 38：1017～1022

[13] Huang，B.，and B. Gao. 1999. Gas exchange and water relations of diverse tall fescue cultivars in response

to drought stress. Hort Science 34: 490

[14] Huang, B., and J. Fu. 2000. Photosynthesis, respiration, and carbon allocation of two cool-season perennial grasses in response to surface soil drying. Plant and Soil 227: 17 ~ 26

[15] Huang, B., and H. Gao. 2000. Growth and carbohydrate metabolism of creeping bentgrass cultivars in response to increasing temperatures. Crop Science 40: 1115 ~ 1120

[16] Huang, B., and Q. Xu. 2000. Root growth and nutrient element status of creeping bentgrass cultivars differing in heat tolerance as influenced by supraoptimal shoot and root temperatures. J. Plant Nutrition 23: 979 ~ 990

[17] Huang, B., and J. Fu. 2001. Growth and physiological responses of tall fescue to surface soil drying. International Turfgrass Society Research Journal 9: 291 ~ 296

[18] Huang, B., and X. Z. Liu. 2003. Summer root decline: production and mortality for four cultivars of creeping bentgrass. Crop Science 43: 258 ~ 265

[19] Huang, B., R. R. Duncan, and R. N. Carrow. 1997a. Root spatial distribution and activity for seven turfgrasses in response to localized drought stress. Intl. Turfgrass Soc. Res. J. 7: 681 ~ 690

[20] Huang, B., R. R. Duncan, and R. N. Carrow. 1997b. Drought-resistance mechanisms of seven warm-season turfgrasses under surface soil drying: II. Root aspects. Crop Science 37: 1863 ~ 1869

[21] Huang, B., X. Z. Liu, and Q. Xu. 2001. Supraoptimal soil temperatures induced oxidative stress in leaves of creeping bentgrass cultivars differing in heat tolerance. Crop Science 41: 430 ~ 435

[22] Jiang, Y., and B. Huang. 2001a. Drought and heat stress injury to two cool-season turfgrasses in relation to antioxidant metabolism and lipid peroxidation. Crop Science 41: 436 ~ 442

[23] Jiang, Y., and B. Huang. 2002. Portein alterations in tall fescue in response to drought stress and abscisic acid. Crop Science 42: 202 ~ 207

[24] Jiang, Y. W., and B. R. Huang. 2001b. Drought and heat stress injury to two cool-season turfgrasses in relation to antioxidant metabolism and lipid peroxidation. Crop Science 41: 436 ~ 442

[25] Larkindale, J., and B. Huang. 2005. Effects of abscisic acid, salicylic acid, ethylene and hydrogen peroxide in thermotolerance and recovery for creeping bentgrass. Plant Growth Regulation

[26] Lehman, V. G., and M. C. Engelke. 1993. Heat resistance and rooting potential of Kentucky bluegrass cultivars. Intl. Turfgrass Soc. Res. J. 7: 775 ~ 779

[27] Liu, X. Z., and B. Huang. 2000a. Carbohydrate accumulation in relation to heat tolerance in two creeping bentgrass cultivars. J. Am. Soc. Hort. Sci. 125: 442 ~ 447

[28] Liu, X. Z., and B. R. Huang. 2000b. Heat stress injury in relation to membrane lipid peroxidation in creeping bentgrass. Crop Science 40: 503 ~ 510

[29] Liu, X. Z., and B. Huang. 2005. Root physiological factors involved in cool-season grass response to high soil temperature. Envi. Exp. Bot 53: 233 ~ 245

[30] Liu, X. Z., B. Huang, and G. Banowetz. 2002a. Cytokinin effects on creeping bentgrass responses to heat stress: I. Shoot and root growth. Crop Science 42: 457 ~ 465

[31] Liu, X. Z., B. Huang, and G. Banowetz. 2002b. Cytokinin effects on creeping bentgrass response to heat stress: II. Leaf senescence and antioxidant metabolism. Crop Science 42: 466 ~ 472

[32] Marcum, K. B., M. C. Engelke, S. J. Morton, and R. H. White. 1995. Rooting characteristics and associated drought resistance of zoysiagrass. Agronomy Journal 87: 534 ~ 538

[33] Park, S. Y., R. Shivaji, J. V. Krans, and D. S. Luthe. 1996. Heat-shock response in heat-tolerant and nontolerant variants of Agrostis palustris Huds. Plant Physiology 111: 515 ~ 524

[34] Pekic, S., R. Stikic, L. Tomljanovic, V. Andjelkovic, M. Ivanovic, and S. A. Quarrie. 1995. Characterization of maize lines differing in leaf abscisic acid content in the field. 1. Abscisic acid physiology. An-

nals of Botany 75：67～73

[35] Qian，Y.，and J. D. Fry. 1997. Water relations and drought tolerance of four turfgrasses. Journal of The American Society for Horticultural Science 122：129～133. Qian，Y. L.，J. D. Fry，and W. S. Upham. 1997. Rooting and drought avoidance of warm-season turfgrasses and tall fescue in Kansas. Crop Science 37：905～910

[36] Riccardi，F.，P. Gazeau，D. V. Vienne，and M. Zivy. 1998. Protein changes in response to progressive water deficit in maize. Plant Physiology 117：1253～1263

[37] Sheffer，K. M.，J. H. Dunn，and D. D. Minner. 1987. Summer drought response and rooting depth of three cool-season turfgrasses. Hort Science 22：296～297

[38] Sifers，S. I.，and J. B. Beard. 1993. Comparative inter- and intra- specific leaf firing resistance to supraoptimal air and soil temperatures in cool-season turfgrass genotypes. Intl. Turfgrass Soc. Res. J. 7：621～628

[39] Wang，Z.，and B. Huang. 2003. Genotypic variation in abscisic acid accumulation，water relations，and gas exchange for Kentucky bluegrass exposed to drought stress. Journal of The American Society for Horticultural Science 128：349～355

[40] Wang，Z.，B. Huang，S. S. Bonos，and W. A. Meyer. 2003. Abscisic acid accumulation in relation to drought tolerance in Kentucky bluegrass. Hort Science. White，R. H.，M. C. Engelke，S. J. Morton，and B. A. Ruemmele. 1993. Irrigation water requirements of zoysiagrass. Intl. Turfgrass Soc. Res. J. 7：587～593

[41] White，R. H.，M. C. Engelke，S. J. Anderson，B. A. Ruemmele，K. B. Marcum，and G. R. Taylor. 2001. Zoysiagrass water relations. Crop Science 41：133～138

[42] Xu，Q.，and B. Huang. 2003. Seasonal changes in carbohydrate accumulation for two creeping bentgrass cultivars. Crop Science 43：266～271

[43] Xu，Q. Z.，and B. R. Huang. 2000a. Growth and physiological responses of creeping bentgrass to changes in air and soil temperatures. Crop Science 40：1363～1368

[44] Xu，Q. Z.，and B. R. Huang. 2000b. Effects of differential air and soil temperature on carbohydrate metabolism in creeping bentgrass. Crop Science 40：1368～1374

[45] Xu，Q. Z.，and B. R. Huang. 2001. Lowering soil temperatures improves creeping bentgrass growth under heat stress. Crop Science 41：1878～1883

[46] Xu，Q. Z.，B. R. Huang，and Z. L. Wang. 2001. Photosynthetic responses of creeping bentgrass to reduced root-zone temperatures at supraoptimal air temperature. Journal of the American Society for Horticultural Science 127：754～758

[47] Zhang，X.，and R. E. Schmidt. 2000. Application of trinexapac-ethyl and propiconazole enhances superoxide dismutase and photochemical activity in creeping bentgrass（Agrostis stoloniferous var. palustris）. J. Am. Soc. Hort. Sci. 125：47～51

[48] Zhang，X.，R. E. Schmidt，E. H. Ervin，and S. Doak. 2002. Creeping bentgrass physiological responses to natural growth regulators and iron under two regimes. Hort Science 7：898～902.

作者简介：黄炳茹，博士，美国 Rutgers 大学，长期从事草坪植物逆境生理研究。在冷季型草坪草抗热生理机制方面进行了大量深入研究，已发表论文 106 篇，同时撰写了 16 章有关胁道生理和根系生理的著作。2004 年合作出版了“应用草坪学和生理学”（Applied Turfgrass Science and physioloy），由 Wiley & Sons 出版，2006 年 6 月出版“植物与环境”（Plant—Environment Interactions），1997 年荣获美国作物科学学会颁发的青年作物科学家，现为美国作物科学学会和美国农学会会员。

5 台湾结缕草的种原特性及育种

翁仁宪

（中兴大学生命科学系，台湾省台中市国光路250号）

摘要： 结缕草（*Zoysia spp.*）是重要的暖地型草坪草种，台湾植物志所记录的结缕草属植物有4种，在作者采集过程中，发现台湾原生的结缕草绝大多数为沟叶结缕草和中华结缕草两种。其中中华结缕草大多分布于西海岸，沟叶结缕草则大多分布于东海岸和澎湖列岛。观察结果表明，结缕草同一颖花不可能自花授粉，而结缕草、沟叶结缕草、细叶结缕草及中华结缕草等4种种间均能天然杂交。台湾原生结缕草具有高度遗传变异应与其异花授粉的特性有关，此高度遗传变异以及能够跨种自然杂交的特性，对育种工作提供了有利基础。台湾原生结缕草品系的中，具有优良外观者并不多见，普遍的缺点是叶色过淡及节间过长。在所收集到的182个品系的中，只有一个原生于台湾北部金山海岸的沟叶结缕草品系（JS2，金山沟叶结缕草）形质特优。以原生于台湾北海岸的沟叶结缕草为母本，日本原产的结缕草为父本，自杂交品系中选出SN1-5品系。在不同季节，JS2品系（金山沟叶结缕草）的生长量与目前台湾普遍使用的沟叶结缕草品系——斗六草相近，但较台北草为优。而SN1-5品系则在冬、春低温季节的表现相当好。JS2品系的扩张速率及覆盖率均与斗六草相近，但远较台北草为优，而SN1-5品系的现则是最好。JS2品系在外型及生长特性方面大致与目前台湾普遍使用的沟叶结缕草品系——斗六草相近，但是叶色较绿，视觉效果较佳。而SN1-5则具有与原生品系不同的外型与相当好的生长势，尤其在低温季节的表现更佳。

关键词： 草坪草育种　台湾结缕草　种间杂交　新品系

结缕草（*Zoysia* spp.）是重要的暖地型草坪草种，具有耐盐、耐旱、耐湿、耐瘠、耐踏、耐病，等特性，可减少水分的消耗及农药、肥料的使用（李敏，1993），不但节省管理费用，而且有利于环保。结缕草属植物为C_4植物，具有耐高温性，其中有的草种耐寒性较强，分布于中国、日本、热带亚洲到新西兰。在台湾，结缕草属植物则自然分布于多种不同自然环境的海岸地带及离岛（翁仁宪等，1995）。据台湾植物志（Li et al.，1978）记载，台湾有中华结缕草（*Z. sinica*）、沟叶结缕草（*Z. matrella*）、细叶结缕草（*Z. tenuifolia*）等3种，另有栽培逸出的结缕草（*Z. japonica*）一种。

随着社会逐渐进步，对优质抗病抗逆的草坪草种的需求增加，作者自1993年起，在台湾各地区收集原生结缕草种源，并对其种源特性进行研究，并作一些育种工作。

1 种原特性

台湾植物志所记录的结缕草属植物虽有4种，在作者采集过程中，发现台湾原生的结缕草绝大多数为沟叶结缕草和中华结缕草两种。其中中华结缕草大多分布于西海岸，沟叶结缕草则大多分布于东海岸和澎湖列岛（翁仁宪等，1995）。

在1993年春，作者于全台湾54个地点采集147个样品，携回台中，种植于直径14cm

的盆中，在移植3~4月后进行节间长、叶片长度、宽度及倾斜角的测定。结果发现不同结缕草样本间其外型具有很大的差异（图1），节间最短者为0.9cm，最长者为4.2cm；叶长最短者为1.8cm，最长者为7.5cm；叶片着生角度最小者为9°，最大者为82°。叶宽除采于兰屿的细叶结缕草为1.4mm外，其余的变异辐度较小，各样本的叶宽均在2~3mm间。值得注意的是，将供试147个样本的各外部形态进行相关分析，发现叶长与节间长的呈很高的正相关（$r=0.67$，$P<0.001$），与叶片角度则呈负相关（$r=-0.30$，$P<0.001$）。此外型的差异与其原生地的海岸地型有关连，即原产于砂丘地区者，其节间、叶片均较长，叶片着生角度较小（较直立），株高则较高，此等特性使其植株具有不容易被流砂埋没的特性。而产于岩岸地带者，则叶片及节间均较短，叶片着生角度较大，能平铺地面，形成致密的草坪，不易为其他短草类所侵入。以上结果显示，产于不同地区的结缕草，经移植于相同的环境下，其形态仍具有很高的变异性，而且此形态变异亦表现出对其原产地的适应性，可见此形态变异主要源于基因型的不同所致（翁仁宪等，1995）。

图1 台湾原生结缕草（包括中华、沟叶及细叶结缕草）的外型（右上角为日本产结缕草）

为了进一步了解台湾产结缕草的遗传变异，将前述147个加上在1994年夏季所采集的共182个样本进行同工酶分析，共出现了108种脂酶酶谱类型。不同样品间其酶谱类型雷同者多发现于东海岸北段（原因后述），而其他地区所采集者，不同样品间则较少有相同的酶谱类型（Weng，2002）。另外再以随机多样性型DNA（RAPD）进行分析，131个参试样本中则无一雷同（林成源，2000）。

在台湾，由于雨量丰富，植物繁茂，结缕草只能分布于其他植物不易生长的海岸地带，所以具有很强的耐盐性。但是不同结缕草品系间，其耐盐性的差异很大，较强的品系，在含有6%食盐的水培液（相当于二倍海水的盐度）中3周尚不至于死亡，较弱的品系，则可耐半倍至等倍海水的盐浓度。结缕草的耐盐程度与其原产地的降雨量有密切的关系。台湾北海岸及东海岸北段的降雨量较多，所产的结缕草较不耐盐，所有供试品系的耐盐性均不超过二倍海水的盐度，有些品系在等倍海水中即会死亡。澎湖则反的，供试品系的2/3均能耐至二倍海水的盐度，最高者能耐至2.5倍海水。而西海岸及东海岸南段则居中。此外也发现北海岸的降雨量较东海岸北段为多，所产的结缕草却较东海岸北段耐盐，其原因可能为冬季北海岸东北季风强盛，且风向与海岸垂直，易受盐风的吹袭所致。另从同工酶谱的分析中发现，无论基于酯酶或酸性磷酸酶，均显示东海岸北段族群与其他族群的距离最远，自成一群丛。而且其酶谱类型的岐异度远较其他族群为小。表示其对该地可能有特殊的适应性。根据地质资料，从苏澳到花莲的海岸为石灰岩地带。目前已知，钙能增进结缕草对盐的耐性，故原产于东海岸北段的族群也可能因为有钙的保护，虽其耐盐性较弱亦能于该地生存（Weng and Chen，2001）。

目前所知结缕草的耐盐机制大致有3，一为抑制盐份进入其体内；二为利用叶表面的盐腺将其体内的盐分排出体外；三为在高盐度下，其膜的稳定性较高。耐盐性较强的品系，如前述的LRM及LCG兼具了此3种机制，低耐盐性者则不具此3种机制，而中度耐盐者，则只具部分机制（Weng，投稿中）。Qian等（2000）认为结缕草的耐盐性与其叶片长度有关，即叶片较短的品系（Diamond，DALZ8501及其杂交后代）耐盐性较强，而叶片较长的品系（Cavalier，Emerald及Zeon）则反的。但是本人的研究结果则不尽然，亦即上述LRM及LCG两个极耐盐的品系的中，LCG属于短叶品系（沟叶结缕草，采集于年雨量只有1000mm，且盐风强烈的澎湖岛海岸），而LRM则属于长叶品系（中华结缕草，采集于盐田畔）。所以结缕草的耐盐性与其叶片长度及分类地位无关，而与其原产地的自然条件有关。

2　育种

2.1　授粉方式

据作者观察结果，结缕草在同一颖花中，其雌蕊柱头先伸出颖外，4～7日后雄蕊才伸出颖外，并放出花粉，此时雌蕊已干枯（图2），显然无授粉能力，故同一颖花中不可能自花授粉。作者将不同种的结缕草同置一处，任其自由授粉，再检定其实生苗的同工酶谱时发现，结缕草、沟叶结缕草、细叶结缕草及中华结缕草等4种的种间均能天然杂交，作者并且以此种方式获得优良的种间杂交品系（后述）。而台湾原生结缕草具有高度遗传变异应与其异花授粉的特性有关，此高度遗传变异以及能够跨种自然杂交的特性，对育种工作提供了有利基础。而结缕草能够跨种杂交的特性也已见于国外文献（Hong and Yean，1985；Qian et al.，2000）。

图2　结缕草在同一颖花中，其雌蕊柱头先伸出颖外（左），4～7日后雄蕊才伸出颖外，并放出花粉，此时雌蕊已干枯（右）

2.2　纯系选种

最传统且简单的育种方式就是从原生地采集，进行纯系分离培育，从中选择优良品系。作者发现，台湾原生结缕草品系中，具有优良外观者并不多见，普遍的缺点是叶色过淡及节间过长。在所收集到的182个品系中，只有一个原生于台湾北部金山海岸的沟叶结缕草品系（JS2，金山沟叶结缕草）形质特优，此品系已在重庆市和四川省广为利用（谭继清，2004），已被重庆的一个球场选中，将种植在球道、发球球台和高草区使用（赵炳祥，2005，私函）。此外在杭州的表现亦佳（徐礼根，2005，私函）。另外原生于澎湖岛海岸的 LCG 品系，其外型虽优、耐盐性亦特强（Weng and Chen，2001），但是生长缓慢。

2.3 杂交育种

杂交育种为最广为利用的育种方式，作者有鉴于台湾现有的栽培结缕草只有两种类型，其一为‘台北草’属于细叶结缕草，其二为‘斗六草’属于沟叶结缕草。台北草的外观虽优但是过于纤弱，不耐践踏、管理费事，而斗六草则有叶色平淡及叶片平铺的缺点。而原产于日本的结缕草品系虽有生长旺盛、叶色浓绿的优点，但是在冬季叶片会干枯，而且叶片较宽，人们的接受度也较低。因此作者以原生于台湾北海岸的沟叶结缕草为母本，日本原产的结缕草为父本，自杂交品系中选出 SN1-5 品系，此品系具有在低温下生长旺盛（后述）、冬季不枯叶、叶片长而直立耐修剪的特性，叶宽则介于结缕草与沟叶结缕草的中间，此品系在杭州的表现也相当好（徐礼根，2005，私函）。

前已述及，台湾原生结缕草品系中，叶片较长且直立者，其节间大致较长，不适于当做草坪；而节间较短者，则其叶片短而接近平均水平，虽然耐践踏，但是上层叶容易遮住下层叶使其枯黄，而且修剪时容易切断其茎，非但露出枯黄部影响美观，叶片也需从腋芽重新生长，恢复缓慢。作者尝试以耐盐性强、叶片长而直立、且具长节间的 LRM 品系（Weng and Chen，2001）当作母本，以叶及节间均短的 LCG 品系为母本，选育出叶色浓绿且节间短但叶片长而直立的 LL35 品系，此品系已铺设在屏东科技大学的高尔夫练习场中。

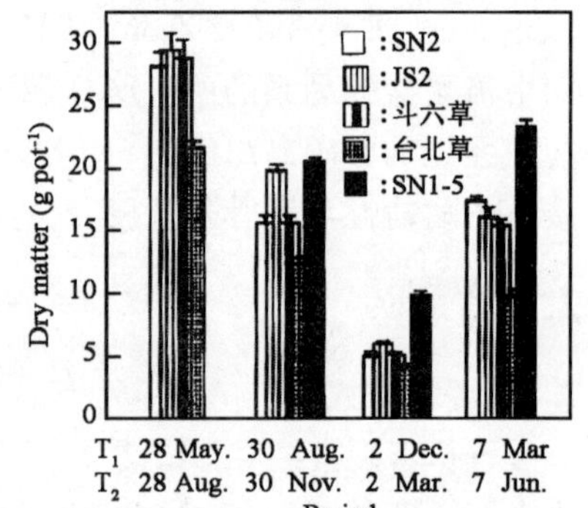

图3 结缕草品系在不同时期种植的累积生物量。T1：移植日；T2：调查日。JS2 及 SN2 为作者所采集的台湾原生品系，SN1-5（沟叶结缕草 X 结缕草）为作者所选育的杂交品系，TL 及 TP 分别为台湾普遍使用的沟叶结缕草品系——斗六草及细叶结缕草品系——台北草（资料来自翁仁宪，1995）。

2.4 育成品系的测试

测试分成两部分，其一为在不同季节的生长测试，其二为扩张速率及覆盖度的测试。前者为在不同季节，将匍匐茎切取四节育苗，然后植于直径 24cm 钵中，种植后 3 个月将盆土洗净，测定其生物量。其结果由图 3 所示，在不同季节，JS2 品系（金山沟叶结缕草）的生长量与目前台湾普遍使用的沟叶结缕草品系——斗六草相近，但较台北草为优。而 SN1-5 品系则在冬、春低温季节的表现相当好（翁仁宪，1995）。

至于扩张速率及覆盖率的测试则是先将具有 4 个节的地下茎，连同地上茎叶种植于直径 8cm 的盆中，一个半月后定植于田间。小区为 2m×2m，于每小区的中心点各种植 3 盆。扩张速率的测定系以每小区的中心点作为圆心，用布尺量取八个方位的草坪扩张范围，取其平均值。覆盖率则是利用 $1m^2$ 的铁框套在小区的 4 个方位，以目视估得各方位的草坪覆盖率求其平均。其结果如图 4 所示，JS2 品系的扩张速率及覆盖率均与斗六草相近，但远较台北草为优，而 SN1-5 品系的现则是最好（翁仁宪等，1998）。

以上在台湾的测试结果显示，JS2 品系在外型及生长特性方面大致与目前台湾普遍使用的沟叶结缕草品系——斗六草相近，但是叶色较绿，视觉效果较佳。而 SN1-5 则具有与原生

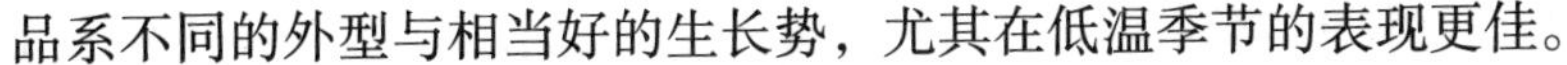

品系不同的外型与相当好的生长势，尤其在低温季节的表现更佳。

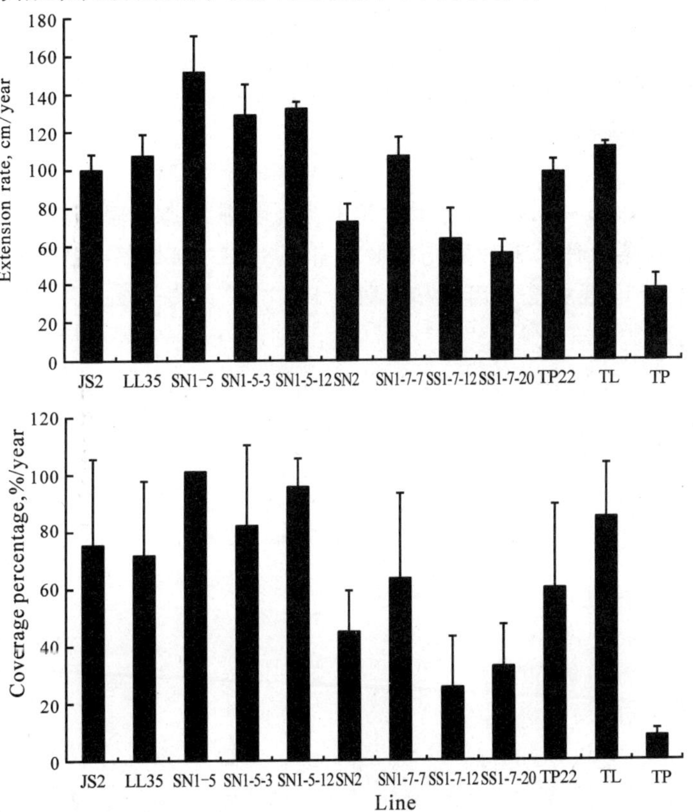

图4　不同结缕草品系的扩张速率及覆盖率。JS2 及 SN2 为作者所采集的台湾原生品系，TL 及 TP 分别为台湾普遍使用的沟叶结缕草品系—斗六草及细叶结缕草品系—台北草，其余为作者所选育的杂交品系（资料来自翁仁宪等，1998）。

参考文献

[1] 林成源. 2000. 结缕草对盐环境的生理反应及遗传变异的研究、硕士论文（翁仁宪指导），中兴大学

[2] 李敏. 1993. 草坪品种指南. 北京农业大学出版社，62～77。

[3] 翁仁宪，廖天赐，陈奕君，1995. 台湾结缕草属植物的分布及遗传变异。中华农学会报新 169：44～54。

[4] 翁仁宪. 1995. 不同季节的气温及日射对结缕草生育的影响. 中华农业气象 2：179～182。

[5] 翁仁宪，林政斌，许福星，1998. 结缕草品系扩张速率的研究. 中华民国杂草学会会刊 19：63～72

[6] 董厚德，宫莉君，2001. 中国结缕草生态学及其资源开发与利用. 北京：中国林业出版社。

[7] 谭继清等，2004. 草坪绿化实用技术。重庆出版社。

[8] Hong K. , Yean D. Y. 1985. Studies on interspecific hybridization in Korean lowngrasses（*Zoysia* spp. ）. J. Korean Soc. Hort. Sci. 26：169～178.

[9] Li, H. L. , T. S. Liu, T. C. Huang, T. Koyama and C. E. DeVol. 1978. Flora of Taiwan. V. Epoch Publ. Co. , Ltd. , Taipei, Taiwan. pp. 506～510.

[10] Qian, Y. L. , M. C. Engelke and M. J. V. 2000. Foster salinity effects on zoysiagrass cultivars and experimental lines. Crop Sci. 40：488～492.

[11] Weng, J. H. and Y. C. Chen 2001. Variation of salinity tolerance in *Zoysia* clones collected from different

habitats in Taiwan. Plant Prod. Sci. 4：313～316.

[12] Weng，J. H. 2002. Genetic variation as analyzed with isozyme patterns and salinity tolerance of *Zoysia* in Taiwan. Plant Prod. Sci. 5：242～247.

[13] Weng，J. H. and Y. C. Chen 200x. The physiological responses of *Zoysia*，a halophyte turfgrass，clones in NaCl stress. J. Plant Physiol.

作者简介：翁仁宪（1948～），出生于北台湾农家，从事生态生理研究工作，种原收集为研究的手段，而利用收集的种原育种则是兴趣。自 1980 至 2005 年共在国内外期刊发表了 75 篇原创论文，其中有 17 篇刊登在国际 SCI 期刊上

6 生物技术在草坪草育种中的应用进展

韩烈保 信金哪 曾会明

（北京林业大学草坪研究所，北京 100083）

摘要：近 20 年来，运用现代生物技术对草坪草进行遗传改良已经获得实质性的进展，有多种生物技术手段成功应用于草坪草育种工作中。本文从以下几个方面综述了国内外在草坪草生物技术育种方面取得的进展：（1）基因工程；（2）细胞工程；（3）遗传标记技术；（4）航空、辐射育种等，同时展望了生物技术在草坪草育种中的发展前景。

关键词：生物技术 草坪草 育种

生物技术（biotechnology），也称生物工程（bioengineering），是应用生命科学及工程学的原理，依靠微生物、动物、植物体作为反应器将物料进行加工以提供产品来为社会服务的技术。现代生物技术指 20 世纪 70 年代末 80 年代初发展起来的，以现代生物学研究成果为基础，以基因工程为核心的新兴学科。依据生物技术操作的对象及操作技术的不同，生物技术包括基因工程、细胞工程、蛋白质工程、发酵工程、酶工程等新技术。基因工程和细胞工程等植物生物技术在农作物（包括草坪草）品种改良上得到越来越多的应用。本文从以下几个方面综述了生物技术在草坪草中的应用。

1 基因工程

1.1 DNA 重组技术

DNA 重组技术也称为基因克隆或者分子克隆，是目前生物技术领域中应用较为广泛的一项技术。它包括定位克隆技术、转座子标签技术、mRNA 差异显示法、DNA 芯片技术等多项技术。它实际上包括了一系列的实验技术，最终目的是把一个生物体中的遗传物质（DNA）转入另一个生物体。一个典型的 DNA 重组实验通常包含以下几个步骤：（1）提取供体生物的外源基因，酶切连接到另一个 DNA 分子上（克隆载体），形成一个新的重组 DNA 分子；（2）将这个重组 DNA 分子转入受体细胞并在受体细胞中复制保存，这个过程称为转化（transformation）；（3）对那些吸收了重组 DNA 的受体细胞进行筛选和鉴定；（4）对含有重组 DNA 的细胞进行大量培养，检测外源基因是否表达[1]。目前学者们已经从植物体中克隆有关的抗病、抗虫、除杂草以及提高植物品质的基因。

1.1.1 国内外研究进展

在草坪草方面，国外的工作起步较早，而且应用广泛。Singh（1991）从多年生黑麦草花粉中发现了引起过敏症的蛋白，并且从编码 Lol pIb 的 cDNA 文库中分离和克隆出了这种蛋白[2]。Greg F. W（1999）从毒麦的花中分离出了与 GA（赤霉素）合成有关的 *GAMYB* 基因[3]。Jensen（2001）从多年生黑麦草顶芽生长点中克隆出与开花调控相关的基因 *LpTFL*1，这种基因能够延迟开花，增加植株的分蘖和侧枝生长。草坪草主要为观叶成片使用，这对草坪草的应用起到了重要作用[4]。Dongfang Wang（2003）从匍匐翦股颖组织培养过程中产生的变异株里分离出了与植株抗热性有关的热激蛋白 ApHsp26.2[5]。

国内方面，有关克隆技术在草坪草中应用较少，处于刚起步阶段。北京大学生命科学院林忠平教授领导的课题组承担的 863 计划课题“利用现代生物技术培育耐旱耐寒草坪草新的种质”，从我国特有的耐旱、耐寒物种厚叶旋蒴苣苔、沙蒿等中克隆了新的耐旱、耐寒功能基因 8 个，并对部分基因的 5’端调控区进行了克隆和功能研究。

北京林业大学草坪研究所，从结缕草中克隆出控制植物赤霉素合成的 GA20 氧化酶基因，正在从常绿植物麦冬中克隆抗寒相关基因。浙江大学原子核农业科学研究所，参考拟南芥中 *CBF* 基因克隆的方法，从高羊茅中克隆出了这种受低温诱导的反式作用因子 *CBF*[6]。

1.1.2 发展方向

随着人们对功能基因的进一步了解，将有越来越多的基因从草坪草中克隆出来，也会有更多的优良外源基因将被克隆和应用到草坪草遗传性状改良上。这项技术将有着巨大的发展潜力。

1.2 转基因技术

建立在 DNA 重组技术上的转基因技术，近年来广泛应用于植物的品质改良上，如提高植物产量、提高植株抗旱、耐盐、耐低温等特性。目前已经获得了多种转基因植物，如大豆、水稻、小麦、番茄等。随着基因工程在植物体中普遍应用，草坪草的转基因技术也成为草坪草育种者的研究热点。

再生体系研究是转基因技术的重要组成部分。草坪草组织培养的外植体的选取依草种及品种而异，其大小、年龄、取材部位都会影响愈伤组织的诱导。外植体的选择较为广泛，可用成熟胚、幼胚、茎节段、幼穗等。草坪草成熟或已分化的外植体缺少由形成层或类似组织进行二次生长的自然能力[7]，除了鸭茅可由叶肉细胞直接经体细胞胚发生成苗外，大多草坪草都是由胚性愈伤组织、胚性细胞悬浮系及由其而来的原生质体再生植株的。

培养基的选择也依草种及品种不同而异，一般用含高盐营养溶液的培养基，如 MS、LS、N6、SH 等，其中 MS 是最常用的草坪草组培培养基。培养基中需要 2，4-D、dicamba 等生长素的存在，以诱发愈伤组织。由胚性愈伤组织再生植株可经过器官发生途径和体细胞胚发生途径，愈伤组织诱导过程中要将出现的可再生愈伤组织和无形态发生能力的愈伤组织加以区分，将器官发生的或胚性愈伤组织继代培养，培养基中一般仍维持较高的生长素水平。对于植株的再生，培养基中则要减少或不加生长素，而常常加入 6-BA、激动素等细胞分裂素。

在草坪草遗传转化过程中，常用的基因转化方法有基因枪法[8]、电击法[9]、PEG 介导法[10]和农杆菌介导转化法[11]。常用 bialaphos，kanamycin 和 hygromycin 作为选择基因，*Gus* 作为报告基因。草坪草转基因育种中常以 PCR、Southern 杂交、Northern 杂交及 Western 杂交等分析手段进行转基因植株的遗传鉴定。由于真核生物基因表达调控发生在多水平多层次上，因此常以 Southern 杂交进行 DNA 水平上的分子鉴定；以 Northern 杂交进行转录水平上的分子鉴定；以 Western 杂交进行翻译水平或蛋白质水平上的分子鉴定[12]。

1.2.1 国内外发展现状

采用基因工程进行草坪草的遗传改良，国外起步较早，最早由 Horn 等 1988 年开始的，他们采用原生质体培养获得转基因鸭茅（*Dactylis glomerata*）[13]，之后陆续获得了匍匐翦股颖、高羊茅、紫羊茅、多花黑麦草、结缕草、草地早熟禾的转基因植株。草坪草遗传转化工作主要集中在草坪草遗传性状的改良上，如：抗病虫[14]、控制开花、抗除草剂[9,15]等性状，对多年生黑麦草[11]和草坪杂草马唐[16]进行抗病毒遗传转化的研究也有报道。将耐旱、耐寒相关基因也包括一些转录因子及植物激素调控基因导入草坪草，以提高其耐旱、耐寒、保绿、耐磨的特性，为目前研究热点。在国家科技部863项目、转基因植物研究与产业化开发专项计划等项目资助下，我国从2001年起有多家单位开展了草坪草转基因技术的研究，取得了一系列研究成果（表1）：建立了草地早熟禾[17]、结缕草[18]、多年生黑麦草[19,20]、高羊茅[21]等多种草坪草的高频再生体系。同时，已经获得了转基因高羊茅[22]、结缕草[23]、草地早熟禾[24]等草坪草的转基因植株。

表1　部分草坪草生物技术项目及其研究进展

单位	项目来源	项目名称	主持人	已取得的进展
北京大学生命科学学院	863计划	利用现代生物技术培育耐旱耐寒草坪草新的种质	林忠平	获得抗旱的转基因草坪草（高羊茅、黑麦草、早熟禾、紫羊茅等）、筛选出了20个绿期延长且耐旱、耐寒性增强的转基因草坪草株系，已进行了田间实验。有6项转基因草坪草的中间试验和4项环境释放获得批准
浙江大学核农学研究所	国家自然科学基金（30370147），国家“十五”科技攻关（2002BA406B04）和浙江省重大项目（021102530）	彩叶草坪草资源的评价与利用；辐射诱变遗传操作技术及其开发；优质抗逆彩色系列草坪草新品种培育及产业化开发	吴殿星	从高羊茅、翦股颖等草坪草中创造了金色、粉红、淡绿和银边等叶色与绿色迥然不同的彩色草坪草资源；获得了抗虫、抗除草剂和耐盐的结缕草转基因植株
北京林业大学、华南农业大学等	863计划（2001AA244082）	优质抗逆草坪草的高效育种技术及新品种的培育	韩烈保	获得了抗旱、耐盐结缕草、狗牙根新种质
北京林业大学、中国林业科学研究院、山东大学、中山大学	转基因植物研究与产业化开发专项（J2002-B-006）	抗干旱、耐盐碱基因工程黑麦草、早熟禾新品种选育	韩烈保	建立了多年生黑麦草、草地早熟禾的高频再生体系。同时建立了高频的农杆菌、基因枪遗传转化体系。筛选出表现优良的转基因早熟禾品系13个，转基因黑麦草品系12份；耐盐能力达到1.2%
中国林业科学研究院等	863计划（2002AA241061）	优质抗逆草坪草早熟禾等新品种选育	孙振元	建立了野牛草、结缕草离体培养体系
华中农业大学	863计划（2004AA244050）	优质抗逆草坪草新种质培育技术研究	包满珠	
甘肃省草原生态研究所	863计划（2004AA244080）	抗旱、耐碱草坪草新品种选育	南志标	

（续）

单位	项目来源	项目名称	主持人	已取得的进展
广东省湛江师范学院生物系	广东省科技攻关项目（2KM03103N）2000～2003	优良草坪草品种选育、推广及抗逆性机制的研究	曾富华	采用基因枪介导法获得高羊茅抗除草剂转化植株
北京市农林科学院	转基因专项项目（2004AA212120）	林草生物技术育种	魏建华	
中国农业大学草地研究所	转基因专项 2003～2005	野牛草滞绿基因的研究	周禾	
华南农业大学生命科学学院	转基因专项（2004.07～2005.12）	抗旱耐盐碱转基因狗牙根和柱花草新品系的选育	郭振飞	
中国农业科学院畜牧研究所	863 计划		李聪	农杆菌介导法转化获得百脉根转基因植株

1.2.2 发展方向

利用基因工程可以克服传统育种周期长、见效慢的缺点，但是转基因植株的释放还受到很多因素的制约。早期的研究多集中在抗除草剂方面，对草坪草进行转化技术的改良（如克服抗性标记的负面影响）、优质转化基因的克隆，对草坪草延长绿期、增加耐践踏性等方面具有广阔的发展前景。

2 细胞工程

细胞工程是在细胞水平上研究、开发、利用各类细胞的工程，亦即人们根据科学设计改变细胞的遗传基础，并通过无菌操作，大量培养细胞、组织乃至完整个体的技术。除常用的组织培养技术外，细胞工程中的细胞悬浮培养技术、体细胞无性系变异等技术在草坪草育种中应用广泛。

2.1 细胞悬浮培养技术

植物细胞悬浮培养（cell suspension culture）是植物细胞生长的微生物化。它不仅可直接用于原生质体分离、培养与杂交、基因转移和生产次生代谢物等，还可在短期内在细胞水平筛选出预期突变体，因此，悬浮细胞培养已成为植物生物技术中有用的手段之一[25]。

2.1.1 国内外发展现状

对于大多数双子叶植物，由不同组织分离出的原生质体都能再生植株，但草坪草却不同，只有由胚性细胞悬浮系分离而得的原生质体才具全能性[26]。胚性细胞悬浮系可用于遗传转化的受体，但胚性悬浮培养物不易保持，随着时间推移，其胚性再生能力会很快下降，直至丧失，然而悬浮细胞具有体积小、高度细胞质化的特点，无任何大液泡，适于冰冻保存。Wang 等对羊茅属、黑麦草属草种的低温保存参数，如低温保护剂的组成、冰冻前悬浮培养物的处理、冰冻保护剂加入的时间点及冰冻后植板前的冲洗等，都作了研究比较[27]，为草坪草胚性悬浮培养物的低温保存提供了实验数据。

草坪草悬浮培养物再生植株最早由 Gambory 等于 1970 年[28]报道，从无芒雀麦的悬浮培养物中再生植株，但只是白化苗。正常植株的再生最早见于 Zaghmout 等（1989）的[29]报道，由紫羊茅的悬浮培养物经体细胞胚发生途径再生植株。在国内，胡张华等 2003 年建立了高羊茅的悬浮细胞系，并获得了再生植株[30]。北京林业大学草坪研究所正在建立和完善包括结缕草、草地早熟禾、多年生黑麦草及高羊茅在内的多种草坪草的悬浮培养体系。

2.1.2 发展方向

近年来，图像分析技术已被用于植物细胞培养过程中细胞颜色、生长速率、形态、聚集体尺寸分布以及结构的分析与研究[31]。它的优点是操作简单、非侵入性和有针对性的对细胞进行监测。这样使维持高质量细胞生长态势的控制成为可能。合理利用悬浮细胞系，对于研究生产植物次生代谢物、人工种子的生产等具有一定的应用前景。

2.2 体细胞无性系变异

1981 年 Larkin 和 Scowcroft 把植物组织培养再生植株中出现的变异叫做体细胞无性系变异（somaclonal variation）[32]，包括细胞培养、再生植株及其后代中产生的变异。体细胞无性系变异弥补了传统育种方法的不足，它的显著特点，一是变异频率高，一般为 1% ~3%，极个别的可达 25% ~100%；二是与其他方法相比，选育周期短，成本低；三是提供了植物基因变异的快捷途径，特别是常规育种较困难的作物；四是可以改进原有优良品种的一个或几个缺陷。

2.2.1 体细胞无性系的应用进展

利用植物组织培养产生的愈伤组织进行各种抗性变异系的诱导和筛选，已在许多作物中取得了成功，特别是耐盐植物变异系的选择，近年来多有报道。至 2002 年已有不同种（水稻、玉米、番茄等）的 20 多个体细胞变异品种进行了品种注册[33]。在草坪草上，Smith and Quesenberry（1995）利用体细胞无性系变异的方法获得了红三叶（*Trifolium pratense*）的新种质资源，其再生能力显著提高[34]；Croughan 等（1994）获得了狗牙根（*Cynodon dactylon*（L.）Pers.）的新种质 Brazos-R3，对秋季黏虫具有显著抗性[35]。其他草坪草的体细胞无性系变异获得新种质的报道较少。这些无性系变异具体体现在以下方面：

2.2.1.1 抗病虫害方面

最早的是 1977 年 Krans 等用 Rhizoctonia solani 病原物接种匍匐翦股颖（*Agrostis stolonifera var. stolonifera* var. *palustris*）的愈伤组织，从再生植物中筛选出了抗病的变异体[36]。Skipp 等（1988）用从北帕默斯顿和林肯收集的 3 个不同亲本细胞系的营养器官，经组织培养获得了多年生黑麦草（*Lolium perenne* L.）的再生植株。对这些植株进行抗冠锈病（*Puccinia coronata*）测试，结果大多数植株具有显著的抗性，而来自不同亲本的细胞系对冠锈病敏感性不同[37]。

2001 年柴明良等通过结缕草再生体系的研究，筛选出抗褐斑病的植株，同时也表明了对病原物的敏感性与细胞系有很大关系，这种差异由遗传多样性决定的[38]。

2.2.1.2 逆境胁迫

胁迫抗性突变体包括耐盐、抗旱、抗寒、抗金属离子等。1977 年 Krans 等利用热处理匍匐翦股颖悬浮细胞，诱导突变，将在高温下存活的细胞诱导出再生植物，筛选出一些抗热的品系[36]。1996 年 Cardona 和 Duncan 在海滨雀稗（*Paspalum vaginatum Swartz.*）愈伤诱导再生后的小苗中也发现一些显著耐寒的再生植株[39]。

关于筛选耐盐、抗旱和抗金属离子突变体，草坪草中尚未有报道，但是在禾本科植物水稻、小麦上，以高浓度 NaCl 筛选耐盐突变体[40]、以高分子量 PEG 作为选择压力筛选抗旱突变体[41]、用高浓度铝盐筛选抗铝突变体[42]，已有成功的报道[43]。这表明定向筛选草坪草的耐盐、抗旱以及抗金属离子突变体也是有可能的。

2.2.1.3 农艺性状及植株表征

组织培养中发生的变异包括形态学变异、生物化学变异、细胞学变异，这些变异发生的频率各不相同。1989 年 Jackson 等对多花黑麦草（*Lolium multiflorum* L.）进行组织培养并使其再生，通过细胞学、形态学以及同工酶分析，发现同一个基因型的 65 个再生植株在高度、开花时间、叶耳长度等形态学特征上发生变异，同时叶绿素含量也与亲本有较大的不同[44]。Denise M Seliskar 等（2000）对海滨盐草（*Distichlis spicata*）的种群多样性及体细胞无性系变异的研究发现，许多再生植株具有与亲本不同的特性，如植株变高、花茎比重增大、根茎比增加、根部生物量增多等[45]。卢少云等（2003）以杂交狗牙根品种‘Tifeagle’（*Cynodon dactylon* × *C. transvaalensis*）的匍匐茎节作外植体，诱导出胚性愈伤组织，进一步分化后获得了再生植株。在再生植株中出现了体细胞变异，其中一株 TV4 的匍匐茎节间长度比亲本减短了 47%，叶长减短了 32%，叶宽增大了 30%，根系较亲本更发达，耐冷性略高于亲本[46]。

2.2.2 体细胞无性系的应用前景

体细胞无性系变异如同分子标记和转化技术，只是一种育种方法，并不能代替传统的育种技术，但是当原材料不具备所需的性状时，就可以用离体筛选的方法获得具有相应性状的变异体，丰富育种材料[47]。应用体细胞突变体法育种具有广阔的前景：（1）把细胞培养和理化诱变（X 射线、快中子、化学药剂 - 叠氮化钠、乙基甲烷磺酸等）相结合，让体细胞无性系变异与理化因素诱导的变异相加，扩大变异谱，提高有用变异率，也可以提高选择效果；（2）应用体细胞无性系变异技术可以发现新的等位基因，扩大基因多样性；（3）改良本地优良品种的一些特性，有助于保存种质；（4）将遗传多样性与离体培养结合起来，为基因表达和调控提供一种工具[48]。

因此，利用细胞培养技术从高等植物的细胞中分离出耐盐、抗旱、抗病虫害等突变体是可行的。体细胞无性系变异为植物改良提供了新的途径和方法，是作物品种选育的重要手段，在草坪草育种上的应用前景广阔。

3 遗传标记技术

遗传标记在草坪草中多用于遗传多样性分析，对于种质资源保存与分类有着积极的意义。现在有两类分子标记用于草坪草：蛋白质带和 DNA 带标记。目前常用的 DNA 分子标记方法有 RFLP 技术、RAPD 技术、AFLP 技术、SSR 技术、SCAR 技术等。

3.1 遗传标记技术应用进展

分子标记技术在草坪草中多用于：种质资源的遗传多样性研究；亲缘关系及系统进化分析；品种及杂种纯度鉴定。20 世纪 80 年代以来，分子生物学技术的快速发展为遗传多样性检测提供了更直接、更精确的方法，即直接检测 DNA 本身的序列变化。DNA 分析方法成为目前为止最有效的遗传多样性分析方法。Rold'an-Ruiz1 等于 2000 年对黑麦草进行了 AFLP 多态性研究。结果表明，在多年生黑麦草不同的商业品种中体现了差异较大的多态性，同时指出 AFLP 分子标记技术可以有效应用于任何以远缘杂交为育种手段的农作物分析中[49]。

分子标记技术还应用于育种的基础研究中，Huff，R. D. 1993 年运用 RAPD 分子标记技术研究草坪草的生殖方式，尤其研究其单性生殖的作用机理[50]。

近年来，我国学者也开始应用分子标记技术进行种质资源的研究，探讨我国种质的遗传多样性。四川大学白史且通过 AFLP、同工酶技术对来自我国多个省区的 9 份假俭草种质进行了多态性分析，表明假俭草资源材料间的遗传距离为 0. 135 ~0. 994。通过聚类分析，证明 AFLP 与同工酶的研究结果一致[51,52]。梁慧敏等采用 RAPD 标记对狗牙根的遗传多样性进行分析[53]，北京林业大学金洪采用 AFLP 对结缕草进行遗传多样性分析[54]，中山大学袁长春对湖南 4 种尾矿环境下的狗牙根遗传多样性的 RAPD 分析。这些为我国草坪草种质资源的收集与保护提供了可靠的依据[55]。

蛋白标记技术方面，主要是同工酶的应用。最早运用同工酶技术在草坪草中的是 Moberg，他于 1972 年使用过氧化物酶技术对匍匐翦股颖进行品种鉴定[56]。同工酶技术最初用于品种鉴定，后来发展到用于品种间遗传分析[57]。还成功应用于阐明四倍体匍匐翦股颖之间的遗传模式[58]。同工酶技术在我国不仅应用在研究草坪草遗传多样性方面[51]，还应用于草坪草生态型[59]、倍性[60]以及不同逆境条件下草坪草的生理抗性指标测定中[61]。

3. 2 遗传标记技术应用前景

遗传标记技术是一个研究遗传过程的强有力的手段。运用遗传标记技术与其他生物技术手段相结合培育草坪草新种质，具有巨大的发展潜力。遗传标记技术对于草坪草种质资源的保护、遗传多样性分析、品种抗性分析等方面将会应用更多，有着更加重要的意义。

4 航空、辐射育种

4. 1 航空育种

航空育种又称为太空育种、航天育种、空间育种，是近十几年来发展起来的一项植物高科技育种新技术。

4. 1. 1 国内外研究进展

1987 年以来，进行育种工作的科研人员借助我国在空间科学研究中的独特优势，多次利用返地卫星和高空气球搭载植物种子，在空间诱变育种方面研究取得了令人瞩目的成就，选育出一些新的突变类型和优良农艺性状的新品系。

目前，在国内外的大量空间诱变育种技术的研究中，主要是针对农作物、疏菜、花卉及少量的牧草等，开展草坪草航空诱变育种技术的研究还很少，中国林业科学研究院的韩蕾等（2004）对草地早熟禾的‘纳苏’进行了空间诱变效应的研究并公开进行了报道[62]。胡繁荣等（2004）对高羊茅进行卫星搭载实验，从中筛选鉴定了半矮杆、匍匐性、细叶、迟熟、耐热性等优质抗逆黄叶高羊茅突变体[63]。北京林业大学尹淑霞对多年生黑麦草、结缕草和草地早熟禾进行空间诱变育种研究，并且结合 AFLP 遗传标记技术对变异后的植株进行分析，证明了其产生变异的来源[64]。

4. 1. 2 应用前景

草坪草的航空诱变育种应用具有更为广阔的前景和利用空间，在其他植物上进行的研究试验已表明，空间飞行后植物出现的变异广泛而深刻，从外部形态上看，有叶片形态、色泽、叶面积、株高、单株分蘖数、茎秆粗细、生育期、生长速度、生长习性、等方面的变化，从抗逆性上来看，空间环境诱导植物出现了抗病性增强（如小麦抗赤霉病）、抗盐性、抗渗透胁迫等性状，对草坪草而言，由于其利用上的特殊性，如果出现变异，则大多数变异都可视为正向变异，如植株低矮、叶片色泽变化、分蘖增加、生育期延长等等，这些曾在农作物如水稻、小麦中出现的变异，如果出现在草坪草中，都可作为很好的育种材料加以选择利用，丰富草坪草种质资源和遗传基础，草坪草更适于通过空间诱变育种技术培育一些品质更好的新的品系。

4.2 辐射育种

辐射诱变育种是直接利用物理诱变源（如 α 射线、β 射线、X 射线、中子、无线电波和激光等）对植物体（如种子、植株、球茎、花粉等）进行照射以诱发突变，使之产生遗传变异（基因突变和染色体畸变），根据育种目标进行选择和鉴定，从各种突变体中直接或间接地选育出在生产上有利用价值的新的物种或品种的方法。

4.2.1 辐射育种的特点

辐射育种具有以下优点：提高植物的变异率，扩大变异范围；能改变品种单一不良性状，而保持其他优良性状基因不变；增强抗逆性，改进品质；辐射后代分离少，变异稳定，育种年限短；能克服远缘杂交的不结实性等。但也存在着一些缺点，如诱发突变的方向难以控制，有益突变率较低，必须通过大量选择，突变带有一定的随机性，难以在一次辐射后代中出现多种性状均理想的突变体等。

4.2.2 国内外研究进展

辐射育种多用于农作物（如小麦、水稻、大麦等）、花卉（月季、菊花、美人蕉等）的育种工作中，获得了上百个新品种。在草坪草方面，新疆畜牧科学院草原研究所采用60Co-γ射线辐射育种选育了百脉根直立和低矮绿化型新品种（系）各一个，将我国惟一的野生百脉根驯化培育成栽培种，并建立了种子生产基地，进行大面积推广[65]。

也有人利用激光、电子束等辐照进行诱变育种，崔延棠等（2002）用不同剂量 He-Ne 激辐多年生黑麦草（守门员）种子的研究表明，在激光处理功率密度一定时，低剂量对植物种子活力有明显的促进作用，而高剂量则有明显的抑制种子活力的作用，激光处理草坪草种，能有效地提高草种的抗逆性能，在草坪草育种、培育抗旱品种上具有一定的应用前景[66]。

4.2.3 辐射育种的应用前景

辐射处理对改良单一性状比较有效，但同时改良多个或综合性状则较困难[67]。需与其他育种方法如杂交育种、单倍体育种、远缘杂交、细胞工程和染色体工程等方法结合使用，以收到更好的育种效果，提高育种效率。

现代生物技术手段为草坪草育种工作提供了广阔的发展前景，加快了育种工作的进程。任何一种生物技术的应用离不开与传统育种方式的结合。对我国草坪草而言，培育出耐践踏、抗逆性强、绿期长的草坪草种，是所有育种工作者不断努力的目标。相信，随着生物技术时代的到来，将会有更多的草坪草新种质出现。

参考文献

[1] 瞿礼嘉，顾红雅，胡萍等．现代生物技术导论．北京：高等教育出版社．1998，

[2] M B Singh，T Hough，P Theerakulpisut，et al. Isolation of cDNA encoding a newly identified major allergenic protein of rye-grass pollen：intracellular targeting to the amyloplast. Proc Natl Acad Sci U S A. 1991 February

15; 88 (4): 1384~1388

[3] Greg F. W. Gocal, Andrew T. Poole, Frank Gubler, et al. Long-Day Up-Regulation of a GAMYB Gene during *Lolium temulentum* Inflorescence Formation. Plant [J] Physiol. 1999, 119: 1271~1278

[4] Christian S. Jensen, Klaus Salchert, and Klaus K. Nielsen. A Terminal Flower1-Like Gene from Perennial Ryegrass Involved in Floral Transition and Axillary Meristem Identity [J]. Plant Physiol, March 2001, 125: 1517~1528

[5] Dongfang Wang and Dawn S. Luthe. Heat Sensitivity in a Bentgrass Variant. Failure to Accumulate a Chloroplast Heat Shock Protein Isoform Implicated in Heat Tolerance [J]. Plant Physiology, September 2003, 133: 319~327

[6] 吴关庭，胡张华，郎春秀. 高羊茅 CBF 转录激活因子基因片段的克隆 [J]. 核农学报, 2004, 18 (5): 353~356

[7] Lee L. Turfgrass biotechnology [J]. Plant Science, 1996, 115 (1): 1~8

[8] Chai B, Liang A, Klause K, Gao C, Wang W and Hu W. Stable transformation of three cultivars of Kentucky bluegrasss (poa pratensis L.) by particle bombardment of mature seed-derived highly regenerative callus [J]. Agricultural sciences in china. 2003; 2 (1): 27~34

[9] Asano-Y, Ito-Y, Fukami-M et al. Herbicide resistant transgenic creeping plants obtained by electroporation using an altered buffer [J]. Plant-Cell-Rep, 1998, 17 (12): 963~967

[10] Inokuma-C, Sugiura-K, Imaizumi-N ot al. Trangenic Japanese lawngrass (*Zoysia japonica* Steud.) Plant regener-ated from protoplasts [J]. Plant-Cell-Report, 1998, 17 (5): 334~338; 20ref

[11] Rosselt U K, Wang G, Schubert J et al. Induction of virus resistance by means of Agrobacterium-mediated gene transfer in ryegrasses [A]. Breeding for a functional agriculture. Proceedings of the 21st Meeting of the Fodder Crops and Amenity Grasses Section of EUCARPIA. Kartause Ittingen, Switzerland; 9~12 September, 1997. 1998: 154~156

[12] 金万枚，巩振辉，李桂荣，张桂华. 植物遗传转化方法和转基因植株的鉴定 [J]. 生物学通报, 1997, 32 (1): 19~21

[13] M. E. Horn, R. D. Shillito, B. V. Conger et al. Transgenic plants of orchardgrass (*Dactylis glomerata* L.) from protoplasts [J]. Plant Cell Report, 1988, 7: 469~472

[14] Belanger-F-C, Laranmore-C, Bonos-S et al. Development of improved turfgrass with herbicide resistance and enhanced disease-resistance through transformation. Abstr. Pap. Am. Chem. Suc. 1998, 216 Meet, Pt. 1, AG-RO154

[15] Christina L. Hartman, Lisa Lee. Peter R. Day and Niligun E. Tumer. Herbicide Resistant Turfgrass (Agrostis palustris Huds.) by Biolistic Transformation [J]. BIO/TECHNOLOGY, 1994, 12 (9): 919~923

[16] Chen-WuSi, Lennox-SJ, Palmer-KE et al. Transformation of Digitaria sanguinalis: a model system for testing maize streak virus resistance in Poaceae [J]. Euphytica, 1998, 104 (1): 25~31; ref

[17] 信金娜，韩烈保，刘君等. 草地早熟禾愈伤组织诱导及植株再生 [J]. 中国草地, 2004, 26 (4): 46~50

[18] 李瑞芬，张敬原，赵茂林. 结缕草愈伤组织诱导及植株再生 [J]. 园艺学报. 2003, 30 (3): 355~357

[19] 陈季琴、韩烈保. 正交设计在多年生黑麦草组织培养中应用 [J]. 中国草地. 2004, 26 (6): 57~62, 72

[20] 杨爱芳，何春梅，王贤丽等. 黑麦草幼穗离体培养及植株再生 [J]. 草业学报. 2004, 13 (5): 84~90

[21] 王铖，李青，辛燕．高羊茅种子愈伤组织诱导及植株再生研究［J］．北京林业大学学报 2004，26（1）：66～69

[22] 马生健，曾富华，徐碧玉．基因枪介导的高羊茅基因转化体系的建立［J］．园艺学报，2004，31（5）：691～693

[23] 张磊，吴殿星，胡繁荣．结缕草组织培养及农杆菌介导转化的主要因子优化［J］．草业学报，2004，134)：100～105

[24] CHAI Bao Feng，LIANG Ai-Hua，WANG Wei，Hu Wei. Agrobacterium-mediated Transformation of Kentucky bluegrass［J］. Acta Botanica Sinica. 2003，45（8）：966～973

[25] 孙敬三．细胞悬浮培养，植物细胞工程实验技术［M］．北京：科学出版社，1995

[26] Vasil IK. Progress in the regeneration and genetic manipulation of cerealcrops［J］. Bio/Technology，1988，6（4）：397～402

[27] Wang ZY，Legris G，Nagel J，Potrykus I，Spangenberg G. Cryopreservation of embryogenic cell suspensions in Festuca and Lolium species［J］. Plant Science，1994，103（1）：93～106

[28] Gambovg OL，Constabel F，Miller RA. Embryogenesis and production of albino plants from cell cultures of Bromus inermis［J］. Planta，1970，95：355～358

[29] Zaghmout OMF，Torello WA. Somatic embryogenesis and plant regeneration from suspension cultures of red fescue［J］. Crop Science，1989，29（3）：815～817

[30] 胡张华，陈火庆，吴关庭等．高羊茅悬浮细胞系的建立及绿色植株的高频再生［J］．草业学报 2003，12（3）

[31] Ibaraki Y，Kenji K. Computer Electronics Agriculture，2001，30：193

[32] 李周岐．高等植物体细胞突变体离体筛选技术及其在林木抗盐育种上的应用［J］．陕西林业科技，1994，4：50～55

[33] Trojanowska M R. The effects of growth regulators on somaclonal variation in rye（*Secale cereale* L.）and selection of somaclonal variants with increased agronomic traits［J］. Cellar&Molecular Biology Letters，2002，7：1111～1120

[34] Smith R R，Quesenberry K H. Registration of NEWRC red clover germplasm［J］，Crop science，1995，35：295

[35] Croughan S S，Quisenberry S S，Eichhorn M M，Colyer P D，Brown T F. Registration of Brazos-R3 bermudagrass germplasm［J］. Crop Science，1994，34：542

[36] Kans J V，Park S L，Tomaso Peterson M，et al. In vitro selection in *Agrostis stolonifera* var. *palustris*：Heat tolerance and Rhizoctonia solani resistance. In：MB Sticklen and MP Kenna（ed）turfgrass biotechnology-cell and molecular genetic approaches to turfgrass improvement［M］. Ann Arbor Press，MI，1977，211～222

[37] Skipp R A，White D W R. Somaclonal variation in resistance of perennial ryegrass to crown rust［J］. Proceedings of New Zealand Grassland Association，1988，49：93～96

[38] Chai MingLiang，Lee JongMin，Park MiHyea，Kim DooHwan. In vitro selection for large patch resistance in zoysiagrass［J］. Journal of the Korean Society for Horticultural Science，2001，42（3）：249～253

[39] Cardona C A，Duncan R R. In vitro culture，somaclonal variation，and transformation strategies with paspalum turf ecotype. In：MB Sticklen and MP Kenna（ed）Turfgrass biotechnology-cell and molecular genetic approaches to turfgrass improvement［M］. Ann Arbor Press，MI，1997，229～236

[40] Lutts S，Kinet J M，Bouharmont J. Somaclonal variation in rice after two successive cycles of mature embryo derives callus culture in the presence of NaCl［J］. Biologia Plantarum，2001，44（4）：489～495

[41] Joyeeta Biswas，Bikash Chowdhury，Bhattacharya A，Mandal A B. In vitro screening for increased drought tolerance in rice［J］. In Vitro Cellular & Developmental Biology：Plant，2002，38：525～531

[42] Bouharmont J. Application of somaclonal variation and in vitro selection to plant improvement [J]. Acta Horticulturae, 1994, 355: 213~218

[43] Bouharmont J, Dekeyser A Sint, Jan V van, Dogbe, Y S. Application of somaclonal variation and in vitro selection to rice improvement. Rice genetics II: Proceedings of the Second International Rice Genetics Symposium, 14~18 May 1990. IRRI, Manila, Philippines: 1991. 271~277

[44] Jackson J A, Dale P J. Somaclonal variation in Lolium multiflorum L. and L. temulentum L. [J]. Plant Cell Report, 1989, 8: 161~164

[45] Denise M Seliskar, John L Gallagher. Exploiting wild population diversity and somaclonal variation in the salt marsh grass Distichlis spicata (Poaceae) for marsh creation and restoration [J]. American Journal of Botany, 2000, 87 (1): 141~146

[46] 卢少云，郭振飞，陈永传．狗牙根的组织培养及其矮化突变体研究初报 [J]．园艺学报，2003，30 (4)：482~484

[47] Bulk R W. Application of cell and tissue culture and in vitro selection for disease resistance breeding-a review [J]. Euphytica, 1991, 56: 269~285

[48] P. Donini, A. Sonnino. Induced mutation in plant breeding: Current status and future outlook. In: S. M. Jain, D. S. Brar and B. S. Ahloowalia (ed) Somaclonal Variation and Induced Mutations in Crop Improvement [M]. Kluwer Academic Publishers, 1998, 255~291

[49] Rold'an-Ruiz1, J. Dendauw1, E. Van Bockstaele1, A. Depicker and M. De Loose. AFLP markers reveal high polymorphic rates in ryegrasses (*Lolium* spp.) [J]. Molecular Breeding 2000, 6: 125~134

[50] Huff, R. D., and J. M. Bara. Determining genetic origins of aberrant progeny from facultative apomictic Kentucky bluegrass using a combination of flow cytometry and silver-stained RAPD markers [J]. Theor. Appl. Genet. 1993, 87: 201~08

[51] 白史且 沈翼 高荣等，假俭草过氧化物同工酶的遗传多样性研究 [J]．四川大学学报（自然科学版），2002，39 (5)：952~956

[52] 白史且，高荣，沈翼等．假俭草遗传多样性的 AFLP 指纹分析 [J]．高技术通讯，2002，10：45~49

[53] 梁慧敏．狗牙根种质资源遗传标记和耐盐性生物技术辅助育种的研究 [C]．2003

[54] 金洪．中国结缕草（Zoysia japonica Steud.）遗传多样性研究 [C]．2004

[55] 袁长春，施苏华，赵运林．湖南四种尾矿环境下的狗牙根遗传多样性的 RAPD 分析 [J]．广西植物．2003，23 (1)：36~40

[56] Moberg, E. L. 1972. Turfgrass cultivar identification by peroxidase isoenzyme composition. Ph. D. diss., Penn. State Univ., University Park. (Diss. Abstr. 33: 4620B)

[57] Warnke, S. E., D. S. Douches, and B. E. Branham. Relationships among creeping bentgrass (Agrostis palustris Huds.) cultivars based on isozyme polymorphism [J]. Crop Sci. 1997, 37: 203~207

[58] Warnke, S. E., D. S. Douches, and B. E. Branham. Isozyme analysis supports allotetroploid inheritance in tetraploid creeping bentgrass (Agrostis palustris Huds.) [J]. Crop Sci. 1998, 38: 817~822

[59] 李阳春，王玲英，早熟禾属不同种及生态型 POD 同工酶分析 [J]．PRA TACUL TU RAL SC IENCE. 1996，13 (5)：4~8

[60] 帅素容，张新全，白史且．不同倍性鸭茅同工酶比较研究 [J]．PRA TACUL TU RAL SC IENCE. 1998，15 (6)：11~15

[61] 梁慧敏，夏阳，杜峰等．盐胁迫对两种草坪草抗性生理生化指标影响的研究 [J]．中国草地，2001，23 (5)：27~30

[62] 韩蕾，孙振元，郭燕等，空间环境对草地早熟禾叶片解剖结构及同工酶酶谱的影响 [J]．林业科学研究，2004，17 (3)：310~315

[63] 胡繁荣，赵海军，张琳琳．空间技术诱变创造优质抗逆黄叶高羊茅［J］．核农学报，2004，18（4）：286～288

[64] 尹淑霞．空间飞行与60_{Co}-γ射线对草坪草诱变效应研究．北京林业大学［C］．2005

[65] 邹莹．“百脉根辐射育种与种子生产研究”通过鉴定．畜牧兽医科技信息，1997，14：9

[66] 崔延棠，尉亚辉，慕东．激光辐照多年生黑麦草种子的生物学效应初探［J］．西北大学学报（自然科学版）．2002，32（5）：573～575

[67] 闵绍楷，汤圣祥．辐射诱变育种［J］．中国稻米．1997，5：34～36.

作者简介：韩烈保（1965～），男，湖北省钟祥市人，博士、教授、博士生导师，北京林业大学草坪研究所所长，国际草坪学会常务理事，中国草学会草坪专业委员会副主任。

7 狗牙根（*Cynodon* spp.）种质资源及其遗传改良研究进展

刘建秀[1] 马克群[12]

（1. 江苏省中国科学院植物研究所（南京中山植物园），南京 210014；

2. 南京农业大学园艺学院，南京 210095）

摘要：本文首先对国内外狗牙根种质资源的研究现状进行了概述，对国内外狗牙根遗传改良工作进行了总结，最后对我国狗牙根种质资源研究和改良存在的问题进行了分析，并初步提出今后亟需要开展的工作。

关键词：狗牙根 种质资源 评价 改良

狗牙根（*Cynodon* spp.）属禾本科画眉草亚科虎尾草族，共有9个种10个变种，用于草坪草种的主要有4种：普通狗牙根（*C. dactylon*）、印苛狗牙根（*C. incompletes*）、非洲狗牙根（*C. transvaalensis*）和普通狗牙根与非洲狗牙根杂交种（*C. dactylon* × *C. transvaalensis*）。狗牙根属主要起源于非洲东部，欧亚大陆、印度尼西亚、马来西亚和印度也有广泛分布，是世界广布型草种。现在狗牙根广泛分布于北纬53°至南纬45°的世界各大洲，上至3000m以上的喜马拉雅山，下至海平面以下的约旦等地都有分布。狗牙根能忍耐极端最低气温达-37.0℃，可在年平均相对湿度为40%的环境下存活并且生长。我国国产狗牙根有2种1变种，即普通狗牙根（*C. dactylon*）、弯穗狗牙根（*C. arcuatus*）和双花狗牙根（*C. dactylon* var. *biflorus*）。在我国，狗牙根主要分布于黄河流域及其以南各地，河北、新疆、吉林等地也有分布。野生狗牙根在我国的分布特点主要是丘陵、山地及路边的零星分布，在部分河漫滩低地草甸也呈带状分布或团块状分布（刘伟等，2003）。甚至在干旱沙漠区内也有野生狗牙根的分布；喀什型和伊犁型两种狗牙根在冬季-32℃仍能安全越冬（阿布来提等，1998）。狗牙根具有植株低矮、繁殖能力强、抗旱、耐践踏、质地细腻、色泽好等优良特性，被国内外广泛用于住宅小区、运动场、公园、墓地及固土护坡，是全球暖季型草坪草中坪用价值最高、应用最广泛的草种。

1 狗牙根种质资源研究

1.1 狗牙根形态变异及形态类型

如上所述，在4个可用作草坪的狗牙根中，普通狗牙根（*C. dactylon*）为全球广布种，由于其生境多样性，种内变异很大，并呈现一定的变异规律。Wofford et al（1995）等报道不同类型狗牙根的叶长、叶宽差异显著。吴彦奇等（2001）对四川、重庆、云南及上海等地野生狗牙根的部分外部性状变异的研究表明：狗牙根草层自然高度、叶片长度、叶片宽度及节间长度的变异范围分别为：6.58～28.3cm，1.50～8.99cm，0.20～0.36cm以及1.22～

6.84cm。刘建秀等（2003）通过对中国444份狗牙根种源的外部性状的观测和分析，结果表明：我国狗牙根不同种源外部性状具有广泛的变异，其中在高度（草层高度、生殖枝高度）、营养器官长度（叶片长度、节间长度）以及株型（短茎形态、形态指数）等方面的变异最大；其次为均一性、密度和叶色等方面的变异，而在穗部性状（穗长、小穗长度和穗枝数）方面的变异最小；在中国由南到北的自然分布，狗牙根的草层高度和生殖枝高度显著增高，叶片长度显著变长、变宽，节间显著变长，小穗长度明显增加，穗枝数明显减少；叶色愈深，密度愈高，匍匐性愈强，由西向东，总的来说狗牙根种源节间和小穗显著变长，生殖枝高度显著变低。Brenda（1989）指出，不同类型狗牙根在结实性上存在明显差异。陈艳宇等对四川狗牙根结实性进行了研究，发现四川野生狗牙根的结实率为28.5%～30.7%。郑玉红等（2003）对中国50份狗牙根种源的根状茎深度、密度和直径进行了田间观测分析，结果表明：中国狗牙根种源的根状茎变异很大，根状茎深度、密度和直径的变异系数分别为44%、41%和33.7%；狗牙根根状茎深度、直径和密度3项指标高度正相关，其相关系数分别达0.73**（直径与深度）、0.69**（直径与密度）和0.73**（深度与密度）；狗牙根根状茎深度、直径和密度随纬度的增加而显著加深、加粗、加密。

国内外学者还根据狗牙根的特征、特性对其进行了分类。Ramakrishnan P. S.（1996）根据狗牙根对土壤钙（Ca）的反应，划分为喜钙型、中间型和厌钙型3个生态型；Rochecouste E.（1962）根据叶毛的排列方式及其类型，将毛里求斯的狗牙根分为4个生物型。刘建秀等（1996）根据狗牙根19个外部性状对华东地区88份狗牙根材料进行聚类分析，分为5个类型，即矮细型、矮粗型、斜细型、斜粗型和直立型。郑玉红等（2003）根据对狗牙根根状茎的观测将狗牙根种源分为：浅（无）根茎型、疏浅根茎型、深密根茎型和特深密根茎型4大类型。

1.2 狗牙根抗逆性的变异

1.2.1 抗寒性

狗牙根耐寒性较差，当气温低于15℃时停止生长。在低温胁迫下，狗牙根表现为叶片萎蔫、卷曲，叶片变褐，最终导致整株干枯死亡（王钦，1993）。因此温度是限制狗牙根应用范围的首要环境因素。狗牙根不同种源在抗寒性上存在明显差异。吴彦奇等报道四川狗牙根各种源的抗寒性均强于国外引进的品种‘Tifway’，SAU99－36的半致死温度可达－14.4℃。郑玉红等（2002）对全国有代表性的狗牙根种源在持续降温下叶片电解质外渗率和半致死温度行分析，抗寒性鉴定结果表明，狗牙根半致死温度的变化范围为－21.38℃～－8.50℃，平均数为－14.83℃，变异系数为20%。纬度愈高，叶片半致死温度愈低，经度愈低，叶片半致死温度愈低，且离体叶片所得结果与整株材料叶片电解质外渗率具有相同的变化趋势。

低温锻炼可增强狗牙根的抗寒性，并相应的诱导出抗冻蛋白。Gatschet et al（1994，1996）用SDS-PAGE法和放射自显影法发现，经抗寒锻炼的‘Midiron’和‘Tifgreen’与对照相比，半致死温度降低，根茎中冷驯化蛋白（主要为几丁质酶）增多，由此可推测几丁质酶合成的基因可能与抗寒性有关，这为狗牙根的生物工程育种提供了理论基础。

1.2.2 抗旱性

狗牙根被认为是最抗旱的草坪草种之一，然而，不同种、品种的狗牙根在抗旱方面存在着明显差异。Beard和Sifers（1997）研究了26个不同狗牙根种质资源，认为狗牙根属内在抗旱性和对水分的利用方面差别较大。Hays 等（1970）在相同的干旱胁迫条件下，对 10 个狗牙根品系进行质量评分，以比较狗牙根不同品系的抗旱性。郭爱桂等（2002）通过测定临界萎蔫点和永久萎蔫点鉴定了几种暖季型草坪草的抗旱性，并首次提出了表征永久萎蔫点概念。

1.2.3 耐盐性

狗牙根具有较强的耐盐性，但不同种源之间仍有较大差异。据报道，新疆狗牙根在 pH 值 =9.3 的重盐碱土上仍能正常生长。四川农业大学的初步研究结果表明，西南地区狗牙根在土壤盐浓度为 0.45 时仍能正常生长，个别材料能在 0.6% ~0.8% 的土壤盐浓度下生长。这些材料可望育成高耐盐的狗牙根品系（内部材料）。程云辉等（2003）在几种耐盐牧草的筛选实验中，在江苏盐城重度盐碱化地上供试品种狗牙根 C121 表现突出，最终成坪，李亚等（2003）报道，C106 在 NaCl 浓度为 2.0% 的水溶液中仍能正常生长。

1.2.4 耐荫性

狗牙根是暖季型草坪草中最不耐荫的种类之一，然而，不同种源在耐荫性上仍存在较大差异。据 Gaussoin（1998）报道，供试的 32 个狗牙根品种对遮光有不同的反应，并且存在着足够的变异进行耐荫性选择。耐荫性的测定方法多采用黑色聚酯网覆盖，分别给以不同的隐蔽度，观察其生长发育情况，主要是测定匍匐茎与根茎的生长速度来评价狗牙根的耐荫性。

1.3 染色体倍性变异

狗牙根的染色体基数是 9，体细胞的染色体数目为 18 条至 54 条不等。作为草坪用途的狗牙根，印度狗牙根（*C. barberi*）和非洲狗牙根（*C. transvaalensis*）全部是二倍体；长硬毛狗牙根（*C. incompletes* var. *hirsutus*）主要是三倍体，少数是四倍体；弯穗狗牙根（*C. arcuatus*）和普通狗牙根的变种（*C. dactylon* var. *dactylon*）全部是四倍体。普通狗牙根（*C. dactylon*）有二倍体、四倍体和六倍体（Harlan et al，1969）。据报道，普通狗牙根的染色体倍性同土壤的酸碱度有关：当土壤 $pH<5.0$ 时，出现完全的二倍体种群；$pH>6.5$ 时，出现完全的四倍体种群；当 pH 值介于 5.0 和 6.5 之间时，二倍体同四倍体植株混合生长（Silva et al.，1995）。郭海林等（2002）对中国狗牙根（*C. dactylon*）有代表性 30 份种源染色体数目加以观测发现，4n（32.2%）>5n（18.9%）>3n（10.5%）>6n（2.13%）>2n（0.41%），且非整倍体比率高达 32.1%，染色体数目与种源分布区的纬度、经度以及海拔均无显著的回归关系。

1.4 同工酶变异

Dabo 等（1990）用 PAGE 电泳对不同狗牙根种源的同工酶变异进行了研究，Vermeulen 等（1998）利用顺乌头酸酶、磷酸葡糖异构酶、磷酸葡糖变位酶等来鉴定狗牙根种质多样性，刘建秀等研究表明，在中国东部，随狗牙根分布区北移，狗牙根酯酶同工酶谱带数亦呈增加趋势（内部资料）。

1.5 DNA 多样性

Gustavo（1998）用 DNA 扩增指纹印记法（DAF）检测了‘Tifgreen’和‘Tifdwarf’的遗传多样性。Zhang 等（1999）利用 AFLP 方法鉴定了 27 份狗牙根品系，检测出较高的多态性，用非加权配对计算出狗牙根品系聚为 3 类，并指出在扩增产物的标记鉴定中，银光染色比 ^{32}P 标记具更多的条带。

1.6 狗牙根坪用价值评价

1986 年，美国采用质地、密度和草皮质量 3 个指标、引用 9 级制评价狗牙根的坪用价值（Arder bulcersperger *et al.*，1993），也有人用色彩、盖度、均一性及抗病性等指标并采用 10 级制对草坪的坪用价值加以综合目测评价；在国内，尚以顺（1995）利用灰色系统理论从绿色期、抗病性、质地、密度等 9 个方面对草坪的坪用价值进行综合评价；刘建秀（1998，2000）在对国内外坪用价值评价方法统计分析的基础上，提出了景观—性能—应用适合度评价体系，在操作上更加实用、简明，并通过用该系统对野生狗牙根坪用价值的评价，验证了该系统的合理性。

2　狗牙根种质资源遗传改良研究进展

狗牙根资源分布极为广泛，生境又极为丰富，易于形成丰富的变异，为培育不同特性、满足不同功能需要的狗牙根新品种提供很好的基础。

从国外来看，早在 1930 年，南非共和国就育成了第一个坪用狗牙根品种‘Royal Cape’。美国是狗牙根育成品种最多的国家。事实上，美国的狗牙根种质资源并不丰富，但非常重视野生狗牙根资源的引进，美国最早的狗牙根引种可追溯到 17 世纪早期，到 19 世纪上半叶，来自非洲的狗牙根（*C. dactylon*）已成为美国南部重要的牧草和护坡用草（Harlan *et al.*，1975）。20 世纪初，由美国高尔夫球协会绿化部的农学家和高尔夫球场的负责人发起，开始大量收集适用于草坪生产的优良狗牙根草种（Latham，1996），并通过在不同栽培条件下观察、筛选，选育出一批具有突出性状的狗牙根新品种，如 Atlanta，U-3 等（Hanson，1972，Burton，1977）。狗牙根种间杂交育种技术的使用和发展，是狗牙根育种历史上的一个巨大飞跃，其中影响最大的首推‘Tif’杂交狗牙根系列品种。‘Tif’系列品种系营养繁殖品种，由美国著名的育种家 G. W. Burton 自 1936 年以来在乔治亚州天堂（Tifton）镇滨海试验站逐步培育而成的，被命名为天堂草（Tiftongrass），如 Tiflawn、Tifway、Tiffine、Tifgreen 等，这些品种质地细致，密度大，成坪快，抗病和耐寒力强，很快在世界各地得到推广；Wayne Hanna 在此基础上，又育成了‘TifSport’和‘TifEagle’等优良品种。种子繁殖的狗牙根育种由于运输方便高效、种植经济日益引起人们的青睐，抗寒性强的 Guymon，密度大、色泽好的 NuMex Sahara 等一批种子繁殖的狗牙根已得到广泛的商业推广。

我国野生狗牙根资源十分丰富，但狗牙根的育种刚起步，目前主要是调查、研究和初步改良野生狗牙根种质资源。从 20 世纪 90 年代初，刘建秀等对我国狗牙根属种质资源进行了调查、引种和评价，到现在已从国内收集 800 余份狗牙根属种源（品种），并对其外部性状、物候期、坪用价值和适应性进行了观测和评价。吴彦奇等（2001）在四川、阿布来提等（1998）在新疆、白昌军等（1997）在海南、杨桦等（1995）在贵州分别对当地野生狗牙根也进行了一些研究。由阿布来提等选育的‘新农 1 号狗牙根’和‘喀什狗牙根’，于 2001 年通过了国家级审定，刘建秀选育出坪用价值高且适应性强的矮细型‘南京狗牙根’，也于 2001 年通过国家级审定，已在公共绿地、住宅小区、公共绿化及微型高尔夫球场上得到较广泛应用。江苏省中国科学研究院植物研究所目前正在开展狗牙根杂交育种方面的工作。

到目前为止，国内外已育成的商业化坪用型狗牙根品种见表 1。

表1 育成主要的商业化草坪型狗牙根品种简介

Table 1 List of the commercially important bermudagrass varieties used as turfgrass

种名 Species	品种名 Cultivars	育成年份 Year released	培育方法 Method of breeding	繁殖方式 Mathod of propagation	特征特性 Main characteristics
C. dactylon	Tiflawn	1942	杂交	营养	耐践踏，成坪快，质地较粗糙，用于运动草坪（Hoin，1951）
C. dactylon	NK－37	1950's	杂交	种子	主要用于水保（Dossey *et al.*，1993）
C. dactylon	U-3	1960's	选育	种子或营养	质地中粗，耐寒性较好，养护水平中等（Dossey *et al.*，1993）
C. dactylon	Guymon	1982	杂交	种子	叶色深绿，质地较粗糙，非常耐寒，多用于固土护坡（Taliaferro *et al.*，1993）
C. dactylon	Numex Shhara	1987	杂交	种子	节间较短，密度较大，色泽较好，抗旱性很强，专用于草坪．（Baltensperger，1996）
C. dactylon	Tifton 10	1988	选育	营养	春季返青早，成坪快，能耐－29℃低温，质地较粗糙，用于高尔夫球道、运动场、观赏草坪（Hanna，1990）
C. dactylon	Primavera	1990	杂交	种子	草质与Numex Sahara相近，但茎更细（Dossey *et al.*，1993）
C. dactylon	MS-Choice	1991	选育	营养	叶片深绿色，质地及成坪速度中等，耐荫性强，适用于公共绿地、运动场、高尔夫球道和发球区（Krans，1995）
C. dactylon	Sonesta	1991	杂交	种子	质地中等，叶片窄，节间较短，植株较矮，主要用于固坡（Dossey *et al.*，1993）
C. dactylon	Flora TeX	1992	杂交	营养	深根，耐瘠薄，春季返青早，低温下叶色保持好，用于高尔夫球道、休憩草坪和运动草坪（Dudeck,1995）
C. dactylon	Quickstand	1993	杂交	营养	成坪时高度约为12cm，质地中等，生长旺盛，匍匐茎扩展较快，草坪、牧草兼用（Phillips，1977）
C. dactylon	Jackpot	1995	杂交	种子	种子结实性良好，耐荫性和抗镰刀病能力较强（Susan H. Samudio，1996）
C. dactylon	南京狗牙根	2001	选育	营养	低矮纤细，草坪质地细密，富有弹性，23～45d可成坪，耐寒性强，适宜于运动场、公共绿地、休憩草坪及护坡（刘建秀等，2002）

（续）

种名 Species	品种名 Cultivars	育成年份 Year released	培育方法 Method of breeding	繁殖方式 Mathod of propagation	特征特性 Main characteristics
C. dactylon	新农1号	2001	选育	种子或营养	质地较细，色泽好，耐低剪，恢复能力和侵占性强，抗寒性强，易管理，用于城市绿化、固土护坡、固沙等（阿布来提等，2002）
C. dactylon	喀喀什狗牙根	2001	选育	种子或营养	植株低矮，质地较细，厚密，耐践踏，耐低剪，有较强的抗寒、耐热和耐盐碱能力，易管理，草坪、牧草兼用（阿布来提等，2002）
C. dactylon × *C. transvaalensis*	Tifgreen	1961	杂交	营养	质地好，密度大，抗病，特别适于作高尔夫球场果岭（Burdon）
C. dactylon × *C. Transvaalensis*	Tifdwarf	1965	自然突变	营养	同Tifgreen相比，茎更矮，叶色更深，密度更大，维护费用更低，成坪较慢，主要用于高尔夫球场果岭（Burton，1996）
C. dactylo × *C. Transvaalensis*	Tifway	1965	选育	营养	密度大，青绿期长，抗虫，抗杂草，多用于高尔夫球道、发球台和绿地（Burton，1996）
C. dactylon × *C. Transvaalensis*	TifgreenⅡ	1983	人工诱变	营养	叶色好，抗低温强，耐粗放管理，返青早（Michael D Casler 2002）
C. dactylon × *C. Transvaalensis*	TifwayⅡ	1984	人工诱变	营养	比Tifway更抗根腐病、抗线虫，更抗霜冻，春季返青更早（Glenn. Burton，1985）
C. dactylon × *C. transvaalensis*	Midlawn	1991	杂交	营养	在抗旱性、返青、质地、草坪质量、叶色、综合坪用价值表现较好，用于高尔夫球道、家庭及商业草坪（Pair，1994）
C. dactylon × *C. transvaalensis*	Midfield	1991	杂交	营养	比Midron密度更大，质地更好，较抗旱，耐践踏性强，特别适用于运动场，也用于家庭及商业草坪（（Pair，1994）
C. dactylon × *C. transvaalensis*	MS-Express	1991	选育	营养	叶片质地好，绿色中等，春季生长快，密度大，成坪快，耐荫性较好。多用于网球等运动草坪（Krans，1995）
C. dactylon × *C. transvaalensis*	MS-Pride	1991	选育	营养	叶片深绿色，质地较好，高密度，秋季和冬季叶色保持较好，耐荫，适用于公共绿地、运动场、高尔夫球道和发球区（Krans，1995）
C. dactylon × *C. Transvaalensis*	Tift 94 （Tifsport）	1995	人工诱变	营养	在6mm修剪高度下坪用质量相当于Tifgreen，较抗寒（Hanna，1997）
C. dactylon × *C. Transvaalensis*	Tifeagle	1997	人工诱变	营养	质地好，返青早，生长恢复快，极耐低修剪，主要用于高尔夫球洞（Hanna，1999）
C. dactylon × *C. transvaalensis*	兰引1号狗牙根	1994	引种选育	营养	草坪密度高，耐低剪，耐践踏，抗寒性差，用于高尔夫球场果岭和高档草坪（吴永敷等）

2.1　引种

如上所述，美国大约在17世纪就开始引进狗牙根野生种，随着移民潮和农业的西进，迅速在美国南部得到推广。美国早期引进的狗牙根多用于牧草和水土保护（Burton *et al.*,，1995）。20世纪初，美国国内掀起了一股收集、引进狗牙根的热潮，一些非洲的农业机构还专门收集野生种出口到美国；20世纪60年代，美国俄克拉荷马州立大学的学者从非洲、东南亚、澳大利亚等地采集了大量的狗牙根活材料，加上早期的采集家的采集，共计700份狗牙根材料，并对其形态学、细胞学进行了研究。这个时期引进的狗牙根一般都具备用于草坪生产的一些优良性状。广泛的、有选择的引种为美国狗牙根新品种的培育奠定了基础。

与美国不同，我国的狗牙根引种起步较晚，大批引种始于80年代后期，并且引进的多是育成的狗牙根优良品种。截至目前，我国引进的狗牙根品种主要有：Tifway、Tifgreen、Tifdrawf、Midiron、Jackpot、Mirage、Pyramid（刘伟等，2003）。吴彦奇等（1999）、张健（2000）、杨建华等（1999）、李科云等（1993）分别对引进的狗牙根的坪用价值、生态适应性、抗病力、林草间作、防坡护地等方面进行了研究，促进了引进的草种在我国的迅速推广和利用。甘肃生态研究所通过对从美国引进狗牙根草种加以评价，筛选出“兰引1号”草坪型狗牙根，是建造高尔夫果岭及高档绿化草坪的优良品种。

2.2　系统选育

狗牙根属常异交植物，自交高度不育，其自然群体或栽培群体都是由基因型各异的个体所组成，因此系统选育是狗牙根育种的富有成效的方法之一。Tifway、Tifdwarf、U-3、Tifton 10等等均是通过系统选育方法育成的品种。刘建秀等在华东地区6省区34个点上收集了200份狗牙根活材料分别进行形态特征、叶片解剖特征、物候期、抗寒性、抗旱型及抗病性观测分析，并辅以酯酶、同工酶的试验，再用数量分类学方法对试验结果进行统计分析，并对不同类型狗牙根的坪用价值加以综合评价，最终通过评比试验选育出“南京狗牙根”；阿不来提等（2003）从国内外引种和收集新疆当地野生草坪草150余份，从中筛选出适于新疆种植的、坪用性和抗逆性好的种质资源12份，再根据草坪草的要求进行多次筛选及品比试验，选育出“新农一号狗牙根”。

2.3　杂交育种

狗牙根杂交育种既包括非洲狗牙根与普通狗牙根间的种间杂交，亦包括普通狗牙根种内杂交。杂交育种是狗牙根的重要育种方法。

狗牙根一般在春季随着日照的延长及温度的上升开始开花，根据纬度和气候条件的不同，花期一般在4月下旬至6月上旬。普通狗牙根的变种（*C. dactylon* var. *dactylon*）花期不集中，如果维持其生长，可在整个夏季和秋季都可产生花序；适当地控制水和氮肥的施用可多次开花。通常非洲狗牙根（*C. transvaalensis*）于春季开花，花期4至5周。狗牙根的花期一般不受光周期诱导（Michael D. Casler，2003）。杂交狗牙根（*C. dactylon* × *C. transvaalensis*）是高度不育的三倍体。据 *Harlan*（1970）通过对普通狗牙根、*C. dactylon var. polevansii*、非洲狗牙根和长硬毛狗牙根的相互杂交，发现除非洲狗牙根同 *C. dactylon var. polevansii* 或长硬毛狗牙根外的杂交组合外，都可产生杂交后代，但普通狗牙根同非洲狗牙根杂交比同长硬毛狗牙根杂交容易得多。

狗牙根属常异花授粉植物，具有自交不亲和性。大量的研究表明（Burton *et al.*，1967）（Richardson *et al.*，1978）（Kenna *et al.*，1983），狗牙根自花结实率一般为0.5%～3%。

Taliaferro 和 Lamle（1977）认为，自花授粉的花粉管的生长速度比异花授粉的慢，花粉管很少到达珠孔，导致自花结实率低。从细胞水平上分析，狗牙根结实情况主要取决于减速分裂的规则程度，较高种子产量的狗牙根在减数分裂期二价染色体能很好配对并正常分离（Forbes *et al.*，1963）（Hanna *et al.*，1977）。

狗牙根的杂交技术具体做法是：通常在试验田里把父母本靠近混栽，花期人工再辅助授粉。若为种间杂交育种，多从非洲狗牙根上收获杂交种；若为种内杂交育种，混收种子即可。狗牙根种间杂交后代真假杂种的鉴定主要有 4 种：一是外部性状的观测，即通过对杂交后代及其亲本的外部性状进行观测比较、统计分析来鉴定杂交后代，这是最直接的鉴定方法。二是染色体倍性法。狗牙根育种通常用不同倍性的狗牙根进行种间杂交以获得杂种优势，如得到广泛应用的‘Tif’系列品种绝大多数都是二倍体的非洲狗牙根和四倍体的普通狗牙根的杂交后代，因此，染色体的倍性检测通常成为鉴定狗牙根杂种后代的一种较为准确、便捷的方法。三是同工酶分析法。有人曾对狗牙根的过氧化物同工酶、超氧化物岐化酶同工酶和酯酶同工酶作过研究，结果表明，这 3 种同工酶的谱带都呈现出丰富的多样性（郑玉红等，2003；梁慧敏等，1996），因此，可在前人研究的基础上，通过对 3 种同工酶的分析来进行狗牙根杂种的初步鉴定。四是 DNA 标记技术。DNA 的分子标记技术是进行杂交后代鉴定的一种有效方法，在草坪草的育种中得到越来越广泛的应用。目前，一般采用的 DNA 标记有：RFLP（限制性片断多态）、RAPD（随机扩增多态 DNA）、SSR（简单重复序列或微卫星）和 AFLP（扩增片段长度多态）标记。DNA 标记比蛋白质标记能获得更多有价值的信息，而且几乎不受环境及自身生理变化的影响，在研究草坪遗传育种方面有着巨大的潜力（Caetano *et al.*，1995）。

2.4 诱变育种

诱变育种是培育狗牙根新品种的一个重要而有效的方法。狗牙根的人工诱变的方法多用^{60}Co 产生不同剂量的 γ 射线照射待改良的狗牙根栽培品种的根茎或匍匐茎，再从突变群体中进行系统选育。绝大多数的突变发生在植株颜色和矮化生长两个方面。Powell（1973）用剂量从 57 ~ 115Gy 的^{60}Co 的 γ 射线分别诱导 Tifgreen 和 Tifway，培育出突变的营养体 Tifgreen Ⅱ和 Tifway Ⅱ；Tifsport 则是通过用 80Gy 的射线处理 Midiron，得到 66 个质地较好的突变体，再根据草坪质量、耐低剪性、青绿期的育种要求，经数年对突变体评估的基础上而选育出来的（Hanna *et al.*，1997）。郭爱桂等（2000）利用 γ 射线照射狗牙根，结果表明，9000Rads 处理狗牙根匍匐茎，对其数量性状能产生较为稳定的理想变异。

2.5 高新技术育种

现代高新技术在狗牙根育种中应用越来越受到重视。组培技术在培育狗牙根变异方面取得了一些进展，如 Taliaferro 等在 Zebra 狗牙根再生植株中发现了矮化的体细胞无性系变异（Taliaferro，1992）。Colyer *et al.*（1991）通过组培技术筛选提高了狗牙根对秋季粘虫和叶斑病的抗性，获得了抗病的再生植株。转基因育种能有效地缩短育种周期，美国在 1998 年就开始对狗牙根进行抗线虫、抗寒性、抗真菌蛋白转基因等方面研究，有的已经取得进展。我国也开始做这方面的研究，华南农业大学生命科学院草坪实验室在狗牙根愈伤组织中培养出无性系，再利用物理方法诱导体细胞发生变异，已筛选出三倍体杂交狗牙根的矮化突变体（郭振飞等，2002）。

3 我国狗牙根种质资源研究、改良的现状和展望

近年来，随着环保、城建、园林、体育、旅游、度假、娱乐、水土保持等事业及活动的深入，我国草坪业有了飞速发展。据不完全统计，近10年草坪业年增长率达30%～50%，成立的草业公司有2500家，从业人员达数万人，年产值达30亿元左右。但是狗牙根作为我国草坪草的最重要草种，目前广泛应用的狗牙根仍是引进的草种，这些草种抗逆性较差、适应范围较窄，因此，加速我国的狗牙根育种工作势在必行。

狗牙根在我国分布很广，生境复杂，资源相当丰富。近年来国内加大了对狗牙根新品种培育的力度，出现了可喜的发展势头。江苏、四川、新疆、贵州、海南等省（区）收集了大量的当地野生狗牙根资源，并对其外部形态、抗逆性、生物学特性等方面进行了较全面、系统地研究，为狗牙根的育种奠定了良好的基础。系统选育成绩突出，各地相继培育出一批质地优良、抗逆性强、维护水平较低的新品种，有的在国内已经得到较大面积的推广。诱变育种和高新技术育种也开始起步。

然而，从总体上看，我国的狗牙根种质资源评价与改良工作水平还很低，同我国丰富的狗牙根种质资源很不相称，同欧美国家差距还很大，具体表现在：在资源搜集方面，本土资源搜集较为齐全，但国外资源搜集明显贫乏；资源评价工作尤其是资源抗逆性评价工作开展的较少，明显限制了资源的充分利用；尤其在杂交育种、诱变育种和高新技术育种方面，目前我国开展的工作还是非常有限，严重制约了我国国产狗牙根新品种的培育。

为了充分挖掘我国丰富的狗牙根属植物种质资源，源源不断地培育出适应于我国的抗逆优质的国产狗牙根新品种，以满足市场的不断需求，提高狗牙根新品种的育种水平，今后应从以下几个方面着手：

（1）进一步开展我国狗牙根种质资源搜集和挖掘工作，尤其加强其优异的基因资源的分子标记和基因克隆工作；

（2）加强对我国狗牙根种质资源细胞遗传学和抗逆性等方面的研究工作，为开展种子繁育狗牙根品种和抗逆优质狗牙根新品种的选育提供试验依据；

（3）充分利用我国狗牙根丰富的种质资源，积极引进国外资源，开展杂交育种工作，以培育具有自主知识产权的杂交狗牙根新品种；

（4）充分利用体细胞选择和转基因等高新育种技术，对狗牙根抗逆性和坪用形状进行较大程度的改良。

参考文献

[1] 刘伟，张新全，干友民. 我国野生狗牙根种质资源的开发利用. 中国种业，2003，4：41～42

[2] 阿布来提，石定燧，杨光. 新疆野生狗牙根研究初报. 新疆农业大学学报，1998，21（2）：124～127

[3] Harlan J. R.，De wet J. Soource of variation in Cynodon dactylon（L.）Pers.，Crop Sci.，1969，36：744～748

[4] 刘伟，张新全，Wu Yanqi，等. 狗牙根植物多样性与品种选育研究概况，园艺学报，2003，30（5）：623～628

[5] Wofford D. S.，Baltensperger A. A.. Heritability estimates for turfgrass characteristics in bermudagrass，Crop Sci.，1995，35：327～331

[6] Breda J L，Development of improved，cold-tolerant，seed propagated turf-type bermudagrass cultivars，Taka-

toh H ed. , Proc. Of the 6th Int. Turfgrass Res. Conf. , Tokyo: Japanese Society of Turfgrass Science, 1989, 90 ~ 101

[7] 刘建秀，郭爱桂，郭海林．我国狗牙根种质资源形态变异及形态类型划分．草业学报，2003，12（6）：99 ~ 104

[8] 郑玉红，刘建秀，陈树元．我国狗牙根种质资源根状茎特征的研究．草业学报，2003，4：76 ~ 81

[9] 刘建秀，贺善安．华东地区狗牙根形态分类及其坪用价值．植物资源与环境，19965，（3）：18 ~ 22

[10] 尚以顺，杨桦，陈燕萍．灰色系统理论在草坪草引种综合评估上的初探．四川草原，1995，2：21 ~ 24

[11] 刘建秀，贺善安．草坪坪用价值综合评价体系的探讨．Ⅰ评价体系的建立．中国草地，1998，1：44 ~ 47

[12] 刘建秀，贺善安．草坪坪用价值综合评价体系的探讨．Ⅱ评价体系的应用．中国草地，2000，3：54 ~ 56，65

[13] 王钦．低温对草坪植物生命过程的影响．草业科学，1993，10（4）：62 ~ 65

[14] Gatschet M. J. Cold acclimation and alterations in proteins syntheses in bermudagrass crown, Hort. Sci. , 1994, 119 (3): 477 ~ 480

[15] Gatschet M. . J. . A cold-regulated protein from bermudagrass crown is a Chitinase, Crop Sci. , 1996, 36: 712 ~ 718

[16] 郭爱桂等．几种暖季型草坪草抗旱性的鉴定．草业科学，2002，8：61 ~ 62

[17] 程云辉，周卫星，王永霞．沿海滩涂盐渍化地上几种耐盐牧草的筛选试验．江苏农业科学，2003. ，3：61 ~ 63

[18] Dabo S. M. . Bermudagrass cultivar identification by use of isoenzyme lelctroretic patterns, Euphytica, 1990, 51: 25 ~ 31

[19] Gustavo Caetano-Anolles. Genetic instability of bermudagrass (*Cynodon*) cultivars 'Tifgreen' and 'Tifdwarf' detected by DAF and ASAP analysis of accession and off-types. Euphytoca, 1998, 101: 165 ~ 173

[20] Zhang L. H. . Differentiation of bermudagrass (*Cynodon* spp.) genotypes by AFLP analyses. Theor. Appl. Genet. , 1999, 98: 895 ~ 902

[21] 吴彦奇，刘玲珑．四川野生狗牙根的利用和资源．草原与草坪，2001，3：32 ~ 34

[22] 白昌军，韦家少，蔡碧云．暖地型草坪草品种选育及开发利用研究．草业科学，1997，6：61 ~ 63，70

[23] 杨桦，尚以顺．贵州主要野生草坪草．四川草原，1995，3：24 ~ 26

[24] 刘建秀．南京狗牙根（*Cynodon dactylon*（L.）Pers. cv. Nanjing）．草地学报，2002，10（2）：156

[25] 阿布来提．新农一号狗牙根（*Cynodon dactylon*（L.）Pers. cv. Xinnong No. 1）．草地学报，2002，10（2）：152

[26] 阿布来提．喀什狗牙根（*Cynodon dactylon*（L.）Pers cv. Kashi）．草地学报，2002，10（2）：155

[27] 吴永敷主编．中国牧草登记品种集（修订本）．北京：中国农业大学出版社，16 ~ 17

[28] 吴彦奇，胥晓刚．种间杂交狗牙根足球场草坪的建植与管理技术研究．四川草原．1999，3：40 ~ 43

[29] 张健．种间杂交狗牙根在重庆地区的引种栽培试验．草业科学，2000，17（6）：46 ~ 47

[30] 杨建华．百慕达引种栽培适应性研究初报．湖北林业科技，1999，1：24 ~ 25

[31] 李科云，孙祥贵．狗牙根在湖南丘陵地区的适应性研究．草业科学，1993，2（2）：23 ~ 29

[32] 阿不来提，石定燧，热合曼．新农一号狗牙根．草业科学，2003. ，20（9）：30 ~ 31

[33] 郭海林，刘建秀，郭爱桂，．中国狗牙根染色体数目变异研究初报．草地科学，2002，10（1）：69 ~ 73

[34] 郑玉红，刘建秀，陈树元．我国狗牙根种质资源多样性研究—Ⅰ同工酶分析．中国草地，2003. ，5

(5)：52 ~ 56

[35] 梁慧敏，孙吉雄．几种暖季型草坪草过氧化物酶同工酶分析．中国草地，1996，4：40 ~ 42

[36] 郭爱桂，刘建秀，2000. 辐射诱变在国产狗牙根育种中的初步应用．草业科学，17（1）：45 ~ 47，59

[37] 郭振飞、卢少云．细胞工程技术在草坪草育种上的应用．草原与草坪，2002，3：6 ~ 9

[38] Ramakrishnan P S. New Phytol. 1966，65（12）：100 ~ 108

[39] Rocheconste E，Weed Res. 1962，2：1 ~ 23

[40] Arder bulcersperger，et al. Bermudagrass（*Cynodon dactylon* Pers）seed production and variety development. Int. Turfgrass. Sco. Res. Journal 7（de. R. N. Carrow），Interec. Publishing Crop，1993. 829 ~ 837

[41] Duon J H. Low temperature tolerance of zoysiagrasses. Hortscience，1999，17（2）：200 ~ 206

[42] Davis D L，Gilbert W B. Winter Hardiness and Changes in Soluble Protein Fractions of Bermudagrass. Crop Science，1970 10：7 ~ 9

[43] Beard J. B and S. I. Sifers. Genetic diversity in dehydration avoidance and drought resistance within the cynodon and zoysia species. Intl. Turfgrass Soc. Res. J. 1997.，8：603 ~ 610

[44] Hays K L. Barber J F. Kenna M P,. et al. Drought avoidance mechanisms of selected bermudagrass genotypes. Hort Sci，199，.26（2）：180 ~ 182

[45] Milcy，R W. Compendium of turfgrass diseases. Amer. Phytopath. Soc. Press. St. Paul. 1987

作者简介： 刘建秀（1964 ~），博士，研究员，主要从事草坪草种质资源评价与改良研究工作

基本资助：江苏省科技攻关项目（2003337）资助。

8 草坪植物生长调节剂研究进展

张训忠

（美国弗吉尼亚理工大学作物与土壤环境科学系，弗吉尼亚州，布莱克斯堡）

摘要：草坪植物生长调节剂已成为现代草坪管理中行之有效的一项技术措施。合理应用草坪植物生长调节剂可有效抑制草坪地上部生长，控制抽穗，增强草坪抗逆性和草坪质量，有效减少草坪修剪和养护费用。目前草坪植物生长调节剂分为5类，常用的有抗倒酯、多效唑、嘧啶醇、抑长灵、乙烯利等。草坪生长调节剂作用机理包括去除顶芽或者某种程度上抑制顶端分生组织活动，阻止节间伸长，或干扰赤霉素生物合成等而抑制或延缓生长和抽穗。有些草坪植物生长调节剂除抑制草坪植株地上部生长和抽穗外，还具有促进叶绿素含量，提高光化学效率，增加分蘖和密度，增强草坪抗逆性，减轻病虫害等作用。此外，本文对主要草坪生长调节剂的施用技术和环境友好型代谢促进剂的研究作了论述，并且指出草坪植物生长调节剂的未来研究方向和前景。

关键词：草坪　植物生长调节剂　环境友好型代谢促进剂　抗逆性　草坪管理

概述

近年来，随着我国草坪业的迅猛发展和能源等资源需求的增加，草坪养护成本和效益已成为草坪业所面临的一个问题。我国人口多，自然资源不够充裕，在草坪发展上走环境友好型、资源节俭型的路子有利于协调人与资源和环境的关系，是实现草坪业可持续发展的可行之路。在草坪养护中，合理应用草坪植物生长调节剂能有效地减少能源消耗和机械磨损，节省劳力资源，提高草坪质量。随着燃料和劳动力等价格的提高，草坪养护费用亦在增加。因此，草坪植物生长调节剂在现代草坪管理中有着越来越广阔的应用前景。本文对国内外草坪植物生长调节剂的研究和应用方面的进展作一概述，以供参考。

应用草坪植物生长调节剂可有效抑制草坪地上部垂直生长和抽穗，从而降低草坪养护成本，提高草坪质量。它已成为现代草坪管理的一项行之有效的技术措施。草坪生长调节剂的作用机理和施用技术一直是草坪科研工作者的一个重要研究课题（Daniels and Sugelen，1996；Liskey，2002；Murphy 等，2005；Shepard，2002；Watschke 等，1992；Watschke 和 Dipaola，1995）。

对于应用草坪生长调节剂的经济效益尚难以精确估计，但多年研究结果证明合理施用生长调节剂可以显著减少剪草次数，节省劳动力，减少机械保养燃油成本，从而大大降低草坪养护费用。据估计，如通过施用草坪生长调节剂将生长季内修剪次数由5～6次减少为1～2次，则每公顷可节省10～18美元。有人认为，对于割草机难以接近的草坪，施用生长调节剂的成本相当于两次剪草的成本，如草坪需修剪2次以上，则施用生长调节剂就比较经济有效（Watschke 等，1992）。另外，在春季剪草高峰期，人力和剪草机械紧张情况下，可通过施用生长调节剂抑制草坪生长，延缓和减少修剪。特别是在春季雨水多，常规修剪不易进行时，生长调节剂更是显得重要。在路旁草坪，由于养护水平较低，草坪抽穗较为普遍，这不仅降低草坪外观质量，而且常影响驾驶员视野，形成安全隐患。通过施用草坪生长调节剂不仅减少修剪，而且控制草坪抽穗，有的草坪生长调节剂还能提高植物抗逆性，提高草坪质量。

草坪植物生长调节剂的研究和应用开始于20世纪40年代。自40年代至60年代，草坪植物生长调节剂的研究主要集中在其对养护水平要求低的实用草坪（如路旁护坡草坪）生长和抽穗的控制效果和草坪草的毒性反应（phytotoxicity）。这个阶段草坪植物生长调节剂主要包括B~995、青鲜素（maleic hydrazide；MH）、整形醇（chlorflurenol）、赤霉素（Gibberellinic acids）等。由于当时对草坪植物生长调节剂研究很有限，在草坪上应用也较少，仅限于对外观质量要求不高、草坪伤害不易发生的养护水平要求低的设施草坪上。

从20世纪70至80年代是草坪植物生长调节剂研究和应用发展较快时期。研究包括生长调节剂对草坪草地上部和根的抑制作用、对草坪草抽穗的控制效果、吸收和运转机理、植物细胞毒性反应、施用技术（剂量，时间等）、不同生长调节剂互作效应等。主要生长调节剂包括青鲜素、整形醇、抑长灵（Mefluidide）、茵草敌（EPTC）、Amidochlor、嘧啶醇（Flurprimidol）、多效唑（Paclobutrazol；PP333）和一些除草剂。多数草坪植物生长调节剂仍只用于养护水平低的草坪（Morr 和 Tautvydas，1986；Street，1980），其中嘧啶醇和多效唑具有促进草坪草分蘖和根系生长的作用，已开始用于部分中等养护水平的草坪上。

进入90年代以来，随着化学工业、生物技术和草坪工业的发展，新的草坪植物生长调节剂如抗倒酯、乙烯利等开始应用于草坪，对草坪植物生长调节剂的研究和应用不断深入，研究领域包括草坪生长调节剂的吸收运转、作用机理、草坪生理生化反应、对抗逆性和病虫害的影响、施用技术等，应用范围也从低养护水平草坪向中等和高养护水平草坪发展。有些草坪植物生长调节剂如抗倒酯已成功用于高尔夫果岭和球道草坪。人们施用草坪生长调节剂的目的不仅是抑制草坪生长，而且用来促进草坪抗逆性，提高草坪质量。这个时期主要草坪植物生长调节剂有抗倒酯、嘧啶醇、拟长灵、多效唑、乙烯利、青鲜素、赤霉素等。

1 草坪植物生长调节剂的类型和作用机理

草坪植物生长调节剂控制草坪生长一般有两个基本途径：去除顶芽或者某种程度上抑制顶端分生组织活动；阻止节间伸长，促进侧芽生长和分蘖，但不破坏顶端分生组织（张志国和李德伟，2002）。较早的分类方法是将草坪生长调节剂分为类型Ⅰ和类型Ⅱ两个组。类型Ⅰ生长调节剂可抑制（inhibit）或延缓（suppress）对其敏感的草坪草的生长发育。这类调节剂中的生长抑制剂（inhibitor）为叶吸收，能很快阻止分生组织细胞的分裂和分化。而生长延缓剂（suppressor）为生长点和根吸收，允许部分生长。类型Ⅱ生长调节剂通过干扰赤霉素生物合成而抑制草坪生长，减少细胞伸长和器官的扩大（Kaufmann，1986a，b；Rademacher，2000；Watschke，1985）。

以后又将类型Ⅰ分为3个组：抑制剂（inhibitor）、延缓剂（suppressor）和除草剂（herbicide）。抑制剂包括青鲜素、抑长灵、整形醇等。延缓剂包括茵草敌、Amidochlor等。除草剂包括草甘膦（Glyphosate）、绿磺隆（Chlosulfuron）、甲嘧磺隆（Sulfometuron methyl）、甲磺隆（Metsulsuron methyl）、稀禾定（Sethoxydim）、精吡氟禾草灵（Fluazifop-butyl）等。类

型Ⅱ包括多效唑、嘧啶醇等（Watschke 等，1992）。稀禾定干扰脂肪酸合成，而上述其他除草剂则干扰氨基酸合成，从而抑制草坪生长。

近来人们把生长调节剂细分为5类，即类型A至E（表1）（Turgeon，2004）。C型生长调节剂（早期分类中属于类型Ⅰ）通过抑制植物分生组织区域细胞分裂与分化而抑制生长发育。这类生长调节剂可有效地减少穗子发育和抽穗，对于抑制一年生早熟禾抽穗有实用价值。

这类草坪生长调节剂为叶片吸收，效果较快。它的使用范围主要在禾本科草坪草，对双子叶效果不明显。

常用的C类生长调节剂包括青鲜素和抑长灵等。青鲜素（化学名称：顺丁烯二酸酰肼）在20世纪50年代初期就已用于草坪上，是叶吸收，易在维管束内传运至生长点，特别是下行运输，主要向生长旺盛部位集中，抑制枝条、芽和根部细胞分裂，抑制茎、叶生长。有时常导致密度下降、根系减小、植株伤害、叶褪色等。它可抑制抽穗。

抑长灵（化学名称：5’-(三氟甲黄酰胺基）乙酰-2’,’-甲基苯二甲酸酯）于1978年引入草坪，用于养护水平较低的草坪。可用于冷季型和暖季型草坪。叶吸收。几乎不向其他叶器官、根和侧生分生组织转移（Field 和 Whitford，1982；Watschke 等，1992）。因此施用时要喷撒均匀，施用后4～6小时即可吸收完成。作用部位是进行细胞分裂和伸长的叶基部，因而能抑制叶鞘伸长，降低冠层高度。它可抑制抽穗，最迟在抽穗前14天施用。抑长灵有时会抑制冷季型草坪草分蘖和根茎形成，使草坪密度降低，对质地较细腻的草坪草易产生明显毒性反应。

A和B型草坪植物生长调节剂（早期分类中属于类型Ⅱ）通过抑制赤霉素的合成，减小细胞伸长而抑制植株生长。A型生长调节剂（如抗倒酯）主要抑制赤霉素生物合成途径接近末端的反应步骤，而B型生长调节剂（如抑长灵）抑制赤霉素生物合成途径较前端的反应步骤。A型生长调节剂只为枝条吸收，因而可在草坪覆播时使用。但B型生长调节剂为根部吸收，易对幼苗造成伤害。B型的一个最佳用途是抑制匍匐翦股颖草坪中的一年生早熟禾杂草。与C型不同，A和B型一般不能抑制抽穗，但能抑制穗梗节间伸长而使穗子高度大大降低。而且对枝条向上生长的抑制时间较长。但对侧生枝条（主要是分蘖）和根的生长的抑制效应较小，有时可能还有促进作用。其他作用包括增强植物对高温、低温、干旱的抵抗力，改善草坪耐荫性、果岭球滚动速度，增强杀菌剂效果等。这类生长调节剂对草坪草和双子叶植物均有效。

抗倒酯（化学名称:）是目前型生长调节剂中惟一一个成员，90年代初引入草坪，是近年来研究最多的一种生长调节剂。它为叶吸收（Fagerness 和 Penner，1998），不但有效地抑制草坪生长，而且能改善草坪植株生理代谢，增强草坪植物对环境胁迫的抵抗力、有增加草坪分蘖和密度、提高草坪质量的作用（Shepard 和 Dipaola，2000；Dipaola 和 Shepard，1996）。

B型生长调节剂中嘧啶醇和多效唑最为常用。嘧啶醇（化学名称：1-环丙基-4-甲氧基-（嘧啶醇-5-基）卜醇）抑制细胞伸长，效应持续时间较长。主要为叶吸收，也可被根吸收。有研究表明它可促进分蘖，增加草坪密度，和促进根的生长（Watschke 等，1992）。嘧啶醇对抽穗无抑制效应。

多效唑（化学名称：（2RS，3RS)-1-(4-绿苯基)-4,4-二甲基-2-(1 H)-(1,2,4-三唑-1-1

基））对草坪的影响与嘧啶醇有许多相似之处，例如，两者均可促进光合产物向分蘖分配。多效唑为根吸收，施后下雨或灌水可增大抑制效果。抑制效应可能显现较慢些，但效应持续时间比其他叶吸收性生长调节剂要长。有一项研究发现它对高羊茅抑制达 14 周，减少剪草达 12 次。多效唑可增加分蘖和密度，对质地较细的草坪草的抑制效果较好。对质地较粗草坪草要施用较大用量才能获得明显抑制效果。施用后不久可能有叶褪色现象。

这一分类中还有 D 类（除草剂）和 E 类（植物激素）。D 类草坪植物生长调节剂包括的除草剂主要有草甘膦（Glyphosate；Roundup）和呋草黄（Ethofumisate；Prograss）等。草甘膦是一种广谱性除草剂，在低用量时可抑制草坪生长。呋草黄可抑制冷季型草坪中的一年生早熟禾。有些冷季型草坪草，特别是多年生黑麦草，对呋草黄有较强抗性。

E 型生长调节剂主要包括植物激素如赤霉素和生长素。赤霉素可延长秋季草坪绿期，而生长素与赤霉素混合的生长调节剂可促进草坪生长。由于 A 和 B 型的作用是抑制赤霉素合成，施用赤霉素可使其作用消失。有时当 A 和 B 型草坪生长调节剂造成叶子变黄变褐时，可通过施用赤霉素使草坪恢复绿色。乙烯利（（2-氯乙基）膦酸）是最近几年用于草坪的生长调节剂。它进入植物体内便逐渐释放出乙烯，从而抑制茎节间和叶的伸长，同时可促进分蘖（张治国和李德伟，2002）。

表 1　主要草坪生长调节剂的分类、吸收部位和作用特点

名称		类别	吸收部位	抑制特点		作用
通用名称	商用名			茎叶	抽穗	
抗倒酯（Trinexapac-ethyl）	Primo，Primo MAXX，Triple play	A	叶	是	部分	否
嘧啶醇（Flurprimidol）	Cutless	B	根	是	否	否
多效唑（Paclobutrazol）	TGR，Turf Enhancer，Trimmet	B	根		否/部分	否
青鲜素（Maleic hydrazide）	Slo-Gro，Retard	C	叶	是	是	否
抑长灵（Mefluidide）	Embark，Embark 0. 2S	C	叶	是	是	否
稀末定（Sethoxydim）	Poast，Vantage	D	叶	是	是	否
草甘膦（Glyphosate）	Roundup Pro	D	叶	是	是	否
呋草黄（Ethofumisate）	Prograss	D	叶	是	是	否
甲基咪草烟（Imazapic）	Plateau	D	叶，根	是	是	否
咪唑乙烟酸 + 灭草烟（Imazethapyr + Imazapyr）	Event	D	叶，根	是	是	否
甲嘧磺隆（Sulfometuron）	Oust	D	叶，根	是	是	否
甲磺隆（Metsulfuron）	Escort	D	叶，根	是	是	否
绿磺隆（Chlorsulfuron）	Telar	D	叶，根	是	是	否
赤霉素（Gibberellic acid）	RyzUp	E	叶	否	否	是
乙烯利（Ethephon）	Proxy	E	叶	是	是	是
赤霉素 + 生长素（Gibberellic acid + Indolebutyric acid）	PGR IV	E	叶	否	否	是

除此之外，近年来人们对草坪管理中长期大量使用农药和化肥等所引起的环境污染普遍关注，对环境友好型草坪植物代谢促进剂或生物促进剂（Plant metabolic enhancers，Biostimulants）的研究和应用受到越来越多的重视（Miller 和 Gange，2003；Zhang，1997；Zhang and Schmidt，1999a，b，2000a；Schmidt 等，2003；Zhang 和 Ervin，2004）。这类生长调节物质含有海藻提取剂、腐殖酸、维生素、氨基酸等成分中的一种或一种以上。由于这些成分为天然生物物质，对环境无污染，具有促进草坪光合效率、抗逆性和草坪质量等作用。因而这类产品在较高养护水平草坪上有越来越多的应用。

2 草坪植物生长调节剂对草坪生长的效应

草坪植物生长调节剂对草坪生长发育产生多方面的作用，包括对种子发芽、地上部向上生长、根的生长和抽穗等的影响。

2.1 草坪植物生长调节剂对种子萌发和幼苗的影响。

使用草坪生长调节剂可抑制暖季型草坪生长，有利于冷季型草坪草幼苗生长和成坪。有时在播种前施用除草剂以控制杂草，但施用不当会对草坪种子萌发和幼苗造成伤害（Williams 和 Burrus，2004）。

在较高用量情况下，有些生长调节剂可能对草坪幼苗产生一定程度的毒性效应。由于正在萌发的种子和幼苗对生长调节剂比较敏感，一般要求在生长调节剂使用后几天内不宜播种（Bell 等，1997；Gaussoin 和 Branham，1987；Kaminski 等，2004）。

许多 D 类型生长调节剂本身是除草剂，在低剂量施用时对草坪有抑制作用，但对施用浓度要求较为严格，施用过量会对草坪质量造成伤害。有一项研究结果表明，在施用后 56 天调查，施用甲基咪草烟（105g 有效成分/hm^2；7g/亩；除非特殊注明，用量一般指有效成分（active ingredient）），甲嘧磺隆（53g 有效成分/hm^2；3.5g/亩），甲磺隆（21 或 42g 有效成分/hm^2；1.2 或 2.8g/亩）降低了假俭草的覆盖度。而施用低剂量（18 或 35g 有效成分/hm^2；1.2 或 2.4g/亩）的甲基咪草烟对假俭草幼苗生长无明显影响。播种后 6 周施用绿磺隆（7g 有效成分/hm^2；0.5g/亩）加抑长灵（140g 有效成分/hm^2；9.3g/亩）或甲磺隆（21 ~ 42g 有效成分/hm^2；1.4 ~ 2.8g/亩）造成 20%，16% 和 83% 的植物毒性反应。播种时使用锈去津（1.1kg 有效成分/hm^2；73g/亩）使杂草马唐降低 41%，有利于假俭草成坪（Gannon 等，2004）。

在高尔夫球场球道草坪，有时需要将多年生黑麦草换成草地早熟禾，主要因为前者病害较严重，需较多农药。在草地早熟禾播种后 6 个月调查，使用抑长灵促进了早熟禾幼苗生长成坪，效果可维持到第 21 个月。而抗倒酯无明显效果（Kraft 等，2004）。一般认为，多数生长调节剂施用后 3 天不应覆播，以免对种子发芽和幼苗造成伤害。应当指出，E 类草坪生长调节剂和代谢促进剂具有促进幼苗生长的作用（Longer 等，2001）。

2.2 生长调节剂对地上部垂直生长的抑制效应

草坪生长调节剂通过抑制植物细胞分裂和分化（C 型）或细胞伸长（A 和 B 型）而控制草坪地上部垂直生长和抑制抽穗（Beard，1985；Diesburg 和 Christinans，1989；Ervin 和 Koski，2001b；Johnson，1997；Liu 等，1997；McCarty 等，2004；Wiecko，1997）。一般采用测定草屑产量来判断生长调节剂对生长的抑制效应。大量研究证明合理施用生长调节剂可有效地抑制草坪地上部生长和草屑产量，有时还可增加草坪密度，提高质量（Bush 等，

1998；Carrow and Johnson，1990；Christians，1985；Diesburg，2000；Ervin 和 Koski，1998；Fagerness 等，2001b；Howieson 和 Christians，2001；Johnson，1993a，b，1994；McCarty 等，2004；McCullough 等，2004a，b，c；Razmjoo 等，2004）。有些草坪生长调节剂能提高高尔夫球场果岭草坪的速度（Fagerness 等，2000；McCullough 等，2004c）。生长调节剂对生长的最大抑制期为施用后 2～5 周（Murphy 等，2005）。

对‘TifEagle’狗牙根施用生长调节剂，6 周内施用两次抗倒酯，使 6 周内草屑总干重降低 56%，使用多效唑降低 86%、嘧啶醇为 88%、抑长灵为 25%、青鲜素为 46%、乙烯利为 41%（McCarty 等，2004）。

为了延长草坪抑制持续时间，常常需要重复施用草坪生长调节剂。在美国东部的一项研究表明，对‘Tifway’狗牙根每亩施用抗倒酯 7.1 或 4.7g（有效成分），施用一次，抑制效应只持续 4 周，而每隔 4 周重复施用 1～2 次使生长季总的草屑产量降低 40%，草坪质量提高，秋季休眠时间推迟（Fagerness 和 Yelverton，2000）。抗倒酯对冷季型草坪草也有明显效果，每隔 4 周施用一次使草屑产量降低 22%～41%，而且草坪外观质量提高（Lickfeldt 等，2001）。

草坪植物生长调节剂对草坪枝条消亡动态有一定的影响。不同生长阶段的枝条对光合产物的竞争力和对生长调节剂反应程度不同，施用生长调节剂有时会导致部分枝条枯亡。研究表明施用青鲜素（299g/亩）和抑长灵（37.3g/亩）后 10 周，高羊茅枝条 75% 死亡，但由于施用后 2 周分蘖开始增加，对密度影响不大。生长调节剂控制有效期过后草坪生长有时出现反弹，茎叶生长加快。施用后 4～6 周叶和生长点中碳水化合物含量下降。施用嘧啶醇（74.7g/亩）和多效唑（74.7g/亩）对高羊茅影响不明显（Spark 等，1993）。适当施用某些生长调节剂（如抗倒酯）会增加分蘖数量，增加草坪密度（Ervin 等，2004d）。

2.3 草坪植物生长调节剂对抽穗的控制效应

在用于公路两旁等养护水平低的草坪，常有大量抽穗发生。抽穗不仅大大降低草坪外观质量，而且由于抽穗影响驾驶员视野，形成安全隐患。另外，由此引起的植株倒伏会进一步降低草坪质量（Dipaola 等，1985）。应用生长调节剂能有效地抑制抽穗，而且即使有些植株抽穗，由于缩短了穗梗的高度，从而在一定程度上维持了草坪质量（Johnson，1990；King，1997）。也有人认为，对路旁草坪施用生长调节剂，最重要的是完全避免抽穗（Morre 和 Tautvydas，1986）。

某些草坪生长调节剂（主要是 C 和 D 类）不仅抑制草坪冠层向上生长，而且能抑制穗的分化发育和抽穗以及穗梗的伸长（表 1）（Kane 和 Miller，2003）。抑长灵（37.3g/亩）间隔 2 周施用 2 次对假俭草抽穗的控制效应可达 10 周。但 6 月中旬至 7 月底施用一次抑长灵（37.3g/亩）不能有效控制抽穗。施用抑长灵（18.7g/亩）和嘧啶醇（112g/亩）控制抽穗达 10 周，但对草坪造成严重伤害。施用咪唑乙烟酸两次（20g 和 10g/亩）也可控制抽穗。效果可持续 10 周（Johnson，1990）。

咪唑乙烟酸第一次施用 20g/亩，4 周后再施用 10g/亩有效地控制了假俭草抽穗，而且无毒性反应。抑长灵施用 40g/亩，两周后再施用 20g/亩也较好地控制抽穗，草坪的毒性反应比间隔 4 周的处理要小（Johnson，1993b）。

草坪植物生长调节剂控制抽穗的效应与剂量、施用时间、草坪种类及生长状况等因素有关。施用的剂量既要有效控制抽穗，又要避免对草坪的伤害。一般要在抽穗之前 2～3 周施用（Murphy 等，2005）。

2.4 草坪植物生长调节剂对根系的影响

草坪对根的影响的研究结果并不一致（Fagerness 和 Yelverton，2001a；McCarty 等，1990）。对于生长调节剂对于根系影响有两种推断，有人认为生长调节剂抑制地上部茎叶生长和花的分化形成，可使更多光合产物用于根系生长；另外有人认为，由于生长调节剂对细胞的毒性效应，降低光合作用，碳水化合物供应减少，根系发育可能受到抑制。研究结果表明草坪生长调节剂对草坪根系可能是促进、抑制、或无明显作用。在美国俄亥俄州一项研究表明，施用抑长灵（4.7 或 8g/亩）促进了一年生早熟禾根的伸长（Cooper 等，1987）。嘧啶醇（56g/亩）对匍匐翦股颖的一项两年研究表明多效唑和抗倒酯在推荐用量和间隔一个月施用时抗倒酯对根系无明显不良作用，而多效唑减小了根的生长（Fagerness 和 Yelverton，2001a）。在多年生黑麦草两年试验结果表明，夏季两次施用抗倒酯（12.8g/亩），乙烯利（224g/亩）、抑长灵（8.9g/亩）和多效唑（36.9g/亩），除抗倒酯无影响外，其他生长调节剂均减小了根量（Jiang 和 Fry，1998）。对‘TifEagle’狗牙根施用生长调节剂于 6 周内施用两次，使用卢本嘧啶醇（Fenarimol）根重降低 49%，嘧啶醇 43%，而多效唑、抑长灵，青鲜素，乙烯利对根重无明显影响（McCarty 等，2004）。

另一试验通过测定由草皮建植的早熟禾的抗张强度（Tensile strength）来判断根的生长量。草皮切割前 2 周喷施抗倒酯，草皮移栽后 8 周测定草坪拔力（拉力），结果抗倒酯使拔力提高 34%。对于匍匐翦股颖在温室试验表明，抗倒酯对根系生长没有明显影响（Zhang and Schmidt，2000b）。

在狗牙根上的试验表明，6 周内使用两次，嘧啶醇和卢本嘧啶醇使根重分别降低 43% 和 39%。而青鲜素、抑长灵、多效唑和抗倒酯对根的生长无不良影响，其中使用抗倒酯比施用其他 5 种生长调节剂的草坪根量高 45%。抗倒酯是惟一既能抑制草坪地上茎叶生长，提高外观质量，又不减小根量的生长调节剂（McCullough 等，2004b）。由此可见，不同生长调节剂或同一生长调节剂在不同情况下对根的影响不同，这与生长调节剂种类、施用技术、草坪种类、草坪生长状况、天气状况等因素有关。

3 草坪植物生长调节剂对草坪代谢和抗逆性的效应

3.1 草坪植物生长调节剂对草坪植物生理生化的影响

近年来在草坪生长调节剂对于草坪生理生化的影响方面开展了一定研究。主要探索生长调节剂对植物光合和呼吸作用、抗氧化防卫系统功能、碳氮代谢、激素代谢平衡等方面的作用，其目的是明确生长调节剂的作用机理，提高生长调节剂的施用效果。

有些草坪植物生长调节剂能够提高草坪抗氧化物质含量和酶的活力，增加叶绿素含量，提高光化学效率（Zhang 和 Schmidt，2000b；Heckman 等，2001a）。对匍匐翦股颖的研究结果表明，抗倒酯能够提高草坪草光化学效率；同时促进了抗氧化酶（如过氧化物歧化酶）活性，提高了草坪质量（Zhang 和 Schmidt，2000b；Ervin 等，2004d）。对于一年生早熟禾和匍匐翦股颖进行的温室和生长箱试验发现，嘧啶醇和抑长灵抑制叶子二氧化碳交换速率，但提高了叶绿素含量（Gaussoin 等，1997）。

有些草坪生长调节剂抑制光合作用，降低草坪质量。有研究表明使用生长调节剂 Amidochlor（186.7g/亩）或抑长灵（37.3g/亩）减低了草坪质量，同时抑长灵降低了表观光合速度（Spokas 和 Cooper，1991）。

在一定条件下一些草坪生长调节剂可提高植株非结构性碳水化合物含量（Branham 和 Hanson，1986）。在匍匐翦股颖施用抗倒酯（18.7g/亩）、嘧啶醇（37.3g/亩）、和多效唑（18.7g/亩），结果表明，施用2周后这些生长调节剂提高了叶和根的碳水化合物含量，但从第4周开始碳水化合物含量下降（Han 等，1998）。最近在温室条件下研究发现，抗倒酯（低剂量）每隔2周施用一次连续施用4次，从第2周开始早熟禾、匍匐翦股颖、狗牙根叶子光化学效率和碳水化合物含量高于对照（Ervin 和 Zhang，2004）。只施用一次抗倒酯对草坪叶片碳水化合物含量没有明显影响（Richie 等，2001）。

A 和 B 型生长调节剂通过干扰赤霉素合成而抑制生长。这类生长调节剂影响植株体内激素的代谢平衡。抗倒酯（低剂量）每隔2周施用一次连续施用4次，从第2周开始早熟禾、匍匐翦股颖和狗牙根叶子细胞分裂素含量明显高于对照。抗倒酯抑制赤霉素合成，碳水化合物和能量可能更多地用于细胞分裂素等代谢产物的合成（Ervin 和 Zhang，2004）。由于细胞分裂素具有抗氧化和延缓衰老的功能，其含量的增加有助于草坪抗逆性的提高。由此可见，草坪植物生长调节剂对草坪生理生化过程有一定的影响。由于 A、B 类型生长调节剂和乙烯利通过影响内源激素而控制草坪生长，植物体内激素平衡的变化会影响到草坪生理生化过程。这方面研究尚待深入。

3.2　草坪植物生长调节剂对草坪抗逆性的影响

许多草坪植物生长调节剂通过影响草坪内源激素、氨基酸、脂肪酸等合成而抑制生长或发育。这些物质的代谢往往与植物的抗逆性密切相关（Fletcher 等，2000a，b）。近年来，人们对于生长调节剂对草坪抗逆性方面开展了一些研究。主要集中在 A、B、C 型生长调节剂对草坪抗旱、抗极端温度、耐遮荫性等影响及其生理机制。

3.2.1　抗旱性

草坪植物生长调节剂抑制叶子生长，减小冠层，因而可能降低草坪的蒸散速度（Evapotranspiration rate；ET）（Fry 等，1998；Fry 和 Huang，2004）。有一温室试验研究表明，抑长灵、乙烯利和抗倒酯可降低高羊茅的蒸散速率，效应可长达6周。抗倒酯（0.37g/L）在6周内降低蒸散速率达11%（Marcum 和 Jiang，1997）。

对草地早熟禾和高羊茅混合种建植的草坪施用抗倒酯后4周内水分消耗降低20%（King 等，1997）。但另一项研究发现每周施用一次抗倒酯（18g/亩），在3年34次调查中，仅有3次降低了草地早熟禾水分蒸散速率（Ervin and Koski，2001a，b）。

干旱胁迫常导致细胞积累过量含氧自由基，造成细胞组分的损伤和降解。研究表明，在干旱条件下抗倒酯可提高抗氧化系统的功能，保护细胞膜，维持正常的光化学反应，提高了匍匐翦股颖的抗旱性（Zhang 和 Schmidt，2000b）。

综上所述，有些草坪植物生长调节剂（如抗倒酯）抑制赤霉素合成，减小了蒸腾面积和蒸散速度，同时可使体内非结构碳水化合物含量增加，有利于细胞渗透调节，另外，一些内源激素如细胞激动素含量和抗氧化酶活性增强，有助于提高抗旱性（Schmidt and Zhang，1997）。草坪植物生长调节剂对草坪抗旱性作用机理尚待进一步研究。

3.2.2　抗低温和耐热性

草坪植物生长调节剂对草坪抗低温和抗热性研究较少。抗倒酯对草坪抗低温能力有一定促进作用。有研究表明，在秋初施用一次或夏季使用3次抗倒酯，10月份取样进行零下5℃

低温处理，发现施用抗倒酯的狗牙根的茎状根的成活数提高19% ~34%。低用量抗倒酯有助于减轻一年生早熟禾的冬季冻害（Rossi 和 Buelow，1997）。另一试验是用结缕草品种Zenith 和 Z1 ~ Z9，在8月至10月间每4周施用一次抗倒酯，对结缕草抗低温无明显效果（Dunn 等，2001）。

关于生长调节剂对抗热性的研究甚为有限。在草地早熟禾草皮收获前2周使用抗倒酯（16g/亩），草皮卷储存48小时，抗倒酯处理的草皮卷内温度比对照低10℃，草皮移植后恢复较快。草皮收获后24小时测定草皮抗拉力提高30%，草皮质量比对照高17%。主要原因是抗倒酯降低草坪呼吸强度，从而使草皮卷内温度较低（Heckman 等，2001b，c，d）。虽然抗倒酯对草皮有降温效果，但并未提高草皮的抗热性（Heckman 等，2001b）。

3.2.3 耐遮荫性

如前所述，A 和 B 型生长调节剂通过干扰赤霉素合成而抑制草坪生长。在遮荫条件下，叶片中赤霉素含量增加，促进了植株地上部垂直生长，光合产物更多用于地上部生长，消弱了根系生长，导致草坪密度和质量下降，抗逆性降低。通过使用生长调节剂抑制赤霉素合成，在一定程度上，增强了草坪耐遮荫性，提高了草坪质量（Stier 等，1999；Stier 和 Roger Ⅲ，2001；Tegg 和 Lane，2003）。在温室生长的‘钻石’结缕草内进行人工遮荫40%、75%和88%，在遮荫75%和88%条件下，低浓度（3g/亩）多次施用抗倒酯提高了草坪质量、根茎重量、冠层净光和速率和非结构性碳水化合物含量（Qian 等，1998）。研究发现在结缕草生长季节内每月（3g/亩）或每两月（6.7g/亩）施用一次抗倒酯可防止遮荫下草坪质量下降（Qian 和 Engelke，1999）。在‘Meyer’结缕草和狗牙根上也获得了类似的结果（Bunnell 和 McCarty，2004，2005；Ervin 等，2002）。施用抗倒酯也提高了冷季型草坪草的耐荫性。施用抗倒酯（2.7或4.7g/亩）使遮荫80%“Penncross”匍匐翦股颖的覆盖率提高6 ~33%。分蘖数和叶子果糖含量分别增加52%和40%（Goss 等，2002）。在大田人工遮荫（90%）试验证明，施用抗倒酯提高了‘L-93’匍匐翦股颖的质量、光化学效率、和抗氧化酶的活性（Ervin 等，2004d）。

由此可见，在遮荫程度大于75%情况下，使用抗倒酯能明显地改善草坪草（如结缕草或翦股颖）的耐荫性。遮荫下生长的草坪，由于赤霉素含量提高，促使枝条过度延长。有试验表明草地早熟禾在73%遮荫下，其叶子赤霉素含量增加50%。施用一次抗倒酯（6.7g/亩）可使赤霉素含量降低47%。抗倒酯使植株较紧凑、密度较高、质量较好（Tan 和 Qian，2003）。

4 草坪植物生长调节剂对杂草的作用

草坪植物生长调节剂对杂草的影响有两个方面，一方面由于生长调节剂抑制了草坪草的生长，草坪草对于杂草的竞争力降低，因此，施用生长调节剂有时会使杂草更为严重，降低草坪质量；另一方面有些生长调节剂对一些杂草有良好控制效果（McCarty，1996；Lowe 和 Whitwell，1999，2000；Rossi，2001）。在美国马里兰州一项连续4年的试验表明，在草地早熟禾和细羊茅混播草坪上每年施用两次抑长灵（37.3g/亩）使杂草马唐侵染平均达45%，远大于对照的8%。主要原因是抑长灵降低了草坪密度，使马唐群体增加。使用嘧啶醇和乙烯利并没有减小草坪密度或增加马唐数量（Dernoeden，1984）。

有些草坪植物生长调节剂对控制一年生早熟禾有明显效果（Bell 等，2004；Johnson 和

Murphy，1995，1996；Woosley 等，2003）。对于匍匐翦股颖果岭，常施用多效唑和嘧啶醇来控制杂草一年生早熟禾。因为这种生长调节剂对于一年生早熟禾光合作用和生长的抑制效应比对匍匐翦股颖大。温室试验证明施用多效唑后翦股颖恢复速度比一年生早熟禾快两周。有研究表明，多效唑和嘧啶醇在春季和秋季施用两次，第一年使一年生早熟禾群体降低40%，第二年结束时达80%以上。所以生长调节剂处理后翦股颖易形成优势，控制了一年生早熟禾杂草。多效唑或嘧啶醇只在春季施用，对匍匐翦股颖伤害为20%，如春季和秋季均施用，则翦股颖伤害达30%（Johnson 和 Murphy，1995）。其他生长调节剂如抗倒酯和呋草敌对一年生早熟禾也有控制效果（Rossi，2001）。

有研究表明使用抑长灵控制了一年生早熟禾抽穗，但却使其生长活力增强。使用抗倒酯有可能导致一年生早熟禾生长更健壮，对匍匐翦股颖的竞争力增强（Rossi，1997）。有一项连续两年在匍匐翦股颖果岭（一年生早熟禾覆盖高达70%）试验，每年在早春和秋季使用3次多效唑或者嘧啶醇，3次总用量为120g/亩，试验结束时调查，多效唑处理和嘧啶醇处理分别使一年生早熟禾降低70%和47%。但最后一次施用后4个月调查，多效唑处理一年生早熟禾降低为57%，而嘧啶醇处理的小区，一年生早熟禾群体又回到原来的水平。因此，在对一年生早熟禾控制方面，施用生长调节剂最有效的办法是在春季和秋季施用，而且每年施用，这样使这种杂草没有恢复的机会，达到有效控制。由于嘧啶醇抑制翦股颖种子发芽和幼苗生长，在对覆播的草坪使用生长调节剂时要注意避免伤害幼苗。

此外，施用嘧啶醇对结缕草草坪中的日本三叶草也有一定控制效果（Noma，1997）。有些草坪生长调节剂能有效地控制普通狗牙根（Johnson，1995；Johnson 和 Carrow，1989，1993）。

5 草坪植物生长调节剂对草坪病害的作用

过去人们一般认为，生长调节剂抑制草坪生长，使草坪抗病力下降，至少受害后草坪恢复时间较长。但随着新的草坪生长调节剂如抗倒酯的出现，这种观点已发生变化。

研究表明，施用草坪生长调节剂导致几种病害的发病率升高，特别是叶斑病，大大降低了草坪质量。对于发病率、严重程度和持续时间的效应大小，生长调节剂依次为：抑长灵 > 青鲜素 > 嘧啶醇 > 多效唑（Watschke 等，1992）。

抗倒酯具有控制某些病害的作用。在匍匐翦股颖施用抗倒酯对抑制钱斑病有一定效果（Golembiewski and Danneberger，1998）。抗倒酯和某些杀菌剂混合使用减轻了多年生黑麦草灰斑病的发生。

不同生长调节剂对草坪病害的影响不同。有一项试验结果表明，在4月14日和28日施用抑长灵（2.2L/hm^2；147mL/亩）在6月份炭疽病加重。而抗倒酯4至10月每14天施用一次（0.4L/hm^2；26.7mL/亩）在7月份炭疽病减轻（Inguagiato 等，2004）。

在翦股颖果岭施用多效唑和嘧啶醇减轻了钱斑病的发生（Burpee，1998）。两年试验施用多效唑、嘧啶醇和抗倒酯对高羊茅钱斑病防治效果，两年中有一年抗倒酯加重了病害，而多效唑减轻了病害发生，嘧啶醇两年均无作用（Burpee，1998）。由此可见，草坪生长调节剂对病害的作用并不一致。草坪生长调节剂对虫害的防治研究很少（Roger 等，2001）。

6 草坪植物生长调节剂与除草剂和杀菌剂的互作

为了减少除草剂的施用量，减轻环境污染程度，近年来开展了生长调节剂和除草剂或杀菌剂互作效应研究，试图通过找到和使用能增强除草剂或杀菌剂效应的调节剂，通过两者混合使用，减小除草剂或杀菌剂用量，达到防止病虫害和杂草的效果。嘧啶醇和呋草敌混合施用对结缕草中普通狗牙根的控制效果比两者单独施用要好。这种混合物对匍匐翦股颖和海滨雀稗草中的普通狗牙根也有控制作用，但效果大小与施用时间密切相关（Johnson 和 Duncan，2000）。对匍匐翦股颖钱斑病防治研究结果表明，在施用杀菌剂（chlorothalonil，iprodione，propiconazole）之前4天使用嘧啶醇、多效唑和抗倒酯可提高杀菌剂的药效（Burpee等，1996）。在发病前混合使用多效唑和杀菌剂有控制高羊茅褐斑病作用，但有的年份无效果（Burpee，1998）。

7 环境友好型代谢促进剂

环境友好型代谢促进剂（Biostimulants，plant metabolic enhancers，natural plant growth regulators）是一类特殊的生长或代谢调节剂。近年来这类产品研究和应用在美国、欧洲及亚洲一些国家发展很快，用于草坪的产品达近百种。由于绝大多数产品是由多种生物活性物质组成，对其作用机理的研究有较大难度，在应用时常引起混淆。在草坪生长调节剂中一般不包括这类物质。由于它用量很低，不同于生物肥料；由于它只要源于天然生物物质，又不同于一般生长调节剂，所以它是一类特殊的生长或代谢促进剂。

环境友好型代谢促进剂可定义为一类由天然生物活性物质或微生物等经提炼、培养或加工而成，在低剂量条件下对植物生长代谢或生理生化过程产生明显促进作用的制剂。其组成成分包括下列物质中一种或一种以上：海藻提取剂、腐殖酸、天然激素、维生素、氨基酸、微生物、酶类、糖类等。其中海藻提取剂和腐殖酸较为常见（Zhang等，2002，2003a，b，c）。

自20世纪90年代，随着人们对于因大量施用合成化学物质（如除草剂、化肥）所带来的环境污染的关注，环境友好型代谢促进剂的研究和应用越来越受到重视。

海藻是分布广泛的一种海洋生物资源。海藻有多种类型，其中褐藻类富含生物活性物质如细胞激动素。腐殖酸主要由煤炭工业副产品、各种有机废弃物提炼而来。研究发现，海藻提取剂含有大量天然激素，特别是细胞激动素、维生素、氨基酸、糖类等，其中细胞激动素含量可高达500μg/g以上。腐殖酸含有多种生物活性物质，包括生长素。细胞激动素、赤霉素等天然激素。

海藻提取剂和腐殖酸单独或混合使用对草坪的质量和抗逆性有明显促进作用。作者对海藻提取剂和腐殖酸的作用机理进行了较为系统的研究，首先发现了其通过增强草坪抗氧化防卫功能而提高抗逆性和质量，并提出了草坪代谢促进的现代草坪营养概念。用低浓度海藻提取剂（36g/亩）和腐殖酸（108g/亩）对草地早熟禾进行叶面喷施，在干旱和正常水分条件下均促进了根系生长，提高了草坪质量（Schmidt 和 Zhang，1997，1998；Zhang，1997，Zhang 和 Schmidt，1999，2000）。氮肥与海藻提取剂混合施用促进了狗牙根叶色和休眠后草坪覆盖度。

7.1 代谢促进剂及其作用机理

由于多数代谢促进剂由不同成分组成，对其作用机理尚不完全清楚。一般认为，一方面，有些成分如海藻提取剂、腐殖酸等含有生长激素入细胞激动素。这些激素被植株吸收，会影响内源激素的代谢平衡，当植物处以环境胁迫，这种激素调节有利于提高草坪抗逆性。

有的代谢促进剂可提高植物抗氧化酶类活性和抗氧化物质含量，增强植物抗氧化防卫系统的功能，提高细胞膜中不饱和脂肪酸含量（Yan 等，1997），有助于草坪对环境的抵抗力（Zhang，1997）。另一方面，当这些生物活性物质进入土壤，它们会促进土壤有益微生物的活动，有的促进剂本身就含有有益微生物，这些微生物产生更多激素供植物利用，提高了草坪质量（Philips 等，2001）。

7.2 代谢促进剂对草坪质量的影响

许多研究结果表明，在环境胁迫条件下，施用代谢促进剂可促进根的生长，提高叶绿素含量和光化学效率，增加抗氧化物质含量，提高了草坪质量（Ervin 等，2004d；Schmidt 等，2003；Zhang 和 Schmidt，1999）。但在正常生长条件下，代谢促进剂对草坪质量的效应较小。

7.3 代谢促进剂对草坪的抗逆性的影响

（1）抗旱性。在一定条件下，有些代谢促进剂可提高抗旱性。一项温室试验中，对草地早熟禾、匍匐翦股颖和高羊茅幼苗叶面施用海藻提取剂和腐殖酸，一周后生长在水分胁迫（水势 -0.5MPa）环境下，结果表明，海藻提取剂和腐殖酸单独或者混合使用，促进了草坪生长，叶片维生素 E、维生素 C、过氧化物歧化酶等抗氧化物质含量或酶活性提高，改善了抗旱性（Zhang 和 Schmidt，1997，1999，2000a）。最近研究发现，海藻提取剂和腐殖酸含有一定量的细胞激动素，在干旱条件下施用这两种促进剂提高了叶片内原细胞激动素含量、抗氧化酶活性和光化学效率，同时根量明显增加（Zhang 和 Ervin，2004）。

（2）抗热性。在草皮卷生产上，普遍遇到的一个问题是如何减轻草皮收获后运输和贮藏过程中质量下降及移植后草坪恢复不佳的现象。在一项模拟试验中，海藻提取剂和腐殖酸喷施于草坪上，一周后收获草皮，草皮经 48 和 72 小时高温（40℃）处理，然后移植于大田。经 6 周生长，对根系抗张强度进行测定。结果表明，这两种促进剂混合施用减轻了草皮的伤害，增加了草皮移植后的恢复和根系生长。有一项研究发现，对根部施用细胞激动素增加了匍匐翦股颖的抗热性（Liu 和 Huang，2002）。作者最近在生长箱内进行水培匍匐翦股颖试验，幼苗使用不同来源的两种海藻提取剂、细胞激动素，和其中一种海藻提取剂经高温处理后的残留物（激素等有机物已破坏）。处理后的幼苗在温度 35℃高温条件下 6 周，结果发现，海藻提取剂和细胞激动素处理的幼苗叶片抗氧化酶类活性、细胞激动素含量、光化学效率提高，根量增加，草坪质量明显提高。

（3）抗紫外线。

草皮卷移栽后数天内往往出现草坪叶片叶绿素受破坏，叶色由绿变白，质量下降现象。造成这种现象的一个重要原因是紫外线导致氧化胁迫（oxidative stress），细胞内大量自由基积累，破坏细胞组成成分和叶绿素等（Schmidt and Zhang，2001）。合理施用促进剂（如海藻提取剂、腐殖酸、水杨酸、维生素等）可增强草坪对紫外线的抵抗力，提高草坪移植后的恢复速度和质量（Ervin 等，2004a，b，c，2005；Zhang 等，2003b，c；Schmidt and Zhang，2001）。

此外，海藻提取剂对草坪耐盐性有一定促进作用。有研究表明，海藻提取剂可减轻匍匐翦股颖钱斑病的发生（Zhang，1997）。有些代谢促进剂能减轻草坪病害和线虫的发生。在匍匐翦股颖根部施用海藻提取剂，促进了线虫感染草坪生长，但对线虫群体无影响（Sun 等，1997）。

8 草坪生长调节剂的应用

8.1 草坪主要类型和生长调节剂的应用范围

为了掌握草坪生长调节剂在不同类型草坪上的施用，有必要了解一下草坪的类型。按照管理养护水平，草坪可分为4个等级。管理水平最高的一级为A级，这类草坪特点是频繁地进行修剪，施肥，病虫害防治，经常灌水。例如高尔夫球场的果岭、发球台、球道、运动场草坪、高质量庭院草坪、质量较好的工厂绿地、公园、草皮生产农场和一些墓地草坪。第二级别（B级）为频繁修剪，有时进行病虫害防治和施肥的一类草坪。这类草坪包括工厂绿地、大部分庭院草坪、高尔夫球场高草区、大部分墓地草坪。第三级别（C级）草坪为不经常修剪，有时进行病虫害防治，例如路旁草坪。第四级别（D级）草坪从不修剪，个别情况下进行杂草防治，一般认为这类草坪基本上没有管理而言。例如铁路两旁，随便生长的实用绿地，以及以地表覆盖为目的的绿地（Kaufmann，1986b）。

生长调节剂应用范围只要集中在上述第二，三级别的草坪。但近年来有些生长调节剂已成功用于第一级别草坪上，如高尔夫球场果岭、球道和运动场草坪。对于第一级别草坪施用生长调节剂，主要目的是抑制地上部生长，增强抗逆性，控制抽穗，要求施用后不能出现任何毒性反应和其他不良作用，施用技术要求很高，风险较大。因而也是生长调节剂研究较为活跃的一个领域。

8.2 草坪植物生长调节剂应用的局限性

草坪植物生长调节剂作为草坪养护管理中的一项辅助措施，在应用上有一定局限性。运用不当会造成草坪质量下降，严重时会出现草坪退化死亡。草坪生长调节剂的不良影响主要表现在以下几个方面。

8.2.1 植物毒性反应

对一些敏感草坪种类，当施用量达到足以有效抑制草坪生长时，植物毒性反应开始明显，草坪质量下降，表现为叶子受到伤害，叶色腿绿变黄，呈现典型的毒性反应。症状多为叶尖烧灼状，枯死，叶片失去绿色，随后群体变黄（Morre 和 Tautvydas，1986），叶呈蓝绿色（Dernoeden，1984），叶子变白，叶尖呈红色。干旱会加重毒性反应，可能由于细胞失水导致其内生长调节剂实际浓度增加所致（Watschke 等，1992）。

由于有时发生毒性反应，在对养护水平高、质量要求很高的草坪，使用生长调节剂要慎重。但对养护水平低的草坪（如路边草坪），可以容忍轻度毒性反应。有研究表明，先是用氮肥，再用生长调节剂，会加重毒性反应；相反，如施用生长调节剂后再施用氮肥，可减轻毒性反应（Sawyer 等，1983）。使用铁肥可减轻草坪毒性反应（Johnson 和 Carrow，1995）。

如果对草坪抑制作用过大，常出现老叶衰老枯黄，而新叶不能长出、稀疏、粗糙，叶子褪绿。草坪产生大量枯黄叶子、枯草层，显而易见，大大降低了草坪外观质量。每年多次使用某些生长调节剂常造成密度严重下降（Danneberger and Street，1986）。

理想的草坪植物生长调节剂应既能有效地抑制茎叶的伸长，又能保持或促进分蘖、根状茎、匍匐茎和根的产生与形成，同时增强草坪的抗逆性和代谢活力，同时能避免毒性反应。这样不但减少剪草次数，而且保持和提高草坪质量。

8.2.2 病虫害问题

有些草坪植物生长调节剂有可能导致某些病害的发病率升高，如红线病、钱斑病、叶斑病、锈病等（Watschke，1992）。由于生长调节剂抑制草坪生长，降低了竞争力，使有些杂草群体增加。近年来，对于养护水平高的草坪，随着新的生长调节剂的应用和有效的病虫害综合防治措施的运用，草坪生长调节剂对病虫害的负面影响越来越小。有些研究表明，抗倒酯能抑制匍匐翦股颖钱斑病的发生（Zhang 和 Schmidt，2000b）。

8.2.3 草坪根的生长

如前所述，有些生长调节剂常抑制根的生长。但研究结果并不一致。这方面研究尚待深入。

表 2 主要草坪生长调节剂的用量和适用草坪种类

名称	用量* 磅/英亩（g/亩）	适用草坪养护水平	草坪草种类										
			草地早熟禾	一年生早熟禾	匍匐翦股颖	细羊茅	高羊茅	多年生黑麦草	狗牙根	结接草	钝叶草	假俭草	美洲稗草
抗倒酯（Trinexapac-ethyl）	0.02～0.086（1.5～6.4）	低，中，高	X	X	X	X	X	X	X	X	X	X	X
嘧啶醇（Flurprimidol）	0.375～1.5（28～112）	低，中，高	X		X			X	X	X	X		
多效唑（Paclobutrazol）	0.5～1（37～75）	低，中，高	X		X	X	X	X	X		X		
青鲜素（Maleic hydrazide）	3（224）	低	X			X	X	X	X				X
抑长灵（Metluidide）	0.125～1（9.4～74.8）	低，中（或高）	X	X		X	X	X	X	X	X	X	
稀禾定（Sethoxydim）	0.1875（14）	低				X	X					X	
草甘膦（Glyphosate）	0.18～0.22（13.5～16.5）	低							X				X
甲基咪草烟（Imazapic）	0.031～0.062（2.3～4.6）	低							X				X
咪唑乙烟酸＋灭草烟（Imazethapyr＋Imazapyr）	0.09～0.11（6.7～8.2）	低											X
甲嘧磺隆（Sulfometuron）	——	低							X				X
甲磺隆（Metsulfuron）	——	低	X			X	X		X				X
氯磺隆（Chlorsulfuron）	——	低	X			X	X		X				X
赤霉素（Gibberellic acid）	（0.022）1.6	低，中，高				X			X				
赤霉素＋生长素（Gibberellic acid＋Indolebutyric acid）	——	低，中，高	X		X	X	X	X	X	X	X	X	
乙烯利（Ethyphon）	3.4（254）	低，中，高											

* 表中用量为低至中养护水平草坪抑制生长的推荐量大致范围，应用前应在当地进行试验。该用量不适于对高尔夫球场果岭等管理水平高的草坪

8.3 生长调节剂应用的技术

草坪植物生长调节剂的施用一般用喷施法，如抗倒酯、嘧啶醇、乙烯利等。但有的草坪生长调节剂可用土施法，如多效唑等。施用方法和用量要根据产品说明和要求并参照有关试验数据，一般不可在未成坪草坪上使用；适合在草坪生长旺盛季节施用，冷季型草坪可在春、秋季施用，而暖季型草坪可在夏季施用。许多草坪生长调节剂不宜多次施用，多为一年内1~2次。许多生长调节剂可混合使用（见表2）。

8.3.1 在低养护水平草坪上的应用

8.3.1.1 稀禾定（Sethoxydim；Vantage 1.0L；Poast 1.5L）

对于控制成坪、低养护水平的高羊茅的抽穗，禾稀定施用量0.1875磅/英亩（14g/亩）（Vantage 1.5 pts/a；poast 1.0pt/a）为宜。叶吸收型，在早春穗抽出前施用。用Poast时要加入作物油或喷施辅助剂。不同于其他除草剂，禾稀定对阔叶草没有效果，所以有必要配合采用一些控制阔叶杂草。Vantage可用于养护水平较高的假俭草和细羊茅（紫羊茅、邱氏羊茅、羊茅和硬羊茅）草坪。

8.3.1.2 青鲜素（MH；Maleic hydrazide；Retard 2.25L；Royal Slo-Gro 1.5L；Liquid growth retardant 0.6L）

施用量为3磅/英亩（224g/亩）。叶吸收型，用于美洲雀稗时要在春季或者第一次剪草后7~14天施用。不需要用表面活化剂，建植后3年内不应施用，施用后3天不能进行覆播。施用后可能出现密度降低和暂时失绿。为取得最佳效果，施用后12小时内避免灌水或雨水。它也可用于羊茅、草地早熟禾和多年生黑麦草。但不建议用于养护水平高的草坪。

8.3.1.3 草甘膦（Glyphosate；Roundup Pro 4L）

草甘膦只用于美洲雀稗（0.18~0.22磅/英（13.5~16.5g/亩））。它与2，4-D混合的产品为Campaign 2.5L，加入2，4-D增强了对阔叶杂草的控制效果，叶吸收型。值得注意的是草甘膦为广谱除草剂，对美洲雀稗施用时要用低剂量，否则会造成严重伤害。当美洲雀稗完全返青后，初次施用量应为0.2至0.22磅/英亩（15~16.5g/亩）。施用后可能出现密度降低和暂时腿绿。第一次施用后6周可再施用Roundup Pro（0.18~0.2磅/英亩（13.5~15g/亩）），以延长作用时间。不推荐用在养护水平较高的草坪。

8.3.1.4 甲基咪草烟（Imazapic；Plateau 2ASU）

可用于美洲雀稗和狗牙根上（用量为0.031~0.062磅/英亩（2.3~4.6g/亩））。为叶和根吸收型。对于美洲雀稗，在春季穗形成前2~3周或修剪后7~10天施用。它对阔叶杂草和一年生杂草也有一定的控制效果。不能用于湿地。处理后的草坪可能出现密度下降或暂时褪绿。不能用于钝叶草、高羊茅，或受干旱胁迫的美洲雀稗。可按推荐用量加入表面活化剂或种子油。用之前要认真阅读说明书并按说明施用。不推荐用于养护水平高的草坪。

8.3.1.5 咪唑乙烟酸+灭草烟（Imazethapyr+Imazapyr；Event 1.46L）

用于养护水平低的高羊茅草坪（0.09~0.11磅/英亩（6.7~8.2g/亩））。要在草坪完成春季过渡期、生长较快、垂直生长高度至少5cm以上时才能施用。可加入0.25%（按体积）的表面活化剂。不到一年的新草坪或管理水平要求高的草坪不能施用该种调节剂。施用后3个月内不能覆播。

8.3.1.6 抑长灵（Mefluidide；Embark 2S；Embark 0.2S）

在抽穗前约两周施用，叶吸收型。成坪少于4个月的草坪不宜施用。施用后3天内不可覆播。施用后可能出现褪绿或密度减小。应保证施后8小时无雨。加入0.25%～0.5%非离子表面活化剂可能增强抽穗控制效果，但同时会增加草坪褪绿成度。对养护水平低的狗牙根草坪用量以0.1磅/英亩（有效成分）为宜。

8.3.2 在低—中等养护水平的草坪上的应用

8.3.2.1 抑长灵

可用于低—中等养护水平的草坪。用量0.125～1.0磅有效成分/英亩[①]（9.3～74.8g/亩；Embark 2S：0.5～4品脱/英亩[②]；Embark 0.2S：5～20品脱/英亩）。抑长灵主要为叶吸收。施用量：普通狗牙根为4品脱Embark 2S/英亩或20品脱Embark 0.2S/英亩；高羊茅和草地早熟禾1.5品脱Embark 2S/英亩或5品脱Embark 0.2S/英亩；钝叶草1品脱Embark 2S/英亩或5品脱Embark 0.2S/英亩。在春季返青后至抽穗前约两周期间施用。施用后8小时内不应灌水或降水。播种后4个月内或覆播后3天之内不应施用。施用后可能出现密度降低或褪绿。每100升溶液混入0.25～0.5升非离子表面活化剂能增加控制效果，但对草坪的伤害作用可能增大。为控制高尔夫球道一年生早熟禾杂草抽穗，可在一月初至二月施用0.5品脱Embark 2S/英亩或2～5品脱Embark 0.2S/英亩。施用抑长灵前10天内施用铁肥有助于减轻草坪腿绿。

8.3.2.2 嘧啶醇（Flurprimidol；Cutless 50WP）

施用量为0.375～1.5磅有效成分/英亩（28～112.2g/亩）。根吸收型，主要用于狗牙根或结缕草球道或使用在剪草机难以接近的地方。控制效果维持4～8周。均匀施用后灌水5cm。虽不能有效控制抽穗，但可抑制穗梗伸长。有可能引起草坪暂时褪绿。对钝叶草、美洲雀稗和普通狗牙根施用量较大。对‘Tifway’狗牙根每4周施用一次（1磅/英亩（74.8g/亩））可最大限度减轻对草坪的伤害。

8.3.2.3 抗倒酯（Trinexapac-ethyl；Primo 1EC；Primo MAXX；Primo 25WSB）

用量为0.1～0.75磅有效成分/英亩（7.5～56.1g/亩；Primo 1EC和Primo MAXX为3～22液盎司/英亩[③]；Primo 25WSB为5.4～44盎司/英亩），依草坪种类、剪草高度、期望控制时间不同而异。叶吸收型。杂交狗牙根、假俭草、结缕草和钝叶草用量较低；普通狗牙根用量中等；美洲雀稗用量较高。可用于匍匐翦股颖和狗牙根果岭上，用量为每英亩3～6叶盎司Primo 1EC或Primo MAXX或1.35～2.7盎司Primo 25WSB。施用后一小时避免降水或灌水。施用后1～7天内剪草可提高外观质量。可根据需要重复使用或每隔3～6周施用一次，以维持控制效果。但年用量Primo 1EC和Primo MAXX不超过19品脱/英亩；Primo 25WSB不超过175盎司/英亩。可控制杂交狗牙根抽穗，对其他草坪草抽穗控制效果较小。可能引起草坪褪色。不必加入表面活化剂。它可在冷季型草坪在狗牙根草坪混播时施用以加快冷季型草坪草的成坪。

8.3.2.4 多效唑（Paclobutrazol；Trimmit 2SC）

对正在活跃生长的杂交狗牙根和钝叶草施用量为0.5～0.75磅有效成分/英亩（37.4～56.1g/亩）。根吸收型。在冬季可用于覆播的果岭或球道以增加草坪质量，控制一年生早熟禾。可抑制匍匐翦股颖草坪中一年生早熟禾多年生类型杂草。在一月初施用控制一年生早熟禾。

---

① 1磅=453.592g

② 1品脱=0.5683L，1英亩=4046.86m^2

③ 1盎司=28.3945g

8.3.3 在养护水平较高的翦股颖草坪或覆播的狗牙根草坪中控制一年生早熟禾

8.3.3.1 抑长灵

施用0.05～0.125磅有效成分/英亩（3.7～9.3g/亩）抑长灵可控制一年生早熟禾抽穗。但必须在抽穗前施入，一般在一月至三月初施用，依地点和气候条件而异。主要为叶吸收。生长时间少于4个月的草坪不能施用。施用后3天内避免覆播。有可能引起密度减小和暂时褪绿。每100升溶液加入0.25～0.5升非离子表面活化剂有助于增加控制效果，但可能加重对草坪叶色的伤害。适当施用铁肥可减轻失绿。不建议施在高尔夫球场果岭上。

8.3.3.2 多效唑（Paclobutrazol；Trimmit2SC）

在冬末或早春当草坪恢复生长，剪草1～2次时施用（0.1～0.75磅有效成分/英亩；7.5～56.1g/亩）。3月15日以后一般不再施用以免推迟狗牙根返青。根吸收型。施用后24小时内浇水60mm以保证效果。可在春、秋季施用以控制匍匐翦股颖果岭一年生早熟禾的多年生类型。可间隔3～4周重复施用。嘧啶醇（Flurprimidol；Cutless 50WP）对旺盛生长的匍匐翦股颖，春季剪草3～4次后或秋季施用（0.12～0.25磅/英亩；9～18.7g/亩）。可间隔3～6周重复施用。整个生长季施用量不能超过2磅/英亩。施用2周以后才能播种。冬季休眠开始前8周停止施用。

8.4 草坪植物生长调节剂发展方向与展望

经过多年的研究，草坪植物生长调节剂的应用范围已由过去的低养护水平发展到中等和高养护水平的草坪，如高尔夫果岭。目前研究重点更加强调生长调节剂对高养护水平草坪的抑制效应和施用技术，生长调节剂的作用机理，对草坪生理代谢、抗逆性的影响，生长调节剂与除草剂、杀菌剂等的互作效应等，环境友好型促进剂中生物活性物质的鉴定、作用机理、与除草剂互作效应等。

随着燃料、机械、人力等成本的增加，草坪生长调节剂作为降低草坪养护费用，提高草坪质量的一个重要途径会越来越受到重视。未来的研究应更加强调研究和开发既能抑制草坪地上不生长和抽穗，又能增强草坪抗逆性，避免毒性反应，提高草坪质量的新型草坪植物生长调节剂，研究草坪植物生长调节剂作用机理，为草坪生长调节剂的应用提供坚实基础；研究和完善主要生长调节剂在不同养护水平下应用的关键技术和配套技术体系，实现低投入、可持续、高质量草坪管理体系。

参考文献

[1] 张志国，李德伟主编. 2002. 现代草坪管理学. 北京：中国林业出版社. 北京.

[2] Beard, J. B. 1985. Effect of growth regulators on turf. Grounds Maint. 20 (6): 66.

[3] Bell, G. C. Stiegler, and K. Koh. 2004. *Poa* control: perhaps there is a hope. Golf Course Manage. 72 (3): 123～126.

[4] Bell, G. E., T. K. Danneberger, and M. B. McDonald. 1997. Chemical inhibition of cool season turfgrass germination. Int 浪. Turfgrass Res. J. 8: 411～417.

[5] Branham, B. E. and K. U. Hanson. 1986. Effects of synthetic plant growth regulators on carbohydrate partitioning in Kentucky bluegrass. Proc. Plant Growth Regulat. Soc. Amer. 10: 224.

[6] Bunnell, T. and B. McCarty. 2004. PGRs and higher heights: improving TifEagle greens in shade. Golf Course Manage. 72 (10): 93～97.

[7] Bunnell, T. and B. McCarty. 2005. TifEagle' bermudagrass response to growth factors and mowing height when grown at various hours of sunlight. Crop Sci. 45: 575 ~ 581.

[8] Burpee, L. L. 1998. Effects of plant growth regulators and fungicides on rhizoctonia blight of tall fescue. Crop Protection 17: 503 ~ 507.

[9] Burpee, L. L., D. E. Green, and S. L. Stephens. 1996. Interactive effects of plant growth regulators and fungicides on epidemics of dollar spot in creeping bentgrass. Plant dis. 80: 1245 ~ 1250.

[10] Bush, E. W., W. C. Porter, D. P. Shepard, and J. N. MCrimmon. 1998. Controlling growth of common carpetgrass using selected plant growth regulators. HortScience 33: 704 ~ 706.

[11] Carrow, R. N. and B. J. Johnson. 1990. Response of centipedegrass to plant growth regulator and iron treatment combinations. Applied Agric. Res. 5: 21 ~ 26.

[12] Christians, N. E. 1985. Response of Kentucky bluegrass to four growth retardants. J. Am. Hortic. Sci. 110: 765 ~ 769.

[13] Cooper, R. J., P. R. Henderlong, J. R. Street, and K. J. Karnok. 1987. Root growth, seedhead production, and quality of annual bluegrass as affected by mefluidide and a wetting agent. Agron. J. 79: 929 ~ 934.

[14] Daniels, R. W. and S. K. Sugden. 1996. Opportunities for growth regulation of amenity grass. J. Pestic. Sci. 47: 363 ~ 369.

[15] Danneberger, T. K., and J. R. Street. 1986. PGR's for highway turf. Weeds, Trees Turf 25 (6): 40.

[16] Dernoeden, P. H. 1984. Four-year response of a Kentucky bluegrass-red fescue turf to plant growth retardants. Agron. J. 76: 807 ~ 813.

[17] Diesburg, K. 2000. Growth regulators boost density in different ways. Golf Course Manage. 68 (4): 61 ~ 63.

[18] Dipaola, J. M. and D. P. Shepard. 1996. Primo: a plant growth regulator. Proc. Plant Growth Regulat. Soc. Amer. 23: 232.

[19] Dipaola, J. M., W. B. Gilbert, and W. M. Lewis. 1985. Selection, establishment, and maintenance of vegetation along North Carolina's roadsides. Final Report to North Carolina Dep. of Transportation.

[20] Diesburg, K. L. and N. E. Christians. 1989. Seasonal application of ethephon, flurprimidol, mefluidide, paclobutrazol, and amidochlor as they affect Kentucky bluegrass shoot morphogenesis. Crop Sci. 29: 841 ~ 847.

[21] Dunn, J. H., D. D. Miller, and S. S. Bughrata. 1996. Clipping disposal and fertilization influence disease in perennial ryegrass. HortScience 31: 1180 ~ 1181.

[22] Ervin, E. H. and A. J. Koski. 1998. Growth response of *Lolium perenne* L. to trinexapac-ethyl. HortScience 33: 1200 ~ 1202.

[23] Ervin, E. H. and A. J. Koski. 2001a. Trinexapac-ethyl increase kentucky bluegrass leaf cell density and chlorophyll concentration. HortScience 36: 787 ~ 789.

[24] Ervin, E. H. and A. J. Koski. 2001b. Kentucky bluegrass growth responses to trinexapax-ethyl, traffic, and nitrogen. Crop Sci. 41: 1871 ~ 1877.

[26] Ervin, E. H., C. Ok, B. S. Fresenburg, and J. H. Dunn. 2002. Trinexapax-ethyl restricts shoot growth and prolongs stand density of Meyer zoysiagrass fairway under shade. HortScience 37: 502 ~ 505.

[27] Ervin, E. H. and X. Zhang. 2003. Impact of trinexapac-ethyl on leaf cytokinin levels in kentucky bluegrass, creeping bentgrass, and hybrid bermudagrass. Annual meeting Abs. [CD-ROM], ASA, CSSA, and SSSA. Madison, WI.

[28] Ervin, E. H. and X. Zhang. 2004. Impact of trinexapac-ethyl on carbohydrate and N contents in kentucky

bluegrass, creeping bentgrass, and hybrid bermudagrass. Annual meeting Abs. [CD-ROM], ASA, CSSA, and SSSA. Madison, WI.

[29] Ervin, E. H., X. Zhang, and J. Fike. 2004a. Reducing ultraviolet radiation damage on *Poa pratensis* I: Antioxidant and colorant. HortScience 39: 1465 ~ 1470.

[30] Ervin, E. H., X. Zhang, and J. Fike. 2004b. Reducing ultraviolet radiation damage on *Poa pratensis* II: hormone and hormone-containing substance. HortiScience 1471 ~ 1474.

[31] Ervin, E. H., X. Zhang, and J. Fike. 2004c Reducing ultraviolet radiation damage on *Poa pratensis* III: Cultivar. HortScience 1475 ~ 1477.

[32] Ervin, E. H., X. Zhang, S. D. Askew, and J. M. Goatley, Jr. 2004d. Plant growth regulator and iron programs for maintenance of shade creeping bentgrass tees. HortTech. 14: 500 ~ 506.

[33] Ervin, E. H., X. Zhang, and R. E. Schmidt. 2005. Salicyllic acid enhance recovery of turfgrass sod after heat injury. Crop Sci. 45: 240 ~ 244.

[34] Fagerness, M. J. and D. Penner. 1998. ^{14}C trinexapac-ethyl absorption and translocation in Kentucky bluegrass. Crop Sci. 38: 1023 ~ 1027.

[35] Fagerness, M. J., F. H. Yelverton, J. Isgrigg, and R. J. Cooper. 2000. Plant growth regulators and mowing height affect ball roll and quality of creeping bentgrass putting green. HortScience 35: 755 ~ 759.

[36] Fagerness, M. J. and F. H. Yelverton. 2000. Tissue production and quality of Tifway' bermudagrass as affected by seasonal application patterns of trinexapac-ethyl. Crop Sci. 40: 493 ~ 497.

[37] Fagerness, M. J. and F. H. Yelverton. 2001a. Plant growth regulator and mowing height effects on seasonal root growth of Penncross' creeping bentgrass. Crop Sci. 41: 1901 ~ 1905.

[38] Fagerness, M. J. F. H. Yelverton, and V. Cline. 2001b. Trinexapac-ethyl affects canopy architecture but not thatch development of Tifway bermudagrass Int. Turf. Soc. Res. J. 9 (2): 860 ~ 864.

[39] Field, R. S. and A. R. Whitford. 1982. Effects of simulated mowing on the translocation of mefluidide in perennial ryegrass (*Lolium perenne*, L.) Weed Res. 22: 177 ~ 181.

[40] Fletcher, R. A., A. Gilly, T. D. Davis, and N. Sanklha. 2000a. Triazoles as plant growth regulators and stress protectants. Hort. Rev. 24: 55 ~ 138.

[41] Fletcher, R. A., C. R. Sopher, and N. N. Vettakkorumakankau. 2000b. Regulation of gibberellins is crucial for plant stress protection. In A. S. Basra (ed.) Plant growth regulayors in agriculture and horticulture: their roles and commercial uses p. 71 ~ 88. Food Products Press, Binghamton, NY.

[42] Fry, J. and B. Huang. 2004. Applied turfgrass science and physiology. John Wiley & Sons, Hoboken, NJ.

[43] Fry, J., N. A. Tisserat, and H. Jiang. 1998. Plant growth regulators may help reduce water use. Golf Course Manaage. 66 (6): 58 ~ 61.

[44] Gannon, T. W., F. H. Yelverton, F. H. Cummings, and H. D. McElroy. 2004. Establishment of seeded centipedegrass (Eremochloa ophiuroides) in utility turf areas. Weed Technol. 18: 641 ~ 647.

[45] Gaussoin, R. E. and B. E. Branham. 1987. Annual bluegrass and creeping bentgrass germination response to flurprimidol. HortScience 23: 441 ~ 442.

[46] Gaussoin, R. E., B. E. Branham, and J. A. Flore. 1997. Carbon dioxide exchange rate and chlorophyll content of turfgrasses treated with flurprimidol or mefluidide. J. Plant Growth Regulat. 16 (2): 73 ~ 78.

[47] Golembiewski, R. C. and T. K. Danneberger. 1998. Dollar spot severity as influenced by trinexapac-ethyl, creeping bentgrass cultivar and nitrogen fertility. Agron. J. 90: 466 ~ 470.

[48] Goss, R. M., J. H. Beard, S. L. Kelm, and R. M. Calhoun. 2002. Trinexapac-ethyl and nitrogen effects on creeping bentgrass grown under reduced light conditions. Crop Sci. 42: 472 ~ 479.

[49] Han, S. W., T. W. Fermanian, and J. A. Juvik. 1998. Growth retardant effects on visual quality and

non-structural carbohydrates of creeping bentgrass. HortScience 33: 1197 ~ 1199.

[50] Heckman, N. L., G. L. Horst, and R. E. Gaussoin. 2001a. Influence of trinexapac-ethyl on specific leaf weight and chlorophyll content of Poa pratensis. Int. Turf. Soc. Res. J. 9 (1): 287 ~ 290.

[51] Heckman, N. L., T. E. Elthon, G. L. Horst, and R. E. Gaussoin. 2001b. Influence of trinexapac-ethyl on respiration of isolated metochondria. Annual Meeting Abs. [CD-ROM], ASA, CSSA, and SSSA. Madison, WI.

[52] Heckman, N. L., G. L. Horst, R. E. Gaussoin, and L. J. Young. 2001c. Heat tolerance of Kentucky bluegrass as affected by trinexapac-ethyl. HortScience 36 (2): 365 ~ 367.

[53] Heckman, N. L., G. L. Horst, R. E. Gaussoin, and K. W. Frank. 2001d. Storage and handling characteristics of trianexapac-ethyl treated Kentucky bluegrass sod. HortScience 36 (6): 1127 ~ 1130.

[54] Howieson, M. J. and N. E. Christians. 2001. Mower settings, PGRs affect turfgrass quality. Golf Course Manage. 69 (6): 65 ~ 70.

[55] Inguagiato, J. C., J. A. Murphy, T. J. Lawson, J. Crouch, and B. B. Clarke. 2004. Anthracnose as influenced by nitrogen, growth regulators, pre-emergence herbicides, and verticutting. Phytopathology. 94 (6): 27 ~ 30.

[56] Jiang, H. and J. Fry. 1998. Drought responses of perennial ryegrass treated with plant growth regulators. HortScience 33 (2): 270 ~ 273.

[57] Johnson, B. J. 1990. Influence of frequency and dates of plant growth regulator applications to centipedegrass on seedhead formation and turf quality. J. Am. Soc. Horti Sci. 115 (3): 412 ~ 416.

[58] Johnson. B. J. 1993a. Response of tall fescue to plant growth regulators and mowing frequencies. J. Environ. Horti. 11 (4): 163 ~ 167.

[59] Johnson, B. J. 1993b. Frequency of plant growth regulator and mowing treatments: effects on injury and suppression of centipedegrass. Agron. J. 85: 276 ~ 280.

[60] Johnson, B. J. 1994. Influence of plant growth regulators and mowing on two bermudagrass. Agron. J. 86: 805 ~ 810.

[61] Johnson, B. J. 1995. Frequency of mowing and plant growth regulators to suppress common bermudagrass. J. Turfgrass Mange. 1 (1): 61 ~ 71.

[62] Johnson, B. J. 1997. Growth of Tifway' bermudagrass following application of nitrogen and iron with trinexapac-ethyl. HortScience 32: 241 ~ 242.

[63] Johnson, B. J. and R. N. Carrow. 1989. Bermudagrass encroachment into creeping bentgrass as effected by herbicides and plant growth regulators. Crop Sci. 29: 1220 ~ 1227.

[64] Johnson, B. J. and R. N. Carrow. 1993. Bermudagrass (*Cynodon* spp.) suppression in creeping bentgrass (Agrostis stolonifera) with herbicide-flurprimidol treatments. Weed Sci. 41 (1): 120 ~ 126.

[65] Johnson, B. J. and R. N. Carrow. 1995. Response of creeping bentgrass to iron applied in combination with herbicide-flurprimidol. J Turfgrass Manage. 1 (2): 25 ~ 34.

[66] Johnson, J. B. and R. R. Duncan. 2000. Timing and frequency of ethofumesate plus flurprimidol treatments on bermudagrass (*Cynodon* spp.) suppression in seashore paspalum (*Paspalum vaginatum*). Weed Technol. 14: 675 ~ 685.

[67] Johnson, B. J. and T. R. Murphy. 1995. Effect of paclobutrazol and flurprimidol on suppression of *Poa annua* spp. Reptans in creeping bentgrass (*Agrostis stolonifera*) greens. Weed Technology 9: 182 ~ 186.

[68] Johnson, B. J. and T. R. Murphy. 1996. Suppression pf a perennial subspecies of annual bluegrass (*Poa annua* spp. Reptans) in a creeping bentgrass (*Agrostis stolonifera*) green with plant growth regulators. Weed Technol. 10: 705 ~ 709.

[69] Kaminski, J. E., P. H. Dernoeden, and C. A. Bigelow. 2004. Creeping bentgrass seedling tolerance to herbicides and paclobutrazol. HortScience 39: 1126 ~ 1129.

[70] Kane, R. and L. Miller. 2003. Field testing plant growth regulators and wetting agents for annual bluegrass seedhead suppression USGA Green Section Record 41 (7): 21 ~ 26.

[71] Kaufmann, J. E. 1986a. Growth regulators for turf. Grounds Maint. 21 (5): 72.

[72] Kaufmann, J. E. 1986b. The role of PGR science in chemical vegetation control. Proc. Plant Growth Regul. Soc. Am. 13: 2 ~ 14.

[73] King, R. W., G. F. W. Gocal, and O. M. Heide. 1997. Regulation of leaf growth and flowering of cool season turfgrasses. Int. Turfgrass Soc. Res. J. 8: 565 ~ 573.

[74] Kraft, R. W., S. J. Keeley, and K. Su. 2004. Conversion of fairway-height perennial ryegrass turf to kentucky bluegrass without nonselective herbicides. Agron. J. 96: 576 ~ 579.

[75] Lickfeldt, D. W., D. S. Gardner, B. E. Branham, and T. B. Voigt. 2001. Implications of repeated trinexapac-ethyl applications on Kentucky bluegrass. Agron. J. 93: 1164 ~ 1168.

[76] Liskey, E. 2002. Chemical update: plant growth regulators. Grounds Maint. June.

[77] Liu, X. and B. Huang. 2002. Cytokinin effects on creeping bentgrass response to heat stress: II. Leaf senescence and antioxidant metabolism. Crop Sci. 42: 466 ~ 472.

[78] Liu, J. Y. Niu, and W. Zhong. 1997. Preliminary study of the response of tall fescue to the triazole growth retardant S3307. Int. Turfgrass Soc. Res. J. 8: 1292 ~ 1296.

[79] Longer, D. E., D. M. Oosterhuis, and R. Nanayakkara. 2001. Growth hormones can affect seedling growth. Golf Course Manage. 71 (4): 69 ~ 71.

[80] Lowe, D. B. and T. Whitwell. 1999. Plant growth regulators alter the growth of Tifway' bermudagrass (*Cynodon transvaalensis* × *C dactylon*) and selected turfgrass weeds. Weed Technol. 13: 132 ~ 138.

[81] Lowe, T., B. McCarty, and T. Whitwell. 2000. Bermudagrass encroachment: a menace on bentgrass greens. 68 (9): 68 ~ 71.

[82] Marcum, K. B. and H. Jiang. 1997. Effects of plant growth regulators on tall fescue rooting and water use. J. Turfgrass Manage. 2 (2): 13 ~ 28.

[83] McCullough, P. E., H, Liu, L. B. McCarty, and T. Whitwell. 2004a. Physiological response of TifEagle bermudagrass to paclobutrazol. HortScience 40: 224 ~ 226.

[84] McCullough, P. E., H, Liu, L. B. McCarty, and T. Whitwell. 2004b. Response of TifEagle' bermudagrass to seven plant growth regulators. HortScience 39: 1759 ~ 1762.

[85] McCullough, P. E., H, Liu, and L. B. McCarty. 2004c. Effects of mowing and PGRs on ball roll distance. Golf Course Manage. 72 (12): 82 ~ 86.

[86] McCarty, L. B. 1996. Selective control of common bermudagrass in St. Augustinegrass. Crop Sci. 36: 694 ~ 698.

[87] McCarty, L. B., McCullough, and H. Liu. 2004. Ultradwarf bermudagrass: how sensitive is it to PGRs? Turfgrass Trends 13: 12 ~ 14.

[88] McCarty, L. B., L. C. Miller, and D. L. Colvin. 1990. Tall fescue root growth rate following mefluidide and flurprimidol. Application. HortScience 25: 581.

[89] McCarty, L. B., J. S. Weinbrecht, J. E. Toler, and G. L. Miller. 2004. St. Augustinegras response to plant growth regulators. Crop Sci. 44: 1323 ~ 1329.

[90] Miller, A. R. and A. C. Gange. 2003. A survey of biostimulant use on football turf and effect on rootzone microbial populations. J. Turfgrass and Sports Surface Sci. 79: 50 ~ 59.

[91] Murphy, T. R., B. McCarty, and F. H. Yelverton. 2005. Turfgrass plant growth regulators. P. 705 ~

714. In: L. B. McCarty (ed.) Best golf course management practices, 2nd Edition. Prentice-Hall, Upper Saddle River, NJ, USA.

[92] Morre, D. J. and K. J. Tautvydas. 1986. Mefluidide, chlorsulfuron, 2. 4-D, surfactant combinations for roadside vegetation management. J. Plant Growth Regulat. 4: 189 ~ 201.

[93] Noma, Y. 1997. Preliminary studies on control of *Kummerovia striata* (Japanese clover) in turf with the plant growth regulator flurprimidol. Intl. Turfgrass Soc. Res. J. 8: 1408 ~ 1413.

[94] Philips, C., J. P. Lindup, and A. C. Gange. 2001. Effects of seaweed and sulphur application on beneficial fungi in golf putting greens. J. Turfgrass Science 77: 14 ~ 23.

[95] Qian, Y. L. and M. C. Engelke. 1999. Influence of trinexapac-ethyl on diamond zoysiagrass in a shade environment. Crop Sci. 39: 202 ~ 208.

[96] Qian, Y. L. M. C. Engelke, M. J. V. Foster, and S. Reynolds. 1998. Trianexapac-ethyl restricts shoot growth and improves quality of' Diamond'zoysiagrass under shade. HortScience 33 (6): 1019 ~ 1022.

[97] Rademacher, W. 2000. Growth retardants: effects on gibberellin biosynthesis and other metabolic pathways. Annu. Rev. Plant Physiol. Plant Mol. 51: 501 ~ 531.

[98] Razmjoo, K., T. Imada, A. Miyairi, J. Sugiura, and S. Kaneko. 1994. Effect of paclobutrazol (PP333) growth regulator on growth and quality of cool-season turfgrasses. J. Sports Turfgrass Res. Inst. 70: 126 ~ 132.

[99] Richie, W. E., R. L. Green, and F. Merino. 2001. Trinexapac-ethyl does not increase total nonstructural carbohydrate content in leaves, crowns, and roots of tall fescue. HortScience 36: 772 ~ 775.

[100] Rogers, M. E., D. W. Held, D. W. Williams, and D. A. Potter. 2001. Effects of the two plant growth regulators on suitability of creeping bentgrass for black cutworms and sod webworms. Intl. Turfgrass Soc. Res. J. 9: 806 ~ 809.

[101] Rossi, F. S. and E. J. Buelow. 1997. Exploring the use of plant growth regulators to reduce winter injury on annual bluegrass (*Poa. annua* L.). 35 (11): 12 ~ 15.

[102] Rossi, F. S. 2001. Annual bluegrass population dynamics in response to growth regulators and herbicides. Intl. Turfgrass Soc. Res. J. 9: 906 ~ 909.

[103] Sawyer, C. D., R. C. Wakefield, and J. A. Jagschitz. 1983. Evaluation of growth retardants for roadside turf. Proc. NEWSS 37: 372 ~ 375.

[104] Schmidt, R. E. and X. Zhang. 2001. Alleviation of photochemical activity decline of turfgrasses exposed to soil moisture or UV radiation stress. Intl. Turfgrass Soc. Res. J. 9: 340 ~ 346.

[105] Schmidt, R. E., E. H. Ervin, and X. Zhang. 2003. Questions and answers about biostimulants. Golf Course Management 71 (6): 91 ~ 94.

[106] Schmidt, R. E. and X. Zhang. 1998. How humic substances help turfgrass grow. Golf Course Management. 66 (7): 65 ~ 67.

[107] Schmidt, R. E. and X. Zhang. 1997. Advanced concepts in turfgrass nutrition. Turfgrass Trends 6 (2): 9 ~ 17.

[108] Shepard, D. 2002. Users drive research into new growth regulator applications. Turfgrass Trends. 11 (4): 20 ~ 22.

[109] Shepard, D. and J. Dipaola. 2000. Regulate growth and improve turf quality. Golf Course Manage. 68 (3): 56 ~ 59.

[110] Spark, D. R., J. M. Dipaola, W. M. Lewis, and C. E. Anderson. 1993. Tall fescue sward dynamics. II. Influence of four plant growth regulators. Crop Sci. 33): 304 ~ 310.

[111] Spokas, L. A. and R. J. Cooper. 1991. Plant growth regulator effects on foliar discoloration, pigment con-

tent, and photosynthetic rate of Kentucky bluegrass. Crop Sci. 31: 1668 ~ 1674.

[112] Stier, J. C., J. N. Rogers III, J. R. Crum, and P. E. Rieke. 1999. Flurprimidol effects on Kentucky bluegrass under reduced irradiance. Crop Sci. 39: 1423 ~ 1430.

[113] Street, J. P. 1980. Growth regulators for turf. -selection and use. Grounds Maint. 15 (4): 16.

[114] Stier, J. C. and J. N. Rogers III 2001. Trinexapac-ethyl and iron effects on supine and kentucky bluegrass under reduced irradiance. Crop Sci. 39: 1423 ~ 1430.

[115] Sun, H., R. E. Schmidt, and J. D. Eisenback. 1997. The effect of seaweed concentrate on the growth of nematode-infected bent grown under low soil moisture. Intl. Turfgrass Soc. Res. J. 8: 1336 ~ 1342.

[116] Tan, Z. G. and Y. L. Qian. 2003. Light intensity affects gibberellic acid content in Kentucky bluegrass HortScience 38 ~ 113 ~ 116.

[117] Turgeon, A. J. 2002. Turfgrass management (6th edition). Prentice Hall, Upper Saddle River, NJ.

[118] Tegg, R. S. and P. A. Lane. 2003. Shade performance of a range of turfgrass species improved by trinxeapax-ethyl. Australian J. Exp. Agric. 44 (9): 939 ~ 945.

[119] Watschke, T. L. 1985. Turfgrassweed control and growth regulation. P. 63 ~ 80. In F. Lemaire (ed.) Proc. 5th Int. Turfgrass Res. Conf. , Avignon, France.

[120] Watschke, T. L. and J. M. Dipaola. 1995. Plant growth regulators. Golf Course Manage. 63: 59 ~ 62.

[121] Watschke, T. L., M. G. Prinster, and J. M. Breuninger. 1992. Plant growth regulators and turfgrass management. Pp. 557 ~ 588. In: D. V. Waddington, R. N. Carrow, and R. C. Shearman (eds.) Turfgrass Agron. Monog. No. 32. Am. Soc. Agron., Madison, WI., USA.

[123] Wiecko, G. 1997. Response of Tifway' bermudagrass to trinexapax-ethyl. J. Turfgrass Manage. 2 (2): 29 ~ 36.

[124] Williams, D. W. and P. B. Burrus. 2004. Conversion of perennial raygrass to bermudagrass using seeded cultivars, herbicides, and plant growth regulators. HortScience 39: 398 ~ 402.

[125] Woosley, P. B., D. W. Williams, and A. J. Powell. 2003. Postemergence control of annual bluegrass (Poa annua spp. Reptans) in creeping bentgrass (Agrostis stolonifera) turf. Weed Technol. 17: 770 ~ 776.

[126] Yan, J., R. E. Schmidt, and D. M. Orcutt. 1997. Influence of fortified seaweed extract and drought stress on cell membrane lipids and sterols of ryegrass leaves. Intl. Turfgrass Soc. Res. J. 8: 1356 ~ 1362.

[127] Zhang, X. 1997. Turfgrass growth, antioxidant defense, and drought tolerance in response to plant metabolic enhancers. Ph. D. Dissertation, CSES, Virginia Tech., Blacksburg, VA.

[128] Zhang, X. and R. E. Schmidt. 1997. The impact of growth regulators on alpha-tocopherol status of water-stressed *Poa pratensis* L.. Int. Turfgrass Soc. Res. J. 8: 1364 ~ 1373.

[129] Zhang, X. and R. E. Schmidt. 1999a. Antioxidant response to hormone-containing seaweed extract in Kentucky bluegrass subjected to drought. Crop Sci. 39: 545 ~ 551.

[130] Zhang, X. and R. E. Schmidt. 1999b. biostimulanting turfgrass. Grounds maint. 14 (11): 14 ~ 32.

[131] Zhang, X. and R. E. Schmidt. 2000a. Hormone-containing natural products'impact on antioxidant status of tall fescue and creeping bentgrass subjected to drought. Crop Sci. 40: 1344 ~ 1349.

[132] Zhang, X. and R. E. Schmidt. 2000b. Application of trinexapac-ethyl and propiconazole enhances superoxide dismutase and photochemical activity in creeping bentgrass (*Agrostis stoloniferous* var. *palustris*). J. Amer. Soc. Hort. Sci. 125: 47 ~ 51.

[133] Zhang, X., R. E. Schmidt, E. H. Ervin, and S. Doak. 2002. Creeping bentgrass physiological responses to natural plant growth regulators and iron under two regimes. HortScience 37: 898 ~ 902.

[134] Zhang, X., R. E. Schmidt, and E. H. Ervin. 2003a. Physiological effects of liquid applications of a sea-

weed extract and a humic acid on creeping bentgrass. J. Amer. Soc. Hort. Sci. Soc. 128: 492 ~ 496.

[135] Zhang, X., E. H. Ervin. and R. E. Schmidt. 2003b. Plant growth regulators can enhance the recovery of Kentucky bluegrass sod from heat injury. Crop Sci. 43: 952 ~ 956.

[136] Zhang, X., E. H. Ervin, and R. E. Schmidt. 2003c. Seaweed extract, humic acid, and propiconazole improve tall fescue sod heat tolerance and posttransplant quality. HortScience 38: 440 ~ 443.

[137] Zhang, X. and E. Ervin. 2004. Cytokinin-containing seaweed and humic acid extracts associated with creeping bentgrass leaf cytokinins and drought resistance. Crop Sci. 44: 1737 ~ 1745

作者简介：张训忠，男，河北省深州市人。1997 年获得美国弗吉尼亚理工大学草坪科学与管理博士学位，研究方向为草坪植物抗氧化防卫系统与抗旱性及其代谢调控。现任该校作物与土壤环境科学系草坪学科研究员，草坪与牧草研究实验室负责人，河北农业大学兼职教授。主要研究领域为草坪环境生物学、草坪分子生理学和草坪管理学。研究方向为草坪抗氧化防卫的分子生理机制、激素代谢、生长与代谢调控的生物学基础等。在环境友好型代谢促进剂机理方面进行了开拓性研究，率先阐明了草坪代谢调控的现代草坪营养学概念。现为美国作物学会、农学会、国际草坪学会会员。

9 草坪草遗传育种研究进展

[1] 李 洁 王兆龙 [2] 赵炳祥

（[1] 上海交通大学，上海；201101 [2] 中国农业大学，北京 100094）

摘要：优良的草种一直是草坪科学飞速发展的动力，通过近百年的遗传改良和品种选育，草坪草在草坪质量和抗逆性能等方面都得到了显著的提高。近 20 年来，植物生物技术在草坪草品种改良上已显示了很大的应用潜力。本文简要介绍了 2005 年国际草坪研究大会在草坪草遗传育种方面的研究进展。

关键词：草坪草 遗传育种 转基因

随着人们环保意识的增强，草坪业也得到了飞速的发展，草坪草的遗传育种工作也越来越受到关注。植物育种是改良植物遗传性状，使之更适应人类需要的技术。草坪草的改良大多依赖于传统的育种方法，许多性状得到了改良，但是其局限性也日益明显。近些年来，植物分子生物学和基因工程的迅速发展给植物的遗传改良带来了新的途径，将现代生物技术运用到遗传育种工作中，可以拓展改良的范围。本文简要介绍了有关草坪草遗传育种的一些研究进展。

1 草坪草遗传育种工作的历史和现状

国外一些发达国家的草坪草遗传育种工作一直走在前列。美国早在 20 世纪 20 年代就开始了草坪草的育种和选择工作，最初的工作包括选择生长健壮的植株等。大部分草种自那时起就开始了选择改良的工作；还有一些栽培种常常用来做生态型的选择，如多年生黑麦草品种 Linn 和翦股颖品种 Highland。1947 年，USDA-ARS 和美国高尔夫球协会研究培育出了草地早熟禾品种 Merion，开始了对草地早熟禾的改良。到了 20 世纪 70 年代，草地早熟禾的许多栽培种都得到了改良。目前，欧美发达国家在遗传育种方面具有较大的优势。

现代育种工作则越来越重视生物技术的应用。转基因法、基因枪和分子标记等生物技术的应用，拓展了人们对草坪草遗传改良的视野，有些甚至可以解决传统育种工作难以解决的问题，为草坪草的遗传改良带来了新的途径。

2 生物技术在遗传育种中的应用

2.1 愈伤组织的诱导和再生

从 Bahiagrass 的愈伤组织中进行植物繁殖一开始是用未成熟的花（Bovo，Morginski，1986）[1]，成熟或者未成熟的胚（Bovo，Morginski，1989）[2]去除了内外稃的成熟种子（Akashi et al.，1993）[3]，茎和叶（Shatters et al.，1994）[4]，草坪型 Bahiagrass 的完整的成熟种子（Grando et al.，2002）[5]。而 E. Altpeter 和 M. Positano 采用了普遍使用的 Bahiagrass 的重要栽培品种 Argentine 的愈伤组织，Argentine 的成熟种子作为外植体；愈伤组织的诱导过程中加入

了少量的生长素来减少营养体无性繁殖[6]；于较低浓度的细胞分裂素含量相比，高浓度含量可以增加根数，但是根的形成很慢，白化体植株增加，如果用 BAP 代替 TDZ 这种趋势则减弱；在再生阶段中，GA_3 的浓度增加，根伸长量减少，但是加强了胚的发育；完整成熟的 Argentine 种子完全可以诱导生成胚性愈伤组织。Chao Qin 等用含有 2mg/L 2，4-D 和 0. 1mg/L 6-BA 的介质诱发高质量的胚性愈伤组织[7]；将愈伤组织在光照条件下，移置有 0. 5mg/L 6-BA 的再生介质中秧苗再生。再生植株在土壤中生长良好，形态上也很正常。韩烈保等采用以基因型、生长调节、Cu^{2+} 浓度组成的正交实验设计[8]，用以对结缕草愈伤组织的诱导以及对拥有胚性愈伤组织产生的最佳栽培基质配比做出快速检测。基因型对愈伤组织的诱导和胚性愈伤组织的产生有较大的影响。在 4 种测试变种中，Zenith 表现最优秀。能诱发胚性愈伤组织最多的介质中包括有 5mg/L2，4-D，0. 1mg/L 的 Kin 或者 BA。2. 5mg/LCu^{2+} 浓度对愈伤组织的诱导发生率最高，5mg/LCu^{2+} 浓度对愈伤组织生长有毒害。

2. 2 遗传转化

基因枪法（particle gun），又称微粒轰击法（biolistics bombardment，particle bombardment，microprojectile bombardment），是一种凭借高速运动的金属微粒（金粉、钨粉）将附着其表面的 DNA 分子引入到受体细胞中的一种遗传转化技术。将 DNA 分子吸附于微小的钨粒或金粒的表面，在高压的作用下，微粒被高速射入受体细胞或组织，外源 DNA 进入细胞后，整合到基因组 DNA 上，得到表达。

E. Altpeter 和 V. A. James 针对 Bahiagrass 的 Argentine 品种研制了一套非常有效的组培体系[9]，这一体系是用作从成熟种子中分离出的愈伤组织上产生新的‘Argentine’个体，使用基因枪将分离出的 *npt* Ⅱ 表达序列插入由种子得到的愈伤组织中，随后在愈伤组织的次生生长到形成小苗期间，使用 50mg/L 巴龙菌素的硫酸盐溶液进行选择。在成熟种子培养开始后，将转基因植物移植到土壤中生长大约 17 ~20 周时间。使用 PCR 对再生的植株的基因库 DNA 的进行评估，使用 Primers 对转入基因的表达进行评估，对 Elisa 叶蛋白的提取使用 NPT 抗体。由于与野生二倍体个体繁殖特性的完全不同，品种‘Argentine’的四倍体和单性生殖的特性应该可以得到转基因内涵物，并且可以保证转基因后代的一致性。

S. Fei 等建立了一种转移方案，就是使用基因枪将 5-烯醇丙酮莽草酸磷酸合酶转移进入胚性愈伤组织中，然后用转基因植物复原，成为无性繁殖的野牛草栽培种 91 ~118。DNA 印迹和性状 RUR 侧流试验证实了 cp4 epsps 基因成功进入野牛草染色体组，在转基因野牛草植株内产生了 CP4EPSPS 酶。选择的延迟增加了愈伤组织转移的效率。延迟 7 或者 28 天选择得到了 1. 7% 和 2. 0% 的抗镇草宁愈伤组织，而延迟 3 天只增加了 0. 4% 。选择水平对转移效率一样有效，含 1μmol/L 镇草宁的转移介质，平均有 8. 0% 抗镇草宁愈伤组织，而镇草宁含量为 2μmol/L 时，抗镇草宁愈伤组织平均含量为 0. 8%[10]。

基因枪法可以未成熟胚、成熟胚和胚性愈伤组织或悬浮细胞为转化受体，避免了以原生质体为受体分化再生难的问题，而且对组培技术的要求相对要低。该方法缺点是转化效率偏低，实验成本高，嵌合体不易排除等。

3 抗性育种

草地早熟禾是广泛应用的冷季型草种，但是抗旱性和抗热性较差。为了改良草地早熟禾的品种，早熟禾的种内杂交越来越受到重视；主要是德克萨斯早熟禾和草地早熟禾的杂交。

美国达拉斯州 Texas A&M University 的 James Reed 博士已经得到了一种 F_1 代杂交种，另一些育种工作者们则致力于草地早熟禾 F_1 代的单性生殖和提高种子发芽率的研究，用 SCAR 标记主要性状来确定其存在于杂交种中。Eleni Abraham，Melissa Aa 等在研究时，利用 SCAR 标记来鉴定德克萨斯早熟禾和草地早熟禾的杂交种 F_1 代和这 2 个草种的回交种[11]。所有的 F_1 代和 BC_1 代杂交种都放大了 SCAR 标记；而在一些德克萨斯早熟禾的 BC_2 和 BC_3 回交代中出现了 SCAR 标记的丢失，这可能跟具有 SCAR 标记的 DNA 基因渗入有关。目前，应用于草坪草研究的 DNA 分子标记主要有 RAPD、RFLP、AFLP 和 SSR 标记，运用标记辅助选择针对性地改良某些性状十分有效，尤其是那些通过表型难以直接识别的性状，如抗病性和一些生理生化性状等。若能将此技术与离体筛选相结合，则有利于提高该技术在草坪草育种中的效率。在其抗旱的研究中，Bingru Huang 和王兆龙在比较草地早熟禾不同栽培种在热胁迫下的变异情况时发现，草坪质量、叶片光合效率（*Fv/Fm*）、叶绿素含量，相比于胁迫前，在胁迫过程中细胞分裂素减少，而电解质渗漏快速增加。相关分析表明，在热胁迫下，叶片 Fv/Fm 和叶绿素含量和草坪质量显著相关[12]。

抗病性研究可以大幅降低对草坪草的投入，而每一种主要的草坪草通常都有一种能严重感染的病害。多年生黑麦草的育种工作就强调对灰色叶斑病的抗性选育。Stacy A. Bonos 等在 2 个区域多年生黑麦草的 8 个不同群体中，经过 2 轮选择，研究多年生黑麦草对灰色叶斑病的抗性。相比于未经选择的群体，2 个区域中每轮的选择都表现出了大幅提高的抗病性[13]。高羊茅的主要病害则是褐斑病。美国密苏里州大学和一些育种工作者们合作，通过 6 种美国中西部品种的嫁接来提高对黄斑病的抗性。这种利用嫁接的方法一样可以用来研究草坪草的其他性状，比如颜色、根或者根状茎的形成等，在后代群体中测定并选择个体植株。

4 草种的比较、混合和分离选择

Sheena J Hughes 和 Danny Thorogood 使用脉冲电泳对同工酶 PGI 进行测试，用流动细胞计数来估计一定数量的商用品种 *Poa supina* 的繁殖床的污染程度，以此来鉴别 *Poa annua* 和 *P. supina*[14]。在商用品种 *P. supina* 的繁殖床中发现了一定量产生一定变异的 *P. annua* 污染（0% ~24%）。一种对 *P. supina* 进行分类的方法，是起源于印度并为基因资源信息网络所收录的，这种方法被证明是完全进行分类的并且很有可能采集到的种子为 *P. annua*。通过最少从 5 个植株中分离出的散装叶片样本的同工酶的检测，对污染个体的分辨可以达到让人满意的结果。而通过对来自于最少 15 个植株的散装样本进行流动细胞计数同样可以分辨出被污染的个体。总体评估结果表明：与同工酶脉冲电泳法相比，流动细胞计数法是一种更快、性价比更高的检测植株的方法。

在韩国，绿地和运动草坪大多由结缕草构成。在 Kyoung-Nan Kim 等的研究中，混合的 3 种草坪草是草地早熟禾、多年生黑麦草和高羊茅。多年生黑麦草在快速成坪、草皮根系潜力、根系成长和绿期上都有很好的表现，但是草坪表现不好。草地早熟禾成坪速度慢，根系浅，但是有出色的草坪质量，而且全年表现较好。高羊茅的表现介于两者之间，但是相比于其他草种，高羊茅的绿期最短。混合种植中，一般来说，多年生黑麦草含量越高，建坪速度越快，草皮根系潜力越高，根系的成长越好，绿期也越长，但是草坪表现越差。所有草坪的表现中，多层系统和 USGA 系统是适合的；任一草坪在单层系统下生长表现出较差的质量和较短的绿期，根生长量也低[15]。

Reed E. Barker，Scott E. Warnke 等使用 RAPD 技术来分离栽培种和杂交种，用 AMOVA 来分析独立碱基对之间的遗传距离和距离矩阵[16]；William Casey Reynolds 等人试验了不同的高羊茅和草地早熟禾的混合组合[17]草地早熟禾混合高羊茅，最初增加了对褐斑病的抵御，尤其是一些易受感染的品种如高羊茅品种 Coronado；2001 年时，草地早熟禾占 5% 和 10%（播种时种子重量比）时对褐斑病的抵御有明显的效果；但是，当草地早熟禾长成坪时，对褐斑病的抵御能力也就消失了。2002 年时，在 Coronado 中只有 2. 5% 的草地早熟禾混合组对褐斑病的抵御有明显效果了；同年，草地早熟禾占 5% 和 10% 的草地早熟禾混合组在高羊茅品种 Kentucky31 中反而加大了得褐斑病的几率。

5　新品种的收集和选育

近期，草坪草育种学家已经就将穗状银须草作为一种粗放型管理草皮使用在那些肥力或者光照下降的区域的可行性进行了研究。在美国新泽西州，这一品种的特定品系在夏季胁迫来临之前都表现的十分出色。Rutgers 大学的研究者们从挪威、芬兰以及法国和西班牙的比利牛斯山脉地区采集到了相当数量的穗状银须草种质。在 2000 年 9 月，进行了一项有关穗状银须草的实验，用于对这些来自欧洲各地的种质品系以及一些商用品种和待选品进行评估。有一些品系对夏季胁迫显示出较强的忍受力，特别是由 billbugs 造成的危害。在这些品种和品系间有明显的差别。一项对间隔草坪草进行收割的研究开始于 2001 年，在这项研究中也发现了相似的结论。在上述两项研究中，起源于比利牛斯山脉地区的种质资源在草坪草性状的表现为最差；尽管如此，这些品系对谷象损伤和冠锈病表现出最强的抗性。在 2000 年的草坪试验中，来自比利牛斯山脉地区的品系在对冠锈病的抗性方面明显强于来自挪威和芬兰的品系。这项研究的结果表明 Rutgers 所采集的穗状银须草品种具有发展有效并且管理粗放的草皮品种所应具有的特点[18]。

6　存在的问题及前景

结缕草属的 11 个种中，只有 3 个种适于作为草坪草。其中被忽略的一个种是 *Z. macrantha* Dsv.，澳大利亚的一个自然草种，又被分为 2 个亚种；从潮湿多草的恶劣环境到坚硬的田边角地都有种植。后一个亚种有着更加不连续和深入的分布，很大程度决定于对土壤中泥炭、黏土或是淤沙的适应。在低肥力的土壤，从强酸到中性或是弱碱该草也可以生长。2 个亚种都适应盐胁迫和干旱胁迫，但是不耐荫蔽。通过将来的育种工作，希望能将它们出色的耐旱能力加入现在使用的亚洲结缕草中[19]。

在高羊茅的许多种中，很难寻找到一个稳定有效的抗丝核菌的基因，所以，开始尝试利用基因修饰用以遗传改良，如插入几丁质酶、葡聚糖酶和核糖体抑制蛋白基因。长时间稳定抵抗丝核菌导致的疾病将依旧是高羊茅育种工作的热点[20]。

Han Lei，Deying Li 等利用被中国 SZ-3 火箭带入太空的干燥的草地早熟禾种子产生突变，在形态、酶和 DNA 变化上经过了筛选[21]。带入太空的种子和普通种子表现出相似的发芽率和苗活力。草地早熟禾的种子在太空照射后，引起了一些植株的分蘖数和重量的增加。处理过的种子和未处理的种子中，氧化物酶和酯酶、同工酶带表现不同；太空是不是引起变异的惟一原因还未可知；但这无疑又是遗传育种工作新的开发领域。

提高环境质量的同时降低对草坪投入，将继续是草坪草育种工作的一个重要的目标。基因工程可以使育种工作者们对不同的草种了解更多，从而探寻出新的育种技术。现在，育种工作大部分还是传统的方式，而基因修饰用于育种工作依然比较困难。

参考文献

[1] Bovo, O. A. , and L. A. Mroginski. 1986. Tissue culture in *Paspalum*: plant regeneration from cultured inflorescences. J. Plant Physiol. 124: 481 ~492

[2] Bovo, O. A. , and L. A. Mroginski. 1989. Somatic embryogenesis and plant regeneration from cultured mature and immature embryos of *Paspalum notatum* (Gramineae) . Plant Sci. 65: 217 ~223

[3] Akashi, R. , A. Hsshimoto, and T. Adachi. 1993. Plant regeneration from seed ~ derived embryogenic callus and cell suspension cultures of bahiagrass (*Paspalum notatum*) . Plant Cell 90: 73 ~80

[4] Shatters, R. G. , R. A. Wheeler, and S. H. West. 1994. Somatic embryogenesis and plant regeneration from callus culture of 'Tifton9' bahiagrass. Crop Sci. 34: 1378 ~1384

[5] Grando, M. F. , C. I. Franklin, and R. G. Shatters. 2002. Optimizing embryogenic callus production and plant regeneration from 'Tifton9' bahiagrass seed explant for gentic manipulation. Plant Cell Tiss. Org. 71: 213 ~222

[6] E Altper and M. Positano. 2005. Eeeicient plant regeneration form mature seed derived embryogenic callus of turf-type Bahiagrass. International Turfgrass Society Research Journal Volume 10, 2005

[7] Chao Qin, Shaoyun Lu, 2005. Tissue culture and plantlet regeneration of Manilagrass. International Turfgrass Society Research Journal Volume 10, 2005

[8] Han Liebao, Qi Chunhui, 2005. Plant regeneration and genetic transfomation of zoysiagrass. International Turfgrass Society Research Journal Volume 10, 2005

[9] E Altper and V. A. James. 2005. Genetic transformation of turf-type Bahiagrass biolisttic gene transfer. International Turfgrass Society Research Journal Volume 10, 2005

[10] S. Fei, T. Riordan, 2005. Regeneration of transgenic Buffalograss with glyphosate resistance using particle bombardment

[11] Bingru Huang and Zhaolong Wang. 2005. Cultivar variation and physiological factors associated with heat tolerance for Kentucky bluegrass. International Turfgrass Society Research Journal Volume 10, 2005

[12] Eleni Abraham, Melissa Aa. 2005. The use of scar markers to indentify *Texas* × Kentucky bluegrass hybrids. International Turfgrass Society Research Journal Volume 10, 2005

[13] Stacy A. Bonos, Debra Rush. The effect of selection on gray leaf spot resistance in perennial ryegrass. International Turfgrass Society Research Journal Volume 10, 2005

[14] Sheena J Hughes and Danny Thorogood. 2005. Distingushing *Poa supina*, and *P. supina* by species sspecific isozyme alleles and flow cytometry. International Turfgrass Society Research Journal Volume 10, 2005

[15] Kyoung-Nam Kim, Sang-Ryul Shim. 2005. Differences of cool-season grass adaptation under multi-layer, USGA and monolayer systems in Korea. International Turfgrass Society Research Journal Volume 10, 2005

[16] Reed E. Barker, Scott E. Warnke. 2005. Genetic variability among hybrid ryegrass seed lots and cultivars detected by RPAD analysis. International Turfgrass Society Research Journal Volume 10, 2005

[17] William Casey Reynolds, Ernest Lee Butler, ect. 2005. Performance of Kentucky bluegrass-Tall fescue mixtures in the southeastern United States. International Turfgrass Society Research Journal Volume 10, 2005

[18] Eric Watkins and William A. Meyer. 2005. Evaluation of tufted hairgrass germplasm as low-maintenance turf. International Turfgrass Society Research Journal Volume 10, 2005

[19] Donald S. Loch, Bryan K. Simon and Rachel E. Poulter. 2005. International Turfgrass Society Research Joural

Volume 10, 2005

[20] Leah A. Brilman. 2005. Turfgrass breeding in the United States: public and private, cool and worm season. International Turfgrass Society Research Journal Volume 10, 2005

[21] Han Lei, Deying Li, 2005. Genetic variation in leaf morphology and isozyme levels of Kentucky bluegrass plants exposed to outer space. International Turfgrass Society Research Journal Volume 10, 2005

作者简介：李洁（1981～），女，江苏扬州人，上海交通大学硕士研究生，主要从事屋顶草坪绿化技术的研究。

10 环境安全型草坪有害生物综合管理（IPM）研究进展

[1] 殷朝珍 [2] 赵炳祥 [1] 王兆龙

（[1] 上海交通大学，上海 201101；[2] 中国农业大学，北京 100094）

摘要：有害生物综合管理（IPM）是草坪管理技术中的重要内容，环境安全型草坪有害生物管理是2005年国际草坪研究大会中最重要的议题之一。本文主要概述了这次国际草坪研究大会在草坪病、虫、草害综合治理方面的最新研究进展。

近年来草坪绿地发展迅速，它不仅为城市增添绿色、调节气候、消除噪音、减少尘埃，还可供旅游、观赏休憩，对提高城市绿化覆盖率，增强园林绿化的艺术效果，创造优美舒适的环境都有不可忽视的作用。然而，在草坪草的生长过程中，常常会受到各种杂草、病原菌、害虫的侵染和危害，从而严重影响草坪的整体观赏价值、使用价值、草坪质量和可用年限。因此，草坪上的主要病虫害防治以及杂草的管理成为草坪管理的一大难题。长期以来化学防治是草坪病、虫、草害防治的主要支柱，但是随着人们环境保护意识的增强以及杂草和病害的复杂性，激励着人们对生物防治剂的研究。本文主要介绍了近年来国内外对采用非化学方法防治病、虫、草害的一些研究进展。

1 草坪病虫草的危害以及预测

1.1 草坪病虫草的危害

草坪杂草是人们不希望生长在草坪中的植物。它们侵占草坪的地上和地下空间，与草坪争光、争水、争肥，影响草坪的正常生长发育，严重时能够造成草坪枯死、草坪荒草化。杂草还是多种病虫害的寄生地和传播者。草坪杂草能够严重地降低草坪的观赏性，使整齐一致的草坪变得杂乱、出现斑秃、凸凹不平。多浆类杂草、针刺类杂草、豚草等又可污染环境，影响人畜安全。过度的杂草侵害能够缩短草坪使用年限，使草坪较早地进入衰败，造成经济损失。

草坪病虫害破坏性很大，常常引起草坪品质降低、抗逆性差、越冬困难，草坪提前稀疏衰败，缩短利用年限，尤其是对主要病虫害没采取有效措施或采取措施不力，通常1~2天就能将草坪大面积毁坏。所以防治草坪病虫草害是草坪管理的关键。

1.2 草坪草病虫害预测

病、虫害的预测预报是草坪管理的重要组成部分，也是有效防治和控制病、虫发生发展的依据，更是草坪病、虫管理和决策的前提。

一般意义讲，病、虫害发生的可预报性指的是可能对系统的将来或长期的将来做出预测的精确程度。病、虫害发生的可预报性是一个十分复杂而又有争议的课题。从病、虫害预测预报的数学基础一确定性论出发，病、虫害预测预报不仅是可行的，而且不受时间的限制。但目前病、虫害预测预报的准确率随着预报时间的延长而迅速下降，这一事实的原因有必要进行探讨。

1.2.1　导致病、虫害长期预报不稳定的因素

采用众多的方法去研究病、虫害预测预报，效果仍不理想，就促使人们认真思考导致预测预报不准确的因素是什么？系统的外在随机因素：初始条件、随机参数、随机噪声、外界物理环境因素的随机起伏等，是造成长期预报不准确的因素，人们试图通过对模式系统增加一些随机项，以期能使模式系统更真实地反映出实际的病、虫害发生系统，希望提高长期预报的准确率，但结果仍是有限的。

从整个系统来看，病、虫害所处环境是一个复杂大系统。大量研究表明，系统的内在随机性正是导致病、虫害长期预报不准确的重要因素。所谓的系统内在随机性是指某些完全确定性的系统，不需附加任何随机因素，也可表现出随机行为。病、虫害长期预报不稳定的因素有以下几个方面：（1）模式病、虫害发生系统与客观病、虫害发生系统之间的差异；（2）病、虫害发生系统中各子系统资料的精度和完备性；（3）计算方法、计算条件和计算误差；（4）非线性病、虫害发生系统的内在随机性。

1.2.2　病、虫害长期预报的可行性

随着人类认识的深入，原则上我们可以越来越逼真地刻画病、虫害发生的规律以及外在环境变化的物理过程。因此，尽管外在随机因索将客观的存在着，但由于人们认识的不断深化以及现代科学技术的飞速发展，使得提高长期预报的准确率成为可能。因此，从本质上讲长期预报的可行性将取决于：系统的内在随机性。病虫害发生过程的连续性，病虫害发生资料的离散化和病、虫害发生系统的非动力学演化特性，导致了病虫害发生系统的极端复杂性。初始条件或系统参数的稍微不同，将导致病、虫害发生系统的未来状态在本质上的不同。然而，正是对初始条件的极端敏感，使得病虫害发生系统的状态在吸引子上的平均值反而对初值不敏感，表现出异常的稳定性，系统在吸引子上的运动是各态经历的混合体。原则上讲，无论是对耗散非线性系统的混沌行为，还是对哈密顿非线性系统的混沌行为，都可以通过引入定长的分布函数来进行统计描绘。从这个意义上讲，病、虫害的长期预报是可行的。病、虫害发生存在混沌现象，就使我们不能只停留在传统的统计预报理论的框架里，必须应用现代非线性理论的研究成果，描述整个病、虫害系统内在发生演变规律，提高长期预报的准确率。

2　防治方法

草坪病、虫、草害防治是一整体过程，想得到一块令人满意的草坪，需要应用好的栽培方法以及选择好的防治方法。一套成功的防治方法包括：（1）正确的杂草、病虫害鉴别；（2）阻止杂草、病虫害引入；（3）正确的草坪管理或农业耕作方法以促进草皮的生长；（4）选择并结合应用多种防治方法[1]。

2.1　物理防治

通过人工或机械除草、病虫害以及各种农业栽培措施来防治杂草、病虫害的方法通称物理防治。

2.1.1　物理防治杂草

农业耕作可以促进草坪健壮、浓密的生长，同时也是阻止杂草侵入最有效的方法。Dernoeden[2]等研究结果表明高修剪水平是减少马唐侵入高羊茅最好的一种耕作方法，但是对于

三叶草防治效果很不好。在对高羊茅另一研究中[3]，发现在防治印度假草莓草和普通紫罗兰两种杂草时，修剪处理比施肥效果好。高修剪（8.8cm）和施肥是防治印度假草莓草最好的方法。紫罗兰在修剪高度为4cm和6cm时效果比较好，而施肥对其基本上没有影响。Brede发现高羊茅采用高密度点播，对百慕大杂草抑制有非常好的效果[4]。20世纪80年代，爱荷华州大学设想应用谷物麸质作为出土前使用的杂草防治剂。谷物麸质是谷物磨粉过程的副产品。谷物麸质含有60%蛋白质和10%氮（重量百分比），可能为作物建立根系提供良好的营养。同时谷物麸质上的抑制物质可以阻止杂草以及阔叶植物发芽时根的形成。

国外一些学者研究了杂草对含不同化学药物土壤的反映。Buchanan等[5]研究了某些杂草对不同pH值土壤的反映。Large crabgrass，在土壤pH值为4.8~6.4基本不受影响。一年生草地早熟禾在土壤pH值4.8时生长最慢，pH值5.2或者以上时，生长最快。Hoveland[6]等调查不同杂草对不同磷、钾水平的土壤的反映，Large crabgrass，Crowfootgrass和一年生的早熟禾对高水平磷呈正效应；Large crabgrass和Crowfootgrass对高水平的K也呈正效应；但是一年生的早熟禾在钾含量为165kg/hm^{2}时生长达到顶峰，而以后随着钾含量升高而下降。

此外，对海滨雀稗中的杂草防治，可用岩盐或海水。在分行种植的农作物和蔬菜中，可种上芥属植物以达到防治目的。因为这些植物中含有Glucosinolate混合物，当组织受到机械式损伤时，将转换成各种异硫氰酸盐。而异硫氰酸盐对大多数的生物体来说具有高毒性。因此Glucosinolate可作为各种杂草、土壤传播的疾病和线虫类的薰剂，也可用作生物除草剂[7]。

2.1.2 物理防治病、虫害

可以这样说，健康的草坪草可以更好的忍耐病、虫害并能较快的从病、虫害中修复过来。健康的草坪即使受到中度水平的病、虫害时，只要环境条件适于草坪草的生长，就能保持高质量的草坪。

常规栽培措施如施肥、灌溉、修剪等可以影响病、虫害发生。平衡的营养有利于提高根系的生活力，以提高草坪草从病、虫害中恢复能力。但高氮营养可以提高一些食叶害虫的生长与繁殖，因为它使得一些草长的更加茂密，从而为害虫的生长提供了条件。使用酸性肥料或者是含硫的肥料可以降低蚯蚓的活动。相反，复合肥和有机肥的使用会增加蚯蚓、蛴螬、绿甲虫等害虫的发生频率。灌溉会影响蛴螬、蝼蛄、草地结网毛虫、毛虫和其他害虫的产卵，尤其是在土壤较为干旱的地区。但是，末夏时浇水可能影响根的营养吸收和降低根的恢复能力。频繁的浇水可能增加真菌的滋生而减少臭虫的发生，但是却增加了蚯蚓等的发生。

球道表面处治或者果岭铺沙等措施，可以阻止蚯蚓排泄活动和毛虫的入侵。象撒石灰、用生长调节剂或者是用重的滚筒碾压等一些措施，对虫害没有什么大的作用。修剪可直接或间接的影响虫口密度。黑叶蛾于草叶上产卵，因此通过修剪、移掉草屑可以一定程度的抑制它的发生。但是频繁的修剪可能减少草坪生物碱的含量，可能有益于其他一些表面取食的生物的存在，一些蛴螬种类在低修剪区域趋向于高密度，而天敌在高修剪草坪区域资源丰富。

目前在一些劳动力资源相对丰富的地区，使用手工和简单的劳动工具来除去杂草和病虫害仍然被认为是一种比较有效的方式。但这种方法浪费劳力严重，使大量的劳力被束缚在土地上，不利于草坪管理的现代化。

2.2 生物防治

生物防治是有目的的操纵天敌以减少杂草、害虫密度或者损害。可能包括引进并释放天敌以抑制迁移性的害虫；通过大量释放，或者通过生活环境的改变，增加天敌的数量或者是效果；或者是保护现存的天敌。

理想的生物防治剂必须符合以下标准：对所需的植物或其他生物体无害；产生迅速；具有能持续作用的能力；能适应于主体所生活的环境[1]。

生物防治的目的不是灭绝杂草而是控制其数量使其保持在经济或审美学所允许的水平下[8]。理论上，生物防治包括任何自然的或者能产生可以防治杂草、病、虫发生的物质，包括昆虫、病菌、动物和其他一些植物。

这方面成功的例子很多。例如，美国南部引入 Neotropical phorid flies，以防治外来红火蚁[9]。通过建立寄营寄生的，Ormia depleta he nematode Steinernema scapterisci，使佛罗里达洲的蝼蛄普遍减少。Ormia，Larra and Tiphia 成虫需要糖类，或者花蜜或者蜜露，因此结合某些花或者能产生蜜露的植物，可能增强它们的效果[10]。

事物都是有两方面的，草坪管理者不可能同时获益，当生物防治方法可以抑制大区域的害虫数量，但可能不能够很好的保护高管理区域。上述的寄生物没有一个在商业上是可行的。它们在建立的区域内零星发生，并且不能应用于特殊场所的防治。天敌的商业化提出了很多的问题。能在有效的成本内生产出所需的生物体吗？在释放区域内它是很快建立成还是很快分散掉？与其他一些引入者能否兼容？它对于减少昆虫是否足够有效？对环境和其他物种是否安全？除了生物杀虫剂，对草坪管理者而言，目前市场上没有有效的天敌。当地天敌帮助抑制草坪害虫的数量，同时可以减少化学药物的投入，因此应该保护这些地方天敌。

2.3　生物杀虫、除草剂

2.3.1　生物杀虫剂的类型

2.3.1.1　细菌生物

Xanthomonas campestris pv. *poannua* 对早熟禾是高选择的，并且对所需要的草坪不造成伤害，使其成为理想的候选的生物防治剂。但是，应用这种生物体作为生物防治剂有一些缺点：必须在寄主植物受伤时，才能感染。因此，如果在修剪前后立即使用，*X. campestris* 功效就会不断增加。同样，这种生物体在环境中不能持续存在，因此需要重复使用。选择最大感染的合适时机同样也会成为一大问题，因为 *X. campestris* 是暖季型病菌，而早熟禾是冷季型草坪草种。

2.3.1.2　根瘤菌（Rhizobium）防治剂

到目前为止，有害的根瘤菌（DRB）已经被广泛认为是一种很有潜力的生物防治的方法。它不仅可以抑制目标杂草的生长，而且可以促进所需要的农作物的生长。DRB 对正发芽的种子和幼苗防治更加有效，这一点不同于真菌防治[11]。假单胞菌（*Pseudomonas* spp.）的使用使雀麦草茎生物量减少了 42%，冬小麦生长量增加了 35%[11]。另一单胞菌（*Pseudomonas syringae. P. syringae.*）应用时也显示了杂草防治的潜力，可以减少豚草属茎的生长[12]。

DRB 为生物防治工厂提供了一可能的武器。这些生物体将取决于运输机制的有效发展和对植物病原菌相互作用的更好了解。

2.3.1.3　其他一些生物防治剂

病菌不同、杂草种类不同，生物防治剂也有很大的不同。例如，*Puccinia canaliculata* Lagerh，在防治 Yellow nutsedge（*Cyperus esculentus*. L）时显示了无穷的潜力。单独使用

P. canaliculata 时可抑制开花和块茎的形成，当与 Paraquat 结合应用时效果更好，控制率可以达到99%[13]。但是，这种病菌的的局限是不容易被人工培养。因为 *P. canaliculata* 是专性寄生的，并且只能在活的植物上生长，这给其大量生产带来挑战。

Johnsongrass 是多年生的单子叶植物，是草坪和其他农作物中一种另人棘手的杂草。*Bipolaris sorghicola* 是一真菌病原菌，可产生黑叶损害，周围产生红色光环。Bipolaris 对 Johnsongrass 可产生 52% 死亡率，而对所需要的农作物造成的伤害非常小[14]。

一个有趣的并且与上面提到的生物防治剂不同的是 Nep1，它是 *Fusarium oxysporum* 产生的 24-kDa 细胞外的蛋白质。Nep1 会导致叶子的坏死，但对单子叶植物没有防治效果[15]。研究已经表明 Nep1 对防治加拿大蓟，豚尾草属和蒲公英有效果。Gronwald 研究得出在完全展开叶子，叶子坏死率可达 60% ~80%。当 Nep1 与其他防治类型结合使用则具有更大的潜力。

2.3.2 生物类杀虫剂

在 1998 年，生物防治杀虫剂使用只占美国草坪市场上杀虫剂使用量（估计约 500 百万美元）的 0.1% 不到[16]。很少专业草坪管理者使用这些产品，可能是由于他们觉得这些产品不可靠和不通用，并比传统的杀虫剂价格昂贵的多。其他一些限制包含适应范围窄、残留作用时间短以及一些微生物病菌与其他化学药剂不兼容。例如，Entomopathogenic nematode 与很多草坪杀虫剂都不能混合使用。但是生物杀虫剂可以在住宅区草坪以及其他一些敏感区域使用。大多数是由小公司生产，并通过园林邮件订购或者售于一些园林中心。当草坪护理公司提供系统的管理计划时也使用它们。主要的生物杀虫剂有如下几种。

2.3.2.1 线虫类病菌

线虫类病菌可以很好的防治土栖性草坪害虫。线虫应用起来既安全又容易，并且对植物、野生生物没有伤害，对无脊椎动物和环境有益。它们可被应用于水附近，而在这些地方化学药物可能带来风险。但线虫对热敏感，在全日条件下很快死亡。因此土壤湿度对于线虫的存活和运动十分重要。因此线虫制剂的使用最好在阴天或早晨和傍晚，同时线虫必须在低温条件下运输和储存，并且它们的贮藏寿命一般比化学杀虫剂短。

线虫在防治不同害虫时，采取的行为和活动也不同。*Steinernema* spp. 应用固定的伏击模式，抵抗土壤上层和草皮中活动的害虫是最有效的。*Heterorhabditis* spp. 在防治蝼蛄等活动少的害虫时行为非常积极，同时效果比较好。

S. riobravis Cabanillas、Poinar 和 Raulston 线虫用来防治蝼蛄。3 种都可用于短期防治，但是，*Steinernema scapterisci* 在成虫和幼虫时防治效果好。使蛴螬暴露于亚致死量的吡虫啉中，将增加它们感染线虫的能力。最近新发现线虫的种类表现出作为生物防治剂的特别的潜力。例如，*Steinernema scarabaei* Stock 和 Koppenhofer，对于蛴螬具有特别强的病菌感染力。随着遗传学发展，土地耕作的精细、以及对影响感染功效的更好的了解，线虫可能会在草坪综合管理上有更广泛的应用。

2.3.2.2 细菌病菌

蛴螬经常被发现于由特殊一类物种（*Paenibacillus popilliae*）感染的区域。含有 P. popilliae 孢子的粉尘，由感染的 *P. japonica* 与滑石粉混合而成，已经投入市场用于日本金龟子的防治。目的并不是直接防治，而是把病菌接种于土壤，以抑制后来蛴螬的发生。生产商宣称暖季节，可以防治 1 ~3 年，在冷区域可以 3 ~5 年。

但在相对暖和的肯塔基州试验结果表明，孢子粉尘 *P. popilliae* 对蛴螬防治没有什么效果[17]。土壤性质、草皮、蛴螬的密度以及其他一些因素可能影响 *P. popilliae* 在蛴螬内传播，因此可能会出现不同的结果。

2.3.2.3 真菌病菌

土壤真菌 *Beauveria bassiana* 和 *Metarhizium anisopliae* 会零星地感染蛴螬、蝼蛄、麦长蝽以及其他草坪害虫，但是使用它们作为真菌杀虫剂结果令人不满意[18]。另一真菌 *Beauveria brongniartii* 已经表现出抑制金龟子、蝼蛄、*Melolontha melolontha* L. 的前景。

害虫真菌感染很大程度上依赖于环境条件，特别是湿度、水分以及温度。草坪环境可能不利于它们持续存在。相反的一些病菌、杀虫剂和肥料影响分生孢子的生存。真菌杀虫剂可能对土栖害虫比如蛴螬没有效果，不同真菌对不同害虫的毒性变化常常很大。它们对于脊椎动物基本无害，但是对昆虫基本没有选择性，可能对非目标物种包括蜜蜂也能传染上。因此真菌作为生物防治剂的应用还处于初级阶段，需要加强研究以提供有效的真菌杀虫剂。

2.3.2.4 病毒害虫病菌

Baculoviruses 是很多食叶毛虫天然防治剂。它们寄主范围很窄，是高致病的，使它们在环境中相对稳定，并能提供长期的防治能力[19]。感染的昆虫破裂而死，溢出的病毒可多面传播，因此最初使用可以导致其在害虫群体内扩散，但不感染植物和脊椎动物。这些特性已经刺激了人们研究微生物防治害虫的兴趣。

尽管没有以病毒为基础的杀虫剂，但 Baculoviruses 已经从几种主要草坪害虫中分离出。在巴西，baculovirus（一种秋季粘虫），*Spodoptera frugiperda* L.，被广泛应用于防治玉米害虫。目前，Agrotis ipsilon multicapsid nucleopolyhedrovirus 被发现可大批防治小地老虎。当病毒扩散时，与水混合，撒在草坪场地上，防治率大约为 80%。病毒独特性是一优点，但是限制了它们的市场潜力。尽管可以加入佐剂以延长病毒的存在，但它会随着日光辐射而退化。目前，在活的昆虫寄主上生产是商业化惟一的方法。尽管最近取得了一些进步，但是技术上、经济上还未可行。

2.3.2.5 BT 制剂

Bacillus thuringiensis（BT），是一天然发生的土壤细菌，在孢子形成时，形成类芽孢子晶体，包含杀虫物质或 δ-endotoxins。当细菌被敏感的昆虫食入，cRY 蛋白酶与中肠的上皮膜上的特殊的受体位点相结合，引起肠的瘫痪或死亡。很多 δ-endotoxins 已经鉴别出。BT 对脊椎动物没有直接不利的作用，并且与其他生物防治结合使用时效果很好，而且生产成本与化学成本不相上下。

含有 *Bacillus thuringiensis*（Btk）产品可用来防治草坪毛虫，但是没有广泛应用。原因是残留时间相对短、作用范围狭窄、反应慢、缺少接触性毒性，以及对龄虫效果不好。商业生产的 Btk 不能防治小地老虎（高尔夫主要的一种害虫）。Btk 随着日光的直射而退化，因此几天后其作用就会消失。

cRY 蛋白重组体的创造可以加强 BT 毒性[20]。小地老虎对大多数的 lepidopteran-active BTcRY 蛋白酶有抗性，但是杂种 BT crystal 蛋白对这种害虫有作用。另一方法加强 BT 毒性的持续期是将 δ-endotoxins 结合入其他细菌，稳定化处理并密封进不变细胞内成生物杀虫蛋白。生物技术将为我们提供更多的 BT 杀虫剂。

2.3.2.6 Spinosad

Spinosad 包含 Spinosyns，是自然获得的杀虫的大环内酯（是由土壤细菌在发酵过程中产生的 Sacharopolyspora spinosa）[21]，选择性的作用于异常的 nicotinic acetocholine 昆虫神经受体。Spinosad 具有触杀作用，但是当食入之后效果会更好；作用时间很短，在剂量小的情况下有效。Spinosad 对非害虫生物体毒性很小。商业化产品，Conserve SC 为叶蛾、结网毛虫、粘虫以及其他草坪毛虫提供了良好的防治。但 Spinosad 对蝼蛄和蛴螬没有作用。

3 草坪草综合防治（IPM）的前景

草坪病、虫、草害的诱因是多方面的，有时多种病、虫、草害同时发生，此时，单一的防治方法不能奏效，并且长期使用同一种防治方法容易使病、虫、草产生抗性。因此在草坪病、虫、草的防治措施中，应贯彻“预防为主，综合防治”的原则。

所谓综合防治是指从生物和环境的关系的整体观点出发，本着预防为主的指导思想和安全、有效、经济、简易的原则，因地因时制宜，合理运用农业、生物、化学、物理的方法以及其他有效的生态手段，把杂草控制在不足危害的程度，以达到保护人类健康和使草坪生长正常、优质、美观的目的。

化学试剂长时间来成为草坪杂草、病虫害防治的主要支柱。但是，当对某些杂草、病虫害没有合适的化学试剂时，或者是这种草或虫对化学药剂有抗性的时候，生物防治可能为我们提供了合适的有效的选择。随着环境的考虑和尽量少用化学药剂，生物防治研究也逐渐增加。杂草、害虫防治策略必须安全、效能成本合算、使用简便同时还要与审美学和功能需求兼容。减少化学试剂使用最根本的是必须为大众提供有效的成本合算的无害的生物防治剂。当然在有效的生物试剂研制出来以前，教育和激励人们提高环境保护意识，加强人们生物防治的意识也是必要的。相信随着科学技术的进步、遗传学知识的了解以及生物技术的出现，必将加快生物防治剂研制的步伐，为草坪草综合防治提供广阔的前景。

参考文献

[1] McCarty，L. B. 2005. Best Golf Course Manegement Practice. 2nd ed. Prentice Hall，Upper Saddle River，NJ

[2] Dernoeden，P. H.，M. J. Carroll，and J. M. Krouse. 1993. Weed management and tall fescue quality as influenced by mowing，nitrogen，and herbicides. Crop Sci. 33：1055 ~ 1061

[3] Gray，E. and N. M. Call1993. Fertilization and mowing on persistence of Indianmockstrawberry（Duchesnea indica）and Sci. 41：548 ~ 550

[4] Brede，A. D. 1992. Cultural factors for minimizing bermudagrass invasion into tall fescue turf. Crop Sci. 84：919 ~ 922

[5] Buchanan，G. A.，C. S. Hoveland，and M. C. Harris. 1975. Response of weeds to soil ph. Weed Sci. 23：473 ~ 477

[6] Hoveland，C. S.，G. A. Buchanan，and M. C. Harris. 1975. Response of weeds to soil phosphorus and potassium. Weed Sci. 24：194 ~ 200

[7] Krishnan，G.，D. L. Holshouser and S. J. Nissen. 1998. Weed control in soybean（*Glycine max*）with green manure crops. Weed Technol. 12：97 ~ 102

[8] McCarty L. B.，and T. R. Murphy. 1994. Control of turfgrass weeds. p. 209 ~ 248. In：A. J. Turgeon（ed.）

Turf Weeds and Their Control. American Society of Agronomy and Crop Science Society of America, Madison, WI

[9] Porter, S. D. 2000. Host specificity and risk assessment of releasing the decapitating fly *Pseudacteon curvatus* as a classical biocontrol agent for imported fireants. Biol. Control 19: 35 ~ 47

[10] Frank, J. H., AND j. p. Parkman. 1999. Intergrated pest management of pest mole crickets with emphasis on the sourtheastern United States. Intergrated Pest Management Rev. 4: 39 ~ 52

[11] Kremer, R. J., and A. C. kennedy, 1996. Rhizobacterial as biocontrol agents of weeds. Weed Technol. 10: 621 ~ 624

[12] Gronwald, J. W., K. L. Plaisance, and B. A. Bailey. 2004. Effects of the fungal protein Nep1 and Pseudomonas syringae on growth of Canada thistle (*Cirsium arvense*), common ragweed (*Ambrosia artemisiifolia*), and common dandelion (*Taraxacum officinale*). Weed Sci. 52: 98 ~ 104

[13] Phatak, S. C. 1984. Knock out nutsedge. Am. Veg. Grow. 32: 44 ~ 46

[14] Winder, R. S., and C. G. Van Dyke. 1990. The pathogenicity virulence, and biocontrol potential of two Bipolaris species on johnsonggrass (*Sorghum halepense*). Weed Sci. 38: 89 ~ 94

[15] Bailey, B. A., J. C. Jennings, and J. D. Anderson. 1997. The 24-kDa protein from Fusarium oxysporum f. sp. Erythroxyli: occurrence in related fungi and the effect of growth medium on its production. Can. J. Microbiol. 43: 45 ~ 55

[16] Grewal, P. S. 1999. Factors in the success and failure of microbial control in turfgrass. Intergrated Pest Management Rec. 4: 287 ~ 294

[17] Redmond, C. T., and D. A. Potter. 1995. Lack of efficacy of In vivo- and putatively In vitro- produced Bacillus popilliae against field populations of Japanese beetle grubs in Kentucky. J. Econ. Entomol. 88: 846 ~ 854

[18] Glare, T. R., 1992. Fungal diseases of scaraba, p. 63 ~ 78. Use of pathogens in scarab pest management. Intercept, Andover, Hampshire

[19] Moscardi, F. 1999. Assessment of the application of baculoviruses for control of Lepidoptera. Annu. Rev. Entomol. 44: 257 ~ 289

[20] Bosch, D., D. Schipper, H. van der Kleij, R. A. de Maajd, and W. J. Stiekema. 1994. Recombinant Bacillus thuringiensis crystal proteins with new properties: possibilities for resistance management. Biotechnology 12: 915 ~ 918

[21] Racke, K. D. 2000. Pesticides for turfgrass pest management: uses and environmental issues, p. 45 ~ 64.

作者简介：殷朝珍（1980 ~ ），女，江苏徐州人，上海交通大学硕士研究生，主要从事草地早熟禾的无融合生殖性状及其育种利用的研究。

11　高尔夫果岭根际层土壤研究进展

[1] 朱燕华　[2] 赵炳祥　[1] 王兆龙

（[1] 上海交通大学，上海　201101；[2] 中国农业大学，北京　100094）

摘要：美国高尔夫球协会（USGA）的果岭构造标准已成为了全世界高尔夫球场果岭建造的通用标准，协调好果岭草坪根际层的排水性能、抗板结性能与根际营养状况、保水性能是维护果岭草坪高质量的重要保证，本文重点介绍了2005年国际草坪研究大会在高尔夫球场果岭坪床结构、基质组成、坪床改良等方面的最新研究进展。

关键词：果岭　坪床结构　改良

高尔夫球场主要由果岭（green）、发球台（tee）、球道（fairway）及长草区（rough）、隔离区（heavy rough）5种功能区组成[1]。其中，果岭是质量要求最高的草坪，高尔夫球场质量主要取决于果岭质量。果岭草坪的功能质量和观赏质量与果岭的构造和基质直接相关，如果果岭构造及基质选择不得当，不但造成果岭的透水性差、表层积水现象，还会造成草坪根系难以下扎，使草坪生长受到严重威胁[2~4]。此时，即使球场采用先进的草坪养护设备也难以达到理想的效果，最终只有采取果岭重建才能从根本上解决其致命的弊端，但此举常常以更大的资金消耗为代价。因此，合理的建造果岭坪床结构及基质是获得理想草坪质量的基础。

1　USGA 果岭坪床标准结构设计及其优点

坪床结构，是指坪草立地剖面中土壤质地层次的排列状况，包括不同质地土壤的排列顺序，各层中砂、粉、黏粒组的配合比例、不同质地层次的厚度和坪床结构的有效深度等[5]。

第一个USGA果岭结构标准设计公布于1960年（The USGA Green Section Staff，1960）。USGA例举了2个公布他们的标准设计的原因。那时正在修建或重建的高尔夫球场数量众多，为维持较低的耗费，许多高尔夫球场建造的果岭都单调而无特色。USGA认为制定一个标准的结构方法利于使设计者更具有创造性而且可以保证使高尔夫管理人员易于维护果岭；第二，由于打高尔夫球的人数量增多了，排水系统对防止土壤紧实的重要性也随之提高[6]。

经典的USGA（美国高尔夫球协会）果岭构造是在地基上依次是砾石层、过渡层（也称粗沙层）和根际层。砾石层的厚度为10cm，粗沙层为5~10cm（砂粒直径0.5~1.0mm），根际层为30cm（粒径0.25~0.5mm），整个果岭的深度大约为45~5Ocm[7]。

砾石层一般应使用水冲洗过的砾石，目的是为了减少石粉对石子间隙的堵塞，以便将来根际区多余的水能迅速排入排水管道内而且整个砾石层的颗粒大小应均匀。在根际层下面的过渡层作用是防止根际层的沙子渗流到砾石层，阻塞排水管。此外，过渡层使水分从根际层到砾石层中有一个缓解过程，故可起到稳定果岭结构的作用。然而，该层是否必须要设置，其必要性取决于上面根际层与下面砾石层的粒径大小匹配情况。按照 USGA 推荐标准的要求，根际层一般都是由沙和有机物质混合而成。考虑到沙子的通透性好，渗透力强，不易造成紧实，但其持水、保肥能力差，因此一般都需要加入有机物质来进行改良。

果岭建造的 USGA 标准其主要优点有[8~9]：（1）抗紧实；（2）利于根层的水分渗入和水分过多时快速排水，避免表层积水；（3）减少表层径流而增加有效降水；（4）根际层具良好的通气性，可为根系的健康生长提供充足的养分。

2　USGA 坪床标准设计中根际层深度的优化

2.1　USGA 标准设计根际层深度对水分分布的不利影响

许多高尔夫果岭修建时表面地形会发生变化。表面地形变化很可能引起局部地区土壤湿度差异和土壤养分及微生物群落的不均分布[10]。由此可见，维持高尔夫果岭和运动场地均一的湿度对于许多的高尔夫球场管理工作人员已经是一个挑战。

美国高尔夫球协会建议应当在 10cm 厚的砂砾层上铺设 30cm 厚的沙土根际混合层（USGA Green Section Staff，1993）。USGA 果岭结构标准设计的功能在水平表面可以得到很好的发挥；但是，在起伏不平的果岭地段，仍会存在土壤水分不均的问题，这常常会造成草坪衰退[11]。由于水分分布不均会引起两种状况：局部地区干旱（LDS）和黑层[12]。这两种状况都会损害草坪草的生长，且在起伏不平的 USGA 果岭中表现得尤为突出。

果岭中局部地区干旱（LDS）往往表现为：小面积不规则分布的草坪生长受到胁迫。这些地区的沙粒不易被水沾湿，这使得土层很难达到最佳含水量状态。为维持较高的土壤水分，需要进行频繁的灌溉。但这对于那些水资源较缺乏的地区来说是一个问题。

然而，过多的水分亦可导致黑层的形成。黑层在过去是用来描述沙质果岭中根际层存在的黑色条带的术语。果岭对于藻青菌及其他会导致黑层形成的生物有机体来说是很理想的生长环境。黑层的形成减少了果岭的内部排水，这是因为藻青菌代谢产生的有机物堵塞了沙粒的孔隙。另外还有几种关于黑层导致草坪衰退的解释，但它们有一个共同点就是都同意土壤水分的近饱和状态是造成土层的厌氧环境的主要原因[13]。为避免黑层的负面作用，那么采取措施避免根际层水分过多的状况就显得非常重要。

2.2　根际层深度的优化调整

USGA 高尔夫果岭中水分差异现象可归因于根际层深度的一致性。理论上说，在水平面上，相等的重力势能使地表径流达到最小值，并且果岭内过剩的重力水以相等的速度排出。但是由于根际层内指状水流的趋势，使得在土层剖面的排水并不是均衡的。

已有研究表明，改变果岭根际层区域深度有助于减轻由于地表不平而引起的土壤湿度差异。这一结论是基于‘较浅的根际层深度比较深的根际层深度更易保持更高的土壤相对含水量’的假设之上，这一假设缘于较浅的根际层相应的负压也较低。但是，根际层深度对土壤湿度的影响不仅仅在于水分的横向运输上，而还在于水分的表面运输和纵向的运输上。在对设有不同根际层深度田块的研究中，McCoy 和 Kunkel[14] 发现若土壤湿度水平较高，当根际层深度在 23 ~ 30cm 时，它们在湿度方面的差异非常小。在 23cm 厚的根际层中根际层的土壤湿度变化范围较大，但持续排水较慢，所以其累积排水量与 30cm 厚的根际层相似。

对果岭斜坡设立 2 种坪床结构模型：标准 USGA 果岭，标准根际层深度为 300mm；改良后的 USGA 果岭，在海拔最高和最低处的根际层深度分别变为 200mm 和 400mm。研究结果表明标准 USGA 果岭的单位体积含水量变化系数比改良后 USGA 果岭模型更高，即改变果岭沙质根际层深度可以使果岭表面的单位体积含水量更为均一[6]。

3 坪床结构物质的替代

在过去的 20 年中，在高尔夫果岭中使用分层结构已很普遍，而沙子和砂砾已普遍作为其中的排水和结构材料。沙子和砂砾主要来源于远离海岸的海底或内陆河。这些不断的获取过程产生了如侵蚀、土壤稳定性变差、水生群落衰竭等不良环境影响。然而，有关如何在坪床结构系统中使用可回收物以减少对沙子及砂砾的需要量的研究还很少。

3.1 回收玻璃作高尔夫果岭结构砂砾层

使用碎玻璃来代替沙子或砂砾作为排水层，不仅减少了自然资源的消耗，还可以回收废弃物。在英国，每年都有大量的废玻璃产生，据估计 2003 年中产生的 3.1 亿吨的废旧容器和平板玻璃中只有 875.000 吨被回收（Environs，2004）。但是，由于回收品中的大部分都是啤酒瓶和葡萄酒，它们中有约 50% 都是绿色玻璃瓶，这些回收品在玻璃工业中大都不能再利用。所以开发这些玻璃的新用途也显得很重要。和沙子、砂砾一样，虽然碎玻璃也会和氢氟酸及碱金属反应，但是一般而言它是惰性的。但是由于在草坪表面运用高酸或高碱物质的可能性很小，所以从这个角度来讲用碎玻璃来代替沙子或砂砾是可行的。

碎玻璃的其他物理性质包括：它作为一种多棱角的颗粒（其中的一些是长形或者扁平的），也使它适合代替砂砾作为排水层的替代物。一旦被压紧实后就会具有很强的稳定性和很高的压缩力。许多研究已表明排水层中砂砾颗粒的形状对土层的解吸附确实有一定作用[15]。圆形的砂砾与上部的根际层只有较少的接触点，只允许较少的不饱和水从根际层流至砂砾层。不过，圆形的砂砾构成的排水层的排水量还是比较大的。多角的砂砾与根际层有更多的接触点，所以可以使不饱和水的径流的连贯性得到很大提高。这使得应用多角的砂砾会产生更低的地下水位高度，同时也降低了根际层水分含量。

如果在高尔夫果岭排水系统中应用直径分别为 2.8 ~ 5.6mm 和 4 ~ 8mm 的碎玻璃后的渗透率、湿度及地下水位高度与使用沙砾作排水层相比较，结果显示，用沙砾和碎玻璃构成的具相似结构的排水层仅有一个显著差别，即当沙砾直径在 2.8 ~ 5.6mm 时，在水分达饱和 96 小时后，同样构造的玻璃层在距土表 50 ~ 150mm 深土层比沙砾保持了更多的水分。在沙砾和玻璃两个排水层系统中，其进行比较的物理参数结果都是相似的。这表明在高尔夫果岭坪床结构系统中使用碎玻璃与使用砂砾具有同样的功效。

3.2 回收玻璃做成的“沙子”作为高尔夫果岭根际层基质

经过精细的研磨过程，可以将玻璃加工成具有特定颗粒大小的“沙子”。这样就提供给运动草坪业中替代传统沙子的另一个潜在的选择。回收玻璃做成的颗粒的用途之一就是可以用作高尔夫果岭根际层。但是，任何玻璃沙基根际层必须要达到一定的物理性能特征，这一点很重要。USGA（USGA Green Section Staff，2004）建议根际层至少要含有 92% 的中粗沙且 60% 的沙粒径要在 0.25 ~ 1.0mm 之间；同时还需具有一定的导水率、总孔隙度、通气孔隙度及毛管孔隙度。

比较将由回收玻璃沙构成高尔夫根际混合物层的物理性能与由传统天然沙粒构成的根际混合层及由 50% 玻璃沙和 50% 传统沙子构成的根际混合层物理性能之间的差异，结果表明与传统沙子相比，玻璃沙可显著提高总孔隙度、通气孔隙度及水分传导率，且可以显著降低容重、毛管孔隙度及切变强度。这很可能与玻璃沙的多角性及其多角形对颗粒内部的摩擦性及内部紧实性的影响有关[16]。此外导水率和毛管孔隙度更依赖于沙子的粒径等级而不是沙子是自然沙还是玻璃沙或是这两种物质50: 50的混合物[17]。

这表明玻璃沙或玻璃沙与自然沙的混合物可以被应用于根际混合层，且可达到草坪在导水率、总孔隙度、通气孔隙度及毛管孔隙度等方面的要求。

4 坪床改良

4.1 覆沙后果岭表面的耕作改良

表面覆沙是在草坪表面覆盖薄层沙土。定期在草坪表面覆盖薄的沙层是减轻芜枝层和提高草皮牢固力的一种常规果岭管理措施。这种耕作措施在美国圣安德鲁斯高尔夫球场草坪管理早期就被应用于果岭。经常对果岭表面覆盖沙层可以提高坪面均一性和光滑度，并能起到改良表层土壤、提升草坪色泽度、使草皮结构变得更好更致密及减轻芜枝层的作用[18]。这样在结构良好的原有土层上有规律地覆盖沙层，几年后，果岭上的沙层能升至5cm甚至更高。

高尔夫球场果岭因受到打高尔夫球者及些草坪维护机械的日常压力的影响，坪面往往会变得紧实。而根际层紧实会通过减少进入根际层的氧气含量，水分渗透和浸透速率对草坪健康生长产生负面影响。据报道，根际层紧实还会降低草坪草茎干和根的生长速率、单位面积N利用效率及视觉质量[19]。刺孔耕作（HTC）是缓减土壤紧实的最常见的管理措施。高压注水耕作（WIC）是于20世纪90年代初作为一个果岭耕作方法提出的，它可使表土被微小的破坏，也被认为是夏季耕作的一个较理想的方法。

许多使用WIC的草坪管理人员注意到在注射孔的边缘经常有少量根际层物质被冲击至草坪表面。如果这些物质是源于下部原土层的话，被冲击至表面的结构较为细密的土壤很可能会堵塞表层孔隙，从而对土壤物理性质产生负面影响，同时那些正好堵塞在表面沙层大孔隙中的小颗粒也会降低果岭根际层通气孔隙度、氧气扩散率和水分渗透率[20]（Hiller，1982）。

但是，如果被冲至地表的物质是来自覆于顶部的沙层，那么其负面影响就显得非常微小。Murphy and Rieke发现通过WIC可以使大孔隙相对于未处理土层增多，而且可以与刺孔耕作一样，可以提高土壤容重、多孔性和饱和导水率。

采用Penncross匍匐翦股颖（*Agrostis palustris* Huds.）品种模拟表层沙土已显著积累的果岭，对其施以WIC和HTC改良措施，并与不进行任何耕作改良措施进行比较。研究结果表明在土壤水分蒸散高峰期，未经处理的田块比经WIC和HTC耕作改良的田块表现出的水分胁迫症状要严重的多[21]。

4.2 果岭根际混合层改良

4.2.1 根际层中有机改良剂的使用

许多高尔夫球场和运动场都是如美国高尔球协会（USGA）所指定的那样建植于高沙含量的根际层介质上。虽然沙土对果岭某些方面的物理性质（如：运输能力、渗透率和通气孔隙度）来说是一种很理想的介质，但是沙土在肥、水的保持能力方面表现较差，会使营养尤其是P匮乏问题加剧。所以常需要添加其他物质进行改良，应用最为普遍的改良物是泥炭藓。由于根际层的有机质含量若超过一定水平会造成微孔阻塞，从而对土壤的一些物理性质（诸如导水率、通气率和持水力）等造成影响，所以有机质添加量必须适量，具体量要依地区气候等具体条件的差异而改变。

使用泥炭改良可以缩短建坪时间，降低容重，提高坪面柔软度。基于这些优点，很多人也得出相似的结论，泥炭是最好的果岭根际层改良剂[22]。但是泥炭，虽然增加了保肥、水能力，但会有改变土壤水分特性的倾向，一旦分解开始后，会导致土壤通气孔隙度及硝酸盐保持能力的降低[23]。但泥炭是一种不可再生的有机资源，所以草坪管理者需要尽可能寻找其他一切可能的物质或农艺措施来替代不可再生的泥炭藓作为主要的改良剂。而经研究表明，花生壳生物固体与传统的用作草坪根区的泥炭藓有可比性[24]。在高尔夫球场及普通的草坪地中与泥炭藓作比较后发现，花生壳生物固体可以作为一种代替泥炭藓的有机改良剂。应用花生壳生物固体作为改良剂可以产生和泥炭具有类似草坪质量、生长量、根系数量及养分保持力的草坪[24]。

4.2.2 根际层中无机改良剂的使用

一般来讲，对果岭使用寿命期望值是至少可以维持生长 20 年，所以它的每个组成部分都必须要持久且可以保持所需的参数性状[25]。沙子和许多应用于高尔夫果岭结构中的无机质改良剂一样非常抗自然风化及降解或诸如碰撞磨损等作用，而不易分解。但是，泥炭作为一种应用最为普遍的有机改良物质，会随着时间流逝而分解。所以，这潜在地削弱了根际整体的长期性[26]。而且，泥炭中的部分组成物质如苔藓、莎草及其他的湿生植物的供应量也是有限的。由于供应量的有限性，在新型果岭与运动场地的建造中，已经出现用无机质土壤改良剂（IOSA）来代替泥炭的趋势。

沙质根际层排水快但是阳离子交换能力（CEC）低，又加上饱和导水率通常较高，使得这些根际层会容易渗漏掉重要的植物营养，降低土壤可利用的土壤水分含量且促成表面和地下水的硝酸盐及磷富集从而对环境造成污染[27]。因此，在全沙或以沙为主的根际层中添加改良剂的主要目的是提高沙基的持水、肥力。

利用无机质来改良果岭区根际混合层可以使用如：Profile、多孔陶瓷、ZeoPro 及斜发沸石（一种天然硅酸盐矿石）的物质。这些物质可以很好地改善以沙为基质的根际层，且和有机质相比它们不易变紧实，又有很高的阳离子交换能力和足够的保水能力，不会降低通气孔隙度，而且本质上来讲是对根际层的永久的添加物，随着时间的流逝分解很少[28]。Miller[29]发现在干旱胁迫下，与在 100% 沙土上生长相比，百慕大在使用无机质改良的沙土上生长草坪质量要好得多。所以，用无机质改良沙基根际层具有在干旱时期改善根际层土壤含水量和蒸腾水分供应的能力。

沸石是一种天然的铝硅酸盐矿物改良剂，当被增加至土层剖面中时具有较高的 CEC，因而可以增加养分保持力。根际层中的 N 营养对于草坪草生长非常重要，降低 N 流失主要归功于对 NH_4^+ 的保持力上。以前的研究表明，与未经改良的沙相比，经沸石改良的沙显著降低 NH_4^+ 的渗漏，而对 NO_3^- 的流失没什么作用。这可能主要和 NO_3^- 是阴离子有关[27]。

在沙质根际层中添加改良剂负载沸石（ZeoPro）和未改良沸石（Sportslite）后与 100% 沙对持肥力的影响作比较，研究结果表明[30]，在沙质根际层中加入改良剂负载沸石或未改良的沸石（沙: 沸石体积比为 90: 10）后，和 100% 沙子相比，可以显著提高保持 N 及 K^+ 的能力（以降低滤出量来衡量）。这两种离子会对改良剂中的交换位点产生竞争，施用 $(NH_4)_2SO_4$ 后，与负载沸石相比，在未经改良的沸石中有更多的 K^+ 被替换下来，即在

NH_4^+面前，负载沸石的交换位点上保持K^+能力更强。这同时也表明，有时在使用同一种改良剂的情况下（如：负载沸石），施肥的时间与次序也会对土层剖面的保肥能力产生影响。

但是，并不是所有的无机改良剂都可以较好的用于改良。有研究表明使用USGA标准的根际沙（RZS）及RZS分别与15%体积的加拿大泥炭藓（CSP）、煅烧黏土（CC）及硅藻土（DE）改良剂混合改良后，作比较发现，CSP的容重最低，它们在根际下部20~30cm深处的抗渗透大小为CC > DE > RZS > CSP[31]。Horn[32]在经过10年的试验总结后，也不建议使用煅烧粘土（CC）作为沙的单一改良剂。在使用CC改良的田块中发现杂交百慕大的生长质量下降。在一项保水能力研究中，Ralston and Daniel[33]提出含DE的Penncross匍匐翦股颖可维持正常生长15天，而用CC改良的在5天后就需要浇水。表明无机质改良剂CC和DE在提高草坪质量、降低容重等方面不如CSP效果好。

5 研究前景与展望

高尔夫草坪是草坪业的一个重要组成部分，它代表草坪养护学的最高水平，而果岭质量又是评价高尔夫球场质量优劣的重要指标。好的坪床结构是获得一个优质的果岭的基础。因此，果岭草坪坪床结构的研究对于草坪的发展具有着深远的意义。鉴于我国草坪业起步较晚，目前在许多方面仍处于探索阶段。果岭根际层深度与水分传导与保持能力之间的关系，如何进一步有效提高沙基根际层的保肥、水能力，探寻适合作为坪床结构物质及根际层改良剂的新型有机与无机物质以减轻对不可再生资源的消耗和使废物得到合理利用，及因使用这些新型物质而导致的对土壤生态系统的影响等，这些都是在高尔夫果岭坪床结构科学研究中亟待解决的问题。

参考文献

[1] 张巨明，刘照辉．福州登云高尔夫球场建植与管理技术．草业科学，1996，(3)：64~66

[2] Beard B. Turfgrass science and culture [M]. Prentice Hall, Inc., 1973

[3] Turgeon A J. Turfgrass management [M]. Prentice Hall, Inc., 1996

[4] 孙吉雄．草坪学 [M]．北京：中国农业出版社，1998

[5] 贾宁．简式优质球场草坪坪床结构初探 [J]．山东林业科技，2004，153 (4)：40

[6] Kevin W. F., and Brain E. L. 2005. The effects of a variable depth root zone on soil moisture in a sloped USGA putting green. International Turfgrass Society Research JournalVolume10: 1060~1066

[7] 边秀举，崔建．高尔夫球场果岭建造基质与草坪测试项目综述．草业学报 [J]，2004，13 (3)：113~118

[8] Beard B. Turf management for golf courses, Second edition [M]. Ann Arbor Press, 1998

[9] Jim Puhalla, eff Krans, Mike Goafley. Sports fields [M]. Ann Arbor Press, 1999.

[10] Christensen, S., S. Simkins, and J. M. Tiedje. 1990. Spatial variation in denitrification: dependency of activity centers on the soil environment. Soil Sic. Soc. Am. J. 54 (6): 1608~1613

[11] Prettyman, G.., and E. L. McCoy, 1999. Subsurface drainage of modern putting greens. USGA Greens Section Record37 (4): 12~15

[12] Berndt, W. L., and J. M. Vargas. 1992. Elemental sulfur lowers redox potential and produces sulfide in putting green sand. HortScience27 (11): 1188~1190

[13] Elliot, M. L. 1998. Use of fungicides to control blue-green algae on Bermuda grass putting-green surfaces. Crop Prot. 17 (8): 631~637

[14] McCoy, E. L., and P. L. Kunkel. 2001. Root zone composition and depth effects on putting green turfgrass water use. ASA-CSSA-SSSA annual Meetings-October21 ~ 25, 2001, Charlotte, NC

[15] Always, F. J., and G. R. McDole. 1917. Relation of water retaining capacity of a soil to its hygroscopic coefficient. J. Agric. Res. 9: 27 ~ 71

[16] Zhang, J. and S. W. Baker. 1999. Sand characteristics and their influence on the physical properties of rootzone mixes used for sports turf. J. of Turfgrass Sci. 75: 66 ~ 73

[17] A. G. Owen. and L. K. F. Hammond. 2005. Examination of the physical properties of recycled glass-derived sands for use in golf green rootzones. International Turfgrass Society Research JournalVolume10: 1131 ~ 1137

[18] Beard, J. B. 1973. Turfgrass science and culture. Prentice-Hall, Inc., Englewood Cliffs, NJ. 494 ~ 495.

[19] Sills, M. J., and R. N. Carrow. 1982. Soil compaction effects on nitrogen use in tall fescue. J. Am. Soc. Hortric. Sci. 107: 934 ~ 937

[20] Hiller, D. 1982. Introduction to soil physics. Academic Press, Inc., San DFiego, CA. p. 135 ~ 252

[21] Douglas E. K., P. E. Rieke, 2005. Water injection cultivation of a sand-topdressed putting green. International Turfgrass Society Research JournalVolume10: 1094 ~ 1098

[22] Bigelow, C. A., D. C. Bowman, and D. K. Cassel. 2000. Sand-based rootzone modifications with inorganic soil amendments and sphagnum peat moss. USGA Green Section Record38 (4): 7 ~ 13

[23] Ervin E. H., C. Ok, and B. S. Fresenburg. 1999. Amendments and construction systems for improving the performance of sand-based greens. Turfgrass Research and Information Report. University of Missouri-Columbia. [Online]. Available at http: //agebb. missouri. edu (accessed: June2004). University of Missouri Turfgrass Center, Columbia, MO.

[24] H. Liu., L. B. McCarty. 2005. A greenhouse establishment study comparing peanut shell bio-solid with peat moss as organic source for root zone mix. International Turfgrass Society Research JournalVolume10: 1108 ~ 1114

[25] Moore, J. 1999. Building and maintaining the truly affordable golf course. USGA Green Section Record37 (5): 10 ~ 15

[26] Waddington, D. V. 1992. Soils, soil mixtures, and soil amendments. p. 31 ~ 383. In D. V. Waddington, R. N. Carrow, and R. C. Shearman (eds.). Turfgrass. Agronomy Monograph No. 32. ASA, Madison, WI

[27] Bigelow C. A., D. C. Bowman, and D. K. Cassel. 2001. Nitrogen leaching in sand based rootzones amended with inorganic materials or sphagnum peat moss for putting green rootzones. Crop Sci. 44 (3): 900 ~ 907

[28] Habeck, J. and N. Christians. 2000. Time alters greens key characteristics. Golf Course Management. 68 (5): 54 ~ 60

[29] Miller, G. L. 2000. Physiological response of bermudagrass grown in soil amendments during drought stress. HortScience 35 (2): 213 ~ 216

[30] L. Giles-Townsend, C. Clarke. 2005. Effects of zeolite amendments on the nutrient retention of sand-based rootzones. International Turfgrass Society Research Journal Volume10: 929 ~ 936

[31] Freddie. C. W., Lambert. B. M. 2005. Field evaluation of soil amendments used in rootzone mixes for golf course putting greens. International Turfgrass Society Research Journal Volume10: 1150 ~ 1158

[32] Horn, G. C. 1969. Modification of sandy soils. p. 151 ~ 158. in J. Escritt (ed.). Proc. of the Int. TurfgrassRes. Conf., 1st. Harrogate, UK. 15 ~ 18 July, 1969. Sports Turf Res. Inst., Bingley, UK

[33] Ralston, D. S., and W. H. Daniel. 1973. Effects of porous rootzone materials underlined with plastic on the growth of creeping bentgrass (Agrostis palustris Huds). Agron. J. 65: 229 ~ 232

作者简介：朱燕华（1982～），女，江苏淮阴人，上海交通大学硕士研究生，主要从事草坪抗逆生理及其调控机制的研究。

12　百慕大草坪春季坏死病研究进展

王海英　王兆龙

（上海交通大学农业与生物学院草业科学研究中心，上海，七莘路2678号，　201101）

摘要：春季坏死病是百幕大最可感染的破坏性最大的病害。病毒菌共有3种，明显发病的在我国从南到北有所不同，病斑一般呈圆形或弧形。影响发病主要因素有枯草原、肥料与土壤。综合防治措施是今后发展方向。

关键词：百幕大草科　草坪病害　春季坏死病

百慕大为禾本科狗牙根属植物，作为草坪应用的主要有：普通百慕大（*Cynodon dactylon*）和杂交百慕大（*C. dactylon* × *C. transvadlensis*）。由于其具有质地细腻、耐干旱、耐盐碱、抗病虫性较好、生长速度快、矮生、耐粗放管理等显著优点，因此成为了世界上应用最广的暖季型草坪草种。虽然我国普通百慕大的种质资源较多，但目前大多数的研究基本仍停留在野生种质的收集与发掘阶段，有针对性的定向育种改良较少，因此，目前我国南方地区高尔夫球场和城镇绿地应用最多的仍是从美国引进高质量杂交百慕大品种；作高尔夫球场果岭的品种主要是一些矮生性的三倍体杂交百慕大品种，如：TifEagle（老鹰草）、Tifdwarf（矮生百慕大）、328（天堂草）等；而作为高尔夫球道、体育运动场以及城镇公共绿地草坪的品种主要是TifSport、419（Tifway）等杂交百慕大和一些普通百慕大品种。

春季坏死病是百慕大草坪最主要的、也是破坏性最大的病害[1,2]，到目前为止，还没有一种十分有效的防治该病的杀菌剂，也没有育成一个抗病性好的高质量的百慕大商业品种[3~5,13]。目前大面积应用的进口高质量百慕大草坪品种对春季坏死病的抗性均较差。据笔者调查，我国的春季坏死病已处在高发期，其中以建坪3~4年以上的百慕大草坪发病最为严重，在上海地区的一些高尔夫球场，春季坏死病不仅发生于矮生百慕大果岭草坪，在球道和高草区也已大面积发生，而且发病一年比一年严重，在春夏季形成一片片的秃斑。我国的草坪管理者对百慕大春季坏死病的发生规律、病源诊断、综合防治等方面还极为陌生，一些草坪总监在发病2~3年后才意识到事情的严重性，忽视了春季坏死病的综合防治措施。本文就国内外百慕大春季坏死病的最新研究进展作一介绍，以期能为我国百慕大草坪的管理和春季坏死病的研究有所帮助。

1　病原菌

目前国际上鉴定出的百慕大春季坏死病的病原菌有3种：*Ophiosphaerella herpotricha*、*Ophiosphaerella korrae* 和 *Ophiosphaerella narmari*[1,3,6]。由于不同的病原菌在季节性侵染与发病规律、百慕大品种的抗性、对不同杀菌剂的敏感性等方面存在着差异，因此，对一个地区流行的春季坏死病的病原鉴定工作就显得十分重要。我国对百慕大春季坏死病的病原鉴定工作做得较少，因此有关我国病原菌的信息较少，但从我国百慕大引进品种发病较重的特征分析，估计我国的百慕大春季坏死病的病原菌与国际上的 3 种流行病原菌基本一致。*O. herpotricha* 是美国中西部地区最为普遍的病原菌[15~17]，*O. korrae* 则遍及美国和澳大利亚[17,20]，与其他 2 种病原菌不同的，*O. korrae* 还可以侵染和危害草地早熟禾、一年生早熟禾、红羊茅等草坪[6~8]。*O. narmari* 则是新西兰和澳大利亚的主要病原菌，在美国的加州、堪萨斯州、俄克拉荷马州也有所危害[17,21]。

2 发病症状与规律

春季坏死病的病原菌通过其菌核、被感染的草坪植物体或土壤进行传播，形成菌核是其渡过不良环境并长期生存的主要方式[12]。病原菌一般在夏末秋初，当气温降低到 21℃～24℃时开始侵害草坪的根部，病原菌的最适生长和侵害气温是 15℃左右[6]。随着秋天的来临和气温的降低，病原菌变得越来越活跃，逐渐侵害百慕大草坪的根部、匍匐茎等植物组织，并造成草坪地下部分和接近地表部分的枯死，被病菌侵害的草坪根部和匍匐茎逐渐变成深棕色、黑色、甚至出现严重的腐烂症状[9,10,14]。由于秋季百慕大草坪随着气温的下降有一个逐渐枯黄的过程，而春季坏死病的病原菌在秋季主要侵害的是草坪的根部和接近地表的下部组织，因此，在秋季不易观察到明显的病害症状[10,11]。

百慕大春季坏死病地上部症状的明显出现时间是百慕大草坪刚打破其冬季休眠的早春，在我国从南至北依气温回升快慢而有所不同，华南地区主要在 2～3 月份，长江流域则主要在 4 月份，北方地区则在 4～5 月份。病斑的形状主要为圆形或弧形，病斑直径大小从 5cm 到 90cm 不等，病斑草坪主要表现在茎叶的枯死，有时随着早春气温的逐渐回升可以观察到病斑的扩展过程，随着发病草坪的枯死，草坪出现一片片的局部草荒现象[10]，到了夏季百慕大草坪的生长高峰期，病斑可能会被周围草坪的扩张生长所弥补，管理良好的草坪在经过夏季的恢复生长后，可以基本上看不到春季坏死病的病斑。但是，由于地下病原菌的存在，到第二年春天，在同一发病区域春季坏死病还会重新发生，并且病斑逐年扩大，发病一年比一年严重[10,12]。

3 有利于发病的因素

3.1 枯草层

草坪基部的枯草层是春季坏死病病原菌最好的培养基，病原菌通常在枯草层中进行生长和繁殖，然后才能侵害草坪植物组织，病原菌的菌核也主要通过枯草层进行传播[6,8,12,20,21]。春季坏死病的发病严重程度与百慕大草的生活力呈显著的负相关，生命力强盛的幼嫩组织和叶片对春季坏死病有一定的抗性，而生长停滞、特别是正在退化的草坪基层最易受到侵害。同时，病原菌生长和繁殖最活跃的气温（15℃）正是百慕大草坪进入生长逐渐停滞、进入休眠的过渡温度。

3.2 肥料因素

氮肥，特别是速效氮肥使用过多，会造成百慕大草坪的旺长和不必要的生长消耗，从而显著降低植物体内的碳水化合物贮藏量，同时造成草坪组织含水量增加，降低组织对病原菌的抵抗能力。研究表明：在秋季，过多地使用尿素、硝酸铵等速效氮肥会显著加重春季坏死病的病情[4,7]；而秋季使用钾肥可以增加百慕大草坪的抗冷性状，同时显著减轻病害的发生。

3.2 土壤因素

土壤板结、通气性差、土壤湿度过大等有利于病原菌的生长和繁殖，从而加重病害。研究发现：不利于草坪根系生长的土壤条件都会加重春季坏死病的危害。因此，土壤过于粘重、过度践踏造成的土壤板结；坪床坡面不佳、水分径流不畅；草坪低洼渍水等区域的病害发生较重[9~11]。

春季坏死病的病原菌喜好较高的 pH 值环境，pH 值 5.5 以下的酸性环境不利病原菌的生长和侵害[6]，而百慕大草坪比较喜好偏酸性的土壤。因此，酸性土壤也是抑制春季坏死病的有效途径之一。

4 综合防治措施

由于春季坏死病至今没有很有效的化学药剂可以防治，也没有高抗病性的优良品种可以选择，百慕大草坪一旦受到病菌的侵害，会在同一区域年复一年地发生，而且病害一年比一年严重，成为百慕大草坪管理者最为头疼的问题，因此，对春季坏死病要采取多方面的综合防治措施[15,19]。

4.1 纠正存在的土壤问题

良好的土壤条件是保证草坪根系健康生长最关键的因素，也是春季坏死病综合防治措施中的关键措施。草坪坪床土壤结构要达到一定的理化性状，通气、渗水性能要好；践踏强度较大的区域，可以通过经常性的打孔和铺沙来避免土壤的板结；坪床由于沉降出现坡度不均、表面径流不畅，可以通过少量多次的铺沙和镇压来进行纠正；地下排水管道也需要经常疏通，来保证草坪的排水通畅。草坪根系的健康生长可以增加草坪的生长活力，增加草坪对病原菌的抵抗能力，同时也能增强草坪秋冬季的抗冷能力，提高草坪的质量。

同时，制定精细的草坪灌溉计划，灌溉用水量只需达到水分蒸散量的 80% 就足够了，避免由于过度灌溉造成的土壤过湿。

4.2 控制枯草层的积累

春季坏死病的发病基本上是建立在枯草层的积累和病原菌的繁殖基础上。新建的草坪，由于没有枯草层和积累，几乎没有春季坏死病的发生，而 3~4 年后的草坪，由于枯草层的积累，发病就较为常见，枯草层控制得越好的草坪，春季坏死病的发病概率越小、发病出现的时期越晚。疏草、垂直切割、打孔、铺沙是枯草层控制的常规手段，这些手段不仅可以控制枯草层积累的厚度，还可以改良枯草层的环境，从而抑制病原和生长。在百慕大草坪春季返青前进行一次较彻底的疏草，并辅以使用芽前除草剂可以有效地减轻春季坏死病的发生和危害。

4.3 定量施肥

充足的肥料是高质量草坪养护的重要条件，同时也有助于春季坏死病危害后的恢复生长。但是，在秋季过多地施用氮肥，特别是速效氮肥，会显著加重春季坏死病的危害，而此时钾、磷肥的缺乏则会加重病害。因此需要进行经常性的土壤和植物诊断，以保证钾、磷肥的正常供应，避免氮肥的施用过量。肥料的使用也会影响到土壤的 pH 值，由于较低的土壤 pH 值不利于病原菌的生长与侵害，因此，施用硫酸铵等酸性肥料可以减轻病害和发生。

一种安全的方法是：在春季和夏季施下全年的氮肥需要量，在秋季气温下降到 25℃ 后避免任何氮肥的使用；在秋季增施钾、磷肥，甚至可以叶面喷施一些铁肥，以增加植物的光合能力和抵抗病原菌的能力。

4.4 杀菌剂的使用

虽然目前防治百慕大春季坏死病还没有特效的杀菌剂，春季坏死病发生的区域在用了杀菌剂后，第二年春天病害依然发生，因此许多草坪管理者倾向于放弃杀菌剂的使用。但是，事实上有一些杀菌剂还是显示了很好的抑菌能力，这些杀菌剂包括：氯苯嘧啶醇、腈菌唑、丙环唑和嘧菌酯。虽然这些杀菌剂还不能完全有效的控制病害，但在使用氯苯嘧啶醇和腈菌唑后，春季坏死病的发病率减轻了60%左右[19]，如果能够长期正确地使用杀菌剂，并结合上面提到的综合防治措施，百慕大春季坏死病的发病与危害可以一年比一年减轻，经过3～5年的努力，可以彻底治愈和控制病害。

尽管春季坏死病的明显病害症状出现在春季草坪返青期，但病原菌的侵害主要发生在秋季，因此病害的防治与杀菌剂的使用也应着重在秋季。由于病原菌生长和侵害最活跃的时期是秋季气温下降到24～15℃，因此杀菌剂的最佳使用时期也应该是在夏末秋初的这个季节。同时，需要注意，病原菌的秋季侵害主要发生在根部和接近地表的下部组织，杀菌剂也要使用到这个部位，而不是只是对草坪表面的健康叶片进行喷雾。

4.5 病害草坪的恢复

由于百慕大草坪的扩张性极强，草坪返青后周围草坪的扩张可以减小春季坏死病所造成的枯斑，经过周围草坪一段时间的扩张生长，春季坏死病的枯草病斑有可能完全消除，因此促进返青草坪的扩张性生长能减缓百慕大春季坏死病的危害时间和危害程度，充足的肥水条件是加快草坪恢复的有效手段。由于发病植物的残体和病原菌会带有一些抑制百慕大草坪生长的有毒物质，病斑区内百慕大的生长显得相当缓慢，因此，有必要首先清除病斑区内的枯死植物残体，在大的病斑区应该对受病菌污染植物残体和表层土壤进行彻底清除，并补种一些百慕大的匍匐茎来加快草坪的恢复。但必须认识到，这种恢复只是治表，来年春天在同一区域春季坏死病依然会重新发生。

4.6 抗病品种的选育

虽然目前大面积应用的百慕大商业品种对春季坏死病的抗性均较差，但已有一些四倍体的普通百慕大表现了一定程度的抗性。我国普通百慕大的种质资源较为丰富，其中不乏一些抗性较强的野生种质。笔者通过辐射诱变从我国长江流域野生百慕大选育出的“运动”百慕大新品系已显示了对春季坏死病较好的抗性[22]。

综上所述，百慕大春季坏死病的综合防治是一项长期的系统性工作，需要通过系统的管理措施来促进草坪的健康生长，提高草坪对病害的抗性，结合杀菌剂的正确使用和抗病品种的选育，百慕大春季坏死病完全可以得到有效的控制。

参考文献

[1] Andersen, M., A. Guenzi, D. Martin, et al. 2002. Spring Dead Spot: A Major Bermudagrass Disease. Turfgrass and Environmental Research Online. 1 (1): 1～7

[2] Martin D. L., G. E. Bell, J. H. Baird, et al. 2001. Spring Dead Spot Resistance and Quality of Seeded Bermudagrasses under Different Mowing Heights. Crop Science 41: 451～456

[3] Baird, J. H., D. L. Martin, C. M. Taliaferro, et al. 1997. Bermudagrass resistance to spring dead spot caused by *Ophiosphaerella herpotricha*. Plant Disease. 82: 771～774.

[4] Carmer, S. G., W. M. Walker, and R. D. Seif. 1969. Practical suggestions on pooling variances for F tests of treatment effects. Agron. J. 61: 334 ~ 335

[5] Couch, H. B. 1995. Diseases of turfgrasses. Krieger Pub. Co., Malabar, FL.

[6] Crahay, J. N., P. H. Dernoeden, and N. R. ONeill. 1988. Growth and pathogenicity of *Leptosphaeria korrae* in bermudagrass. Plant Dis. 72: 945 ~ 949

[7] Dernoeden, P. H., J. N. Crahay, and D. B. Davis. 1991. Spring dead spot and bermudagrass quality as influenced by nitrogen source and potassium. Crop Sci. 31: 1674 ~ 1680

[8] Endo, R. M., H. D. Ohr, and E. M. Krausman. 1985. Leptosphaeria korrae, a cause of the spring dead spot disease of bermudagrass in California. Plant Dis. 69: 235 ~ 237

[9] Little, T. M., and F. J. Hills. 1978. Agricultural experimentation. Wiley and Sons, New York.

[10] Lucas, L. T. 1980. Spring dead spot of bermudagrass. p. 183 ~ 187. In P. O. Larsen and B. G. Joyner (ed.) Advances in turfgrass pathology. Harcourt Brace Jovanovich, Duluth, MN.

[11] National Turfgrass Evaluation Program. 1997. Final Report 1992 ~ 1996 of the national bermudagrass test. Report NTEP 97 ~ 9. Beltsville, MD.

[12] Pair, J. C., F. J. Crowe, and W. G. Willis. 1986. Transmission of spring dead spot disease of bermudagrass by turf/soil cores. Plant Dis. 70: 877 ~ 878

[13] Samudio, S. H., and A. D. Brede. 1997. Registration of 'Jackpot' bermudagrass. Crop Sci. 37: 1380

[14] Smith, A. M. 1971. Spring dead spot of couchgrass in New South Wales. J. Sports Turf Res. Inst. 47: 54 ~ 59.

[15] Tisserat, N. A., and J. D. Fry. 1997. Cultural practices to reduce spring dead spot (Ophiosphaerella herpotricha) severity in Cynodon dactylon. Int. Turf. Soc. Res. J. 8: 931 ~ 936

[16] Tisserat, N. A., J. C. Pair, and J. A. Nus. 1989. *Ophiosphaerella herpotricha*, a cause of spring dead spot of bermudagrass in Kansas. Plant Dis. 73: 933 ~ 937

[17] Tisserat, N. A., F. Iriarte, H. Wetzel III. 2003. Identification, Distribution, and Aggressiveness of Spring Dead Spot Pathogens of Bermudagrass. Turfgrass and Environmental Research Online. 2 (20): 1 ~ 10

[18] Turgeon, A. J. 1991. Turfgrass management. Reston Publishing Company. Englewood Cliffs, NJ.

[19] Vincelli, P., and D. Williams. 1998. Managing spring dead spot of bermudagrass. Golf Course Management 66 (5): 49 ~ 53

[20] Walker, J. C., and A. M. Smith. 1972. *Leptosphaeria narmari* and *L. korrae* sp. nov., two long-spored pathogens of grasses in Australia. Trans. Br. Mycol. Soc. 58: 459 ~ 466

[21] Wetzel, H. C., III, S. H. Hulbert, and N. A. Tisserat. 1999. Molecular evidence for the presence of Ophiosphaerella narmari n. comb., a cause of spring dead spot of bermudagrass, in North America. Mycol. Res. 103: 981 ~ 989

[22] 葛才林，殷朝珍，王兆龙. 2005，3. “运动”百慕大新品系. 草原与草坪.

作者简介：王海英，上海交通大学研究生，*通讯作者，Email：turf@ sjtu. edu. cn。

13　稀土防治草坪病害的理论基础及应用前景

慕康国　崔建宇　赵炳祥　胡　林

（中国农业大学绿色环境中心，北京　100094）

摘要：本文针对草坪病害的防治，从多方面综述了稀土元素防治植物病害的理论基础，并展望了其在防治植物病害，特别是草坪病害方面的应用前景。

关键词：稀土　草坪病害

稀土元素（rare earth elements，REE）是指位于元素周期表中第ⅢB组的一组元素，即由原子序数为57～71的La、Ce、Pr、Nd等15种镧系元素（Lanthanide，以Ln表示），以及与之性质相似的Sc、Y共17种元素组成。由于其独特的物理、化学性质，稀土应用范围日益扩展，消费量猛增，应用领域包括有色金属、石油化工、玻璃陶瓷、磁性材料、轻工纺织等。由于其“似钙性”以及复杂的生物学效应和机制，其应用更是扩展到农林及医药等各个行业[1,2]。1917年中国钱崇澍与美国Ostenhout发表了钡锶铈对水绵生理作用的研究结果，开创了稀土元素的生物活性研究。20世纪30年代，苏联对稀土的植物生理效应作了大量的试验研究。我国从20世纪70年代以来，通过深入的试验研究与反复的生产实践，解决了一系列技术关键，成功地将稀土元素应用于我国农业生产，从而将时停时续进行了近60年的稀土元素生物活性研究，发展成为一项实用技术，成为世界上第一个把稀土元素作为一种商业性产品应用于农业生产的国家，产生了可观的经济与社会效益，为我国极其丰富的稀土资源的开发利用，开拓了一个崭新的领域[3,2]。多年的稀土农用实践表明，稀土除有促进植物生长的作用外，在适当的应用条件下对一些植物病害还有一定防治作用。本文拟从防治草坪病害的角度，综述稀土元素与病害防治有关的一些研究成果，分析利用稀土防治草坪病害的理论基础，并对其应用前景进行展望。

一、稀土元素防治植物病害的广谱性

1980年日本学者最早报道了将研磨成细粉的褐钇矿施入田中不但可防治水稻枯萎病，而且能防治白菜的软腐病[3]，随后引起了国内一些学者的注意并对此进行了相对深入的研究工作。有研究证实施用稀土可使黄花菜叶枯病、叶斑病和锈病，发病率明显减少、发病指数降低[4]。在水稻的分蘖期和幼穗分化期、大麦拔节、孕穗期以及油菜抽薹、始花期时，叶面各喷施稀土溶液液，水稻纹枯病、大麦赤霉病和油菜菌核病的被害株率、病情指数均显著降低，明显提高产量[3]。小麦上喷施氨基酸混合稀土对小麦条锈病的防效更达74.18%[5]；用25%的稀土水剂处理土壤防治小麦全蚀病，其效果同杀菌剂安索菌毒清水剂及20%粉锈宁乳油防效相当，防效均在78%左右[6]。另有报道用氨基酸稀土溶液灌施棉苗，对棉花苗病的防效竟然与广谱杀菌剂多菌灵的药效相当，棉苗炭疽病、立枯病、枯萎病病情指数和死苗率均显著降低[7]。用稀土溶液浸种对棉花枯萎病的仿效也与广谱杀菌剂多菌灵的药效相当，如枯萎病发病率可降低 18.96% ~11.45%，病情指数降低 25.60 ~17.43[8]。稀土拌种，大豆根腐病的病情指数降低 48.3%，籽粒褐斑病粒率降低 1.8%；烟草上喷施稀土后，烟草花叶病的病情指数和发病率分别降低 85.7% 和 64%；叶斑病的病情指数和发病率分别降低 44% 和 40.4%；在果树上施用稀土，柑橘炭疽病的发病率减轻 29.5%，葡萄果实感病率降低 17.1%，苹果落叶病的发病率降低 20% ~51.6%[3]。

上述的这些研究结果证明稀土元素不仅能够防治植物病害，而且其防治范围十分广泛，防治的病害涉及病毒病、细菌病害和真菌病害等。对一些特殊病害，如果应用稀土防治病害的方法得当，能取得与常规的杀菌剂相当的防治效果，甚至还更好。

二、稀土元素的直接抑菌作用

稀土化合物的直接抑菌作用很早就被人们发现了，如 1906 年在市场上销售的硫酸铈钾（商品名为 Ceriform）被外用于伤口作抗菌剂[9]。由于硝酸铈具有较好的杀菌性能，0.25% 溶液对绿脓杆菌、金黄色葡萄球菌、肺炎杆菌、奇异变形杆菌、粪链球菌、大肠杆菌、产碱假单胞菌及表皮葡萄球菌都有很强的杀菌作用，人们曾用 2.2% 的硝酸铈水合物和 1% 的磺胺嘧啶银混合配方治疗烧伤病人[10]。在筛选肠道细菌快速增菌的培养基时，证实高浓度轻硝酸稀土盐对 16 株志贺氏菌、沙门氏菌、大肠埃稀氏菌属等都有抑制作用[11]。近年来开始有研究陆续证实稀土元素对植物病原细菌的抑制作用[12,13]，如 La2O3 的浓度超过 100mg/kg 时，水稻基腐病（*Ewinia chrysanthemi*）、水稻白叶枯病（*Xanthomonas oryzae* pv. Oryzae）、及生姜青枯病（*Pseudomonas solanacearum*）、番茄细菌溃疡病棒形杆菌（*Clavibacter michiganense* subsp. *michiganense*）都受到明显地抑制。

稀土元素对真菌的直接抑菌作用，最早是将稀土应用于发酵法生产灵芝菌丝时证实的，2mmol/L 的 La^{2+} 和 Ce^{3+} 对灵芝菌丝生长的抑制率分别为 32.58% 和 42.76%[14]。随后研究又证实了稀土对植物病原真菌的作用，如对油菜菌核病菌[15]、对草坪草镰刀枯萎菌 *Fusarium solani*[16] 和褐斑病菌 *Rhizoctonia solani*[17]。

其他一些研究也分别从不同的方面证实了稀土元素的抑菌作用，如稀土元素 La 和 Ce 对酵母菌生长的抑制[18]；对土壤微生物区系的影响，高浓度对土壤细菌、放线菌和真菌的毒害作用[19,20]；以及对棕色固氮菌 342 菌株生长的抑制作用等[21]。所有这些研究，反映了稀土元素对微生物的影响，直接或间接地为稀土元素对植物病原细菌和真菌的抑菌潜力提供了证据。

有关抑菌的机制，目前的研究工作还比较少。但有研究表明稀土元素能够影响多种病原菌的胞外酶的活性，如对番茄细菌溃疡病棒形杆菌[22]、青枯假单胞菌[23]、对草坪草镰刀枯萎菌 *Fusarium solani*[16] 和褐斑病菌 *Rhizoctonia solani*[17] 的胞外蛋白酶、纤维素酶及淀粉酶的活性都有影响。这些表明稀土元素除了直接的抑菌作用之外，还可能通过抑制病原菌胞外酶活性而起到防治植物病害的作用。

三、稀土元素对植物生长的促进作用及诱导抗病性

许多研究表明，一定浓度的稀土元素及其化合物对植物生长具有刺激作用。如利用稀土浸种后，冬小麦发芽率提高 8% ~19%；大葱、圆葱种子发芽率提高 13% ~14%，茄子提高 23% ~45%[2,3]。我们在几种草坪草上也取得了类似的结果。这种发芽率的提高有两个方面

的原因，一是通过刺激作用提高种子活力，二是由于稀土对多种种传和土传病原菌的抑制作用。而且，对于只能在幼芽和幼苗期侵入的病害，种子活力高、发芽势强，幼芽生长和幼苗组织硬化较快，也便缩短了病原菌的侵入期，有利于抵抗病原菌的侵染，减少病害的发生。

此外，稀土元素可促进植物幼苗的生长发育，并使根系发达[24,25]，以及通过促进植物对养分的吸收、转化和利用等营养生理活性[26,27]，促进植物光合作用[28,29]等使植物生长旺盛、提高其抗逆、抗病能力。

稀土防病、抗病的另一个重要原因可能是由于其可能诱导植物产生抗病性。有研究表明稀土在适当浓度下处理明显地提高了棉花对枯萎病的抗性[7,8]，室内平板抑菌试验表明几个浓度的稀土处理对棉花枯萎病病菌都没有直接的抑菌作用，从而证实这种抗病性的产生是稀土元素诱导的结果。进一步测定发现稀土元素处理的棉株叶片的呼吸强度和光合强度的变化明显较对照有利于植株的抗病性。另外，在棉株发病的高峰期，测定不同感、抗品种叶片内蛋白质的含量，结果表明稀土处理过的棉株蛋白质含量明显高于对照，可能是稀土通过作用于蛋白质代谢来影响棉株的抗病性。另有报道，高浓度氯化铽改变了玉米根组织内过氧化物酶和酯酶的同工酶的谱带，其中有两条谱带活性增强[2,30]。这些酶活性的提高，有的利于植物改善和提高其物质代谢和能量代谢，有的有利于抗性化合物的合成，如喷施稀土植物体内过氧化物酶活性及酚类物质含量分别较对照提高 14.6% 和 19.7%[25,26]。

四、用稀土元素的环境安全性

稀土元素对生物的抑制和生长效应与其浓度密切相关[31]，但是稀土元素在生产和使用过程中，长期以来还未见到人的急性中毒病例的报道[3]。国内外学者用不同种属动物经不同染毒途径测定了各种稀土化合物的毒性。美国的药理毒理学者 Haley 论述了镧系元素的急性中毒致死量，经口摄入均属低毒性，经腹腔注入属中等毒性，经静脉注射属高毒性[3]。

我国科学工作着根据卫生部颁发的“食品安全性毒理学评价程序”系统地进行了农用混合硝酸稀土在动物上的急性毒性实验、吸收分步、蓄积、致突变的研究及生产劳动卫生和矿山环境调查研究等[3]。研究结果表明，稀土硝酸盐属低毒类物质，其对水生物的生长、繁殖的影响和体内富集、回避反应等都表明稀土硝酸盐对水生生物也属于低毒类物质。此外，长期定位试验研究施用稀土在土壤中无明显积累[3,32]。据计算以肥料的形式施用稀土，按常规剂量施用100年，如稀土全部进入土壤，其量尚不足地壳本底含量的1/30。综上所述，可以看出应用稀土元素防治草坪病害对环境将是安全的。

五、与杀菌剂混用的增效性

在生物分子中，蛋白质、磷脂、某些糖类和核苷酸等都具有许多能与金属离子结合的配位基团或原子，例如，咪唑（组氨酸）、NH_2（赖氨酸）、嘌呤和嘧啶碱基（DNA 和 RNA 内）中的氮原子；羟基 OH（丝氨酸和络氨酸等）、羧基 COO^-（谷氨酸、天冬氨酸等）和 PO_4^{3-}（磷脂、核苷酸等）中的氧原子；巯基 SH（半胱氨酸）和 －SR（蛋氨酸、CoA 等）中的硫原子等，都可作为配位原子与稀土元素离子结合。因此，稀土元素对病原菌的抑菌作用包括：如半胱氨酸的巯基是许多酶的催化活性部位，稀土元素离子与酶中半胱氨酸残基的巯基（－SH）结合，抑制了酶的催化活性；又如蛋白质、核酸和生物膜一些生物分子与稀土元素离子结合后，其构象可能发生改变，以及对生物膜的破坏等。因此，稀土离子像其他金属离子如铜一样，抑菌机制复杂，不容易产生抗药性。在草坪病害的防治中，通常所应用的药剂都是有机合成的杀菌剂，它们往往抑菌防病的机制单一，在长期的应用过程中，容易导致病原菌抗药性的产生，减低防病的效果，也减少了农药的使用寿命。因此，利用稀土元素与有机杀菌剂的混合应用，可以互相弥补不足，发挥二者之间的增效作用。一方面利用有机杀菌剂的内吸性及针对目标病原物的高抑菌力，克服和弥补单一应用稀土元素作为杀菌剂时，其抑菌力（毒力）偏低及变化大的缺点，提高防病、治病的效果；另一方面，利用无机稀土杀菌剂的多位点进攻能力和防治谱广的特点，克服和弥补单用有机杀菌剂容易产生抗药性及杀菌谱窄、成本昂贵的缺点。二者的配合使用，将保护性杀菌剂与治疗性杀菌剂结合起来，提高了抑菌防病的效果、扩大了防治谱。这已经被我们的研究结果初步证实了。

综上所述，可以看出利用稀土防治草坪病害，特别是利用稀土元素与常规的有机杀菌剂混合应用防治草坪病害从理论上讲是可行的，而且也是经过研究和很多实践所证实的。通过深入研究利用稀土防病机制和有效使用方法，相信对一些草坪病害的防治肯定会取得良好的效果，甚至会超过一些农药的防效；而且由于其多位点进攻能力，防治谱广，合理施用稀土可同时防治草坪草的病毒、细菌及真菌等多种病害。施用稀土防治草坪病害的同时，利用其促进植物生长发育的特性、诱导植物长生抗病性和抗逆的特性，改善草坪的质量，提高其抗病、抗逆能力。相信随着研究的深入，以及利用稀土防病的各种技术的日益成熟，稀土在防治草坪病害上一定能够发挥越来越大的作用。

参考文献

[1] 李振宏，伍虹．我国稀土应用的现状和前景．稀土，1996，6：48～53
[2] 解惠光．中国稀土元素在农业上的应用研究进展．科学通报，1991，8：561
[3] 熊炳昆，陈蓬．稀土农林研究与应用．北京：冶金工业出版社，2000
[4] 宁加贲，肖苏林．稀土元素应用于黄花菜的效果．稀土，1989，(5)：52
[5] Zhichang Li，Chiqing Liu，Younglin Xu，et al. Study on rare -earth complexes of mixed amino-acid（MAR）in controlling disease and stimulating growth of wheat. Pesticide Science，1991，32：219～224
[6] 王存兴，刘宗亮．稀土微肥、安索菌毒清防治小麦全蚀病试验．山东农业科学，1993，5：18
[7] 白松，邓先明．稀土对植物抗病增产的动态．国外农学－植物保护，1994，7（1）：4
[8] 白松，邓先明．稀土对棉花枯萎病的诱抗增产作用研究．西南农业大学学报，1995，17（1）：28
[9] 倪嘉缵主编．稀土生物无机化学．北京：科学出版社，1995
[10] Fox CL，Surg JR．Gynecol，1977，144：668
[11] 徐书显，陈崇智．轻硝酸稀土盐对肠道细菌生长的影响．微生物学通报，1988，15（1）：24
[12] 章健，刘庆都，承河元等．稀土积累对植物病原细菌生长的影响．稀土，1997，18（4）：50
[13] 刘庆都，章健，承河元等．镧对软腐欧文氏菌生长及其胞外酶活性的影响．中国稀土学报，1998，16（3）：262
[14] 何冬兰，温川蓉．镧和铈对灵芝菌丝生长的影响．中草药，1997，28（11）：684
[15] 章健，承河元．稀土元素对油菜菌核病生长及其生化性状影响的研究．应用生态学报，2000，11（3）：382
[16] 慕康国，张文吉，胡林，张福锁．镧对镰刀菌 *Fusarium solani* 的毒力及其致病酶活性的影响．农药学报，2002，4（4）：56～60
[17] 慕康国，张福锁，胡林，张文吉．镧对 *Rhizoctonia solani* 的毒力及其致病酶活性的影响，中国稀土学报，2004，22（1）：149～152

[18] 王怡平，肖亚中．稀土元素对红酵母的生长及类胡萝卜素合成的影响．微生物学通报，1999，26（2）：117
[19] 唐欣昀，张自立．铈积累对黄褐土中土壤微生物区系的影响．应用生态学报，1997，8（6）：585
[20] 褚海燕，李振高．稀土镧对红壤微生物区系的影响．环境科学，2000，21（6）：28
[21] 陈声明，贾小明，胡勤海等．镧与钕对棕色固氮菌342菌株的海藻酸发酵的影响．中国稀土学报，1994，12（1）：65
[22] 章健，刘庆都．稀土元素对棒形杆菌生长和胞外酶活性的影响．安徽农业大学学报，1998，25（1）：81
[23] 章健，刘庆都，承河元等．镧对青枯假单胞菌生长及若干生化性状的影响．稀土，1999，20（1）：75
[24] 张在德，彭涛，夏吉珍，等．稀土元素对大麦种子萌发及幼苗 NO^{3-} 和 K^{+} 的影响，稀土，1990，11（2）：26
[25] 宁加贲．稀土在农业上的应用．湖南：湖南科技出版社，1988
[26] 宁加贲．稀土对作物增效因子的研究．稀土，1994，15（1）：63
[27] 郭伯生等编著．农业中的稀土．北京：中国农业科技出版社，1990
[28] 刘大永，万兆良．稀土对小麦营养效应的研究．稀土，1993，14（1）：60
[29] 沈博礼，戴新宾．稀土对小麦叶绿体光化学反应的效应．稀土，1994，15（2）：71
[30] 廖铁军，黄云，苏彬彦等．稀土对菠菜产量品质的作用与生理效应研究．稀土，1992，13（2）：62
[31] 汤锡珂．稀土元素与植物生长．北京：中国农业科技出版社，1989
[32] 刘书娟，王玉琦等．应用生态学报，1997，8（1）：55
[33] Evans CH. Biochemistry of the Lanthanides. New York：Plenum press，1990：39
[34] 唐欣昀，张自立．镧积累对黄褐土中主要微生物类群数量的影响．中国稀土学报，1998，16（1）：61
[35] Zeng Fu Li，Shi Ping，Zhang MingFeng，et al. Effect of lanthanum on ion absorption in cucumber seedling leaves. Biological Trace Element Research. 2000，78：265～270
[36] Mu Kangguo，Zhang Wenji，Cui Jianyu et al. Review of Studies on rare earth against plant disease，Journal of Rare Earths，2004，22（3）：315～318

作者简介：幕康国，中国农业大学博士，主要从事草坪病害研究。

14 草坪杂草防控国内外研究进展

王建光 田 艳 李治国

（内蒙古农业大学生态环境学院，呼和浩特 010019）

摘要：随着草坪建植面积的不断增加，草坪杂草作为困扰草坪质量和草坪健康发展的一大难题突现出来。本文结合国内外近20年来杂草领域的研究和应用状况，对草坪杂草的发生规律及危害、草坪建植不同阶段杂草的防控研究进展及防控手段等方面进行了全面的阐述，希望对草坪杂草的防除工作在理论和实践中具有重要的指导意义，从而促进草坪事业健康、快速发展。

关键词：草坪 杂草 防控 研究进展

随着人们对生活质量要求的提高，具有娱乐、美观、美化环境、净化空气作用的草坪由于它独特的生态效益、景观效益和经济效益日益受到人们的重视。建立绿色走廊和花园城、实现大地园林化，创造舒适优美的生存环境，已经成为现代人的生活和文化需要的新时尚[1]。

草坪的产生应与现代文明一样久远，从13世纪用禾草单播建立草坪的技术诞生开始，到如今草坪发展成为与园林的主色——绿色一样，作为发达国家国土的基本色调和环境背景，由此表明草坪已成为园林绿化、环境保护、生态平衡结构中的基础和重要组成部分。目前发达国家城市绿地覆盖率一般都在80%以上，居民人均拥有绿地一般超过50m^2，草坪业已成为美国最具活力的产业之一。据统计，我国草坪业产值正以每年30%的速度递增，我国草坪建植已达到国际水平。

随着草坪建植面积的不断增加，草坪杂草已成为困扰草坪质量和草坪健康发展的一大难题。草坪杂草与草坪草争夺水分、光照、空间和养分，降低草坪草生活力，而且影响草坪的颜色、均匀度、质地、速度、生长密度和覆盖度等，受害草坪植物表现为个体纤细、脆弱，叶色淡黄，耐旱、耐寒、耐践踏性降低，使得草坪易于退化甚至死亡。草坪杂草危害正在逐年加重，严重损害了草坪的整体外观，降低了草坪的美学价值，影响了草坪的坪用功能，致使草坪的社会效益受到影响。由于杂草种类多、繁殖力强、种子寿命长、传播方式多、适应性广、种子随成熟随脱落、种子发芽参差不齐等特性，给杂草防除工作带来意想不到的困难。

1 草坪杂草概述

杂草的概念在不同学科中有不同的表述，《中国大百科全书》中是这样定义杂草："目的作物以外的、妨碍和干扰人类生产和生活环境的各种植物类群"。草坪学科中将杂草表述为"草坪上除栽培的草坪植物以外的其他植物"，也就是说杂草不是人类有意识栽培的植物；是不受欢迎的、长错地方的、妨碍地上植物生长的[2]、干扰人类对土地利用的植物。

杂草的危害对草坪是最大的威胁[3]。草坪杂草不仅影响草坪的美观，降低其使用价值，而且由于某些杂草对人、畜有害，造成环境污染。杂草易传播病虫，使草坪病虫害加重，增加草坪养护的费用，并可能因此缩短草坪的使用寿命，使建植草坪的成本急剧增加。由于杂草与草坪草的竞争而使草坪质量下降或退化，甚至丧失使用价值。

1.1 主要的杂草种类

1.1.1 世界性的18种恶性杂草

香附子（*Cyperus rotundus*）、狗牙根（*Cynodon dactylon*）、稗（*Echinochloa crusgall*）、光头稗（*Echinochloa colonu m*）、蟋蟀草（*Elensine indica*（L.）Gaertn）、假高粱（*sorghum harepense*（L.）Pers）、白茅（*Imperata cylindrica*）、凤眼莲（*Eichhorniacrassipes Solms*）、马齿苋（*Portulacaoler acea*）、藜（*Chenopodium album* L.）、马唐（*Digitariasan guinalis*）、田旋花（*Convolvulus urvensis*）、野燕麦（*Avena fatua*）、绿穗苋（*A. hybridus*）、刺苋（*Amaranthus spinosus*L.）、铁荸荠（*Heleocharis tuberosa*）、两耳草（*Paspalum conjugatem* Berg.）、筒轴草（*Rottboellia exelata*）。

1.1.2 我国杂草及其分布

我国幅员辽阔，纵跨热带、亚热带、暖温带、温带和寒温带，所以，杂草种类很多，根据李善林等（1997）的统计，我国草坪杂草近450种，分属45科，127属。其中菊科47种；藜科18种；禾本科9种；玄参科18种；莎草科16种；石竹科14种；唇形科28种；蔷薇科13种；豆科27种；伞形科12种；十字花科25种；毛茛科15种；茄科11种；大蓟科11种；百合科8种；罂粟科7种；龙胆科7种。各地区均有种类和数量不同的杂草。但据资料显示，各地区的主要杂草都集中在禾本科、菊科、十字花科、茜草科、车前科、玄参科、石竹科、马齿苋科、苋科、蓼科及莎草科。

1.2 草坪杂草分类

草坪杂草根据不同的分类标准有如下几类：

1.2.1 依生活年限划分

一年生杂草：狗尾草（*Setaria viridis*）、马唐（*Digitariasan guinalis*）、虎尾草（*Chloris virgata* SW.）、画眉草（*Eragrostis pilosa*（L.）Scop）、蟋蟀草（*Elensineindica*（L.）Gaertn）及阔叶型的藜（*Chenopodium album* L）、反枝苋（*Amaranthul vetrtoftexus*（L.）Link）、马齿苋（*Portulaca oleracea* L.）、蒺藜（*Tribulus teirestris* L.）、萹（*Polygonum aviculare*）等。

越年生或两年生杂草：如委陵菜（*Potentilla supina*）、夏至草（*Lagopsis supina*）、臭蒿（*A. annua* L.）、独行菜（*Lepidium apelalum*）等。

多年生杂草：如蒲公英（*Taraxacum mongolicum* Hand. -Mazz）、车前草（*Plantago asiatica*）、菊苣（*cichrium intybus* L.）、苦菜（*Vpatrinia scabiosaefolia* Fisch.）、田旋花（*Convolvulus arvensis* L.）、白茅草（*Jmperata cylindeiaca*）等。

1.2.2 按形态特征划分

草坪杂草依分类学特点可分为单子叶杂草和双子叶杂草两大类群。单子叶草坪杂草多属禾本科，少数属莎草科。其形态特征是无主根、叶片细长、叶脉平行、无叶柄。双子叶杂草与单子叶杂草相比，叶片较宽成片状。被子植物中还有少数寄生植物如菟丝子（*Cuscuta chinensis*）没有子叶。

1.2.3 按生长地域划分[5]

1.2.3.1 北方地区常见草坪杂草

北方地区泛指黄河以北地域，此地域气候寒冷，生长的杂草多属冷季型草。禾本科杂草相对较少，并且一般发生在苗期，成坪后则不多见，一般见到的是双子叶阔叶杂草；而且，阔叶杂草大部分都是二年生或多年生，一年生的较少。多年生杂草适合草坪草经常刈翦的特点，主要依靠其营养器官进行繁殖，从而在北方地区形成优势种，如萹蓄、独行菜、翦股颖、高羊茅等[10、11、16]。

1.2.3.2 过渡地区常见草坪杂草

过渡地区是指黄河以南、长江以北地域，此地域气候因素比较温和，禾本科杂草与阔叶杂草都能适应，都大量发生，但以一年生杂草为主，四季均可发生危害。夏秋季危害草坪的杂草最多，夏季杂草密度高，生长快，危害期长，主要有马唐（*Digitariasan guinalis*）、白茅、狗尾草等。也有在春季危害比较重的杂草草种，如泥胡菜、看麦娘（*Alopecurusaequalis sobol*）、婆婆纳（*Veronica polita*）等[5、8、12]。

1.2.3.3 南方地区常见草坪杂草

南方地区泛指长江以南地域，此地域多属热带和亚热带地区。草坪杂草比较多，尤以一年生杂草较多，其中禾本科杂草最多，菊科居次，再次是大戟科和莎草科。如狗尾草、香附子等。南方气候比较温暖、潮湿，杂草种子常年均可发芽生长。大多数杂草在人工建植的各类草坪中随机分布，但有一些杂草较特殊，它们只是频繁地出现在草坪的边缘[4~7]。

1.3 草坪杂草的生物学特性

草坪杂草之所以危害严重且很难防除，主要是由于其具有以下生物学特性的缘故。

1.3.1 出苗持续不一，且能迅速生长发育

杂草的种类不同，发芽所需的温度、水分、湿度等条件不同，近而出苗的时间就不同，而且有很强的竞争力，出苗后生长迅速。

1.3.2 多种授粉途径，多种的传播途径

杂草不仅可以进行异花授粉也可进行自花授粉。异花授粉使杂草种群创造新的变异和生命力更强的变种；自花授粉可保证杂草在单独存在时仍可正常授粉受精，保证该杂草的世代延续。绝大多数杂草不仅可以种子繁殖，还可进行营养繁殖，且生命力较强，只要条件允许就会迅速生长。杂草可以通过自然途径、人为途径等各种方式进行传播。

1.3.3 多实性、连续结实性、落粒性、种子的长寿性

一年生杂草的营养生长与生殖生长同步进行，花期特长，其结实性可从生长中期一直持续到生长后期，种子随熟随落，且寿命较长。有些多年生杂草的种子以休眠状态深埋在土里，避过干旱、霜冻、高温等不良环境条件，当条件一旦适合就可萌发，成苗成株危害草坪草。

1.3.4 生态适应性和抗逆性

杂草个体基因的杂合性常导致一种除草剂抗性杂草生态型的出现，并在恶劣的环境下保持杂草物种的延续性。而且杂草是 r、k 选择的中间型，具有较强的生态适应性和抗逆性。

杂草与草坪草相伴而生，并且十分相似，这为杂草的物理防除增加了一定的难度。

1.4 杂草的发生规律[13]

杂草的发生随温度季节变化有一个季节交替。

早春发生型：春季温暖，且灌溉条件好或早春有雨水，杂草发生较早而危害较重，主要以阔叶杂草为主，禾本科杂草也有发生。其中以种子萌发的杂草占90%以上。在南方2~3月份开始萌发出苗，3月上旬达到高峰期；在北方3~4月份开始萌发出苗，4月上旬达到高峰期。

春夏发生型：每年3月下旬至5月中旬开始发生，在温度升高并降透雨后开始达到高峰期，8~9月份开花结实后地上部分枯死。禾类杂草和阔叶类杂草发生量都很大，这些杂草发生时期长，对草坪的危害大于早春发生型，必须及时防除。

秋冬发生型：9~10月份开始萌发生长，11~12月份达到高峰期，12月份至翌年2月份开花结实后植株枯死。也有一些杂草主要是冬季发生，以幼苗越冬，翌春或夏季种子成熟后地上部分枯死，主要发生在管理差的退化草坪，以阔叶杂草为主。

也有一类杂草除每年的12月、1~2月份的严寒期和酷热期极少发生外其余各月均能发生，尤以春、秋两季发生量大，杂草出苗和高峰期南北方时间大约相差近一个月。

1.5 杂草的危害

1.5.1 影响草坪草的生长发育

一些早春杂草如苦荬菜、荠菜、葶苈、还阳参等出苗早于草坪草返青，当草坪草返青时，这些杂草在高度上已经领先，草坪草对生长空间的占据处于劣势。杂草通过一些方式来抑制草坪草的生长，如牛筋草、狗尾草的地下根系截留水分和养分；独行菜、小蓟的深根系不断扩展，占据地下生长的空间；紫花地丁、蒲公英地上部分平铺生长，排挤和遮蔽草坪；稗草、牛筋草分蘖能力强和平铺生长习性侵占草坪面积；最近人们发现有些杂草通过化感作用影响草坪草，如萹蓄的根系能分泌一些生理代谢物质，抑制草坪草的生长。总之，杂草侵害之处，造成草坪草生长缓慢，甚至退化。

1.5.2 加大病虫害发生频率

草坪杂草的地上部是一些病虫的寄宿地，例如：夏至草的花季，植物体发出一些气味，吸引飞虫。许多病原菌和害虫，利用杂草越冬、繁殖，草坪在生长季节被病菌侵染，害虫咬食草坪草的根、茎或叶，造成草坪草生长缓慢或死亡。

1.5.3 影响草坪美观，降低观赏效果

草坪杂草破坏环境美观，引起草坪功能的退化。如：蒲公英、车前等杂草，在草坪中形成小区域，远看草坪呈现凸凹不平，破坏草坪整齐度；夏至草、蓼等一类杂草侵染力极强，一旦侵入草坪，很快形成群落，还能招引害虫，自身完成生育期后，地上部枯死造成草坪斑秃[14]。

1.5.4 影响人类安全

草坪是人类休闲的地方，一旦毒害杂草侵入，将威胁到人身安全，造成外伤和诱发疾病。如：白茅和针茅的茎对人有物理伤害作用，极易挫伤人的肌肤；豚草能引起呼吸器官过敏，导致哮喘病发作。

1.6 草坪杂草的发生动态及原因分析

1.6.1 草坪种类对杂草的种类和数量的影响

草坪种类不同，杂草的种类和数量亦不同。在蔓地菁草坪中，禾本科杂草和个体较小的双子叶杂草则很难定植生长或形成竞争优势；而在细叶结缕草草坪中，如果管理不善，则有利于野艾蒿、一年蓬或水花生（由于基质或草坪草块中夹带了水花生繁殖体）等杂草的生

长、繁殖，并形成具有较强竞争力的群体。

1.6.2 草皮（种）来源和土壤基质条件对杂草的种类和数量的影响

一般说来，在旱地培育的草坪草皮，含有大量的旱生或中生型杂草的繁殖体（包括种子和营养繁殖体）；在原水田或低洼地培植的草坪草皮中，则含有较多的水湿生型的杂草繁殖体；而用隙地、撂荒地或半撂荒地培植的草坪草皮中则富含杂草繁殖体。

当草皮易地建植时，杂草的繁殖体亦随之被带到建植草坪的土地上。一般情况下，由于杂草的抗性和适应性都强于草坪草，在水热条件充分的情况下，杂草便迅猛发生、生长、繁殖。此时，如果杂草的防除不及时，则草坪建植生长难以长好。此外，杂草的种类和数量还与草坪建植地原先生长的植物种类、数量和生长发育及其在草坪建植前对非草坪草繁殖体的清理程度有关。如果草坪建植前，对土地进行认真耕翻、去杂，尽可能多地清理杂草（非草坪草）繁殖体（主要是多年生杂草的营养繁殖体），则可明显减少杂草的种类和数量。

1.6.3 草坪生境对杂草的种类和数量的影响

在干旱、贫瘠、水肥管理不善的草坪地块，耐瘠、耐旱的杂草（例如一年蓬、小飞蓬、鸡眼草等）能立足生长，并在与草坪的竞争中处于优势；在水湿、肥力条件较好的草坪地块，则有利于耐渍性杂草（例如水花生、绵毛酸模叶蓼、习见蓼等）的生长、繁衍，甚至逐步吞没草坪草。此外，如果草坪建植地废杂物品较多，因草坪草难以立足生长，并难与杂草竞争，也是造成草坪中杂草种类和数量增加的重要原因之一。

1.6.4 草坪定植后时间长短对杂草的种类和数量的影响

草坪建植的当年，杂草发生量大、种类多（双子叶杂草和单子叶杂草种类繁殖体，主要是多年生杂草的营养繁殖体），加之草坪建植过程中（尤其建植初期）对杂草的积极防除，则草坪中杂草的种类和数量则会减少到最低限度。如果杂草防除不紧紧跟上，则草害严重，极大地妨碍草坪草的定植和生长。随着草坪草定植后生长时间的延长，通过加强对杂草的控制（人工拔除或化学防除）以及草坪修剪过程中对部分双子叶杂草的影响，草坪杂草种类下降，组成简单，最终只存留少数双子叶杂草和单子叶杂草。

1.6.5 草坪管理对草坪杂草消长的影响

草坪建植后，以频繁修剪为主的草坪管理，其个体较大的双子叶杂草如豚草、灰绿藜、土荆芥、铁苋菜、稗草以及某些一年生藤本杂草如四叶葎等基本消失，而那些耐修剪的香附子、水蜈蚣、水花生、打碗花、天胡荽、活血丹等杂草则保留下来，且其群体逐步增大、危害加强。在有限次数的修剪加每年1~2次的人工除草的草坪中，除了那些易与草坪草混淆的香附子、水蜈蚣较多外，多年生杂草如打碗花、乌敛莓、蒲公英等也较多见。此外，繁缕、牛繁缕、大巢菜、小巢菜、粘毛卷耳、一年蓬以及丛枝蓼、习见蓼等亦常有分布，并且有一定数量的个体。在草坪机修剪配合杂草化学防除的草坪中，杂草的种类和数量多以单子叶杂草和那些暂时还难以有效化学防除的双子叶杂草为主，如狗牙根、水莎草、香附子、水蜈蚣、天胡荽、乌敛莓、水花生等。在草坪建植后，水肥管理、杂草防除不配套、管理没有跟上的草坪中，则杂草种类多、数量大、危害重，如泽漆、绵毛酸模、叶蓼、狗牙根、灰绿藜等杂草大量发生，在连续两年没有良好管理的草坪中，杂草已成为草坪建植地的优势植物，草坪的功能则完全或基本丧失。

1.6.6 不同季节杂草种类和数量的变化

杂草在草坪中的种类和数量随生长季节的不同而异，一般春季发生的杂草主要有大巢菜、小巢菜、打碗花、乌敛莓、香附子、狗尾草、灰绿藜等，冬季发生的杂草主要有繁缕、牛繁缕、早熟禾等，它们是构成草坪中杂草群落季相特征的主要因素[15]。

2 建植前草坪杂草防控

草坪杂草的防除应采取以防为主，以治为辅的原则，所以草坪建植前的杂草防除是能否成功有效地控制草坪杂草的关键。建植前充分消灭杂草及其种子和根茎可以最大限度地减少杂草对草坪建植中及以后的危害，主要措施有如下方面。

2.1 种子处理

杂草种子主要是随着草坪草种子和草皮传播的。草坪草种子在不同国家及地区间流通时，为避免购买和使用携带杂草种子的草坪草种，杜绝杂草蔓延，在调运草坪草种子和草皮之前，一定要严格执行种子检疫制度，严禁杂草幼苗及种子传入传出，蔓延危害[17]。并选择优质、竞争力强的草坪草品种，培育优质健康草坪草种，增强对杂草的竞争力。

利用能调节草坪草种子萌发时间的种衣剂对草坪草种子进行包衣处理。例如：可选择促进草坪草种子萌发的种衣剂，使草坪草先于杂草长出地面，占据生长优势；也可采用延缓草坪草发芽的种衣剂，待杂草长出地面后，利用化学除草剂除草也可达到很好的效果。

2.2 土壤处理

建植草坪应避免用带有杂草种子的土壤，如果无法避免则应对土壤进行进一步处理。

2.2.1 改善土壤质地、做好草坪坪床的处理[18]

pH 值和墒情等因素，直接影响土壤处理过程中，除草剂在土壤中吸附、降解速度、移动和分布状态，从而影响到除草剂的药效。因此，施药前必须了解土质状况，针对具体情况选择适当时期和适当的药剂处理，才能保证土壤处理中除草剂药效的充分发挥。

建植地的杂草来源于原有坪床土壤的杂草和周围环境的杂草源。草坪坪床的处理是草坪杂草防治的第一步，必须尽可能地对坪床中的杂草及其种子作干净彻底的处理。由于坪床原先大都为杂草丛生的荒草地，其中存有大量的杂草种子与营养繁殖体。必须对这些种子和营养繁殖体作干净彻底的处理，并施入细沙或泥炭，改善土壤的通透性。同时在使用农家肥作基肥时，一定要保证肥料腐熟，以免增加杂草种源。避免在草坪草萌发前后出现大量的杂草，给以后草坪管理带来很大困难。因此，做好草坪坪床的处理，对草坪杂草防除可以起到事半功倍的效果。

2.2.2 土壤消毒

用土壤熏蒸的方法，就是用溴甲烷、三氯硝基甲烷等强蒸发型化学药剂来控制土壤中杂草繁殖器官、致病微生物、线虫及其他有害生物的一种方法，虽繁琐费工，花费较贵，但对杂草种子及多年生根茎数量多的土块，控制杂草非常有效。在小面积使用时，可人工操作，方法是在熏蒸前深翻土壤，要求土壤潮润，土温至少在 15℃以上，每隔 9m 用大块材料（高约 30cm）作支撑物，然后覆盖塑料布，用土或其他材料封住塑料布边缘，最后用塑料管将熏蒸气体通到覆盖区，24～48h 后揭去塑料布，通风 48h 后再种植草坪。此种方法控制土壤中的杂草营养繁殖体和种子非常有效[19]。

2.2.3 物理防除和化学防除相结合

即采用土壤休闲法或以手工或机具翻挖土壤时清除杂草。若建坪的时间允许，可先浇水 15d，让土壤中杂草种子尽可能地萌芽，随后再用灭生型除草剂除草。农达、百草枯等除草剂对大多数杂草十分有效，并能在土壤中迅速分解，不影响施药后草坪草的出苗及生长，是比较适合的灭生性除草剂[18]。采用草甘膦播前喷雾能有效地防除已出苗的1年生、2年生及多年生杂草，用药量分别为：（1）防除1年生杂草667m^{2}用有效成份60～80g；（2）防除2年生及多年生杂草667m^{2}用有效成份120～200g，施药后隔1d就可播种[20]。待杂草完全枯死后，深翻土壤，尽量捡净杂草的地下根和地下茎，可以为草坪草的苗期生长创造一个良好的环境，确保成坪早，均匀致密，少受杂草危害。

2.3 选择适宜草坪草种或品种

草种或品种选择的主要原则就是适地适草，通过小面积试验来确定所选择的草坪草种或品种能否忍受当地的不利条件，能否迅速出苗成坪。选择合适的草坪草种并结合保护播种，不同的草坪草种和同一草种的不同品种，与杂草的竞争力差异很大。如在寒冷的地区，匍匐翦股颖同杂草的竞争力优于高羊茅；温暖地区，杂交狗牙根与杂草的竞争力优于普通狗牙根。根据不同环境、不同养护条件选择适宜的草坪草种和合理地配置组合是防止草坪建植后杂草发生的重要措施。对于出芽较缓慢的草坪草，如草地早熟禾，其出芽需10～20d，成坪大约需45～60d甚至更长时间，为防止苗期杂草繁衍，可以用生长较快的草种进行保护播种，如一年生黑麦草出芽仅需4d，成坪仅需15d，在高羊茅或草地早熟禾草坪播种时加适量的黑麦草可尽快覆盖地面，可以抑制杂草发芽，达到保护草坪免受杂草危害的目的[18]。

2.4 适时适量播种

适时播种可利用草坪从播种到成坪期间对杂草的竞争优势，抑制杂草生长。北方地区冷季型草坪草种常为春播和夏播，秋播则要注意能否越冬，暖季型草坪草种常为春末夏初或夏季播种。除秋播外无论春播或夏播，均在杂草发生生育峰期，播前虽经精细整地，但仍有大批杂草发生，应与前面所述相结合。

一般来说草坪的最终密度是由环境承载力决定的，但播种量稍大一些可使草坪草迅速占领空间，能起到部分防除杂草的作用，所以播种量应略大于推荐或理论播种量[17、19]，适当加大播种量，这样有益于草坪从播种到成坪期间对杂草的竞争。根据土壤的肥力状况，播种时可适当施入磷酸二铵、复合肥、有机肥等为底肥，施用量以230～240g/m^{2}为宜（有机肥施入量可适当加大）。同时，施有机肥时，有机肥必须充分腐熟，杀死其中的病原菌和杂草种子[21]。

3 建植时草坪杂草防控

这一时期包括草皮的选择、建植的时间、建植的方法、成坪前杂草的防除等问题。建植时应从以下两方面进行防控。

3.1 种子繁殖时杂草控制

利用播种建植草坪时，应考虑草坪草的生长最适时间和杂草最受抑制的时间，播种期应尽量避开利于杂草种子萌发的季节。从而使草坪草迅速占领坪床，利用草坪草抑制杂草的生长。对暖季型草坪草最适生长时间一般在春末和初夏，此时草坪草生长良好，而杂草正处于萌发期，能有效地抑制杂草的出土生长。例如：冷季型草坪在夏秋季播种好于春季，因为夏秋季播种适宜草坪种子萌发，避免与杂草发生竞争[14]。

建坪前或播种前，深耕土壤，不仅可有效控制或减轻多年生杂草的危害，同时可将建坪前土表的杂草种子及已出苗杂草，深埋到土壤深层中去，减轻杂草的危害[17]。另外播种时所用覆盖材料如果是草帘、作物秸秆等，应注意不要带进杂草种子，对建植草坪产生不利影响。

3.2 无性繁殖时杂草控制

无性繁殖的方法很多，如直铺草皮卷、塞植、匍匐枝撒播等。利用无性繁殖体建植草坪时，应尽量使用纯净的草皮块铺植，减少杂草的传入。如果资金允许，则用草皮块拼接法合理密植，使草坪瞬时成坪。如果用其他方法铺植，则应加强成坪前的杂草防除。成坪前如能及时清除杂草，后期草坪杂草就少。应加强建植后管理，如及时施肥、浇水等，使草坪草缩短恢复时间，尽快建成草坪[14]。

4 草坪建植后杂草防除

经过建植前、建植时一系列除草措施，仍有一部分杂草会侵入草坪，甚至影响草坪的观赏效果，所以，在草坪长出以后，也不能放松对杂草的控制，此时的杂草防除是目前研究的一个热点和难点。防除措施主要有化学防除、农业防除、生物防除等。

4.1 化学防除

随着草坪种植面积的不断扩大，杂草的化学防除已成为提高草坪经济效益、观赏效益和社会效益的重要技术措施之一。应用化学除草剂防除杂草是一种快速有效的防除杂草的方法，不仅成本低廉、省工省时，而且持效期长。化学除草剂适用于土壤、种子及草坪草生长期间的化学除草（前两个方面已在前面简单提到过）。

目前国内对化学除草剂的研究和应用虽然处于起步阶段但发展很快，关于除草剂在草坪中应用的研究报道逐渐增多[22]，吴菊英等（1996）[23]研究了除草通和恶唑禾草灵对高羊茅和早熟禾生长的影响；吴菊英等（1997）[24]研究了高羊茅苗期对几种除草剂的耐药性。于凤芝用农思它与其他除草剂混配，找到了可有效防除草坪中单、双子叶杂草的复配除草剂[25]；韩烈刚等（2000）[26]通过盆栽和田间试验研究了几种除草剂对冷季型草坪草的安全性；但是目前草坪专用除草剂较少，多数为农田用除草剂，对草坪存在潜在的隐患，所以有待于研究开发草坪专用除草剂，同时有针对性的对与不同草坪相适宜的除草剂品种进行筛选和组合、对除草剂产生的药害等问题进行深入细致的研究[20]。

4.1.1 除草剂的研究进展

4.1.1.1 除草剂研究现状及发展趋势

（1）研究现状　从当今世界农药的发展趋势来看，除草剂是研究最活跃、发展最迅速的一类农用化学品。杂环化合物在除草剂的发展中占主要地位，约占86%，其中以超高效的居多。80年代以来ALS抑制剂磺酰脲类系列用途各异的品种专利有100多件，至今已有30多个品种商品化[27]。近年来需光性化合物成为除草剂新品种开发的重要领域，而传统的光合系统Ⅱ与光系统Ⅰ抑制剂已逐步丧失其统治地位，如脲类、三嗪类以及氨基甲酸酯类除草剂的使用量在逐年下降。随着人们环境意识的不断提高促进了非选择性除草剂的发展，草甘膦自问世以来经久不衰。除草剂研究的不断深入，使其更有利于运输和使用、有益于环境，新剂型、助剂、安全剂、解毒剂、胶悬剂等日益增多。目前，全世界生产的除草剂品种多达300余个，而且新产品层出不穷。我国生产的除草剂原药品种已有47个，单剂型101个，混剂型108个[28]。但是对于草坪可供选用的除草剂仅20余种，明显不足。这种除草剂品种单一的现象与草坪业的迅速发展显得很不相称，这就需要我们加大力度开展草坪专用除草剂的研发。

（2）发展趋势 对除草剂药效的研究、用药安全性的研究、草坪杂草抗药性的研究已成为目前除草剂研发的趋势。首先，对除草剂药效的研究仍然是当前非常关注的热点，由以前单一品种的除草剂除草，发展到现在既运用单种除草剂进行除草，又进行几种除草剂混用及混合配方的研究，使得药效进一步提高，用药剂量明显减少；其次，混合制剂及除草剂混用也是杂草化学防除的发展趋势，通过混用可以降低用量扩大杀草谱，减少残留，延缓杂草产生抗性[2]，混用的普及更趋向除草剂之间的互补；再次，在除草剂对草坪草的用药安全性方面，越来越受到重视，白瑞栋、金佩英等（2001）都做了必要的有益的研究[29]。由于国内相关研究起步较晚，与国外的同行相比还有一定的差距。而对人畜的安全性方面的研究（即除草剂在土壤和水中的残留、在生物体内的残留与蓄积）还很少见报道。只有开发研制和应用科技含量高、活性高、安全性高、除草效率高以及无长残效除草剂才能适应今后草坪业不断发展和环境不断优化的需求。

4.1.1.2 化学除草剂机理研究进展

近年来，国外的杂草科学家采用离体培养的组织和细胞，积极开展除草剂在细胞水平上吸收的研究。例如，Sterling 和 Balke 应用苘麻细胞培养研究说明，苯达松穿过细胞质膜的吸收是反浓度梯度的，苯达松阴离子是通过一个依赖能量的离子捕捉机制在细胞原生质中积累的。Burton 和 Balke 对马铃薯吸收草甘膦的研究表明，喷施一些离子溶液虽增加草甘磷在整个植株上的活性，但不能增加在马铃薯细胞中的吸收。另外，将植物细胞工程技术应用于除草剂杀草机理的研究也是近年来的一个热点。由于植物细胞的全能性，研究除草剂对植物细胞生理生化过程的影响，有助于理解除草剂的作用机理。例如，磺酰脲类的作用机理是抑制合成支链氨基酸亮氨酸、异亮氨酸的一个关键酶－乙酰乳酸合成酶（ALS）的作用。Scheel 和 Caida 用大豆和烟草的悬浮培养证明了绿黄隆对 ALS 的抑制[2]。

4.1.2 除草剂的选择机理研究进展

4.1.2.1 生态选择

植物叶片特征如叶片的形状、直立程度、表面结构、生长点的位置等直接影响喷洒药液的附着量和吸收量，从而影响了药剂对杂草的伤害程度。单子叶杂草叶片竖立、狭小、表面角质层和蜡质层较厚、表面积较小、药液易于滚落，顶芽被重重叶鞘所包围、保护，除草剂不易渗入其内部组织，因而使其耐药力提高。而双子叶杂草，叶片平伸，叶面积大，表面的角质层较薄，喷洒药液易于在叶表面沉积，再加上幼芽裸露，没有叶片保护，很容易被喷洒药液伤害，而使其对喷洒药液呈现出更大的敏感性[92]。

4.1.2.2 生理选择

根据植物吸收、运转进行选择，不同种植物及同种植物的不同生育阶段对除草剂的吸收不同；除草剂在不同种植物体内运转速度的差异是其选择性因素之一，如 2，4-D 类除草剂在豆科作物体内的运转速度与数量远超过禾本科作物。

4.1.2.3 生物化学选择

草坪草吸收除草剂后，在体内进行氧化与还原作用，使其丧失活性；水解反应是若干重要类型除草剂在抗性作物中的重要解毒机制；结合作用是许多除草剂的重要选择性机制。

4.1.2.4 人为选择

人为地利用位差选择性，如利用草坪草与杂草发芽出土时期的差异进行除草剂的施用；在草坪草生育期采用保护性装置喷雾或定向喷雾以减少药害和残留量。

4.1.3 除草剂分类

按照不同的分类标准除草剂可分为不同的类型，其中具代表性的如下：

4.1.3.1 按使用方法分类

土壤处理剂（用于建植前土表施用或混土处理的除草剂，通过杂草根、芽鞘或下胚轴等部位吸收而产生药效）：

（1）拉索（48%乳油）200～250mL/667m^2 加水30L，进行土壤处理；

（2）都尔（72%乳油）150～200mL/667m^2 加水30L，进行土壤处理；

（3）乙草胺（50%乳油）150～200mL/667m^2 加水30L，进行土壤处理[30]。

茎叶处理剂：

（1）苯达松（48%水剂）100～200mL/667m^2 加水30L，进行茎叶处理，防阔叶和莎草科杂草为主；

（2）盖草能（又名吡氟乙草灵，或名DowCo-453）（12.5%乳油）70～130mL/667m^2 加水30L，茎叶处理消灭禾本科杂草；

（3）禾草克（又名喹禾灵）（10%乳油）70～130mL/667m^2 加水30L，茎叶处理消灭禾本科杂草；

（4）拿扑净（20%乳油）85～130mL/667m^2 加水30L，茎叶处理消灭禾本科杂草；

（5）稳杀得（35%乳油）85～130mL/667m^2 加水30L，茎叶处理禾本科杂草[30]。

4.1.3.2 按在植物体内的传导特性分类

传导型除草剂：绿麦隆、异丙隆、75%阔叶净干悬浮剂（英文名称：Express）、使它隆乳油（Fluroxypyr，治莠灵，氟草定）。

触杀型除草剂：草甘膦、百草枯、48%排草丹（苯达松）液剂（英文名称：Basagram）、克芜踪（化学名为1，1’-二甲基-4，4’-联吡啶二氯化物）。

4.1.3.3 按选择性分类

选择性除草剂：72%2，4-D丁酯乳油、精稳杀得、盖草能、二甲四氯等；

灭生性除草剂：农达、克无踪、甲黄隆粉剂、10%苯黄隆粉剂、百草敌水剂等。

还有一些分类方法如：按化学结构分类、按除草剂的作用方式分类等等，应用时应根据不同的需要选择适宜的除草剂。

4.1.4 影响化学除草药效的主要因素

4.1.4.1 环境条件对除草剂施用效果的影响

①温度：温度高低影响植株对除草剂的吸收及药效发挥；

②湿度：影响气孔开发、药剂叶面持留，适宜相对湿度为60%～80%；

③降水：降雨不利于茎叶处理剂，有利于土壤处理剂；

④光照：光照强不利于易光解药剂，光强则抗药性强；

⑤土壤条件：土壤质地、有机质含量、含水量对除草剂效应的影响；

⑥酸碱度：对除草剂药效发挥和降解速度的影响。

4.1.4.2 施用方法对除草剂施用效果的影响

包括施药时间、施药对象、施药范围、机具的选用、保护罩的应用、发生药害后的补救等，应根据不同的环境条件参照说明书进行施用。

4.1.5 芽前化学防除研究进展

有些草坪草播种后杂草一般先于草坪草出苗，可选用播后芽前触杀型除草剂进行防除，能有效地防除一年生杂草。常见的芽前除草剂有乙草胺、丁草胺、西马津、扑草净、敌草隆等，这类除草剂对土壤是有“封闭”作用的，当药液均匀分布地面后，可抑制杂草的萌发和灭杀刚萌生的杂草。常用的禾本科除草剂有：乙丁氟灵、地散磷（bensulide）、氯酞酸、氟硫草定、异丙甲草胺、恶草灵（oxiadiazon）、二甲戊乐灵、氨基丙氟灵、环草隆（Siduron）等[76]。

牛筋草、一年生早熟禾、马唐是一年生杂草中发生尤为频繁且难以防除的杂草。国外在70年代对牛筋草防除的研究就取得了很大进展。Barrett 与 Jagschitz（1975）、Goville 与 Jagschitz（1976）、Johnson（1975，1976a，1976b）报道，用恶草灵[31]或地乐胺进行萌发前处理和灭杀唑、赛克津（metribuzin）进行萌发后处理，防除草坪中牛筋草的效果都非常好。与牛筋草的防除相类似，Bingham 与 Schmid 等（1969）、Burt 与 Gerhold（1970）、Goss（1964）、Horn 与 Smith 等（1972）、Jagschitz（1970）、Johnson（1975，1976）早在60、70年代就对一年生早熟禾的防除作了很多研究。而国内的研究则是在进入90年代后才逐渐起步和发展的。国外早在70年代就对草坪中的马唐的防除进行了比较深入的研究，取得了比较好的效果。Barret 与 Jagschitz（1975）、Coville 与 Jagschitz（1976）、Engle 与 Bussey 等（1975）、Johnson（1975，1976a，1976b，1976c）、Turgeon（1973）、Watschke 与 Duich 等（1973）、Johnson 与 Wehne 等（1976）的研究表明，用地散磷[31]、氟草胺（benefine）、地乐胺（butralin）[31]、恶草灵[31,32]、环丙氟灵（profluralin）和萘氟胺（napropamide）进行萌发前处理；用甲胂二钠（MSMA）进行萌发后处理都能很好地防除草坪中的马唐[2]。

国内对一年生杂草防除的研究主要有以下一些[37]：薛光等（1995）报道，应用50%可湿性粉剂草坪禾草宁可有效防除结缕草草坪中的一年生禾草马唐、牛筋草、狗尾草和看麦娘。苏少泉、宋顺祖等（1996）报道，在早熟禾、黑麦草、高羊茅草坪播后杂草发芽前，应用50%的环草隆可湿性粉剂45~135kg/hm^2，兑水750kg/hm^2，均匀喷于土表，可有效防除马唐、狗尾草和稗等一年生禾本科杂草，但环草隆不能用于狗牙根和翦股颖草坪。异丙甲草胺、敌草胺、戊炔草胺用于土壤处理时，对禾本科杂草有很好的防效，而甲基胂酸、氯酞酸也可以有效防除禾本科杂草[33]。SL-160（啶嘧黄隆）25%颗粒剂具有很高的土壤处理活性和茎叶处理活性，对广泛的一年生禾本科杂草、一年生或多年生的阔叶杂草以及莎草类杂草有较好的防效[35]。强胜（2000）分别以配方阿特拉津+乙苯胺、恶草灵+乙苯胺、阿特拉津、绿黄窿+甲黄窿4种药剂在狗牙根草坪建植前进行土壤处理药效试验，结果表明对水花生的防效达91.9%。王运琦等（1998）在早熟禾（70%）+多年生黑麦草（15%）+高羊茅（15%）混播草坪播前用拉索对一年生禾本科杂草的防效达92.3%。胡叔良、赖明洲（1999）报道，在翦股颖和紫羊茅草坪上用氟苯胺（Benefin），0.17~0.34g/m^2，杀除一年生早熟禾，除草率90%~100%，对草坪草药害较低。

4.1.6 苗后化学防除研究进展

4.1.6.1 禾本科杂草的防除

因为目前绝大多数的草坪草种都属于禾本科种子，禾本科杂草与草坪草的生活习性又非常相似，所以禾本科杂草是最难防除的。但经过学者们的研究，已经筛选出了一些对禾本科杂草有良好防效的除草剂。敌草索、环草隆及地散磷等是防治禾本科杂草针对性较强的除草剂[36]。目前在冷季型草坪草建植的草坪中，防除1年生禾本科杂草有北京的坪绿2号、4号；在暖季型草坪草建植的草坪中，防除1年生禾本科杂草有上海的绿茵L-13号、L-12号，江苏的草坪宁2号[71]。48%百草敌（25ml/hm^2）+二甲四氯（1875ml/hm^2）混用配方对已出土的草坪杂草的防除效果可达100%，而对草坪草种则无任何影响。采用敌草胺7.5kg/hm^2，加大用水量，对禾本科杂草的防效可达到90%以上[38]。选择性禾草除草剂15%精稳杀得1500倍液或10.8%高效盖草能1500倍液在禾草3~4叶期用药，药效达95%以上。5~6叶期用药，药效达92%以上。即使草龄7~8叶期药效仍达90%以上。拿捕净、精禾草克、精稳杀得等3种除草剂，使用时分别按1500mL/hm^2、1000mL/hm^{2}和1000mL/hm^{2}的使用剂量，加水将药剂分别稀释成5500×10^{-6}、3100×10^{-6}、3700×10^{-6}的浓度，于一年生禾草3~5叶期喷洒，7d后调查，施用3种除草剂对豆科草地一年生禾本科杂草均具有较好的杀灭作用，以精禾草克最好，拿捕净次之，精稳杀则再次之[34]。对于马唐、牛筋草、一年生早熟禾等频繁发生有较难防除的一年生禾本科杂草最好是采用芽前防除效果明显，此在前面已经提到；对于香附子等多年生恶性杂草，很难防除，池杏珍等（1999）通过试验，表明SL-160的防效分别达到87.0%和91.3%，施药后40d均达到100%，且只需施药一次，克服了百草效、白草敌+使它隆混用等需要连续施药两次以上的缺点。而且SL-160的残效期长，可超过40~60d，施药后香附子的地下块茎、地下球茎5~7d变成褐色，10~15d枯死，不能再生。另外，吴志华等（1998）用20%2甲4氯水剂3kg/hm^2+苯达松1.5kg/hm^{2}喷雾防治香附子的效果达85%以上。冷季型草坪草建植的草坪中香附子防除至今未见有特效药推出。Fry与Upham等应用halo sulfuronn-methy13.5~14kg/hm^2，有效地防除了早熟禾和匍匐翦股颖草坪中的香附子，效果优于苯达松。还可用甲基苯草隆（芽前使用）、甲氧苯草隆（芽前或3~4叶期使用）、黄草伏（芽前使用）防除香附子[2]。

4.1.6.2 阔叶杂草的防除

禾本科草坪草中的阔叶杂草由于阔叶杂草与草坪草的差异较大，因而是草坪杂草中相对较易防除的一类杂草。一般防除阔叶杂草的专用除草剂都可安全有效地防除禾本科草坪草中的阔叶杂草。如2，4-D丁酯、2甲4氯、麦草畏、绿草定、二氯吡啶酸（clopyralid）、使它隆、巨星、百草敌等药剂均能有效防除阔叶杂草，将阔叶除草剂混用以后，可扩大杀草谱[33]。

在国外，Forguson（1992）用灭草喹不同用量及不同时期进行防除野蒜的试验。他指出当灭草喹按用量0.56kg/hm^{2}以上秋季使用，对野蒜的防效达85%以上，而冬季应用效果下降。与灭草喹+2，4-D混用，对野蒜的防效增加不大。Mccarty等（1993）的试验表明：费赛特（Facet）按用量2.2kg/hm^{2}以上对高尔夫球场狗牙根草坪内的铺地黍的防效大于80%，隔3个星期连续使用优于一次应用，但隔4个星期再用1.1kg/hm^2，对铺地黍的防效大于80%，对Tifway的短期伤害小于20%[2]。

国内方面，于凤芝（1993）在匍匐紫羊茅和草地早熟禾草坪上进行了对黄花蒿、小白酒草、蒲公英、苋菜、卷耳等阔叶杂草的化学防除试验，结果表明：施药后10d，2，4-D丁酯乳油0.75~0.795kg/hm^{2}的防效在89.5%~100%，2钾4氯钠盐水溶剂1.5kg/hm^{2}的防效为97.9%~100%，苯达松溶剂4.5kg/hm^{2}的防效为99.7%。彭玉梅（1995）用不同的除草剂对单播紫羊茅和草地早熟禾草坪中的阔叶杂草防除效果进行了试验。试验表明：喷药后30d，72%2钾4氯钠盐水溶粉剂最佳剂量的防除效果为95.94%；72%2，4-D丁酯乳油最佳剂量（10g×100/m²）的除草效果为97.97%；48%排草丹液剂最佳剂量（45g×100/m²）的除草效果为99.72%；75%阔叶净干悬浮剂最佳剂量（0.003g×100/m²）的除草效果为97.18%。在国内，金佩英（1997）应用50%杀草丹3.24L+水525kg/hm²、23.5%果尔1.24L+水52.5kg/hm²，可有效防除马尼拉草坪苗圃中的杂草，其防治效果分别为97%、98.8%，而且对草坪安全。在冷季性草坪上于早春喷施草坪净和苯磺隆，对阔叶性杂草有一定的防除和遏制作用，其中草坪净效果较好，致死率达43%，加上受遏制的32%，综合防效可达75%[39]。阔叶草坪马蹄金中防阔叶杂草可选用上海的L-8号。

4.1.6.3 莎草科杂草的防除

莎草科杂草用苯达松、灭草喹、有机胂类除草剂对暖季型草坪的莎草有较好的防治效果。25%的苯达松水剂1000倍液细喷雾，药效达90%以上[38]。莎扑隆是一种对莎草科杂草有优异效果的除草剂，3～5.25kg/hm² 于移植草坪建植后7d内、成坪草坪返青前使用，可有效控制莎草科杂草的危害[33]。

运用化学除草剂进行除草既经济又有效，但是也存在一些弊端，如除草剂对环境产生污染、有毒、有漂移污染、有异味，而且由于有些杂草产生抗性导致除草不彻底。从影响草坪安全性等原因方面考虑，建议利用综合防治措施，因时因地制宜，合理地将农业防除、生物防除、化学防治、物理防治方法相结合，利用有效的生态手段，把杂草控制在不足危害的程度，以达到保护人类健康和使草坪生长正常、优质、美观的目的。

4.2 机械及人工除草

对于面积较小的草坪可以用人工拔除的方法，不仅除草彻底也无负面影响。对于播种当年获得的草坪草幼苗，由于株体较细弱，对除草剂很敏感，所以在不是必要的情况下，一般不施用除草剂，少量的杂草可用人工拔除，而大部分阔叶杂草经几次修剪后，由于不耐修剪，可得到控制。

4.3 生物治草

生物防治杂草就是利用不利于杂草生长的生物天敌如昆虫、植物病原微生物等控制杂草的发生，帮助草坪草占据最佳生态位，使草坪发挥最大的环境效益。杂草生物防治的主要手段有[40]：（1）释放专化性昆虫，即以虫治草；（2）利用专化性致病微生物（细菌、真菌、线虫等），即以菌治草；（3）利用植物间的他感作用，即以草治草。

最早开展杂草生物防治的国家有澳大利亚、美国、加拿大等。其中美国的两种真菌除草剂Devine和Collego已正式注册，并已商品化生产。近20多年来，国外成功地开发了一些微生物除草剂，对解决一些难防杂草、保护农业生产起到了一定作用，但是应用于草坪上的还较少。1981年Devine制剂在美国登记注册[41～43]，该制剂是棕榈疫霉 *Phytophthora palmivora*. Butl.，用来防治柑橘园莫论藤 *Morrenia odorata* Lindl.，其防效达96%。次年Collego制剂由美国Upjohn公司开发成功[44,45]，它是胶孢炭疽菌田皂角亚种的无性孢子制剂，用于防除水稻和大豆田中的弗吉尼亚田皂角。继之开发出的罗得曼尼尾孢 *Cercospora rodmanii* 防除水葫芦 *Eichhornia crassipes*，也获得了专利保护[46]。在澳大利亚用于防除苍耳和刺苍耳的微生物除草剂已进入大田试验阶段。另外，菲律宾1989年开始进行稻田主要杂草真菌除草剂的开发研究，到目前为止已将50多种杂草中近100种杂草病原微生物作为潜在微生物除草剂进行了大量研究[47]。除以上报道较多的真菌除草剂外，根际微生物也作为微生物除草剂资源受到广泛重视[48]。日本今泉等人从黄单孢菌属 *Xanthomonas* 筛选出P-482菌株，用于防除草坪中萹股颖类杂草，防效可达90%以上，该菌寄主专一性强，对同属的草坪草不致病；从美国的7个主要杂草的根际微生物分离出的非荧光假单孢菌及草出生欧文氏菌 *Erwinia* 其不意 *herbicola* 对寄主杂草均表现较强的抑制作用；在加拿大，从草原土壤中分离上千株的细菌作为防除1年生杂草的目标菌株。

我国应用植物病原菌防除杂草的研究起步较早，是首先将该技术大面积应用于生产的国家之一[49~51]。1963年，山东农业科学研究院植物保护研究所从感病的大豆菟丝子 *Cuscuta australlis* 上分离得到胶孢炭疽菌菟丝子专化型 *Colletotrichum gloeos porioides* Penz. Sacc. f. sp. cuscutae，该菌对我国大豆田菟丝子有特殊效果。在20余省开展了“鲁保一号”菌剂的生产和应用，推广面积达60万hm^2，防效在85%以上，取得了巨大的经济效益[50,52]。这是我国首次成功的以菌治草项目。云南省微生物研究所对紫茎泽兰斑病的尾孢菌 *Cercospora cupatorii* 进行了微生物学基础研究[54]。湖南农学院的王明旭等在稗叶枯菌 *H. elminthosporium monoceras* 及其毒素的研究中进行了稗叶枯病原菌鉴定，研究了稗叶枯菌的产孢、产毒条件及其寄主范围和致病性[55]。中国农业大学陈勇等1996年开始从稗草病叶上分离得到8种病原真菌，并筛选出对稗草致病性强、对水稻安全的尖角突脐孢 *Exserohilum monoceras*，且对该菌的流行学进行了研究，并向商品化发展[56]。河南省北部杂草病原微生物资源调查已取得初步成果，整理鉴定出19种杂草上病原菌30余种，其中蟋蟀草叶枯病菌多节长蠕孢 Helminthosporium nodulosum 致病力较强，田间自然抑草率86.4%，这一成果有望得到开发利用[57,58]。以上这些基础性研究的广泛开展，为进一步开发微生物除草剂提供了可能，为我国的以菌除草的生防工作奠定了坚实的基础。同时，利用微生物代谢产物防除杂草的研究工作近年来也在逐步开展。周荣仁（中国科学院生理所）开展了放线菌代谢产物的杂草防除探索。高昭远（中国科学院土肥所）开展了胶孢炭疽菌S22毒素物质防除杂草的可行性研究，并取得了一定结果[52,59]。上述工作的开展，扩大了我国微生物防除杂草的研究范围，为微生物除草剂的研制开辟了新的领域[60]。此外，应用前景较好的项目还有：利用泽兰实蝇防治紫茎泽兰。应用前景待确定的项目有：引进豚草条纹叶甲防治豚草，释放空心莲子草叶甲防治空心莲子草等等。

利用有些草坪草的根系能分泌某种物质抑制其他草的发生，即他感作用，选择并搭配种植草坪植物非常有意义，但目前这方面的研究还比较少。

虽然在草坪杂草的生物防除方面，至今尚未推出成熟的市场产品。随着科学技术的发展和人们环保意识的增强，生物治草正显示着广阔的前景，将成为杂草治理的一个发展趋势。

5 成熟草坪的杂草防控

运用肥、水管理控制防除杂草。草坪管理水平是绿地草坪建植成功与否的关键，也是防除杂草的一个重要措施。肥、水管理控制防除杂草是利用自然竞争的原理创造草坪草适于生长而杂草不适宜生长的条件，控制杂草的生长，减少杂草的侵入机会。

5.1 灌溉

播种后应及时灌溉，灌溉用水最好用地下水或喷灌，尽量不通过沟渠灌溉草坪，以免杂草种子随水流入草坪中萌发。当土壤湿润10~15cm深时草坪草就可有充分的水分供给。

5.2 修剪

适时、适当修剪草坪，并将修剪高度控制在合理高度，以利于草坪草生长竞争，不利于杂草生长。运用修剪方法防除一年生杂草或阔叶性杂草，良好的草坪修剪措施能防止一些杂草种子的产生，定期修剪，留茬3~5cm，可以提高草坪的生长势及其品质，促进草坪草分蘖。而草坪中的杂草，一般较草坪植株高，每次修剪，均可剪除其生长点部分，致使杂草不能正常生长和抽穗结实，杂草的生长力和繁殖率均可明显下降。同时修剪降低了叶层和枯草层厚度，增加了草坪的透气性，减少了病害和虫害发生的机会。另外在秋末时，可通过合理修剪，以延长草坪的绿叶期，抑制一些冬春季性杂草的发生。

5.3　追肥

合理施肥可以抑制杂草的发生，草坪早期生长旺盛，杂草难以侵入，以磷、钾氮肥为主，草坪成坪后，在高温、高湿季节尽量避免施用氮肥。施肥次数应视土壤状况而定，一般每生长季节3~5次，施肥量为5~10g/m^2·次。

5.4　人工拔除

对于小面积草坪或当杂草数量不多，且在发生初期、主根不深的情况下可人工拔除。

6　除草剂使用的安全有效性

6.1　除草剂使用的安全性（草坪草的耐药性）

除草剂的使用使草坪除草发生了根本性的变化，但是同时我们必须也要注意除草剂对草坪草是否会造成损伤。在利用除草剂除草的同时会不会对草坪草带来危害呢？农作物遭受药害的例子屡见报道，杨秀凤、武振亮（1994）[61]利用绿黄隆处理麦类作物和玉米，结果发现玉米易受药害，若使用不当即使是抗性作物麦类对绿黄隆的抗性也是有限的。蔡敦江等(1994)[62]利用不同处理除草剂对苜蓿进行试验发现普施特、灭草猛、地乐胺、氟乐灵可有效地防除稗、狗尾、苋、藜等田间杂草，但使用氟乐灵时要注意，施用和播种要间隔7天以上，否则苜蓿会受药害。广灭灵、赛克津对苜蓿不安全，缺苗段条，不能使用；茎叶处理剂中阔叶净、阔叶散、克阔乐、绿黄隆药害较重，不宜使用。草甘膦作为一种非选择性除草剂，对76种杂草有抑制作用，且无毒易被土壤微生物迅速降解，不会对杂草产生抗性，但对大豆豆苗产生药害不能轻易使用[63]。《农民日报》1994年8月8日第三版报道“句容县近万亩秧苗遭殃”，是因为前茬油菜使用了“油菜王”、“胺苯磺隆”、“金星”等除草剂。又有报道湖北省枝江县百里洲乡，有400多亩麦套棉，因麦田使用了“甲磺隆钠盐”，棉花受到严重药害，使农民损失惨重。草坪草受药害的情况也很多，只是由于人们不够重视，所以几乎不见报道。因此，杂草抗药性的研究必须受到重视。

在草坪杂草抗药性研究方面进行的非常少，而农田杂草抗药性的研究目前取得了很大进展。要真正提高草坪杂草化学防除的效果，乃至彻底解决这一问题，草坪杂草抗药性是不得不面对的问题。近几年来，随着生态意识的提高，草坪面积的不断扩大，这方面的研究正不断加强。在国外，Mccarty（1991）报道，狗牙根草坪的Tifway，Ormond和普通狗牙根(Cynodondactylon）对禾草灵有高度的耐药性。他以禾草灵3 4kg/hm^{2}可见到一些药害，但3~14d后这种药害消失，草坪恢复正常。袁树忠（1998）报道，SL-160应用对暖季型草坪安全而对冷季型草坪不安全。根据他的观察，SL-160茎叶处理对马尼拉草坪没有明显的药害症状。而用SL-160处理高羊茅，结果全部枯死，恢复力极差[2]。武菊英等（1997）研究发现，酰胺类的甲草胺、乙草胺和都尔对高羊茅生长有严重的抑制作用，田间高剂量下，高羊茅鲜重下降64%，不宜用于高羊茅苗期处理。耿立格等通过草坪草对除草剂抗性进行试验结果表明不同种的草坪草对除草剂的抗性不同，同一种草坪草不同品种的抗性也有差异[64]。

为了避免和减少药害，在使用除草剂时必须注意以下几点：第一，除草剂品种选择。选用除草剂时必须注意要有针对性地选择适当的除草剂，必须做到安全有效。不仅要防除杂草有效，而且对草坪草的生长不会影响或影响极轻。第二，使用剂量、使用时间、施用技术（方法）要适当。除草剂的药效易受环境条件影响，土壤 pH 值、湿度、气温、降雨都能影响其药效发挥，我们利用草坪草对某种除草剂有一定耐药性，或能消除除草剂的毒性，而杂草对其敏感的特性来达到除草的目的，如果使用剂量低达不到除草目的，高则可能会伤害草坪草，故一定要因时因地采取正确的方法，参照说明书选择使用剂量[65]。

6.2 除草剂使用的有效性

从 1970 年发现欧洲千里光（*Seneciovul garis L.*）对莠去津（Atrazine）的抗性以来，在 42 个国家已有 183 种杂草、212 个生物型对多种类型的化学除草剂产生了抗药性，而且自 20 世纪 70 年代中期以来，随着化学除草剂的广泛应用，全球抗药性杂草生物型一直呈上升趋势[68]。杂草抗药性的出现与发展，对于化学除草剂的大面积使用和目前推行的以化学除草剂为主体的杂草综合治理体系提出了新的挑战，也促使人们去深入了解和研究杂草抗药性的发生和形成机理，以便阻止和延缓杂草抗药性的形成，制定安全、合理的抗药性杂草治理策略。

目前对杂草抗药性的形成途径一般有两种解释：一种是在除草剂的选择压力下，另一种可能是由于除草剂的诱导作用而产生[67]。杂草对除草剂抗性的形成主要是因为：杂草本身具有抗性基因；重复使用某一种除草剂；除草剂的作用方式单一。

针对杂草产生的抗药性应采取以下防治对策：第一、除草剂使用要合理，采取混合使用、轮换使用及在阈值水平上使用等方法；第二、使用除草剂的安全剂和增效剂；第三、多使用天然除草剂；第四、选育抗除草剂品种。

草坪作为城市绿化、环保工程的重要组成部分而被广泛应用，我国草坪事业迅速崛起，草坪面积不断扩大，但与发达国家相比，我国草坪业还很落后，尤其在环境与经济发展矛盾日益突出的客观压力下，在我国大力发展草坪业显得尤为重要。研究解决阻碍建植优质草坪、影响草坪景观效益的杂草问题已刻不容缓，随着对草坪杂草研究的高度重视和不断深入，草坪业将随着时代的进步不断得到发展。

参考文献

[1] 杨国华，黄全能，谢瑞霞等. 草坪草害及其化学防除［J］. 武夷科学 2000，16（12）：100～104
[2] 高德武，于友民. 草坪杂草化学防除的研究进展［J］. 四川草原 2001，（4）：32～36
[3] 孙吉雄. 草坪学［M］北京：中国农业出版社，1995，101～120
[4] 陈志明. 南京地区草坪主要杂草初步调查［J］. 草业科学，1999，（1）：68～69
[5] 周利民. 广州市区草坪杂草调查［J］. 草业科学，1996，（6）：42～43
[6] 王青松，翁启勇，何玉仙等. 福州登云高尔夫球场草坪杂草种类及分布［J］. 草业科学，1997，（2）：47～49
[7] 何玉仙等. 福州登云高尔夫球场草坪建植中的主要危害杂草［J］. 草业科学，1995，（5）：67～69
[8] 陈志明，蒋志峰. 南京地区高羊茅草坪苗期阔叶杂草的防除方法［J］. 江苏林业科技，1999，（2）：30～32
[9] 樊丛梅，张思平. 草坪杂草发生及其防除技术研究［J］. 江苏林业科技，1998，（1）：43～45
[10] 武菊英，江国铿，贾春虹. 北京地区草坪草害及其化学防除［J］. 华北农学报，1997，12（2）：125～130
[11] 魏雪生，但汉斌，陈勇强等. 天津市区草坪杂草调查初报［J］. 天津农业科学，1998，（2）：49～52
[12] 尚以顺，唐成斌. 贵州南部地区草坪主要杂草及危害情况调查［J］. 杂草科学，1997，（3）：17～18
[13] 唐洪元. 中国农田杂草彩色图谱［M］. 上海：上海科学出版社，1989
[14] 冯淑华，陈雅君，任秋香. 草坪杂草的危害及其防除技术［J］. 北方园艺，2002（6）：39
[15] 吴晓霞，黄春华，金银根等. 扬州市区草坪杂草分布与动态探讨［J］. 杂草科学，1999（4）：15～19
[16] 韩烈保，徐志宏，邓刚. 北京地区常见草坪杂草种类的初步调查［J］. 草业科学，1997，（1）：51～52
[17] 汪诗德. 草坪草害综合治理对策［J］. 安徽农业科学，2003，（3）：465，467
[18] 张兆松，沈益新，杨志民. 草坪杂草的综合防除［J］. 草原与草坪，2001，（04）：12～16
[19] 龚束芳，车代弟，耿美云. 播种草坪的杂草防治［J］. 北方园艺，2000，（2）：61
[20] 张雄，张建忠，赵存才等. 灭生性除草剂草甘膦在草坪杂草防除上的应用技术［J］. 内蒙古农业科技，1999，（4）：35～36
[21] 刘琳，刘乐园. 草坪常见杂草种类及综合防治［J］. 湖北植保，2003，（5）：32～33
[22] 王清奎，张志国，孟艳丽. 萌前型除草剂对草坪草的影响和杂草防除研究［J］. 中国草地，2003，（2）：38～53
[23] 吴菊英，江国铿，贾春虹. 除草剂对草坪草的影响［J］. 杂草科学，1996，（3）：36～38
[24] 吴菊英，江国铿，贾春虹. 高羊茅苗期对除草剂耐药性的研究［J］. 草业学报，1997，（4）：54～57
[25] 于凤芝. 农思它防除草坪地杂草试验研究［J］. 黑龙江农业科学，1996，（5）：8～10
[26] 韩烈刚，韩烈保，刘荣堂. 几种除草剂对冷季型草坪草的安全性研究［J］. 北京林业大学学报，2000，（2）：12～15
[27] 魏福香. 除草剂的现状及发展趋势［J］. 安徽农业，1999，（3）：8～9
[28] 王宏富，韩忻彦. 中国农田杂草可持续治理的现状与展望［J］. 山西农业大学学报，2002，（4）：274～277
[29] 白瑞栋，金佩英，汤引男等. 园林草坪化学除草试验［J］. 浙江林学院学报，2001，18（1）：73～75

[30] 许恩光. 草坪化学除草与化控技术 [J]. 林业科技通讯, 2000, (9): 26~27
[31] Johnson B. J. Postemergence control of large crabgrass and goosegrass in turf [J] Weed Sci. 1975, (23): 404~409
[32] Johnson B. J. Dates of herbicides application for summer weed control in turf [J] Weed Sci. 1976, (23): 422~424
[33] 曹坳程. 草坪杂草的化学防除 [J]. 世界农业, 1998, (11): 30~32
[34] 侯丰, 白福林. 应用除草剂杀灭豆科人工草地一年生杂草试验研究 [J]. 中国草地, 2000, (4): 51~52
[35] 池杏珍, 陈培昶, 康喜信等. 草坪青对移植草坪杂草的防除效果 [J]. 杂草科学, 1999, (2): 25~27
[36] 李善林, 韩烈保, 张文明. 运动场草坪杂草发生特性及其防治措施的研究 [J]. 中国草地, 1995, (3): 74~75
[37] 谭永钦, 张国安, 周兴苗. 我国草坪杂草防除研究进展 [J]. 四川草原, 2001, (2): 18~22
[38] 孙国俊, 吴志华. 马蹄金草坪不同杂草的化学防治技术研究 [J]. 中国草地, 2000, (2): 53~55
[39] 卢其广, 古长标, 郭成宝等. 冷季型草种幼苗期的杂草防除及对处理药剂的反应 [J]. 草业科学, 1996, (2): 70~71
[40] 黄春华, 徐永山, 吉咸美等. 草坪杂草及其非药剂管理初探 [J]. 杂草科学, 2003, (1): 5~8
[41] Kenney D S. Devine-the way it was developed-An industrialist's view [J]. Weed Sci., 1986, 34 (Suppl. 1): 15~16
[42] 李扬汉, 张宗俭, 王建书. 有关真菌除草剂研究的进展 [J]. 生物防治通报, 1994, 101: 35~39
[43] Stephen O. D. Lydon J. Herbicides from natural compounds [J]. Weed Technology, 1987, 1 (2): 122~128
[44] Bowers R. C. Commercialization of Collego-An industrialist's view [J]. Weed Sci., 1986, (34): 24~25
[45] Te Beest D. O. The status of biological control of weeds with fungal pathogens [J]. Ann Rev Phytopathol, 1992, (30): 637~658
[46] McRac C F. Role of codinal matrix of *Colletotrichum orbiculare* in pathogenesis of *Xanthium spinosurm* [J]. Mycol Res, 1990, (94): 890~896
[47] Boyetchko S M. Principles of biological weed control with microorganism [J]. HortScience, 1997, 32 (2): 201~205
[48] 陈勇强, 但汉斌, 郭富常. 国外微生物除草剂的研究及应用现状 [J]. 天津农业科学, 1998, 4 (2): 5~9
[49] 万方浩. 世界杂草生防的历史成就及我国杂草生防的现状与建议 [J]. 生物防治通报, 1991, 7 (2): 81~87
[50] 刘志海等. 鲁保一号菌 [M]. 济南: 济南科技出版社, 1987, 1~179
[51] 王韧. 我国杂草生防现状及若干问题的讨论 [J]. 生物防治通报, 1986, 2 (4): 173~177
[52] 高昭远等. 菟丝子生物防除-鲁保一号的研究进展 [J]. 生物防治通报, 1992, 8 (4): 173~175
[53] 王之樾等. 应用镰刀菌防治瓜列当 [J]. 生物防治通报, 1985, 1 (1): 24~26
[54] 林冠伦. 80年代我国杂草生防的主要成就 [J]. 植物保护, 1991, 17 (1): 27~29
[55] 王明旭等. 稗叶枯菌及其毒素的研究 [J]. 湖南农学院学报, 1991, 17 (1): 34~41
[56] 陈勇, 倪汉文. 中国稗草病原真菌对稗草及水稻的致病性 [J]. 中国生物防治, 1999, 15 (2): 73~76
[57] 张希福, 高山松. 杂草植物病原菌资源调查及其在杂草生防上的应用前景 [J]. 河南职技师院学报, 1996, 24 (1): 36~41

[58] 张希福. 豫北地区杂草植物病原菌资源调查［J］. 中国生物防治，1996，(3)：140~141
[59] 高昭远等. 我国利用病原微生物防除杂草研究的回顾与现状［J］. 中国农学通报，1995，11（1）：31~34，37
[60] 刘焕禄，刘亦学，刘晓琳. 微生物除草剂研究概况与建议［J］. 天津农学院学报，2000，（4）：36~39
[61] 杨秀凤，武振亮. 绿黄隆对玉米和小麦的影响［J］. 植物保护，1994，(1)：13~15
[62] 蔡敦江. 苜蓿地杂草防除简报［J］. 中国草地，1994，(4)：70
[63] 张祥民. 耐受草甘膦大豆突变体的筛选初报［J］. 安徽农业科学，1995，(3)：54~56
[64] 耿立格，梁玉芹，赵文昌. 草坪草对除草剂的抗性筛选试验（初报）［J］. 草业科学，1998，(6)：69~70
[65] 周国珍. 使用除草剂的技术要点［J］. 湖北植保，1994，(5)：17
[66] 武菊英，江国铿，贾春虹. 高羊茅苗期对除草剂耐药性的研究［J］. 草业科学，1997，14（2）：54~57
[67] 韩庆莉，沈嘉祥. 杂草抗药性的形成、作用机理研究进展［J］. 云南农业大学学报，2004，（5）：556~561
[68] 岳桦，任俐. 不同品种金鱼草多倍体诱变方法的研究［J］. 东北林业大学学报，1992，22（4）：102~107
[69] 苏少泉. 杂草学［M］. 北京：农业出版社，1993
[70] 杨贤智，杨健源. 我国杂草综合防治研究与应用［J］植物医生 1999，(1)：2~4
[71] 沈国辉，杨烈. 我国草坪杂草与化学防除的现状及存在问题［J］. 上海农业学报，2000，16（增刊)：49~53
[72] 李善林，张丽，韩烈保. 北京地区草坪杂草的发生特点及其治理技术［J］. 中国草地，1996，(6)：54~57
[73] 农业部农药检定所. 新编农药手册［M］. 北京：农业出版社，1989
[74] 韩烈保. 草坪管理学［M］. 北京：北京农业大学出版社，1994，183~209
[75] 李孙荣. 杂草及其防治［M］. 北京：北京农业大学出版社，1991，55~94，180~192
[76] 李善林，刘德荣，韩烈刚. 草坪杂草［M］. 中国林业出版社，1999
[77] 彭玉梅，崔鲜一，程渡. 草坪草地阔叶杂草防除技术研究［J］. 四川草原，1999，(1)：23~27
[78] 唐洪元. 中国农田杂草［M］. 上海科技教育出版社，1991
[79] 武菊英，江国铿，贾春虹. 除草剂对草坪的影响［J］. 杂草科学. 1996，(3)：36~38
[80] 张殿京，陈仁霖主编. 农田杂草化学防除大全［M］. 上海科学技术文献出版社，1992
[81] 谭永钦，张国安，郭尔祥. 草坪阔叶杂草防除技术研究［J］. 四川草原，2002，(1)：32~36
[82] 肖飚，白史且，盘帮朝. 冬季草坪化学除莠试验［J］. 四川草原，1999，(2)：46~49
[83] 严东海，刘伟，于友民. 几种选择性除草剂防除草坪双子叶杂草效果的研究［J］. 四川草原，1999（4)：43~45
[84] 廖兴其. 美国的草坪及其研究［J］. 世界农业，1998，(4)：61~62
[85] 谢爱文，贺文光，刘细燕. 绿地草坪杂草的防除方法探讨［J］. 江西林业科技，2003，(1)：17~18
[86] 王艳，陈中林，代保清. 几种化学除草剂在草坪上的试验研究［J］. 辽宁大学学报（自然科学版)，1998，25（4)：389~392
[87] 黄炳球. 稗草对丁草胺自然耐药性测定［J］. 杂草科学，1994，(4)：1
[88] 朴仁哲，吴明根，崔承姬. 地黄，稗草对百草枯耐性差异研究［J］. 特产研究，2002，(4)：12~15
[89] 黄建中，褚建君，叶建强. 抗药性杂草的管理［J］. 杂草科学，1995，(4)：4~7
[90] 牛建泽. 绿黄隆防除麦田杂草应用技术研究. 黑龙江农业科学［J］. 1994，(4)：19~22

[91] 宋小玲，姚东瑞．浅谈杂草科学研究动态［J］．杂草科学，1996，(4)：8～10
[92] 王秀，牛晓颖．麦茬高度对除草剂控制杂草效果的影响［J］．河北农业大学学报，2004，27（6）：83～87

作者简介：王建光（1960～），男，内蒙古包头人，教授，硕士研究生导师，主要从事草坪建植、城乡绿化、植被恢复、牧草栽培与产业化等方面的研究。

15 运动场草坪研究进展

[1] 韩烈保 [2] 宋桂龙

（[1] 北京林业大学草坪研究所；[2] 教育部北京市森林培育与保护重点实验室，北京 100083）

摘要：文章从草种选择、根系层组成与配比、坪床结构类型、养护管理措施、质量评价体系及方法等方面综述了国内外运动场草坪相关研究进展，并对今后运动场草坪研究发展趋势进行了分析及预测。

关键词：运动场草坪 草种选择 坪床结构 根系层 养护措施 质量评价

运动场草坪作为体育运动的基础，其质量的优劣将直接影响比赛的质量、球场的使用寿命及运动员的临场发挥[1]。高质量运动场草坪的形成受多种因素综合制约，而影响运动场质量的因素主要包括草种选择、根系层组成与配比、坪床结构类型、养护管理措施及质量评价体系等。

1 草种选择

草坪草种及其品种的选择对于运动场草坪的质量十分关键。目前运动场草坪还没有像高尔夫果岭那样有专用的草坪草种，一般多根据各地不同的生态环境，选择一些相对耐践踏、抗逆性强、恢复能力强、弹性好的草种。在热带及亚热带多雨地区多选择结缕草、狗牙根等暖季型草坪草，在过渡带一般选用较耐寒的狗牙根、结缕草及高羊茅的某些耐热品种，而在温带多以高羊茅、草地早熟禾和多年生黑麦草之间不同比例的混播为主[2]。在草种选择上，国内与国外基本上都是遵照上述原则，主要的不同点就在于多年生黑麦草在混播中的比例，国内许多学者认为多年生黑麦草只能作为混播中的保护种，其在混播组合中的比例一般不超过20%，而建群种多是草地早熟禾和高羊茅[2~4]；国外的许多学者研究认为多年生黑麦草耐践踏性强，单播或作为建群种混播时足球场草坪品质较优[5,6]。

有关运动场草坪草种选择的研究，国内外多集中于草坪草耐践踏性的研究，认为不同草坪草之间耐践踏性差异的主要因素是茎枝叶组织在形态结构和解剖结构上的差异所致。已有大量研究证明，植物体内的总细胞壁含量（PTCW）与草坪草的耐磨损性相关性显著，并将植物体内的总细胞壁含量在受践踏前后的变化值作为评价草坪草耐磨损性的一个数量化指标[7]。Shearman，R. C and Beard，J. B 研究认为，除了植物细胞壁总含量与耐磨损性相关性显著外，细胞壁的几种组成物质如纤维素（cellulose）、木质纤维（lignocellulose）、木质素（lignin）和半纤维（hemicellulose）等含量与耐磨损性的相关性也达到显著水平，但这一结论必须以单位面积上的鲜重为计量单位，而若以单位面积上的干重计量则相关性不显著[8]。在植物细胞的解剖结构中，与耐磨损性有关的还有厚壁细胞的数量及分布、细胞壁的角质化程度、维管束的木质化程度等。王艳等对结缕草和早熟禾的解剖结构进行了对比研究，结果发现结缕草维管束的木质化程度远远高于草地早熟禾，而且结缕草维管束周围的机械组织和叶缘的厚壁细胞数量都远远多于草地早熟禾，使结缕草具有极强的耐磨损性和耐践踏性[9]。董厚德、宫莉君研究认为，结缕草叶片具有发达的维管束和强韧的角质层，是结缕草具有极强耐磨损性和耐践踏性的重要原因之一。他们还试验证明，经过 30 次重力拉动摩擦后，结缕草有 50% 的叶片受损，而草地早熟禾在 13 次摩擦后就有 50% 的叶片受损[10]。

2 根系层土壤组成与配比

2.1 根系层土壤组成与配比

运动场草坪根系层土壤主要由沙、土、泥炭组成，根据建造目的及各地气候条件的差异，还可因地制宜地加入其他类型的有机或无机改良剂，如珍珠岩、沸石、蛭石等。目前有关沙、土、泥炭 3 者之间的优化配比，各研究学者之间存在着一定的差异。沙在运动场草坪根系层中的比例从最初的 30% 到 50%，一直增加到 80% ~85%，直至纯沙型[11,12]。期间由美国高尔夫球协会（USGA）果岭部提出的以沙为主的沙床土壤结构逐渐为世界各地运动场草坪学者所接受，并已成为当今运动场草坪根系层选择的主要模式。孙吉雄、韩烈保对国内运动场草坪最佳坪床结构进行了研究，认为根区混合物中沙的含量为67% ~75% 较理想[13]。

坪床根系层的特性主要取决于所用沙的特性。沙的特性随着其粒径、均一性和形状的变化而改变[14~17]。研究表明，排水率和孔隙度的平衡主要受沙的粒径影响，而容重、总孔隙度取决于沙的均一性。当沙粒较圆和棱角较少时，坪床土壤孔隙趋于减少。然而，当沙的形状极端时，对沙的选择主要看沙粒的均一性。不同类型的运动场草坪坪床，对于沙粒大小要求不一样。对于足球场，沙的粒径最好在 0. 125 ~ 0. 5mm，而对于高尔夫球场果岭则在 0. 25 ~0. 75mm 为宜[18]。

目前，运动场草坪系统，如足球场、橄榄球场、棒球场及赛马场等，在设计与建造高水平的球场时，大都效仿美国高尔夫球协会（USGA）推荐的果岭坪床结构用沙标准。但是，对于表面强度要求较高的运动场草坪而言，纯沙型土壤结构也存在一些问题，如缺乏稳定性、沙粒形状及球状度的影响及如何解决渗蓄水肥之间的矛盾等[13]。一些学者研究认为，应向纯沙型根系层中加入适量的土或聚丙烯纤维等加固材料，以增加运动场草坪表面的稳定性。还有一些学者认为，适当扩大沙粒的选择范围也可以增加坪床表面的稳定性，但是此方面的定量研究目前尚未见报道。

根区混合物中除了沙外，还要加入适量的改良物质，如泥炭、烧煅黏土、沸石等，这些物质对于提高根区混合物的保水保肥能力以及改善根区混合物的理化性质有一定的作用，但是用量不能过多，以不超过 10% 为宜[19~21]。目前，最常用的土壤有机质改良剂是泥炭。在过去 20 年中，一些非泥炭有机质被广泛研究，如稻壳、可可皮、锯末、木屑、树皮堆肥、污泥、家畜粪便、生活垃圾、废纸及海藻等。研究内容包括营养释放、病虫害感染率、微生物数量、pH 值变化及土壤物理性质的改变[22~28]。

2.2 土壤加固技术

土壤加固技术最早出现在建筑行业中[29]。随后，被草坪研究学者应用于赛马场草坪，并取得了显著效果[30]。目前，用于运动场草坪土壤加固的材料多为尼龙网和聚丙烯纤维碎片，依据加固材料的不同，其混入土壤的方式存在着较大差别。Baker（1997）回顾了运动场草坪坪床加固研究，将加固材料分为两种类型：（1）以任意方式混入，材料主要为纤维碎片、短丝带、小片状网状物等；（2）水平有序地铺设，材料主要为具有一定面积的网状物[31]。加固材料的混入对于增加土壤强度，减少土壤变型，提高草坪表面稳定性效果明显，并对增加坪床的保水能力及表面盖度有一定的作用，然而施用量过多会导致球场表面太软以及土壤分层等[30,32,33]。

3　坪床结构类型

60年代之前，运动场草坪坪床结构主要为改良型结构，改良的重点多是表层20～25cm的根系层，基本不设排水层或所设排水层形式混乱，性状表现不稳定。60年代初，由美国高尔夫球协会（USGA）在大量研究的基础上提出了果岭坪床结构，并先后在1973年、1989年和1993年又进行了3次修订[34～37]。修订重点为根系层组成配比及过渡层的有无。由于果岭坪床结构将土壤的持水能力与排水能力很好地结合起来，在二者之间取得平衡，并将土壤的板结趋势降到最低。所以，在其他运动场地的建造中迅速得到推广，已成为目前运动场草坪中应用最为广泛的结构之一。

California方法于20世纪60年代末由美国加利福尼亚大学研究开发，是最早依据事实经验来进行设计研发的。此结构最突出的一点是根系层具有较高的渗水性，因此对沙的要求极为苛刻。该方法是运动场坪床结构领域最早的研究成果之一，现今仍在广泛应用，但多应用于与加利福尼亚州气候相类似的地方[38]。

70年代后，随着各项体育运动及运动场草坪科学研究的发展，运动场草坪坪床结构又相继出现了新宾夕法尼亚结构（Pennsylvania）、韦格拉斯结构（Weigrass）、细胞式结构及PAT结构等。每一种结构都是在特定环境及背景下产生的，都具有其独特的设计要点和应用范围。此外，还有一种裂槽式坪床结构及其衍生结构，相比其他几种坪床结构，裂槽式结构经济实用，且排水效果理想，在实际应用中较为常见，尤其适用于老球场的改造。

有关坪床结构的研究目前主要集中于美国高尔夫球协会推荐果岭坪床结构（USGA结构）与加利福利亚大学结构（California结构）[39]。二者均含有30cm的根系层、排水管及紧实的地基。二者的主要区别在于坪床结构中砾石层的有无。加州大学结构没有砾石层，排水管上面只有一层根系层（30cm），而USGA结构有砾石层。二者还有一点不同，就是根系层的饱和导水率，加州大学结构的导水率要明显高于USGA结构的。

Prettyman and McCay（2002）研究发现，USGA结构排水速度要明显高于加州大学结构，其饱和导水率达到了100mm/h以上；USGA结构中的排水速率受表层土壤渗水率的影响较小，而加州大学结构的排水速率受表层土壤渗水率的影响非常大[40]。导致两种坪床结构排水速率产生明显差异的主要原因有二，即根系层的饱和导水率与不同渗水方式[41]。USGA结构，表层水进入砾石层后运移曲线方向是垂直向下的，其渗水速率仅仅取决于根系土壤的导水率；而加州大学结构，表层水下渗的曲线方向分水平和垂直两个方向，垂直方向的入渗速率同样是取决于根系层的导水率，而水平方向上则取决于排水管的设计（即排水管之间的间距）和根系土壤的扩散速率。因此，坪床结构排水效率的差异主要取决于根系层的饱和导水率及渗水方式。

Van Wijk对坪床结构根区土壤水分运动特点进行调查，发现以沙为主的根系层下面如果是质地较细的土壤，则下层土壤的饱和导水率将成为制约坪床排水速率的关键因素[42]。实际上，如果坪床结构中下层土壤的导水率为上层土壤的1/5或更小，则下层土壤就相当于一个不透水层阻碍着坪床排水[43]。而如果沙层下面是质地更粗的材料，则在排水过程中此层依然会起到水分滞留或是阻碍水分下渗的作用[44]。而且随着下层颗粒粒径的增加，所持水分含量会随之增加[45,46]。

4 养护管理措施

国内有关运动场草坪养护管理措施研究开始于90年代以后，且仍以对草坪质量的影响研究为主，相关运动质量的研究尚未见报道。陈莉等人研究了践踏强度对运动场草坪草生长及土壤物理性状的影响，认为当践踏强度在3.5 ~4.0mPa/cm² 时对草坪实施人工管理，可以达到最佳效果，而且能够节省管理成本。在践踏强度超过5.0 mPa/cm² 的地方，若有根茎存在，通过人工恢复草坪草仍可生长，但盖度较差[47]。李建江、陈莉结合足球场实际使用状况，测定了草坪生理及土壤性状变化，并对球场使用与管理提出了一些有效建议[48]。毕玉芬等人研究了修剪高度、频率及施肥等养护措施对运动场草坪密度的影响，得出了草坪密度最佳时的草坪修剪高度及频率，并建立回归模型[49]。

国外关于养护管理对运动场草坪质量影响的研究分为两个阶段，20世纪60年代之前的研究主要集中于养护管理对草坪草本身的影响。在60年代末，随着人造草坪被引入足球场，人造草坪和天然草坪之间的争论随即开始，有关养护管理对运动场草坪运动质量影响研究也大量开展，而且主要集中于打孔、修剪、施肥、滚压和表施土壤等措施[50]。

4.1 通气措施

国外大多数学者认为，打孔是解决足球场草坪土壤紧实最有效的通气措施之一，并认为打孔还可以控制枯草层、去除铺草皮卷可能引起的土壤分层、促进草坪分蘖、增加草坪密度及土壤渗透率等[51]。也有一些学者研究认为打孔在增加土壤渗透率、解决土壤紧实以及控制枯草层方面没有显著作用，同时还会伤害草坪草的根系及减少草坪盖度[52]。打孔在改变土壤物理性质及对草坪草生长、特别是根系生长影响的不同结论，可能是由于所采用的打孔器具、土壤类型以及草坪草种不同所致。

打孔除了对草坪草生长及球场表层土壤物理性质影响外，还会进一步影响到草坪的运动质量。一些学者研究认为，打孔会使足球场草坪的表面硬度减小，但这种效果持续时间不长，球场一经比赛践踏，这种效果很快就消失[53]。Baker, S. W. and Richards, C. W. 研究认为，打孔会使球的反弹率及球场表面摩擦力大大降低。Pair, et al. 在模拟运动员践踏试验后进行了打孔操作，结果发现打孔在提高草坪运动质量方面对冷季型草坪的影响要高于暖季型草坪[54]。

4.2 施肥

施N过多或过少都会导致草坪耐践踏性及抗性下降，同时还易引起草坪病害的发生。过量施N易引起草坪草生长发育的一系列变化，如茎叶组织多汁、贮存养分减少、细胞壁变薄等，这些变化会导致草坪草的抗性及耐践踏性下降。但是施N过少，又不能满足草坪草的正常生长，地上及地下生物量都会降低，从而也会导致草坪的耐践踏性及抗性下降。Turner和Hummel分别对冷季型草坪和暖季型草坪进行了施肥研究，结果表明，冷季型草坪要维持良好的耐践踏性及抗性，正确的施N量应为200 ~300kg/hm² · a；暖季型草坪在其生长季节每月最适宜的施N量为48.9kg/hm²[55]。

K肥可以增加草坪草的耐践踏性、抗病性及抗旱性。Turner和Hummel对狗牙根（*Cynodon dactylon*）草坪进行施K肥试验，结果表明K肥可以增加狗牙根的分蘖，延长狗牙根草坪的使用期限。当 N 不足时，要想获得较为理想的耐践踏性，施 K 量为 270～360kg/(hm^2·a)，同时他们还认为，在对冷季型草坪施肥时 K 和 N 必须保持平衡。草坪进入冬眠之前，过量施 N 会导致草坪冻害的发生，此时增加 K 肥会减轻 N 肥所引起的冻害。Dipaola 和 Beard 经研究认为，在草坪草生长季节末的 N 肥施量不应超过 49kg/hm^2[56]。

4.3　修剪

草坪的低修剪可以增加草坪密度及其表面平整度，减小表面摩擦力，但是经常低修剪对草坪的损伤较大，不利于草坪的恢复，较为适宜的修剪高度为 22～24mm[57]。草坪的修剪高度对于球场的表面硬度、足球的反弹率及滚动距离影响较大。当草坪草修剪过低时，会导致草坪草的根系变浅，而浅根系的草坪在比赛中最易被掀起。Roger, J. N and Waddington, D. V. 研究了高羊茅（*Festuca arundinacea* Schreb.）草坪的 3 种修剪高度对球场表面硬度及滚动距离的影响，结果表明表面硬度随着修剪高度的增加而下降，球的滚动距离也明显下降[58]。Cockerham, S. T. et al. 研究发现，草坪的修剪高度在 2.5～5.0cm 之间变化时，当修剪高度每降低 0.6cm，球场表面的反弹高度会增加 1.75cm，而当修剪高度降到 0.6cm 以下时，修剪高度对足球的反弹高度已没有影响[59]。Richard, C. W. and Baker, S. W. 研究认为修剪高度和球的滚动距离之间是一种负线性关系，并且在他们的研究中又分别测试了干燥草坪和湿润草坪的修剪高度与滚动距离之间的相关系数，结果为 $r_{(干)} = -0.98$、$r_{(湿)} = -0.93$。Bell, M. J. 研究发现，在一定范围内修剪高度每增加 10mm，球的滚动距离减少 1m，二者之间的关系模型为 $Dr = 3.19 + 9.86e^{-0.045sh}$（*Dr* 为滚动距离，单位为 m；*sh* 为修剪高度，单位为 mm）[60]。

修剪频率主要是影响足球的滚动距离和反弹高度，而且其影响只发生在两次修剪之间草坪草新的生长高度超过 0.3cm 时，否则，其对草坪运动质量的影响不显著[61]。

4.4　表施土壤

常用于草坪枯草层控制的养护措施，除了表施土壤外，还有垂直刈割和打孔。Carrow, R. N. et al. 研究认为，打孔和垂直刈割均不是解决足球场草坪枯草层过厚的理想措施，二者对草坪草根茎的损伤都较大，而且在减少枯草层方面效果并不十分显著（<8%），而表施土壤（主要成分是沙）不仅可以减少枯草层 44%～62%，而且还对草坪草的分蘖和足球场的表面平整度有促进作用[62]。表施土壤一般是在打孔之后进行，施过后要用平耙耙平草坪表面。经常进行表施土壤，可以逐渐改善土壤介质的通透性，防止枯草层的发生，同时还有利于损伤草坪的恢复以及足球场的持久使用。表施土壤还常用于改变坪床坡度，球场经过长时间的使用后，表面不可避免的会产生不同程度的凸凹，通过多次表施土壤就可以改善此种状况。

4.5　滚压

滚压一般在修剪之后进行，它可以减小草坪表面的摩擦力，增加球的滚动距离和球速。滚压对于足球场的影响类似于运动员的践踏，因此，滚压的时间和滚筒的重量都要掌握好，否则，滚压极易对草坪产生负面影响。Cockerham, S. T. et al. 研究认为，用 454kg 平滑滚筒滚压修剪高度为 2.9cm 的草坪两次，其表面滚动距离增加 1.4m，表面反弹高度增加 5cm。研究还发现，坪床表面的水分含量对于滚压的效果起决定作用，若是表面太干，滚压的效果不明显；若是表面太湿，滚压极易引起土壤紧实。Mooney, S. J. and Baker, S. W. 研究发现，滚压虽然可以增加球场表面的平整度，如果操作不当也会导致草坪盖度和表面摩擦力降低。

5 运动场草坪质量评价体系及方法

目前，在草坪场地上开展的运动项目主要有足球、橄榄球、棒球、曲棍球、田径、网球及赛马等。不同的体育项目对场地质量要求不同，有比赛用具直接接触场地的比赛项目，如足球、曲棍球等，或人员对抗较为激烈的比赛项目，如橄榄球等，均对场地质量要求较高；而一些草坪场地主要发挥的是景观功能或安全保护功能，对草坪质量的要求仅仅停留在表观质量上，如田径场、赛马场及棒球场等。目前，有关运动场草坪质量评价体系主要集中在表面硬度、摩擦力、弹性、表面均一性等质量上，相关标准仅见国际足联出台的足球场场地质量标准，其他场地标准尚未见报道。

国内有关运动场草坪场地质量评价及方法研究尚未见报道。国外相关研究主要集中在表面硬度、摩擦力及均一性[15,59,63]。研究认为，球场草坪表面要有一个适宜的硬度，如果硬度太大，草坪吸收外力的能力减小，缓冲性能下降，球员在比赛中因受到场地的冲击力过大，而导致受伤；相反，如果球场表面太软，球员在跑动和踢球过程中，易产生疲劳感，严重时腿部可能出现痉挛现象。表面摩擦力也是要有一个适宜值，摩擦力太大，易导致脚踝扭伤；太小、表面过滑，球员在跑动和踢球过程中易滑倒，同时对足球的控制和技术的发挥也产生不利影响。球场均一性不仅影响景观效果，同时均一性差的草坪会导致足球在滚动过程中球速和方向可能发生改变，使球员无法准确地对其进行判断，同时凸凹不平的草坪也会影响运动员跑动，甚至导致绊倒，影响其发挥或安全。目前，相关各种质量的评价方法及检测设备，国际上已有统一的标准。

6 研究发展趋势

6.1 不能因地制宜地设计运动场的坪床结构和根区混合物配比。目前，国内外相关坪床结构与根系层配比的研究很少考虑到各地的气候条件，因此使得各地在选择坪床结构与根系层组成时多存在盲目性。尤其是像我国这样一个地域辽阔、各地气候条件变化差异很大的国家，如果不能因地制宜的提出合理的坪床结构建造模式及根系层配比组合，必然导致球场建造的盲目性，或者导致球场建造失败或场地质量不高，或者造成经济、人力、材料等资源的浪费。因此，因地制宜地进行运动场坪床结构设计和根区混合物的配比对于提高我国球场质量和各项体育运动水平意义重大。

6.2 我国目前尚未对各类型运动场草坪质量制定统一的评价标准，尤其足球作为世界第一大体育项目，如果我们不能建造高水平的场地或场地建造后没有统一的标准进行评价和检测，势必影响足球运动在我国的良性发展以及与国际足球运动的交流。因此，提高草坪场地的建造水平，制定相应的质量评价等级标准，是提高我国体育运动水平以及尽快与国际接轨的必备条件。

6.3 一些新技术的应用，如坪床加固技术、通风加热技术及可移动式坪床结构等。这些新技术是20世纪90年代以后运动场草坪发展的热点，也是提高和改善运动场草坪质量和使用功能的新途径，然而我国在此些方面的研究尚处于空白，相关研究有待加强。

参考文献

[1] 宋桂龙，韩烈保．足球场草坪运动质量影响因素的研究进展．中国草地．2003，25（1）

[2] 韩烈保，丁波泽，大卫·奥尔德斯. 运动场草坪 [M]. 北京：中国林业出版社，1999：64～65

[3] 孙吉雄. 冷地型足球场草坪混播组合多年生黑麦草最佳含量的研究 [J]. 草业学报，1995，4（4）：66～70

[4] 吉红，郝志刚. 用模糊综合评判法对运动场草坪坪床类型与混播配方优化组合的评价 [J]. 中国草地，1994，（1）：41～45

[5] Gore，A. J. P. Cox，R. and Davies，T. M Wear tolerances of turfgrass mixtures [J]. Journal of the sports turf research institute. 1979，55：45～68

[6] Baker，S. W. and Hunt，J. A. Effect of shade by stands on grass species and cultivar selection on football pitches [J]. International Turfgrass Society Research Journal. 1997，8：593～601

[7] Shearman，R. C，and J. B，Beard. Turfgrass wear tolerance mechanisms：Ⅰ. wear tolerance of seven turfgrass species and quantitative methods for determining turfgrass wear injury. 1975，Agron. J. 67：208～211

[8] Shearman，R. C.，J. B. Beard. 1974. Trufgrass wear tolerance mechanisms：Ⅱ. effects of cell wall constituents on turfgrass wear tolerance. Agron. J. 67：211～215

[9] 王艳，张绵. 结缕草和早熟禾解剖结构与其抗旱性、耐践踏性和弹性关系的对比研究. 辽宁大学学报（自然科学版）. 2000，27（4）：371～374

[10] 董厚德，宫莉君. 中国结缕草生态学及其资源开发与应用 [M]. 北京：中国林业出版社，2001，104～105

[11] Kuntze，R. J.，M. H. Ferguson，and J. B. Page. The effects of compaction on golf green mixtures. USGA J. Turf Management. 1957，10（6）：24～27

[12] Brown，K. W. and R. L. Duble. Physical characteristics of soil mixtures used for golf green construction. Agronomy J. 1975，67：647～652

[13] 孙吉雄，韩烈保. 足球运动场草坪的建立及养护管理 [J]. 中国草地，1992，（1）：58～60

[14] David E. Bingaman and Helmut Kohnke. Evaluating sands for athletic turf. Agron. J. 1970，62：464～467

[15] Baker，S. W. A. R. Cole，and S. L. Thornton. 1988. Performance standards and the interpretation of playing quality for soccer in relation to root zone composition. J. Sports Turf Res. Inst. 64：120～132

[16] Ferguson，G. A. soil. USGA J. Turf Manage. 1955，6（1）：27～28

[17] Adams，W. A.，V. I. Stewart，and D. J. Thormton. The assessment of sands suitable for use in sports fields. J. Sports Turf Res. Inst. 1971，47：77～85

[18] Charles R. Dixon. The application of sand technology for turf system. Sports Turf Magazine，1994，6

[19] Wijk，A. L. M. Soil water conditions and playability of grass sportsfield Ⅰ. Influence of soil physical properties of top layer and subsoil [J]. Zeitschrift für Vegetationstechnik im Landschafts- und Sportst? ttenbau. 1980，3（1）：7～15

[20] Stewart，V. I. Sports Turf：Science，construction and maintenance [M]. London；New York：E & FN Spon. 1994：11～12

[21] 张殿京，李悦生，白智生等. 草坪足球场的建植与改造 [J]. 天津农学院学报，2000，7（2）：1～7

[22] Stomberg，A. L.，D. D. Hemphill，Jr.，V. V. Volk and C. Wickliff. Tall fescue response and soil properties following soil amendments with tannery wastes. Agron. J. 1984，76：719～723

[23] Gregg，L. D. Sand and rice hull comparison for greens mixtures. Texas Turfgrass. 1989，42（3）：21，24，26～28

[24] Jiang，Z.，and T. Okinaka. Effects of eight different mixing percentages of four soil modifiers on growth of bentgrass. International Turfgrass Society Research Journal. 1993，（7）：522～527

[25] Wilkinson，J. F. Applying compost to the golf course. Golf Course Management. 1994，62（3）：80，82，84，86，88

[26] Acista-Marinez, V. , Z. Reucger, M. Bischoff and R. F. Turco. The role of tree leaf mulch and nitrogen fertilizer on turfgrass soil quality. Biol. Fertil. Soils. 1999, 29: 55 ~61

[27] Loschinkohl, C. , J. W. Rimelspach and M. J. Boehm. Impact of compost amendments on turf establishment, quality, and disease severity. 1999Annual Meeting Abstracts (ASA/ CSSA/ SSSA) 91: 137. Salt Lake City, UT. Oct. 31-Nov. 4. , 1999

[28] Wim, J. B. , J. G. Lamers, A. J. Termorshuizen, and G. L. Bollen. Control of soilborne plant pathogens by incorporation fresh organic amendments followed by tarping. Phytopathology. 2000, 90: 253 ~259

[29] McGown, A. , K. Z. Andraws, N. Hytiris, and F. B. Mercer. Soil strengthening using randomly distributed mesh elements. In Proc. 11th Int. Conf. Soil Mesh. And Foundation Eng. , San Francisco, CA. Augest 1985. A. A. Balkema, Rotterdam, The Netherlands

[30] Mcitt, A. S and Landschoot, P. J The effects of soil reinforcing inclusions in an athletic field rootzone [J]. International Turfgrass Society Research Journal. 2001, 9: 565 ~572

[31] Baker, S. W. The reinforcement of turfgrass areas using plastic and other synthetic materials: A review. Int. Turf. Soc. Res. J. 1997, 8: 3 ~13

[32] 胡叔良，赖明洲. 高尔夫球场及运动场草坪设计建植与管理 [M]. 北京：中国林业出版社，1998: 113

[33] Baker, S. W. The effect of a polyacrylamide co-polymer on the performance of a *Lolium perenne* L. turf grown on a sand rootzone [J]. Journal of the sports turf research institute. 1991, 67: 66 ~82

[34] USGA Green Section Staff. Specification for a method of putting green construction. USGA J. Turf Management 1960, 13 (5): 24 ~28

[35] USGA Green Section Staff. Refining the Green Section specification for putting green construction. USGA Green Sect. Rec. 1973, 11 (3): 1 ~8

[36] USGA Green Section Staff. Specification for a method of putting green construction. 1989. USGA, Far Hills, N. J

[37] USGA Green Section Staff. USGA recommendations for a method of putting green construction. USGA Green Sect. Rec. 1993, 31 (2): 1 ~3

[38] William B. Davis. Sand and their place on the Golf course. California Turfgrass Culture. 1973, 23 (3): 17 ~20

[39] G. W. Prettyman and E. L. McCoy. Profile layering, root zone permeability and slope affect on soil water content during putting green drainage. Crop Sci. 2003, 43: 985 ~994

[40] Perttyman, G. W. , and E. L. McCoy. Effects of profile layering, root zone texture, and slope on putting green drainage rates. Agron. J. 2002, 94: 358 ~364

[41] Van Schilfgaarde, J. , F. Engelund, D. Kirkham. D. F. Peterson, and M. Maasland. The theory of land drainage. In J. N. Luthin (ed.) Drainage of agricultural lands. Agron. Monogr. 7. ASA, Madison, WI. 1957: 79 ~285

[42] Van wijk, A. L. M. A soil technological study on effectuating and maintaining adequate playing conditions of grass sports fields. Agric. Res. Rep. 903. Center for Agric. Publ. and Documentation, Wageningen. The Netherlands.

[43] Fausey, N. R. 1977. Flow to shallow drain tubes in layered soil. 3rd Nat. Drainage Symp. Proc. , Chicago, IL. 13 ~14 Dec. 1976. Am. Soc. Agric. Engi. , St. Joseph, MI

[44] Brown, K. W. and R. L. Duble. . Physical characteristics of soil mixture used for golf green construction. Agron. J. 1975, 67: 647 ~652

[45] Waddington, D. V. 1992. Soils, soil mixture and soil amendments. P331 ~383. In D. V Waddington et al. (ed) Turfgrass. Agron. Monogr. 32. ASA, CSSA, and SSSA, Madison WI

[46] Taylor, D. H., S. D. Nelson, and C. F. Williams. 1993. Sub-root zone layering effects on water retention in sports turf soil profiles. USGA Green Sect. Rec. 32 (2): 1~3

[47] 陈莉，刘照辉，赵红洋等. 运动场草坪践踏强度及其恢复体系的研究. 草原与草坪，2002 (4): 28~30

[48] 李建江，陈莉. 使用强度对足球场草坪影响的研究. 草原与草坪，2003 (2): 40~46

[49] 毕玉芬，杨恒山，孙吉雄. 建坪与管理因素对运动场草坪密度影响研究. 草业科学，1995，12 (2): 64~70

[50] Bell, M. J and Holmes, G. The playing quality of association football pitches [J]. Journal of the sports turf research institute. 1988, 64: 19~47

[51] Kamp, H. A. Einfluss der aerifizierens mit schlitzmessern auf einige bodeneigenschaf ten von rasensportpl? tzen [J]. Zeitschrift für Vegetationstechnik im Landschafts- und Sportst? ttenbau. 1979, 2 (1): 17~21

[52] Baker, S. W. and Richard, C. W. The effect of slit tine and hollow tine aeration on the performance of soccer pitches of five construction types [J]. International Turfgrass Society Journal. 1993, 7, 430~436

[53] Canaway, P. M., Isaac, S. P. and Bennett, R. A. The effects of mechanical treatments on the water infiltration rate of a sand playing surface for Association Football [J]. Journal of the sports turf research institute. 1986, 62: 67~73

[54] Pair, J. C., Boaz, M. M. and Nus, J. L. Response of sports turf to compaction and aerification [J]. Agronomy Abstracts. 1989: 163

[55] Turner, T. R. and Hummel, N. W. Nutritional requirements and fertilization [J]. Turfgrass Agron. 1992, 32: 385~439

[56] Di Paola, J. M. and Beard, J. B. Physiological effect of temperature stress [J]. Turfgrass Agron. 1992, 32: 231~267

[57] Mooney, S. J., Baker, S. W. The effects of grass cutting height and pre-match rolling and watering on football ground cover and playing quality [J]. Journal of Turfgrass Science. 2000, 76: 70~77

[58] Roger, J. N and Waddington, D. V. The effect of cutting height and verdure on impact absorption and traction characteristics in tall fescue turf [J]. Journal of the sports turf research institute. 1989, 65: 80~90

[59] Cockerham, S. T., Watson, J. R. and Keisling, J. C. The soccer field gauge: measuring field performance [J]. California Turfgrass Culture. 1995, 45 (3): 13~16

[60] Richards, C. W. and Baker, S. W. The effect of sward height on ball roll properties for Association Football [J]. Journal of the sports turf research institute. 1992, 68: 124~127

[61] Bell, M. J. 和 Holmes, G. The playing quality of association football pitches [J]. Journal of the sports turf research institute. 1988, 64: 19~47

[62] Carrow, R. N., Johnson, B. J., Burns, R. E. Thatch and quality of Tifway bermudagrass turf in relation to fertilizer and cultivation [J]. Agronomy Journal. 1987, 79 (3): 524~530

[63] D. E. Aldous. Turfgrass indicators that influence playing safety and performance in sports fields. The Parks and Leisure Australia National Conference, 15~18, September 2002, Melbourne Convention Centre, Melbourne, Australia.

16　新疆狗牙根资源的研究进展

阿不来提　孙宗玖　石定燧　李培英　赵　清

（新疆农业大学草业工程学院，新疆乌鲁木齐　830052）

摘要：新疆狗牙根是一种十分珍贵的抗逆性强的草坪草种质资源，本文主要对新疆狗牙根资源的分布、品种的选育、生物学特性、建坪技术、种子生产、牧草利用等方面的研究概况进行总结，并对今后新疆狗牙根资源的进一步研究利用提出建议。

关键词：新疆　狗牙根　种质资源

改革开放以来，随着我国国民经济的快速发展，人民物质文化生活水平的提高，旅游业的迅速崛起，体育事业的发展，城市环境绿化、美化及铁路公路护坡和水土保持，人们对环境质量的要求也日益迫切和增强，给草坪业的发展提供了前所未有的契机。发展草坪业品（草）种，种子是基础和关键，但我国草坪草种除部分结缕草外，大多数依赖进口，不仅消耗了大量的外汇，而且也极容易因为引进草种的适应性不强而导致草坪大面积的衰退或病虫害的蔓延，因此国家对开发利用本国种质资源十分重视，开始提倡草坪草种子国产化。我国拥有 4 亿 hm^2 草原，在这辽阔的天然草原和纷繁的草原植物中，孕育着极其丰富的植物种质资源，仅高等植物就有 35 000 种，其中可以做草坪草种类很多，如今世界广泛种植的各种草坪草种在我国均有天然分布，可以说我国就是种质资源的天然贮存库，但在草坪草资源的研究与开发利用上却远远落后于欧美等发达国家，还未形成系统的规范体系，甚至有许多优良草坪草资源，我国尚未利用已被国外育种者开发。20 世纪 80 年代初，我国老一辈专家学者建议草坪界研究和开发国产禾本科优良草种，如结缕草属、假俭草属、狗牙根属等草坪草。

新疆可以说是草坪草的故乡，草坪草资源相当丰富，现今世界上风行的许多优良草坪草种，在新疆均有野生分布。但对新疆野生草坪草资源还没有较全面的详细的调查研究，新疆野生草坪草资源的研究可以说是一个空白，在这样背景下，为适应西北干旱半干旱区草坪业持续发展的需要，从 1984 年以来，我们先后从国内外引种和搜集新疆野生草坪草 200 多份，通过对原始材料的观察、品比和区域试验，至 1996 年经 12 年的研究共筛选出适于新疆种植、坪用性好和抗逆性强的草坪草 12 份（均为当地野生草种），其中最有推广价值、前景最好的是新疆狗牙根。

20 多年来我们一直进行着狗牙根资源的引种、搜集评价和选育工作，并在自治区科技厅“新疆野生狗牙根草坪草的驯化栽培与种子生产技术的研究”项目的支持下，对新疆狗牙根资源的分布、品种选育、生物学特性、抗逆性、建坪、种子生产技术等进行研究。下面对 20 多年来新疆狗牙根资源研究情况进行概括性的总结。

1　新疆狗牙根资源状况与分布特点

通过对新疆 40 多个县（市）的调查表明，新疆仅有 1 种狗牙根，在南北疆平原绿洲伊宁、塔城、克勒玛依、昌吉、乌鲁木齐、喀什、阿图什、阿克苏、哈密、吐鲁番、托克逊等地区均广为分布；从规律上看分布较零星，成片分布较少，多生于平原绿洲的低洼地、河水泛滥地、地下水位较高的平缓地区、农田边缘及道旁、渠边；在盐碱较重的草甸盐土和沙漠边缘的沙地上常与小芦苇、骆驼刺、柽柳等混生成群落。调查的同时，收集30多份不同地区及生态条件下的狗牙根种子或营养繁殖体，在新疆农业大学老满城试验场建立了原始材料引种圃，并进行系统观察和评价。经初步观察类比，将新疆狗牙根分为两个类型即伊犁型（又称北疆型）和喀什型（又称南疆型）[3]。伊犁型狗牙根主要分布在北疆地区，喀什型狗牙根主要分布在东疆和南疆地区。

2　新疆狗牙根资源的研究状况

2.1　新疆狗牙根资源品种（系）的筛育

我们在对新疆狗牙根资源调查、驯化、筛选、培育的基础上，成功地培育了两个形态上有明显差异的狗牙根新品种即新农一号狗牙根[10]和喀什狗牙根[9]，2001年经全国牧草品种审定委员会审定通过。同时目前还选育出了5个表现比较优良的狗牙根品系，其中2份植株低矮（10～15cm），叶片纤细，色泽鲜绿，有望培育成草坪草新品种；3份植株较高大（30～100cm），匍匐茎长且较粗，叶片宽，叶量丰富，茎秆柔软、产量高，有望培育成优良牧草新品种，均正在进一步研究中。

2.2　生物学特性的研究

2.2.1　形态特性

新农一号狗牙根具有根茎和匍匐茎，匍匐茎长80～150cm，粗2～4mm，节间长度不等，一般为3～7cm，并于节上生根和分枝。生殖枝直立，高25～40cm，直立，茎粗1.5～2.5mm。叶层高度20～30cm，叶片条形，长15～20cm，宽4～6mm.。穗状花序一般4～7枚，指状排列于茎顶，花序长4～6cm，每花序平均含40～60个小穗，排列于穗轴一侧，每小穗含1小花，花两性，三雄蕊。种子细小，长2.220±0.062mm，宽0.763±0.032mm，千粒重0.4149～0.4517g。喀什狗牙根具发达的根茎和匍匐茎，根系入土深30cm左右，根茎入土深12cm左右；匍匐茎长80～130cm，粗2～3mm，节间长短不等一般为2～7cm，并于节上生根和分枝；生殖枝直立，高17～25cm，直立茎粗1.5～2.5mm，叶层高度10～14cm；叶片条形，长4～9cm，宽3～4mm；穗状花序一般为4～5枚，指状排列于茎顶，花序长3.5～5cm，每花序平均含30～50个小穗，小穗排列于穗轴的一侧，含1小花，花两性，三雄蕊。种子细小，长2.220±0.062mm，宽0.763±0.032mm，千粒重0.4333g。以野生狗牙根为对照，新农一号狗牙根、喀什狗牙根3者间主要植物学性状区别见表1。

表1　新疆狗牙根主要植物性状比较

形态指标	新农一号狗牙根	北疆野生狗牙根	喀什狗牙根
生殖枝高度（cm）	34.54±5.08	28.97±5.64	21.25±3.10
叶层高度（cm）	25.76±3.56	29.39±3.89	12.06±2.29
直立茎粗（mm）	2.17±0.53	1.99±0.27	1.76±0.39
匍匐茎长（cm）	63.3±15.82	—	60.7±23.13
匍匐茎粗（mm）	3.46±0.37	3.13±0.39	2.82±0.36

（续）

形态指标	新农一号狗牙根	北疆野生狗牙根	喀什狗牙根
叶长（cm）	17.46 ±3.16	13.37 ±3.12	6.32 ±2.28
叶宽（mm）	5.16 ±0.46	5.40 ±0.72	4.52 ±1.07
叶色	绿色	浅绿	淡绿
节间长度（cm）	5.05 ±2.21	4.98 ±2.09	4.82 ±2.11
花序长度（cm）	5.31 ±0.55	4.16 ±0.09	4.12 ±0.47
小穗数/每枚花序	52.0 ±6.30	36.8 ±2.70	39.1 ±6.7
花序数（个）	5.8 ±1.1	4.0 ±0.2	4.7 ±0.4
结实率（%）	76.66 ±4.76	4.16 ±1.09	58.93 ±6.82
千粒重（g）	0.418 ±0.073	—	0.4333
发芽率（%）*	85.00	1.80	91.70
根系深（cm）	41.00	40.30	34.5
主要根分布深度（cm）	21.70	11.70	23.2
根茎分布深度（cm）	19.00	22.70	13.0

注：*20～30℃下 KNO_3 处理

2.2.2 生育期

通过观察，两个品种在乌鲁木齐4月初播种，播种到出苗需要30～33天；4月中旬播种，播种到出苗需要16天左右；5月初播种，播种到出苗需要10天左右；在乌鲁木齐8月中下旬后不宜播种，也可临冬播种或雪播。

两个品种在乌鲁木齐地区一般4月中下旬返青，5月中旬拔节，6月上旬孕穗，6月下旬到7月上旬进入盛花期，至8月中旬仍有小花开放，10月中下旬枯黄。喀什型狗牙根较伊犁型狗牙根返青早，枯黄较晚，绿色期略长，茎叶纤细，根茎、匍匐茎少，生长速度较慢。

在新疆喀什、库尔勒、和硕，浙江杭州、北京等地区域试验观察，新农一号狗牙根在北方一般4月中下旬返青、10月中旬枯黄，南方2月下旬返青、12月中旬枯黄。绿色期在北疆一般180天左右，南疆为210～240天，北京210天左右，浙江杭州270天左右。喀什狗牙根在北方一般4月中旬返青、10月下旬枯黄，南方2月下旬返青、12月中旬枯黄。绿色期在北疆一般190天左右，南疆为210～240天，北京210天左右，杭州270天左右。

2.2.3 抗逆性的研究

2.2.3.1 抗寒性

通过在乌鲁木齐除雪试验（-26.5℃），新农一号狗牙根越冬率为95%以上，喀什狗牙根为50%[8]，而国外引进的普通狗牙根、海岸狗牙根、矮生天堂草不能越冬；同时也从人工冻害胁迫及人工冷害胁迫两个方面进行研究，通过细胞电解质渗透率、脯氨酸、可溶性糖、丙二醛、SOD活性、POD活性及其同工酶等生理生化指标的测定，对新疆狗牙根抗寒性的程度进行全面的评价[12]，表明新疆狗牙根抗寒性大于矮生天堂草，且新疆狗牙根体内POD同工酶的谱带数多于矮生天堂草，推断可能有抗冻基因的存在，同时也指出根茎可作为鉴定狗牙根耐寒性评价的器官[8]。此外，据郑玉红等人[14]报道，新疆野生狗牙根（材料采于新疆南河坝）的半致死温度（LT50）为 -21.38℃。

2.2.3.2 抗旱性

对新疆狗牙根在新疆乌鲁木齐市无灌溉条件下（降雨量230mm左右）进行旱地栽培试验，土壤含水量10cm土层为6.8%，20cm土层为8.09%，30cm土层为8.73%时，新农一号狗牙根和喀什狗牙根几乎不产生匍匐茎，叶片多集中于植株的基部，叶变短，但长势仍好，能正常开花结实。同时也进行了人工模拟干旱胁迫下，新农一号狗牙根等抗旱性的研究[15]，探讨其体内的抗旱生理机制，认为细胞膜伤害率（RPP）、丙二醛（MDA）、叶片水分亏缺（WSD）、脯氨酸（Pro）、超氧化物歧化酶（SOD）活性、叶绿素（Chl）和可溶性糖可以作为草坪草抗旱性强弱的重要指标，通过隶属函数法综合评价认为抗旱性评价大小顺序为喀什狗牙根 > 新农一号狗牙根 > 高羊茅，同时也指出间隔30天灌水处理，新农一号狗牙根灌水量不宜低于20mm，喀什狗牙根不宜低于10mm；间隔45天灌水处理，新农一号狗牙根灌水量不宜低于60mm，喀什狗牙根不宜低于30mm；间隔60天灌水处理，高羊茅、新农一号狗牙根灌水量不宜低于90mm，喀什狗牙根不宜低于60mm。

2.2.3.3 耐盐性

在以硫酸盐为主的盐渍化重的地区种植试验，发现新农一号狗牙根、喀什狗牙根长势良好，而草地早熟禾、白三叶没有出苗，高羊茅和黑麦草出苗后死亡。同时也进一步对新农一号狗牙根等进行 Na_2SO_4 胁迫实验[13]研究，结果表明新疆狗牙根的耐盐性较强，在盐浓度1.2%以下表现为轻度胁迫，而对照矮生天堂草在盐浓度0.8%以上已经进入中度胁迫。同时讨论了盐胁迫下细胞膜伤害率、丙二醛、脯氨酸、叶绿素、钾钠离子含量，钾钠离子吸收和运输选择性系数、硝酸还原酶及亚硝酸还原酶活性的关系，表明细胞膜伤害越低，丙二醛含量越少，脯氨酸积累越多，硝酸还原酶活性下降越快，K^+、Na^+ 吸收选择性系数越大，狗牙根抗盐性越强。

2.2.3.4 其他方面

新疆狗牙根在抗热性、耐践踏、抗病虫害能力、再生性等方面也有了一定的研究和探讨。经多年观察，在浙江杭州、北京、新疆乌鲁木齐、喀什、克拉玛依、库尔勒等地种植，在夏季高温条件下，均未发现夏枯现象，也几乎未发生严重的病虫害。践踏试验初步表明，一个体重65kg左右的男子每5天践踏一次，1000下/次恢复率为70% ~ 80%，且在500 ~ 1000下/次范围内，随着践踏次数的增多，新疆狗牙根分蘖能力增强，杂草变少。修剪试验表明，新农一号狗牙根再生较喀什狗牙根快，并且二者均可耐受0.5cm的低修剪。

2.3 建坪技术

新疆狗牙根种子繁殖和营养繁殖均可，种植后应进行覆土、镇压、浇水，保持土壤湿度直到种子萌发或营养体返青并成坪。利用种子建坪时，新疆适宜播期为春末夏初或夏末，也可临冬播种，播量5 ~ 7g/m^2，播前用0.2% KNO_3 处理种子，出苗率显著提高[7]。利用营养体建坪时，在新疆适宜移栽期为春末夏初或夏末，条播或撒播播量为30 ~ 50g/m^2，以带2 ~ 3节的根茎为最佳。此外对新疆狗牙根草坪杂草的防除及延长绿期方面进行了初步的研究认为，氟乐灵、施田补同时使用能够较好控制狗牙根种子生产田中的一年生杂草；在秋季（9月）施10 ~ 20g/m^2 尿素并浇水，狗牙根草坪绿色期可延长10天左右。

2.4 新疆狗牙根种子生产技术

狗牙根为暖季型草坪草，很少产生种子，多以营养体繁殖，因此国内外对其种子生产的研究报道较少。而新疆农业大学培育的新农一号狗牙根和喀什狗牙根，通过喷施植物生长调节剂[4]、修剪[6]、控制灌水[5]、人工授粉、施肥[11]等措施可使两种狗牙根种子产量得到大幅度提高，一般400~500kg/hm^2，最高可达732kg/hm^2。目前，新农一号狗牙根得到科技部农业科技成果转化基金（03EFN216500249）资助，正在新疆乌鲁木齐市、昌吉市、呼图壁县及北京建立种子（种苗）繁育基地，加快其在生产中的推广应用。

2.5 新疆狗牙根作为牧草的研究

据分析，新疆狗牙根营养丰富（表2），是一种优良的牧草，适用于放牧、刈割青饲、调制干草。在新疆农业大学试验场对开花期（一年刈割一次，浇3水）的新疆狗牙根材料C5测产，结果表明其鲜草产量为42 500kg/hm^2（小区）。

表2 新疆狗牙根开花期营养价值分析 单位:%

名　称	水分	粗脂肪	粗纤维	粗蛋白	灰分	无N浸出物
喀什狗牙根	8.80	2.38	22.50	8.72	10.21	47.39
新农一号狗牙根	8.60	2.76	20.26	11.42	10.20	46.76

注：测定日期为2001年10月；测定单位：新疆农业科学研究院测试分析中心。

3 新疆狗牙根资源研究和利用展望

从目前来看，对新疆狗牙根的研究主要集中在野生资源的收集和调查、评价、形态指标的观测、抗逆生理、种子生产技术、建坪技术、牧草利用等方面，从发展看，我们认为对新疆狗牙根还应从以下几方面进行深入研究。

3.1 继续对新疆当地野生狗牙根资源的收集、整理、评价工作，进一步摸清资源的基本状况，通过形态学、染色体、蛋白质、DNA水平上（利用分子生物学技术RAPD、RFLP、SSR、AFLP等）进行狗牙根的遗传多样性的研究和检测，确定其类群及亲缘关系，逐步建立新疆狗牙根种质资源圃，以便为狗牙根资源的开发、利用提供可靠的原始材料。

3.2 继续对新疆狗牙根的抗逆性、种子生产技术方面进行研究，从微观领域上探讨其特性产生的机理，并利用分子标记技术对其重要性状（如抗寒、抗旱）的遗传基因进行标记，为新疆狗牙根资源基因的评价、利用提供依据。同时对其建坪技术、牧草利用等方面进行深入的研究，为将来新疆狗牙根资源网络化提供资料，实现狗牙根资源的共享。

3.3 充分利用新疆狗牙根的优良特性，采用辐射技术、组织培养技术、体细胞杂交技术、基因导入等手段进行抗寒、抗旱、抗盐碱新品种的培育，为城乡绿化、退耕还草、生态建设提供经济优良的草种。

3.4 发挥新疆狗牙根种子生产能力高的优势，建立种子繁育基地，推动新疆狗牙根的应用，实现草坪草种的国产化。

参考文献

[1] 谭继清，谭志坚主编．新编中国草坪与地被［M］．重庆出版社，2000.4

[2] 中国科学院中国植物志编委会．中国植物志（第10卷第1分册）［M］．北京：科学出版社，1990

[3] 阿不来提，石定燧，杨光，热合曼，卡米力．新疆野生狗牙根初报［J］．新疆农业大学学报，1998，2，124~128

[4] 李培英，阿不来提，石定燧，热合曼，杨光，黄春堂．植物生长调节剂对新疆狗牙根种子生产性能的

影响［J］. 中国草地，2002，3，39～42

［5］李培英，阿不来提，石定燧，赵清，孙宗玖. 不同浇水次数对新疆狗牙根种子生产性能的影响［J］. 草原与草坪，2002，338～39～42

［6］阿不来提，李培英，石定燧，孙宗玖. 修剪对新疆狗牙根种子生产性能的影响［J］. 新疆农业大学学报，2001，3，1～4

［7］李培英，阿不来提，孙宗玖. 新疆狗牙根种子发芽实验［J］. 新疆农业大学学报，2001，3，5～8

［8］孙宗玖，阿不来提，齐曼，李培英，杨文英. 狗牙根新品种抗寒性评价及生理基础研究［J］. 中国草地，2003，4，25～30

［9］阿不来提，石定燧，热合曼，李培英，赵清，孙宗玖. 喀什狗牙根［J］. 草业科学，2003，5，57～58

［10］阿不来提，石定燧，杨苗萌，李培英，赵清，孙宗玖. 新农一号狗牙根［J］. 草业科学，2003，9，30～31

［11］李培英. 提高新疆狗牙根种子产量的研究［D］. 新疆：新疆农业大学，2001.6

［12］孙宗玖. 低温胁迫下新农一号狗牙根、喀什狗牙根及矮生天堂草抗寒性比较研究［D］. 新疆：新疆农业大学. 2002.6

［13］王红玲、阿不来提。Na^2SO^4 胁迫下狗牙根 K^+、Na^+ 离子分布及其抗盐性的评价. 中国草地 2004. 第5期

［14］郑玉红，刘建秀，陈树元. 中国狗牙根［*Cynodon dactylon*（L.）Pers.］［J］耐寒性及其变化规律［J］. 植物资源与环境学报，2002，2，48～52

［15］王玉刚. 三种草坪草抗旱性研究［D］. 新疆：新疆农业大学，2004.6

作者简介： 阿不来提（1952～），男，维吾尔族，新疆农业大学教授，博士生导师。长期从事草地学、草坪学等教学与科研工作。

17　土壤含水量对草坪草出苗和早期生长的影响

杨云贵　寇建村　赵　昆

（西北农林科技大学动物科技学院，陕西杨凌　712100）

摘要：选用卡特、白三叶、优异 3 种草坪草，加入土壤田间持水量的 25%、50%、75%、100% 的水分处理对草种的出苗率和幼苗的生长进行观测。结果表明，水分对优异和卡特的出苗率和株高有显著作用，以 100% 最好，25% 为最差，对叶宽无显著影响；水分对白三叶的出苗率、株高、叶宽有显著影响，以 75% 为好。

关键词：土壤含水量　草坪草　出苗率　早期生长

草坪以美化、绿化、观赏休闲及运动为目的，使人心旷神怡，也是居住在高楼大厦的都市居民所向往的。草坪的美观在于其拥有的绿色。影响草坪植物生长、发育和产量的最重要生态因子是水分。水分含量低，可使草坪枯死、退化，水分太多可引起病害流行、杂草滋生、土壤紧实和土壤缺氧等。关于水分对牧草的影响研究较多，如张富川译的实验报道了紫花苜蓿在土壤湿度为田间持水量的 70% ~80% 时，苜蓿生长良好[1]；马燕玲等指出草坪草在种间及种内的耗水量存在差异[2]。但对于不同草坪草的适宜水分，尚未见报道。故本实验以卡特、白三叶、优异 3 种大、中、小草坪草种为材料，对不同水分处理对其出苗率和幼苗生长的作用进行了初步研究。

1　材料与方法

实验于 2003 年 4 月 28 日到 6 月 1 日在西北农林科技大学动物科技学院饲料生产与草地实验室内进行。实验期间室温 21 ~29℃，相对湿度 51% ~63%。

1.1　供试草种

1.1.1　卡特

卡特（cutter）是美国生产的草坪型多年生黑麦草（*Lolium perenne* L.）品种，千粒重 2.365g，发芽率 91%。叶色深绿，质地细嫩，抗寒及耐热性极强，发芽迅速，成坪快，能在极短时间内形成致密均匀的优美草坪。

1.1.2　白三叶

白三叶（*Trifolium repens* L.）属多年生豆科植物，主根入土浅，茎实心，长 15 ~70cm，匍匐生长，节处生根，向四周扩展；掌状 3 出复叶，叶表有灰绿色 V 字形斑；叶量多，叶枝高 15 ~45cm，总状花序密集呈头状，是良好的观赏型草坪草。白三叶千粒重 2.854g，发芽率 80%。

1.1.3　优异

优异（metit）是美国生产的草坪型草地早熟禾（*Poa pratensis* L.）品种，千粒重 0.473g，发芽率 35%。种子较小，幼苗健壮，活力强，建植速度快，有较强的抗杂草侵入能力。以上草坪草种均从陕西新兰德景观环境工程公司购入。

1.2　土壤准备

取少量筛选后的河沙土在烘箱中烘干，称取100g，加入充足水分浸泡12h，然后将其放在沙布上，静置24h使得重力水除去，称其重量，测出最大持水量为沙土的21.2%。

1.3　建植

对卡特、白三叶、优异3个品种，用沙土最大田间持水量的25%、50%、75%和100%的水分进行处理，每处理设3个重复。

1.3.1　培养床土的制作

在盘内放入事先筛选并自然干燥的河沙土（含水量为2%），每盘4kg，厚约1.5cm作为培养床。

1.3.2　建植

在12个25cm×35cm的瓷盘，每盘分成上、中、下3部分，分别均匀撒上卡特、白三叶、优异种子各1000粒，再覆盖上厚度约为0.5cm的河沙土，4个盘为一组。按沙土的重量及沙土的最大持水量计算出25%、50%、75%、100%需水量为212mL、424mL、636mL、848mL。分别加入4个盘中，设3个重复，每天早晨给每个盘子淋洒等量水，以维持与蒸发的平衡。

1.4　测定指标

3、7、14天测出苗率（用计数的方法数出出苗个数，计算其占撒播数的比例），7、14、21天测株高（用尺子测从根到株最高处），22天测叶宽（用尺子测叶最宽处），6、12天测死亡率（被淹死苗数占出苗数的比例）。

2　结果分析

2.1　土壤水分对卡特出苗率和早期生长的影响

土壤水分对卡特出苗率、早期生长的影响结果见表1。

表1　土壤水分含量对卡特出苗率、幼苗生长的影响

	天数	土壤水分含量（田间持水量的%）			
		25	50	75	100
出苗率（%）	3	5.1[b]	11.4[b]	15.7[a]	17.3[a]
	7	11.3[b]	29.8[b]	36.1[a]	39.2[a]
	14	31.2[b]	61.0[b]	73.9[b]	82.7[a]
株高（mm）	7	25.5[b]	29.7[b]	33.3[a]	35.9[a]
	14	50.1[b]	52.6[b]	68.1[b]	75.2[a]
	21	71.2[b]	79.9[b]	98.3[a]	101.3[a]
叶宽（mm）	22	1.10	1.34	1.44	1.51

注：表中同一行中相同字母表示差异不显著，不同字母表示差异显著。

2.1.1　土壤水分对卡特出苗率的影响

3天时的出苗率以水分75%、100%处理为好，出苗率分别达到16%和17%，高于50%处理的11%和25%处理的5%（$P<0.05$）。7天时的出苗率以水分为100%的处理最好，达到39%，与其他处理差异方面和3天的一样。14天时的出苗率仍以100%为最好，出苗率达83%，高于75%、50%和25%处理74%、61%和31%（$P<0.05$）。

2.1.2 土壤水分对卡特株高的影响

7天的株高以75%、100%为好，达33mm，36mm，高于50%、25%处理的30mm、26mm（$P<0.05$）。14天时的株高以水分100%处理为最高，达75mm，高于75%、50%、25%处理的68mm、53mm、50mm（$P<0.05$）。21天时的株高以水分75%、100%处理为好，达98mm、101mm，高于25%、50%处理的71、80mm（$P<0.05$）。

2.1.3 土壤水分对卡特叶宽的影响

不同水分处理对卡特22天的叶宽无显著影响（$P>0.05$）。

2.2 土壤水分对白三叶出苗率和早期生长的影响

土壤水分对白三叶出苗率和早期生长的影响结果见表2。

表2 土壤水分含量对白三叶出苗率和幼苗生长的影响

	天数	土壤水分含量（田间持水量的%）			
		25	50	75	100
出苗率（%）	3	11.3^{b}	19.0^{b}	31.8^{a}	44.4^{a}
	7	25.6^{b}	40.8^{b}	61.1^{a}	63.4^{a}
	14	30.8^{b}	50.1^{b}	77.1^{a}	79.3^{a}
株高（mm）	7	10.1^{b}	12.3^{b}	13.7^{a}	13.9^{a}
	14	19.2^{b}	23.9^{b}	31.2^{a}	30.3^{a}
	21	27.7^{b}	31.2^{b}	49.8^{a}	47.3^{a}
叶宽（mm）	22	6.36^{b}	8.7^{a}	10.5^{a}	9.1^{a}
死亡（%）	6	0^{b}	0^{b}	1^{b}	8^{a}
	12	1^{b}	0^{b}	5^{b}	31^{a}

注：表中同一行中相同字母表示差异不显著，不同字母表示差异显著。

2.2.1 土壤水分对白三叶出苗率的影响

3、7、14天时的出苗率以水分75%、100%处理为好，高于25%、50%处理出苗率（$P<0.05$）。

2.2.2 水分对白三叶株高的影响

7、14、21天时的株高以75%、100%处理为好，高于25%、50%处理（$P<0.05$）。

2.2.3 土壤水分对白三叶叶宽的影响

22天时，50%、75%和100%处理的叶宽为10mm左右，高于25%处理6mm（$P<0.05$）。

2.2.4 土壤水分对白三叶淹死死亡率的影响

6天时，12天时，100%处理的幼苗死亡率最高，分别为8%、31%，明显高于其他3个处理（$P<0.05$）。

2.3 土壤水分对优异出苗率和早期生长的影响

土壤水分对优异出苗率和早期生长的影响结果见表3。

表3 土壤水分含量对优异出苗率和幼苗生长的影响

	天数	土壤水分含量（田间持水量的%）			
		25	50	75	100
出苗率（%）	3	2.1^{b}	5.3^{b}	11.2^{a}	16.3^{a}
	7	4.3^{b}	7.2^{b}	19.1^{a}	21.8^{a}
	14	7.3^{b}	13.5^{b}	21.6^{a}	27.9^{a}

（续）

	天数	土壤水分含量（田间持水量的%）			
		25	50	75	100
株高（mm）	7	21.1^{b}	23.8^{b}	29.3^{a}	31.5^{a}
	14	31.6^{b}	33.7^{b}	38.6^{a}	42.7^{a}
	21	46.6^{b}	49.4^{b}	56.7^{a}	63.6^{a}
叶宽（mm）	22	0.70	0.71	0.74	0.75

注：表中同一行中相同字母表示差异不显著，不同字母表示差异显著。

2.3.1 土壤水分对优异出苗率的影响

3、7、14 天时，75%、100%处理的出苗率为好，高于 25%、50%处理（$P<0.05$）。

2.3.2 水分对优异株高的影响

7、14、21 天时，75%、100%处理的株高较高，高于 25%、50%处理（$P<0.05$）。

2.3.3 土壤水分对优异叶宽的影响

土壤水分对优异 22 天的叶宽无显著作用。

3 讨论

3.1 张富川译的实验报道了紫花苜蓿在田间最大田间持水量的 70% ~80%时，生长良好。马燕玲等指出草坪草在种间及种内的耗水量存在差异，但对于不同草种的适宜水分尚未见报道。本次实验：卡特、优异的出苗率、株高、叶宽均以 100%水分为最好，25%为最低；而白三叶的出苗率以 100%最好，25%最低，但 100%会在其生长中淹死；可见，卡特、优异在早期生长中的水分要求相对较高；白三叶的适宜水分在 75%左右，但不能过高，否则会使幼苗死亡。

3.2 土壤水分对卡特、白三叶、优异的出苗率、株高、影响显著，对白三叶的叶宽也影响显著（$P<0.05$），可见不同水分对这大、中、小颗粒的 3 种草都有很大影响。

4 结论

4.1 土壤水分对卡特、优异的发芽率及早期株高、叶宽的影响以 100%处理为最大，25%处理最小，说明在其早期生长中需较高水分。

4.2 不同水分对白三叶的出苗率有显著影响，以 100%为最好，25%为最低；株高、叶宽有显著作用，以 75%为最好；说明水分过高会淹死幼苗。

参考文献

[1] 马燕玲. 草坪对水分的需求及研究趋势［J］. 草原与畜牧，1998，(2)：13 ~16

[2] 徐炳成，山仑，黄占斌. 草坪草对干旱胁迫的反应及适应性研究进展［J］. 中国草地，2001，(3)：55 ~59

[3] 张富川译. 苜蓿的供水及其对生产力的影响［J］. 四川草原，1982，(4)：76 ~84

[4] 王欢迎. 草坪快速建植技术初探［D］. 杨凌：西北农业大学毕业论文，1995

作者简介：杨云贵（1964 ~），男，甘肃平凉人，副教授。主要从事草坪建植和草地生态方面的研究。Email：yungui999@163.com，029 -87091998。

18　北京地区草坪建植与养护管理规范化技术体系的研究

徐　荣　马　玉

（北京市园林学校，北京　102488）

摘要： 针对北京地区草坪建植和养护管理中存在的问题，对其中规范化建植和养护技术进行了研究，提出了草坪建植和养护管理规范化技术体系。

关键词： 草坪　建植与养护　规范化技术体系　北方地区

随着北京绿色奥运工程建设的实施，城市绿地建设已成为奥运环境建设、城市绿化行动的重要内容。目前北京地区草坪建植中存在着一些问题，如草种的选择不当及坪床的土质和建坪前杂草的清除等。在养护管理中，草坪的退化问题及病虫害的防治等都非常严重地影响着草坪事业的发展。为此，我们从草坪的建植到养护管理系统地进行了研究，提出了较为规范的建植与养护管理技术体系，为北京地区草坪建植和养护管理实践提供参考。

1　草坪建植

草坪的建植包括建坪地的基本情况调查、建坪场地准备、草种选择、建坪方式的选择、成坪的养护管理等 5 个部分。

1.1　建坪地的基本情况调查

通过实地调查和取样分析的方式全面掌握建坪地的地形、地貌、土壤质地、肥力和土壤的 pH 值，并了解水源、前作、杂草的种类和数量等。

1.2　建坪场地准备

1.2.1　场地清理

对于倒木、腐木、树桩、树根首先要清除并连根挖起，以免残体腐烂后形成洼地破坏草坪的一致性。而生长的木本植物，要根据设计要求，决定取留移植方案，能起景观作用的或古树尽量保留。在地表 20cm 层内直径大于 2cm 以上的岩石块、石子、砖瓦及碎片在播种前应用耙子耙除，对特殊的运动场地要过筛。水泥块不论在土表层或土层深处，都应清理移走。农用薄膜、塑料泡沫、化肥袋等塑料制品，不易风化，必须清理出去。

1.2.2　建坪前杂草的防除

清除杂草的方法主要有以下几种：

（1）物理防除　在杂草生长季节尚未结籽，可采用人工挖除或机械翻挖；若是休闲空地，通常采用诱导法防除杂草。具体做法是欲建坪地定期进行耕、耙、浇水作业，促使杂草种子萌发，采用人工挖除或机械翻挖，并反复几次。

（2）化学防除　通常应用高效、低毒、残效期短的灭生性内吸型除草剂。对于休闲期较短的欲建坪地，应先整地，然后浇水诱导杂草生长，待杂草长到 10cm，并在播种或铺植前 3 ~ 7 天施用除草剂。通常使用草甘膦，一、二年生杂草很快死亡，多年生杂草将除草剂吸收并转至根系，一段时间后逐渐死亡。对于杂草丛生欲建草坪地，可采用百草枯，喷药后1~3天杂草基本枯死，然后翻耕整地播种。常见的播前除草剂见表1。

表1 播前除草剂

除草剂名称	用药量（g/m²）	特 性	备 注
草甘膦	0.15~0.25	内吸型非选择性除草剂，干扰蛋白质合成导致植物死亡，对多年生深根杂草的地下组织破坏力很强。施药后2周见效	与土壤接触后很快与铁、铝离子结合失去活性。喷药后1周播种
百草枯	0.08~0.12	触杀型灭生性除草剂，快速终止光合作用和叶绿素合成，叶片着药后2~3h即开始受害变色，不能杀死根茎和土层中潜存的种子	与土壤接触即被吸收钝化，无土壤残留，用药后1~2d播种
茅草枯	0.9~1.35	内吸型选择性除草剂，植物的根、茎、叶均可吸收，但以叶面吸收为主，吸收作用可持续48h，最初的6h最为重要，内吸后干扰多种酶活性，使植株死亡	在禾草生长盛期，隔4~6周施药1次
卡可基酸	5~10g/L	触杀型非选择性除草剂，能有效地杀灭杂草	用药后5~7d播种

（3）生物防除　结合改良土壤或临时草坪种植一些能迅速发芽生长、短期获得较高生物产量的“拮抗”植物，与杂草争光、争气、争水、争肥，从而使大量杂草自然灭亡，有效地降低下茬杂草数量。杂草防除应综合运用物理、化学、生物除草技术。

1.2.3　平整与施肥

首先需要进行必要的挖方和填方。具体实施时，不论高处、低处均先剥离表土备用，然后保证熟土分布于坪面。填方还应考虑填土的沉降问题，细质土通常下沉15%（每米下沉12~15cm），填方较深的地方需镇压，以加速沉降。土壤经过旋耕后，颗粒较大，平整度不够，用免耕机进一步浅旋。然后用绳拉重垫耱平或人工用细齿耙进行多次耙平。平整好的坪床力求表土细碎平滑。对土壤进行深耕的同时施腐熟的有机肥作基肥，施足底肥。

1.2.4　土壤改良与土壤消毒

理想的建坪土壤应是土层深厚，排水性良好，结构适中的土壤。如建坪土壤过于黏重，则应在表土层掺沙5cm左右，均匀地掺入20cm深的土层中。如土壤含沙量过高，保水保肥力差，则应在表土层掺壤土5cm左右。在土壤深翻后，应将杀虫剂、杀菌剂喷洒到翻松的土壤中，进行播种前土壤消毒。可采用50%辛硫磷乳油800倍液和多菌灵800倍液将土壤喷湿到积水为止，施药后3周即可播种。

1.3　草坪草种的选择

1.3.1　根据生态型选择适宜的草种

草坪草生态型是指不同的草坪草群体，长期生存在不同的自然生态条件和人为培育条件下，并经自然选择和人工选择而分化形成的生态、形态和生理特性不同的基因类群。各草坪草种长期适应不同的光周期、气温和降水等气候因子而形成了各种生态型，对生态逆境产生了不同的抗逆性，形成了抗寒、抗旱、耐热、耐荫、耐湿等不同的草种。

1.3.2　根据生物学性状选择适宜的草种

（1）质地　细叶型草坪草触感软，质地则细致；宽叶型草坪草触感硬，则质地粗糙。

一般观赏型草坪选择叶片纤细、质地柔软。

（2）叶色　在草种搭配时，叶色的协调对形成均一的草坪尤为重要。

（3）枝叶密度和分蘖能力　草坪密度和分蘖能力是草坪草繁殖力和成坪速度的重要指标。植株分蘖能力强，枝叶密度大。

（4）覆盖度　具有地下根茎和匍匐茎的草种的覆盖度较高。

（5）绿色期　绿色期的长短影响着草坪的坪用特性。

（6）抗病性　结合精细的养护管理，选择抗病性强的草种。

（7）耐践踏性和耐刈剪性　运动场草坪应选择耐践踏性的草种，观赏型草坪要选择耐刈剪的草种。

（8）成坪速度　出苗迅速的草坪草，有利于快速地形成草坪，成坪速度快，苗期与杂草竞争能力强，易于形成优质草坪。

（9）利用目的　根据利用目的不同可分为以下几种类型草坪：

观赏草坪　在考虑其他性状的基础上，要考虑叶片性状，选择绿色期长、叶片纤细柔软光滑、色彩翠绿、质地柔软、抗病、覆盖性能好的草种，如草地早熟禾、紫羊茅。

游憩草坪　要选择叶片性状良好、质地中等柔软、耐践踏性较强的草种。

运动场草坪　选择分蘖能力强，耐践踏、耐磨、抗病性强的草种。

公路护坡草坪　选择匍匐性好，耐干旱、耐贫瘠并可粗放管理的草种，如高羊茅、野牛草、无芒雀麦等。

高尔夫球场　则根据分区不同选择不同的草种。果岭区和球道要求密度较高，耐低刈、耐高肥、抗病性强、耐践踏的草种。果岭区可采用细弱翦股颖、匍茎翦股颖；球道可采用草地早熟禾等。障碍区可选择耐干旱、耐瘠薄、管理较粗放的草种。

1.3.3　草种组合与配比

我们在建坪实践中，根据草坪的利用目的、气候和土壤条件，进行了以下几种类型的草种组合与配比试验，为建植草坪提供参考。

（1）80%草地早熟禾+20%紫羊茅：可用于观赏草坪。

（2）70%草地早熟禾+20%紫羊茅+多年生黑麦草10%：是建植观赏草坪、庭院绿化草坪、高尔夫球场的球道、发球台草坪较适宜的草种配比。

（3）草地早熟禾85%+多年生黑麦草15%：适用于观赏草坪、庭院绿化草坪、高尔夫球场的球道、发球台草坪。

（4）高羊茅80%+草地早熟禾20%：适用于开放式草坪和水土保持草坪。

（5）草地早熟禾50%+高羊茅35%+多年生黑麦草15%：适宜于各类运动场。

1.4　草坪建植方法

1.4.1　种子直播法

（1）播种时间　从理论上讲，只要有灌溉条件，一年四季均可播种。北京地区4月份气温回快，春季播种应在4月上、中旬。秋季持续时间相对较长，秋季播种可在8月下旬和9月份。

（2）播种量　草坪草种子播种量与草坪草的生物学特性、种子的质量（千粒重、发芽率和净度）以及土壤肥力、整地质量和利用方式等因素有关。常用草坪草播种量，草地早熟禾为10～15g/m^2、高羊茅为25～30g/m^2、多年生黑麦草为20～30g/m^2、紫羊茅为10～

15g/m²、匍匐翦股颖为3～8g/m²、细弱翦股颖为3～7g/m²。

(3) 播种　用播种机将种子均匀地撒播在平整好的坪床上，用特制的短齿细耙，将种子轻轻耙进土层。小粒种子深度为0.5～1.0cm，大粒种子1.0～1.5cm。耙后用石滚镇压，使种子和土壤充分接触。

(4) 覆盖　为了减少风和水对种子的吹、冲侵蚀，播种后需要覆盖坪床。覆盖材料可用地膜、无纺布、遮阳网等；也可以就地取材，用农作物秸秆、锯末等。

1.4.2　营养体建坪法

用营养体建植草坪就是用草坪营养器官繁殖草坪的一种方法，包括以下几种方法：

(1) 草皮块铺装法　将苗田地生长的优良健壮的草坪，用起草皮机铲起铺设在已整好的场地，使之迅速地形成新草坪。铺植时，将草皮卷顺次平铺于已整好的土地上，草皮块与块之间应保留大约1cm的间隙，块与块间的隙缝应填入细土。然后滚压，并进行灌水。

(2) 塞植法　塞植是从心土耕作取得小柱状草皮柱和利用环刀或机械取出的大草塞，其带土量以2～12cm不等，插入坪床，顶部与表土面平行。塞植适于匍匐性强、具旺盛扩展性草坪草种的繁殖。其优点是节省草皮。

(3) 分株栽植法　将草皮铲起，抖落根部附土，然后将草块的根部分开，有匍匐茎可切开，同时将这些撕开的植株分栽到新的草地或苗床。能大量节省草源，一般1m²的草皮块可以栽成5～10m²或更多一些。

1.4.3　无土营养体建坪法

无土营养体包括植株、根茎、匍匐枝、茎节等。材料的收获可通过人工收割和剪草机低剪取得及梳草机梳草取得。一般营养体繁殖材料最少一个枝条带有2～4个节。将枝条置于间距15～39cm，深5～8cm的沟内，然后覆土、镇压、浇水。一般每平米可铺设30～50m²，成本低、见效较快、繁殖系数高。

1.4.4　植生带建坪法

将种子带平铺在坪床上，边缘交接处重叠2cm左右，在种子带上均匀覆土0.5～1cm，覆土后用滚压实，即可喷水，喷水要细。此法施工方便快捷，在坡地施工效果较好，可防止种子流失。

2　草坪养护管理

2.1　灌溉

在草坪建植后，要立即进行灌溉。一般灌水深度要使水渗透至土层的3～5cm处，满足种子发芽和幼苗正常生长。灌溉应在早晚进行。草坪草生长进入分蘖期后，可逐渐减少灌水次数，并增大每次的灌水量，渗水深度达到10～15cm；成坪后灌水，可根据草坪草的叶色和叶片的形态而定，缺水时，叶呈灰绿色，也可根据土壤水分状况而定。返青水灌溉时间以3月中、下旬为宜。为使已建成的草坪能安全越冬和翌年的返青，一般在初冬灌封冻水，灌水深度要达20cm。

2.2　追肥

草坪草施追肥，应该采用含氮量高，并含有一定量的磷、钾的复合肥料。肥料中N、P、K的比例为5∶3∶2；也可以追施尿素。追肥的施用量每次15～20g/m²。一般情况1年追2～3次。追肥的时间，在早春和早秋分2次追肥。早春施肥可加速草坪草的返青速度和在杂草萌生前恢复草坪草的损伤处和加厚草皮，增加抗性。早秋施肥，可以延长绿期，并能促进第二年生长新的分蘖枝和根茎。对于新建的草坪，由于幼苗营养体很弱小，所以要采用少量多次的办法追肥。

2.3 修剪

当新建草坪的草坪草长到7~8cm高时，就要进行第一次修剪。剪去的叶片应小于叶片自然高度为1/3，即必须遵循1/3规则。一般性草坪的留茬高度为3~4cm。修剪的时间和次数要根据不同草种的生长状况而定。要根据草坪草季节性生长规律来确定修剪次数。一般冷季型草坪草10~15天修剪1次，全年共需修剪15~20次。秋季停止生长前1个月（10月）进行最后一次修剪，可在冬季形成良好的覆盖而有利于越冬，又可防止第二年返青前枯草层积累过厚而影响返青。

2.4 表施土壤

如坪面凹凸不平，可以通过表施土壤拉平坪面，这样既可改善表土物理性状，又可加快枯草层分解，利于草坪的更新。表施土壤的质地应与原床土质地相差不大。表施土壤以11月或翌年3月为宜。普通草坪1年1次，1次施量0.5~1.0cm厚。

2.5 划破草皮和枯草层的清除

草坪使用2~3年后，出现土壤紧实、枯草层太厚和土壤的通气性差等问题，必须高密度划破或切开草皮，以使土壤疏松，改善土壤透气性。划破或切开草皮可使用专用机具，深度10cm左右。每年开春，在草坪返青前需清除枯草。如枯草覆盖太厚，春季很容易造成草坪草根颈腐烂。

2.6 防除杂草

除草的方法，一是人工拔除，二是化学除草。

（1）人工拔草　劳动强度大、工效低，而且不易将杂草除净，在拔除杂草时易带出草坪草，使草坪覆盖度下降。

（2）化学除草　不仅省工，而且成本低，还可以有效地控制杂草的危害。使用化学药剂除草，要选择气温较高、杂草正处于生长旺盛状态时使用。常见的草坪除草剂见表2。

表2　草坪常见除草剂及应用技术

名　称	特性及防除对象	应用技术
2，4-滴丁酯	（2，4—DB）	内吸传导性，对多种阔叶杂草选择性强，对禾本科植物较安全。72%2，4—滴丁酯乳油，视气温高低和杂草高度增减药量，常用量667m² 加50~70g（有效成分，a.i.），对水30~40kg喷雾，与麦草畏混用时，药量各减一半，禾本科草坪草幼苗期敏感，忌用
2甲4氯（MCPA）	（2，4—DB） 药效较2，4—滴丁酯稍慢	20%水液，用药量与方法及效果同上。可与麦草畏、苯达松混用扩大杀草谱
苯甲酸类 麦草畏（Dicamba）	内吸传导性，对多种阔叶杂草有效，对禾草安全	48%浮油，每667m² 加10~15g（a.i.）对水25~30kg，喷雾；可与苯达松、莠去津混用扩大杀草谱
苯胺类 氟乐灵（Trifluralin）	播前土壤混合处理剂，对以种子发芽的多种杂草有效	整地后用药土法或喷雾法将药剂施在表土层，然后与表土3~5cm混匀，48%浮油每667m²3加6~48g，药后间隔20d后播种避免药害。若使用地乐胺（WSSA）其方法与前相同

（续）

名　　称	特性及防除对象	应 用 技 术
盖草能（Gallant）	苗后选择性内吸传导型除草剂	12.5%浮油，每667m² 加7～10g（a.i.）对水30～50kg，喷雾；也可与2，4—滴或苯达松混用，是防除非禾草的草坪和地被的除草剂
苯达松（Bentazon）	触杀型除草剂，对阔叶杂草和莎草有效，对禾草安全	48%液剂，每667m² 加75～100g（a.i.），对水15～30kg，喷雾，也可与其他药剂混用
草甘膦（Glyphosate）	内吸广谱除草剂，常作灭生性除草	41%和10%水液两种，当多年生恶性杂草萌发初盛期，每667m²75～100g（a.i.）对水20～30kg，喷雾，在播前处理或作灭生性除草，然后重播草种

2.7　病虫害防治

在草坪生长期需定期监测。在草坪草发生病害时，及时使用杀菌剂喷洒植株表面。草坪草病害基本上是由真菌引起的，常用的杀菌药剂有代森锰锌、多菌灵、百菌清、普力克、福美霜等。喷药次数要根据药液的残药期和发病情况而定。在使用杀菌剂时，要交替使用效果相似的各种杀菌剂，以防止抗药菌丝的产生和发展。

虫害对草坪的危害也很大，一旦发现某种害虫猖獗成灾，就要及时防治。一般草坪地常发生的虫害有：地老虎、蝼蛄、蛴螬、草地螟虫、黏虫等。对于虫害采用生物防治和药物防治相结合的综合防治方法。常用的杀虫剂是有机磷化合物杀虫剂。对于食叶害虫，如蚜虫、飞夜蛾等。可采用50%辛硫磷乳油2000倍液喷雾防治。对于地下害虫，一般采用毒饵来诱杀。对于地老虎、蝼蛄、蛴螬等可结合划破或切开草皮作业，用50%辛硫磷乳液800倍液喷到土表至积水为止，以使药液顺着切口流入土壤而杀死地下害虫。

参考文献

[1] 徐荣，等．冷季型草坪草引进选择的研究．世界林业研究，1998（2）：81～87
[2] 徐荣，等．草坪建植及养护技术的研究．世界林业研究，1998，(2)：88～91
[3] 徐荣，唐桦．草坪草抗虫性试验及其昆虫调查与防治．草业科学，1994，11（1）：64～66
[4] 李敏，等．冷季型草草坪建植与管理．北京：中国林业出版社，2002
[5] 韩烈保，等．草坪建植与管理手册．北京：中国林业出版社，1999

作者简介：徐荣（1963～），女，山西襄汾县人，博士，副研究员。从事草坪植物教学与研究工作

19 中国现代草坪高等教育实践与进展

孙吉雄

（甘肃农业大学草业学院，甘肃兰州 730070）

摘要：中国现代草坪教育正处于草坪业发展的昌盛时期，本文通过草坪与人类社会历史的渊源关系、产业对人才的需求、草坪对人类社会的贡献3个方面的论述，证明了现代草坪教育发展的必然性和紧迫性。提出了新世纪现代草坪教育的内涵与发展方向及与之相应的教育思想与体系。

关键词：草坪业 现代草坪高等教育

1 中国现代草坪高等教育所处的历史背景

现代草坪业在我国起步较迟，但以极大的速率发展，而今已成为世人瞩目的产业。

世界现代草坪业诞生于第二次世界大战后经济崛起的美国，在半个多世纪的发展中，其年产值以18%的高速递增[1]，到20世纪90年代初其总产值已超过250亿美元，从业人员50万人，草坪面积达1215万hm^2，有100多所高校开设草坪课或设置草坪专业，其中40多所具有硕士或博士授予权（Christians，1998），据于世界领先地位，使草坪业成为美国经济的十大支柱产业之一。

80年代初，我国开始了现代草坪科研、教学和产业的开拓工作。优良冷季型草坪的引进与推广、草坪建植直播法的确立、喷播技术的应用、在大学开设草坪学课程、设立草坪公司、开办草坪研究所、设立草坪学术委员会等，开创了我国现代草坪业发展和草坪教育的新纪元。

根据资料[3]及不完全统计，全国共建成草坪绿地约25万hm^2，有相当一部分城市人均公共绿地达到15m^2；建成高尔球场120多个，计划和在建的高尔夫球场近100余个；建成草坪足球场近600个；完成公路绿化数万千米；年消耗进口草坪草籽7000余吨；具100万产值的从业草坪公司近4000余家，仅北京郊区从事草皮生产的公司和农户就达2000余处；从事草坪研究的单位10余所，开设草坪课程和进行草坪人才培养的院校近27所。在这暂短的20年间，我国的草坪产业已成为一个产值过亿（60～120亿/年）、从业人员过万的巨型生物产业，使草坪教育成为草业教育中发展最快的热门专业。

发展经济、提高人类精神文明和物质生活是人类奋斗的永恒主题，维持人类赖以生存地球的生态环境，美化人类居住地的城镇乡村，提供人类与大自然接触的户外活动及运动的场地等，是人类社会对草坪业提出的永无完结的要求，这是历史赋予草坪业的责任，是推动草坪业发展的原动力。这就是造就我国现代草坪高等教育诞生、发展、成熟、进取的真谛所在。

2 从人类的起源看人类与草坪的血源关系

草坪（草原）是自人类诞生就在身侧的绿色，开阔的Savannah草原，奔跑狩猎的活动，促进了人类四肢的分化，实现了由四肢并用到直立行走质的变化，完成了从猿到人的转变。草原丰富的植物与栖生的草食动物，改变了人类单一植物性食物构成，增加了肉食的比重。

畜牧业和种植业的产生，提高了生产力，积累了财富，形成并进化了社会。草原为人类生活提供了极大方便，为社会的产生与发展提供了必要条件。草原中的Savannah类型（原草坪原型），从远古起就与人类结下了不懈之缘（见图1、图2），这就是现代人类喜好自然，离不开绿色草坪的渊源所在。

志留纪　　陆地植物出现（约42 000万年前）
侏罗纪　　原始型哺乳类出现（约16 000万年前）
被子植物出现（约13 000万年前）
禾本科植物出现（约10 000万年前）

3 人类社会发展决定市场对草坪人才的持续需求

草坪的产生、利用和研究有悠久的历史，世界草坪业发展也因地域和民族不同而异。就总体而论，大体上经历着同一发育过程：草坪最初起源于天然放牧地，放牧后低矮的草地被用于牧食家畜以外的生产、生活、娱乐等活动，这时的草坪处于全自然状态。随着定居的产生、建筑业萌生，草坪最初被用于庭园美化，进而成为城镇绿化的主体，产生了草坪人工建植管理技术，实现了与城镇物业的联姻，使草坪建植人工化、形态美学化、结构系统化，达到了一个较高的景观美学境界。随着人类社会经济的发展、物质的丰富、时间的富余，户外运动成为人体保健、时间分配、财富消费的主动方式。草坪跨越庭院的高墙，进入户外的广阔空间，高尔夫、足球、滑草、骑乘、娱乐地、游憩地……成为人类保健、竞技、娱乐的时尚。运动对草坪特性的要求，促进了草坪科技及产业经济的深入发展。人类的生产活动在极大程度上干扰了地球环境，盲目利用与掠夺式的经营，导致了生态失衡。生态环境的恶化威胁到人类的生存。草坪作为环境的卫士，担负起恢复失调的生态、建造合谐环境的任务。尽管草坪又回归到大自然，然而这是一种在人类科学力下再创自然的过程，它以高科技含量为基础，大经济投入为前提，与原草坪有着本质的区别。

依据草坪发展的历史，我们可将世界草坪的发展归结为“原草坪（对人类起源起作用）→园林草坪（起美化功能，与都市建设及物业同步发展）→户外运动草坪（利用运动功能，与体育产业同步发展）→生态草坪（发挥生态功能，与环境保护业同步发展）”4个主要阶段，每个阶段均体现了草坪质的发展。

古代文明中的花匠是欣赏草美的艺术大师，也就是这些先驱开创了草坪为人类服务的光辉篇章，但草坪对科学、技术、人才的渴求远非如此。各个草坪发展阶段均赋予草坪新的内涵，提出了对从业人员的新要求，表现出持续、深化、综合、高素质的趋势和不断增加数量的渴求。

4 从草坪的功能看草坪对人类需求的迎合

草坪作为现代人类生活环境与现代文明的重要组分，堪称“文明生活的象征——美化

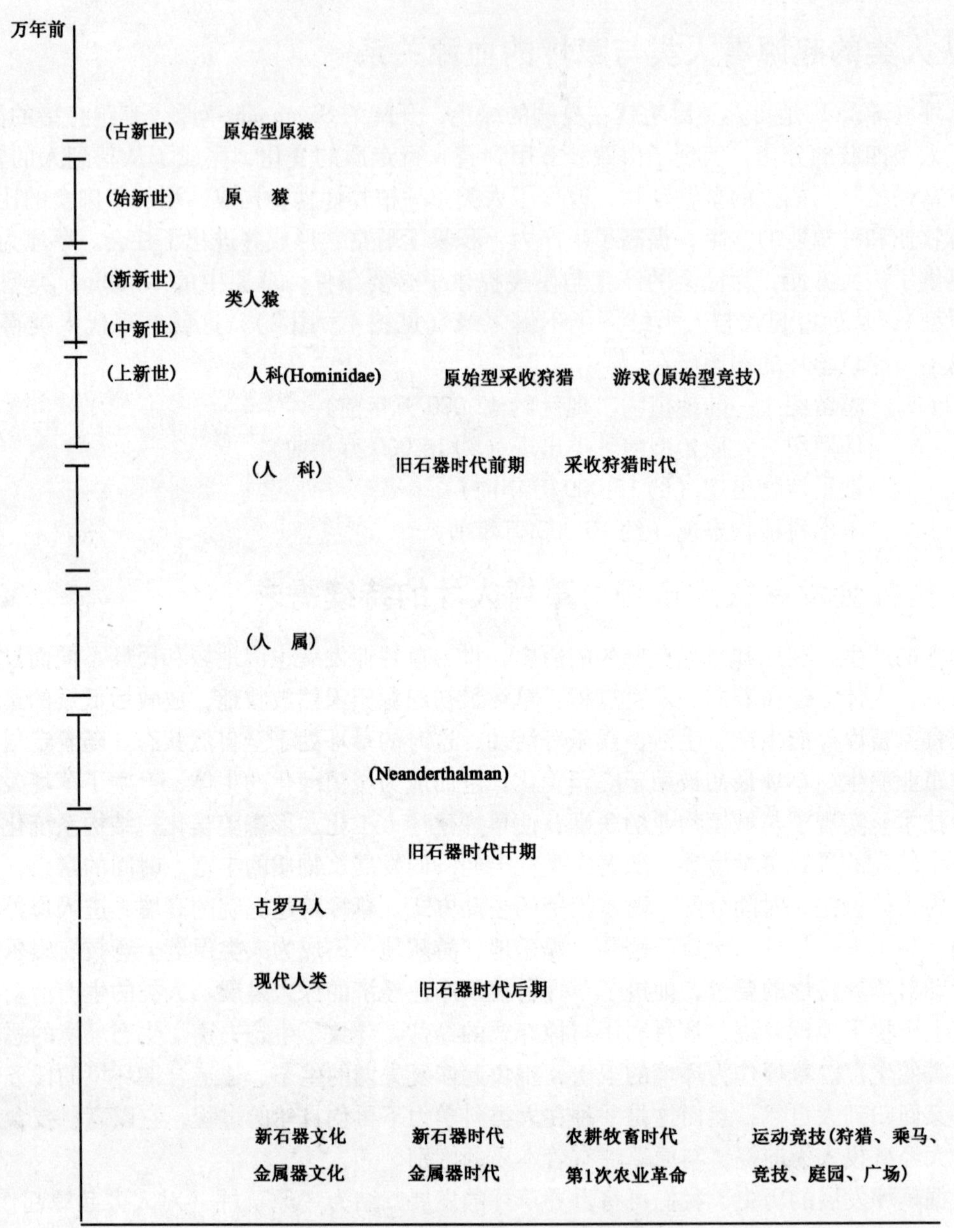

图1　人类的诞生和初期文化变迁（北村文雄　1994）

环境，提高生活质量，促进物质文明与精神文明；生态环境的卫士——维护生态系统，起到平衡和恢复生态系统的作用；运动健儿的摇篮——为竞技、保健、娱乐、游憩提供场地”（草坪的功能见图2）。草坪的功能是草坪业与人类社会相连接的纽带与桥梁，草坪通过功能对人类社会作出贡献，创造了显著的经济、生态、社会效益，人类社会对草坪也予以丰厚的回报，造就了草坪业、草坪科技和草坪教育。草坪功能的塑造与利用，是草坪教育的基础与目标，其实质是教育对市场的迎合与满足。

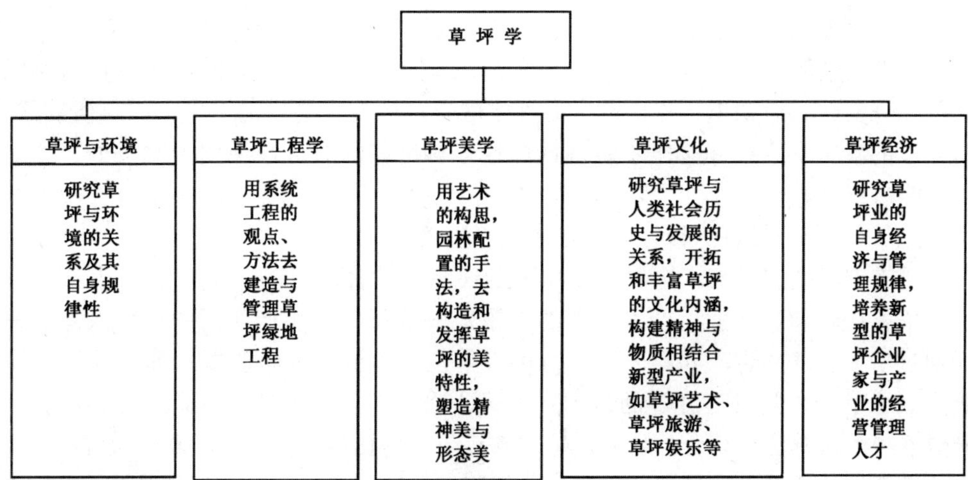

图2　现代草坪学发展方向

5　新世纪现代草坪高等教育的内涵与发展方向

草坪的传统概念是："草坪是园林中用人工铺植草皮或播种草籽培养形成的整片绿色地面"（陈志一，2002），这一定义尽管道出了草坪为人工植被的基本含义，但却把草坪局限在园林之中。这显然脱离了现代草坪业的实际，也将草坪业、科学及教育进行了局限。从草坪的应用本质出发，人类社会对草坪的需求就是草坪存在与发展的基石，草坪以其功能为社会多作贡献就是产业、科学与教育的追求，因此草坪的内涵应以草坪业已具备和有待开发的功能为基础，草坪的发展则应以人类社会对草坪日益增长的需求为目标。就我国经济现状和草坪业发展而论，中国的草坪教育应以培养适应市场需求的综合型人才为主要方向；就学科而言，它应在草业科学的大系统中，突现出自身的特色：即草坪建植过程工程化、城镇草坪绿地配置美学化、草坪环境生态化、草坪风格文化化、草坪产业经营经济化。因此，中国现代草坪学的内容应由单一的草坪建植管理技术的主体内容，向多元、综合、适用、前展的方向前进。出于全方位为人类社会服务，扩大学科领域范围的需求，现阶段草坪科学与草坪高等教育应包含草坪工程学、草坪美学、草坪运动（竞技、高尔夫等）、草坪文化、草坪与环境和草坪经济学等多项专业内容。

6　中国现代草坪高等教育发展方向

从世界草坪科学和草坪业的发展的历程来看，草坪教育伴随草坪业发生而发生、发展而兴起。首先是作为一种"产业"由师傅带徒弟的方式进行技艺传播和教育，后随生产水平的提高，规模的扩大，进而产生了训练班、函授班、专科班、本科班、研究生培养等多层次的教育系统。由于草坪业是一门社会生产行业，其对人才的要求着重在解决生产实际问题，强调动手的技能，因此草坪教育与其他教育相比，其独特之点是更为强调教育为生产服务，教育与产业相结合。培养生产服务型人才是构建我国草坪教育的基石，为此，我国草坪高等教育的特色主要表现为：

6.1　实现了"先生产、后人才培养"的新思维

传统的教育理论认为，人才的培养应依阶段有序进行，即应遵循"先理论，后实践"

思维模式，从而导致了人才培养的重理论、轻实践，教育脱离市场、脱离生产的倾象。究其根源是这种模式颠倒了“实践出真知”基本的思维规律。草坪高等教育应纠正这种错误倾象，实行“先实践，后知识；先生产，后人才培养，将人才培养寓于生产与科研实践之中，有机结合”的新思维。只有这样才能将草坪教育对生产的服务性原则落到实处，才能真正体现其特性与特色。

6.2 实行了“生产—科研—教育”的人才培养模式

为了适应市场经济要求，达到发展我国草坪高等教育的目的，实行了“生产开发（典型工程）—科研（解决产业生产中出现的难题）—教育（在生产实践中培养人才）—人才输送（通过毕业实践的生产和科研，实行用人单位与学员的双向选择）的人才培养模式。”该模式扬弃了旧有“关门”办学的封闭式方式，强调教学与生产、科研任务相结合，强调了培养对象与用人单位相结合，从而使草坪教育与市场相沟通，将草坪高等教育纳入市场经济服务的良性循环体系。通过选择引入竞争机制，调动教育与学员内部积极性，从而提高了教学质量，使草坪教育进入自我促进，自我发展的科学轨道。

6.3 草坪高等教育以市场需求为导向，用辩证唯物的历史观和发展论不断地开拓服务的领域，丰富教育的内涵

根据我国现代草坪业发展的现状与前景，新世纪草坪产业应积极为生态建设、城乡人类居住环境的建设、运动、娱乐、观光旅游等产业的兴起服务，为此，草坪高等教育的内容应从传统的草坪建植与管理的技能培养的《草坪学》上升到《草坪工程学》的高级阶段。此外，还要增加草坪与环境学、草坪美学、草坪运动（竞技、高尔夫等）、草坪文化和草坪经济学的内容（即专业方向），把草坪高等教育作为草业教育中的一个重要专业来对待和构建。草坪专业教学结构宜包括：

一级学科：草业科学；

二级学科：草坪，下设6个方向：

草坪与环境学方向（研究草坪与环境的关系及其自身规律性）

草坪工程学方向（用系统工程的观点、方法去建造与管理草坪绿地工程）；

草坪美学方向（用艺术的构思、园林配置的手法，去构造和发挥草坪的美学特性，塑造精神美与形态美）；

草坪运动（竞技，高尔夫等）方向（用运动草坪为载体，进行户外运动项目的建植、养护与经营）；

草坪文化方向（研究草坪与人类社会历史与发展的关系，开拓和丰富草坪的文化内涵，构建精神与物质相结合新型产业，如草坪艺术、草坪旅游、草坪娱乐等）；

草坪经济方向（研究草坪业的自身经济与管理规律，培养新型的草坪企业家与产业的经营管理人才）。

7 小结

7.1 我国草坪业正处于城镇基本建设和生态保护的发展阶段，产业经济的高速发展决定了对草坪教育的发展和人才的迫需求。

7.2 由草原（原草坪）是人类诞生母体环境推论的确认，确立了人类与草坪共同发展的规律性，从而决定了草坪高等教育稳定、持续、发展的基本属性。

7.3 从草坪功能对社会需求的密切迎合，可感受到草坪业及教育与社会发展的直接关系，从而确立了产业的高效性与教育的直接性。

7.4 从草坪业的多元方向的发展，确定了草坪高等教育具有培养实用性、综合性、前瞻性全面人才的基本要求。

7.5 发展中的草坪业，随着规模的扩大、水平的提高，要求相应的人才与技术储备，要有一个完备的草坪高等教育体系与之相适应。

综上所述，在我国建立“本科班、研究生班、博士后流动站”完备高等教育体系的内在与外部条件业已成熟，在大学本科教育阶段，在大专院校的草业学科或相近学科中设立草坪专业的时机已经到来。以开设草坪学课程为起点，创建崭新专业方向为手段，以设立草坪专业为目标，达到创建独具中国特色草坪高等人才培养完备体系的最终目的。

参考文献

[1] 刘自学. 2001. 草坪业现状与展望. 草原与草坪（增刊），11~12

[2] 孙吉雄等. 1995. 草坪学. 北京：中国农业出版社

[3] 孙吉雄等. 2002. 草坪绿地规划设计与建植管理. 北京：科技文献出版社

[4] 陈志一. 2002. 再探草坪的起源与源化及其概念. 草原与草坪，(1)：7~12

[5] Christians N E，1998. Fundamentals of turfgrass management. Chelsea：Ann Arbor Press

作者简介：孙吉雄，男，甘肃农业大学教授，长期从事草坪教学与研究。

20 中国现代草坪高等教育20年

（1983～2004年）

孙吉雄

（甘肃农业大学草业学院，甘肃兰州 730070）

中国现代草坪高等教育随草坪业和草坪科学的发展经历了一个高起点、高速度的发展的历程，现以一个较为完整的体系、一个崭新的学科方向，活跃在中国高等教育舞台，溶于欣欣向荣的草坪业之中，取得举世瞩目的成绩。今天，在中国草坪界欢庆中国现代草坪业发展20年（1983～2004）之际，在此，对作为产业和学科基础的现代草坪高等教育进行回顾、总结和展望，是为着赞颂老一辈草坪科学家、园林科学家、教育家的业绩，客观评价中国现代草坪高等教育的现状，积极展望其发展的未来，以期中国现代草坪的高等教育更加辉煌。

1 中国现代草坪高等教育产生的时代背景

改革开放的春风，给我国的草业带来生机，关乎人民群众衣食居行的产业得到了优先发展。作为草坪产业服务基础的物业、体育运动业、公路产业、生态环境业等蓬勃兴起，中国的草坪业和现代草坪高等教育应时代潮流，在巨大社会力的推动下应育而生，茁壮成长。

2 中国现代草坪高等教育发展的历程

我国老一辈草业和园林科学家，为中国现代草坪高等教育奠定了良好基础。在1980年的草原学会上（临潼会议），我国老一辈草业科学家任继周院士、黄文惠研究员、许鹏教授、彭启乾教授等在论及中国草原科学发展时，提出了发展草坪业及开展草坪教育的构想，具体提出在高等农业院校开展草坪教育和进行草坪高等人才培养的建议，他们的建议受到国家相关部门和领导的重视。在国家建设部和农业部的支持下，中国园林及草坪科学家于1981年在青岛召开了我国首届草坪学术研讨会，会上提出了成立中国草坪学会的倡议，得到了产业、学术、教育界的广泛响应。1983年在中国草原学会、中国园艺学会和农业部共同主持下，在广州召开了第一次草坪学术会议，在会上正式成立了草坪学术委员会，贾慎修教授、胡叔良研究员、董佩华先生等老一辈科学家作出了巨大贡献。

中国草坪业发展为高等教育发展奠定了坚实基础。优良冷地型草坪草种的引进与推广，解决了草坪业发展的物质基础，为冷地型地区草坪业发展提供了可能与保证；草坪直播建坪技术的应用，解决了大面积建植草坪的技术，扩大了草坪业的规模，提高了草坪建植的效率与质量，为我国北方草坪的推广与普及奠定了基础；喷播技术的引入与应用，推动了南方生态草坪建设的发展，使草坪业向产业的广度与深度发展；在中国草原学会下设立了草坪学术委员会，为产业、科学、教育的发展提供交流的渠道和沟通的桥梁，促进了我国草坪业的繁荣与成长；草坪公司的成立与完善，使我国现代草坪业向产业化方向迈进，为草坪教育的发展提供了广阔市场。

3　中国现代草坪高等教育发展现状

中国现代草坪高等教育经历了专题讲座、单门课程教学、本科与研究生（硕、博）系统培养体系的形成和完善3个发展阶段。从事草坪高等教育的学校也由单一的草学传统教育的农业院校向林业院校、师范院校、重点综合大学延伸，目前开设草坪课程或进行草坪方向研究生培养的院校达26个，每年为我国输送草坪研究生几十名，本科生几百名。如起步较早的甘肃农业大学草业学院，1989年在草原专业开设“草坪学”课程，1990年招收草坪方向硕士研究生，截至2004年，仅“草坪与环境”方向毕业了硕士生16名，在读博士6名，硕士10名。目前草业学院在读草学方向本科生960名、硕士117名、博士45名、博士后1名。又如起步较迟的北京林业大学草业科学系，自1998年成立以来，以城市草坪和高尔夫球场为培养方向，且已培养本科生178名、硕士生28名、博士生12名、博士后2名。

在教材建设上也取得了长足发展，自1995年第一部全国高等农业院校教材——《草坪学》问世，在1995～2004年的10年间，出版相关教材、专著约40余部，为我国草坪高等教育和草坪科技知识推广奠定了基础。在农业部教学指导委员会和中国农业出版社的领导和支持下，2003年全国从事草坪高等教育的22个院校在甘肃省兰州举行“草坪科学本科系列教材”编写会议，决定2004年完成我国草坪专业配套教材11部的编写出版工作，为我国草坪高等教育的正规发展提供了保证。

4　新世纪现代草坪高等教育的内涵与发展方向

草坪的传统概念是：“草坪是园林中用人工铺植草皮或播种草籽培养形成的整片绿色地面”（陈志一，2002），这一定义尽管道出了草坪为人工植被的基本含义，但却把草坪局限在园林之中。这显然脱离了现代草坪业的实际，也将草坪业、科学及教育进行了限局。从草坪的应用本质出发，人类社会对草坪的需求就是草坪存在与发展的基石，草坪以其功能为社会多作贡献就是产业、科学与教育的追求，因此草坪的内涵应以草坪业已具备和有待开发的功能为基础，草坪的发展则应以人类社会对草坪日益增长的需求为目标。就我国经济现状和草坪发展而论，中国的现代草坪高等教育应以培养适应市场需求的综合型人才为主要方向；就草坪学科而言，它应在草业科学的大系统中，突现出自身的特色：即草坪建植过程工程化、城镇草坪绿地配置美学化、草坪环境生态化、草坪风格文化化、草坪产业经营经济化。因此，中国现代草坪高等教育的内容应由单一的草坪建植管理技术的主体内容，向多元、综合、适用、前展的方向前进。出于全方位为人类社会服务，扩大学科领域范围的需求，现阶段现代草坪高等教育应包含草坪工程学、草坪美学、草坪文化、草坪与环境和草坪经济学多项专业内容。

作者简介：孙吉雄，男，甘肃农业大学教授，长期从事草坪教学与研究。

21 施钾对草地早熟禾生物量、枯草量和草坪质量的影响

祝美俊[1] 王显国[2] 孙 彦[2*] 韩建国[2] 王 培[2] 樊奋成[3] 鲍青龙[4]

（1. 北京市东北旺苗圃，北京 100094；2. 中国农业大学草地研究所，北京 100094；
3. 北京绿洲科技发展有限公司，北京 100094；4. 赤峰市草原工作站，赤峰 024000）

摘要：在田间试验条件下研究了不同施钾处理对草地早熟禾草坪质量的影响，结果表明，钾对地上部（秋天）生长的影响显著；在越冬前，钾对地下生物量的影响极其显著，5g K_2O/m^2 和6.68g K_2O/m^2 处理的地下生物量较高，并且单施钾肥比氮磷钾混施的效果更好；钾对地下生物量与地上生物量的比值影响不明显；钾在夏天和越冬前影响地上枯草量，3.33g P_2O_5/m^2 也能减少草坪夏天的枯草量，越冬前氮磷钾混施与单施钾相比，枯草量低；综合密度、颜色、质地、绿期4个因素来看。5g N/m^2 +3.33g P_2O_5/m^2 +6.68g K_2O/m^2 处理的草坪综合质量最佳；氮磷钾营养平衡是保证草坪质量的关键。

关键词：钾 草坪质量 生物量 枯草量

钾是高等植物维持生命代谢必须的化学元素之一，它在植物体内的含量仅次于氮。植物叶片干物质的钾含量为0.2%～10%，草坪草中的钾含量约为1.5%（孙吉雄，1996）。钾对农作物的作用主要表现在改进农产品的质量。评价草坪植物对钾的需要着重于品质因素，另外还包括草皮色泽、耐寒性和抗病性（Jack et al.，1989；孙羲，1995）。弹性、再生速率以及经久耐用性是运动场、高尔夫球场和其他践踏强度大的草坪绿地的重要品质特征。草皮生产者还对移植生长速率、分蘖数量、根茎长度及根的密度等附加参数感兴趣。钾对草坪草的生长、草坪质量和抗逆性都有重要影响（Richard et al.，2004）。

本项研究以我国北方种植面积较大的冷季型草坪草草地早熟禾（*Poa pratensis*）品种午夜（Midnight）为试验材料，研究了不同施钾处理对草坪生物量、枯草量、草坪质量（综合密度、质地、颜色、绿期4个指标）的影响，目的是为草坪的养护管理提供理论与实践依据。

1 材料和方法

1.1 试验地概况

试验地位于北京市园林局东北郊苗圃，海拔高39m，土壤类型为潮土，略带粘性，地势平坦，pH值为7.67，有机质含量为1.76%，碱解氮为74.9mg/kg，速效磷为107.0mg/kg，可交换性钾为166.0mg/kg。

1.2 试验设计

试验地于4月11日播种，播量为20g/m²。设10个施肥处理（包括对照），每月施肥一次，施肥方案如表1。各个处理采用随机排列，小区面积2m×2m，3个重复，共30小区。

成坪后开始修剪施肥，留茬高5cm，修剪频率1次/周，11月初剪草结束。

表1 施肥方案

施肥代号	施肥比例			施肥量（g/m^2）		
	N	P_2O_5	K_2O	N	P_2O_5	K_2O
CK	0	0	0	0	0	0
K_1	0	0	1	0	0	1.67
K_2	0	0	2	0	0	3.33
K_3	0	0	3	0	0	5
K_4	0	0	4	0	0	6.68
$N_3P_2K_0$	0	3	2	0	5	3.33
$N_3P_2K_1$	3	2	1	5	3.33	1.67
$N_3P_2K_2$	3	2	2	5	3.33	3.33
$N_3P_2K_3$	3	2	3	5	3.33	5
$N_3P_2K_4$	3	2	4	5	3.33	6.68

*注：施氮肥的小区6、7、8月份只施膦钾肥，以防在夏季发生病害，9、10月份施氮肥。

1.4 试验内容和方法

1.4.1 密度

测定单位面积的枝条数，每小区设两个样方，3次重复，$S=50.24cm^2$。

1.4.2 质地

测量叶片的最宽处，每小区取叶片10个，3次重复，每月一次，最后取平均值。

1.4.3 颜色（1~9分）

3人同时评分，每月一次，取其平均值。1=枯黄，9=深绿。

1.4.4 绿期

枯黄期以植株50%变黄为准，返青期以50%植株变绿为准。

1.4.5 地上和地下生物量

用土钻法测定地下0~10cm的生物量，用双层纱布包样清洗，然后在70~80℃烘箱中烘干至恒重；用剪刀齐地面剪掉后测地上生物量，取样后阴干，然后在57℃下烘干称重，2次重复。

1.4.6 枯草量

枯草重量占地上部分所有茎叶量的比，3次重复。

2 结果与分析

2.1 不同施钾处理对草地早熟禾生物量的影响

2.1.1 地上生物量

每一测定时期，地上茎叶量取得最大值的施钾处理分别为K_2（245.22g/m^2）、K_2（232.48g/m^2）、$N_3P_2K_2$（308.12g/m^2）、K_3（227.71g/m^2）、$N_3P_2K_3$（309.12g/m^2），而施钾最多的处理K_4和$N_3P_2K_4$其地上部分的茎叶量却没有达到最高值。在6月29日测定值中，除了CK、$N_3P_2K_0$处理外，其他各处理之间差异都没有达到极显著（$P>0.01$），而且夏天，所有的处理都不显著，这主要是因为北京夏天高温高湿的气候条件抑制了生长，即使在肥料充足的条件下也是如此。进入初秋，温度有所降低，草坪草开始恢复生长，生长速度加快，但是各处理并不显著，只是$N_3P_2K_2$与对照相比达到极显著。在10月份的测定分析中，只有单施钾肥的处理间有极显著的差异。

表2 不同施钾处理对草地早熟禾地上生物量的影响

施钾处理	地上生物量（干重 g/m²）				
	6月29日	8月7日	9月8日	10月19日	11月30日
CK	153.86Cc	166.40Ab	168.39Bb	137.34Ee	178.94Dd
K_1	201.23ABCb	213.38Aab	254.78ABab	159.24BCDEed	212.58BCDc
K_2	245.22Aa	232.48Aa	242.64ABab	144.51DEe	204.02CDcd
K_3	216.56ABab	207.80Aab	245.42ABab	227.71Aa	214.37BCDc
K_4	188.69BCbc	227.51Aa	257.96ABab	156.25CDEed	214.57BCDc
$N_3P_2K_0$	154.46Cc	186.31Aab	249.40ABab	196.46ABCabc	227.51BCbc
$N_3P_2K_1$	192.48ABCbc	168.39Ab	220.74ABab	203.03ABab	246.82Bb
$N_3P_2K_2$	224.52ABab	185.51Aab	308.12Aa	203.62ABab	214.57BCDc
$N_3P_2K_3$	207.21ABCab	167.00Ab	290.41ABa	166.80BCDEcde	309.12Aa
$N_3P_2K_4$	241.24ABa	196.46Aab	258.56ABab	183.92ABCDbdc	217.75BCc

注：凡有一个相同标记字母的即为差异不显著，凡具有不同标记字母的即为差异显著。小写字母表示0.05显著水平，大写字母表示0.01显著水平，以下同。

2.1.2 地下生物量

在6月29日的测定值中取得最多地上生物量的钾处理为 K_3（305.33g/m²）；夏天为 $N_3P_2K_4$（202.63g/m²），其次为 $N_3P_2K_1$（186.11g/m²），K_3（182.92g/m²），3者之间没有差异；秋天依次为 K_2（392.32g/m²），K_3（360.47g/m²），K_1（358.28g/m²），3者之间相差甚小；越冬前为 K_2（487.66g/m²），其次为 K_3（484.08g/m²）。夏天，地下生物量都有降低的趋势，在整个生育期内出现一个低谷。这是因为北京夏天气温较高，湿度大，进入7月份以后连续降雨，再加上又是褐斑病、腐霉病等病害高发季节，部分草枯萎，甚至死亡。虽然如此，5gK_2O/m²（K_3）处理的小区，与其他小区相比，还是表现了较高的地下生物量，这说明在夏天对草坪草施以适量钾肥，能够增加地下部的根量，有利于草坪草渡过不良的生态环境。根系发达，能吸收大量的水分来弥补高温造成的蒸腾损失，有利于根系贮藏水分。

表3 不同施钾处理对地下生物量的影响

施钾处理	地下生物量（干重 g/m²）				
	6月29日	8月7日	9月8日	10月19日	11月30日
CK	207.40ABCcde	167.80Bb	194.67BCcd	232.88Ce	300.76Dd
K_1	179.74Ce	165.41Bb	213.77ABCbcd	358.28Ab	436.31ABb
K_2	230.69ABCbcde	165.01Bb	202.03BCbcd	392.32Aa	487.66Aa
K_3	305.33Aa	182.92ABab	221.14Aa	360.47Aa	484.08Aa
K_4	293.60Aab	178.54ABb	217.16ABCbc	310.75Bc	449.64Aab
$N_3P_2K_0$	252.39ABCabcd	167.99Bb	214.57ABCbc	253.18Cde	390.13BCc
$N_3P_2K_1$	265.13ABCabc	186.11ABab	185.31Cd	304.34Bc	385.35BCc
$N_3P_2K_2$	224.72ABCbcde	174.76ABb	185.31Cd	265.92BCd	317.87Dd
$N_3P_2K_3$	190.69BCde	169.19Bb	230.10ABab	354.30Ab	338.77CDd
$N_3P_2K_4$	291.20ABab	202.63Aa	230.49ABab	243.83Cde	467.36Aab

2.2 不同施钾处理对草地早熟禾枯草量的影响

枯草层通常是用其厚度来度量，本试验用枯草重量占地上总茎叶量的比值来表示枯草量。

在初夏，K_3 和 $N_3P_2K_3$ 处理的枯草量较低，分别占地上茎叶量的 26.45% 和 27.50%，但是与其他处理之间只在 $P>0.05$ 水平上显著，而在 $P>0.01$ 的水平上并不显著。夏天，各处理间达到了显著差异，其枯草量变化很大，其中枯草量最少的处理为 K_2（26.15%），其次为 $N_3P_2K_0$（29.95%），但是施钾最多的 K_4 的值达到了所有处理中的最大值 45.05%，甚至超过了对照 CK（37.10%）。

过多的枯草层覆盖在土壤表面，不仅降低了草坪的外观质量，更重要的是在夏天高温、高湿的气候条件下，降低了土壤表面的透气性，腐烂的有机质为病原菌的繁殖提供了有利的条件，使草坪受到了大面积的破坏，甚至出现秃斑。在试验地中就发生过严重的褐斑病，腐烂的枯枝落叶加快了病原菌的传播，使周围的小区都受到了不同程度的危害。夏天施磷肥也能降低枯草量，如 $N_3P_2K_0$ 处理的枯草比例为 29.92%，这是因为磷也参与植物体内的各种代谢（碳水化合物代谢、氮代谢和脂肪代谢），促进合成蔗糖、淀粉、核酸和蛋白质等，促进草坪草的代谢调节作用，并能增加草坪草的抗逆性，所以在夏天施以适量的磷钾肥有利于草坪草的生长和代谢。在初秋时 $N_3P_2K_1$ 的值也较低，为 32.10%，但所有处理并不显著（$P>0.05$）。在深秋各处理的值相差也不大，$N_3P_2K_3$ 最低（42.00%）。在越冬前各处理间有了明显的差异，$N_3P_2K_2$ 只有 39.50%，而施钾较高的 K_3 达到 62.95%，超过了对照 CK（62.30%）。从整个试验小区来看，在这个时期 N、P、K 混施的小区要比单施磷钾肥的小区绿一些，后者已开始进入枯黄期。这说明 N、P、K 能够保持草坪草的新陈代谢平衡，使草的绿期延长，也增加了抗寒性。

不同的处理在不同的时期对枯草量的影响不尽相同。$N_3P_2K_0$ 和 K_2 两个处理在夏天能够降低枯草量，有利于越夏；$N_3P_2K_2$ 的处理则有利于越冬，延长草的绿期。

2.3　不同钾处理对草地早熟禾草坪质量的影响

表 4　不同施钾处理草地早熟禾草坪综合质量评分

施肥处理	密度（株/50.24cm²）	名次	质地（mm）	名次	颜色	名次	绿期（天）	名次	总名次
$N_3P_2K_4$	155	2	2.34	6	7.5	2	285	1	11
$N_3P_2K_3$	140	4	2.35	7	7.6	1	285	1	13
$N_3P_2K_2$	158	1	2.36	8	7.5	2	280	3	14
K_4	146	3	2.25	1	7.3	5	269	5	14
$N_3P_2K_1$	132	5	2.29	4	7.4	4	275	4	17
$N_3P_2K_0$	126	9	2.27	2	7.2	6	267	6	23
K_3	131	7	2.28	3	7.2	6	266	7	23
K_2	132	5	2.31	5	7.2	6	260	8	24
K_1	131	7	2.37	9	7.1	9	260	8	33
CK	113	10	2.41	10	7	10	250	10	40

草坪质量是多因素的综合反映，主要取决于草坪草的密度、质地、颜色、绿期 4 个因素的综合表现，单纯地用某一因素来评价草坪质量是不切实际的。下面利用以上 4 个因素进行评价。评定的方法是：把几次测定值相加平均后作为某一因素的值，按平均值的大小排出名次。

从密度、颜色、质地、绿期 4 个因素来看，混施的处理表现的质量较好，并且在混施的处理中钾比例越高排名越好；单施肥的处理中只有 K_4 处理的效果还可以。单从营养平衡的角度来考虑，也应该是肥料的混施比单施某一种肥更能提高草坪的质量。这种评价方法主要是对草坪外观质量的评价，而这 4 个指标是进行草坪质量评价最基本的指标。

3 讨论

草坪草需要最多的养分是N，其次是K，再其次是P，草坪施钾肥以后，土壤中和植物体内K和N的含量都增加了，并且随着施钾量的增大，土壤贮存的有效N与草坪植物体内积累的N都明显上升，这说明K与N之间存在一个正相关关系，K能促进植物对N的吸收。首先，K离子促进N的吸收与运输；其次，K^+是氮素代谢中重要的酶活化剂；第三，K能影响硝酸还原酶（NR）的活性（爱蒙斯，1990；张福锁，1993）。

Christians等人（1979，1981）报道，草地早熟禾地上生物量与N、K水平呈曲线相关，分别在125μg/g N和144μg/g K时，达到最高地上生物量；匍匐翦股颖的地上生物量与N水平也呈曲线相关，最高地上生物量在96μg/g N水平时达到，而与K水平呈直线相关；匍匐翦股颖的地下生物量在6μg/g N、196μg/g K时最高，在150μg/g N、64μg/g K时最低。本试验在田间试验条件下，秋天对草地早熟禾施以不同的N、K比例（N和P相同5g N/m^2，3.339P_2O_5/m^2）。地上生物量最高的N、K比例是3∶2（5g N/m^2，3.33g K_2O/m^2），地下生物量最高的N、K比例是3∶3（5g N/m^2，5g K_2O/m^2），地下生物量最高N、K比例是3∶1（5g N/m^2，1.67g K_2O/m^2），并且单施钾肥对草地早熟禾地下生物量的累积促进作用更加明显。

在本研究中，综合密度、质地、颜色、绿期4个指标来看，草地早熟禾是N、K比例在3∶4时达到最高的草坪质量，不施钾肥时质量最低。Hylton（1983）研究了生长在营养液中的多年生黑麦草的生长，也发现钾主要是促进叶片和分蘖的生长，而不只是促进分蘖，当钾的浓度升高时，地上部干重增加比根系快。钾与草坪植物的关系受多种因素的制约，因此很难从某一方面来评价钾对草坪质量的影响。由于土壤的组成和结构不同，土壤的持钾能力也会发生变化，因此在考虑不同施钾水平处理时，应当同时考虑到土壤中的有效钾含量，这样才能更好制定施肥方案。

4 结论

4.1 施钾对草地早熟禾地上部茎叶量（秋季）有显著的影响。施钾量越大地上生物量就越高，氮磷钾混施能促进地上部分的生长；在越冬前钾对地下生物量的影响极其显著，5gK_2O/m^2（K_3）和6.68 K_2O/m^2（K_4）处理的地下生物量较高，并且单施钾肥比氮磷钾混施更有利于地下生物量的累积。

4.2 施钾对夏季和越冬前草地早熟禾地上部枯草量的影响显著；夏季，3.33gK_2O/m^2（K_2）处理的枯草量较低，3.33gP_2O_5/m^2也能减少草坪夏季的枯草量，越冬前5gN/m^2、3.33gP_2O_5/m^2、3.33gK_2O/m^2（$N_3P_2K_2$）处理的枯草量较低，氮磷钾混施与单施钾相相比，枯草量低。

4.3 综合密度、颜色、质地、绿期4个因素来看，5gN/m^2、3.33gP_2O_5/m^2、6.68gK_2O/m^2（$N_3P_2K_4$）和5gN/m^2、3.33gP_2O_5/m^2、5gK_2O/m^2（$N_3P_2K_3$）处理的草坪质量较好。

参考文献

[1] 孙吉雄．草坪学．北京：中国农业出版社，1996

[2] 孙羲. 植物营养原理，北京：中国林业出版社，1995

[3] 张福锁. 环境胁迫与植物营养. 北京：北京农业大学出版社，1993

[4] 爱蒙斯著冯钟立，张守先等译. 草坪科学与管理，北京：中国林业出版社，1990

[5] Christians, N. E., Martin D. P. and Wilkinson, J. F.. Nitrogen, phosphorus, potassium effects on quality and growth of kentucky bluegrass and creeping bent-grass, Agronomy Journal, 1979, (71): 564 ~ 567

[6] Christians, N. E., Martin D. P. and Karnock, K. J.. The interrelationship among elements applied to calcareous sand greens, Agronomy Journal, 1981, (73): 929 ~ 933

[7] Sartin, J. B.. Interrelationships among turfgrasses, Clipping Recycling, Thatch, and Applied Calcium, Mgnesium and Potassium. Agronomy Journal, 1993, 85: 151 ~ 153

[8] Richard J. M. Fitzpatrick and Karl Guillard. Kentucky bluegrass response to potassium and nitrogen fertilization, Crop Science, 2004, 44: 1721 ~ 1728

[9] West, J. W., and Reynolds, J. H., Cation composition of tall fescue forage as affected by K and Mg fertilization. Agronomy Journal, 1984, 76: 676 ~ 680

[10] John, E., Kaminski and Peter H. Dernoeden, Soil amendments and fertilizer source effects on creeping bentgrass establishment, soil microbial activity, thatch, and disease, HortScience, 2004, 39 (3): 620 ~ 626

[11] Jack D. Fry, M. Ali Harivandi, and David D. Minner. Creeping bentgrass response to P and K on a sand medium, HortScience, 1989, 24 (4): 623 ~ 624

[12] Hylton, L. O., Ulrich and Cornalius, D. R.. Potassium and sodium interrelations in growth and mineral content of Italian ryegrass, Agronomy Journal, 1983, (15): 311 ~ 315

作者简介： 祝美俊，女，主要从事草坪养护管理工作。

22　草坪与地被植物种子质量检验的现状与发展趋势

孙彦[1,2]　韩建国[1,2]　毛培胜[1,2]　秦歌菊[1,2]

（1. 中国农业大学牧草种子实验室，国际种子检验协会会员实验室，
2. 农业部牧草与草坪草种子质量监督检验测试中心，北京　100094）

摘要：文章叙述了中国草坪与地被植物种子质量检验的现状与发展趋势。

关键词：草坪　地被植物　种子质量　检验

草坪与地被植物种子质量检验是运用科学的方法，对生产上使用的草坪与地被植物种子的质量进行检测、鉴定和分析，确定其使用价值。草坪与地被植物种子质量检验贯穿于草坪与地被植物种子生产、加工、贮藏、运输、销售和使用的全过程[1]。随着我国进出口业务的不断扩大，尤其我国加入 WTO 以后，种子检验越来越受到人们的关注。2002 年我国海关报关进口草种子共 16 400t，其中量最大的为苜蓿类 6 635t，其次为羊茅类 3 724t，第三为黑麦草类 2086t，第四为早熟禾类 1401t。我国牧草与草坪草种子年产量 8 ~ 12 万 t，年需求量 16 ~ 20 万 t。中国草坪与地被植物种子质量检验随着国家改革开放，加入世贸组织及市场经济促进得到了很大的发展，但也存在着不足，具有远大的发展前景。

1　草坪与地被植物种子质量检验现状

1.1　国家政策支持，检验机构相继成立

根据 1989 年 3 月 13 日国务院发布的《中华人民共和国种子管理条例》第二十六条的规定，“各级农业、林业主管部门的种子检验机构及其委托单位负责种子质量的检验工作”。第二十七条又明确规定“种子检验机构和植物检疫机构负责对国营、集体和个人生产和使用的种子进行抽检”。90 年代初期，国家及各省市、自治区种子质量检验机构相继建立起来。由于地被植物范围很大，传统的地被植物的概念是凡能覆盖地面的植物均称地被植物，除草本外，木本植物中之矮小丛木、偃伏性或半蔓性的灌木以及藤本均可能作园林地被植物。所以负责检验地被植物种子质量的检验机构分散于蔬菜质检部门、农作物质检部门、牧草与草坪草质检中心、林木种子质检机构和花卉等。

草类质检中心全国有 18 个，但国家级的有 4 个：牧草与草坪草种子质量监督检验测试中心（北京）、牧草与草坪草种子质量监督检验测试中心（兰州）、牧草与草坪草种子质量监督检验测试中心（呼和浩特）、牧草与草坪草种子质量监督检验测试中心（乌鲁木齐）。其中牧草与草坪草种子质量监督检验测试中心（北京）是 1998 年在原中国农业大学牧草种子实验室的基础上建立的。中国农业大学牧草种子实验室原名北京农业大学牧草种子实验室，始建于 1989 年。1989 年加入“国际种子检验协会（ISTA）”，成为中国惟一 ISTA 正式

会员实验室。2002 年 8 月 30 日该“中心”顺利通过国家“审查认可和计量认证”（即“双认证”）。具有进出口种子质量检验资质。

2000 年 12 月《中华人民共和国种子法》颁布实施，种子管理部门与种子生产、经营单位进行了站、司体制改革，与生产、经营单位彻底分开，有利于加强种子管理工作。

颁布实施了《中华人民共和国种子管理条例》和《中华人民共和国种子管理条例农作物种子实施细则》、《种子检验管理办法》、《种子管理员证、章管理办法》等规章，并有 20 多个省（市、区）人大或政府颁布了地方性的种子管理条例，《种子法》的颁布实施，为加强中国种子管理提供了法律依据，但是现行种子管理体制，政、企职责不清，缺乏强有力的宏观调控能力，没有形成高效运行、良性循环的种子产业体系，影响了种子产业的健康发展。

1.2 市场上流通的种子质量

中国目前市场上流通的牧草与草坪草种子质量的合格率仅为 50% 左右，一级品不足 20%，种子质量问题严重。市场流通的国产种子大都世代不清、系谱不明，再加上缺少必要的清选技术，种子质量监督体系和制度建设落后，种子质量难以保证。实验室检验的样品看，进口种子净度多数能达 98% 以上，有的很低 85% 左右。国产种子净度一直很低，随着清选设备改进，也能达 98% 以上。

1.3 野生资源的野生性状给种子质量检验带来的问题

野生草坪与地被植物种子由于野生性状的存在，落粒性强，收获困难，为了抢收，成熟度不一，影响发芽率。也由于野生性状，有的种子存在深度休眠或硬实，在一般情况下发芽率极低，必需经过处理，如结缕草、巴哈雀稗种子必需经过碱或酸处理才能发芽。这就给种子检验带来严重问题，掌握最佳的室内发芽方法，使检验结果能充分体现种子的真实发芽率，是检验部门一直要求的。目前像结缕草、野牛草、马蹄金等市场流通的基本上都是经过处理的。马蔺种子在发芽试验时必需经过预先处理。

1.4 检验标准有待修订和增加

目前检验机构检验草坪与地被植物种子是根据我国制定的《牧草与草坪草种子检验规程》GB/T2930 - 2001 及国际种子检验协会规定的《国际种子检验规程》2005。这两个标准共覆盖了 900 多种植物，但我国随着野生资源的开发利用，市场上流通的植物种仍存在许多没有检验规程，尤其是最新开发的地被植物。但种子经营者与消费者又需要了解其质量状况，所以在规程中尽快增加植物种乃势在必行。牧草与草坪草种子质量监督检验测试中心（北京）为满足客户需求，经过大量试验已自制出 24 个种的种子质量检验标准，包括：细弱翦股颖（*Agrostis tenuis*）、柠条锦鸡儿（*Caragana korshinskii*）、小叶锦鸡儿（*Caragana microphylla*）、碱茅（*Puccinellia distans*）、垂穗披碱草（*Elymus nutans*）、麻黄（*Ephedra sinica*）、甘草（*Glycyrrhiza uralensis*）、墨西哥玉米（*Euchlaena mexicana*）、紫云英（*Astragalus sinicus*）、马蔺（*Iris lactea chinensis*）、中华羊茅（*Festuca serotina*）、冷地早熟禾（*Poa crymophila*）、野牛草（*Buchloë dactyloides*）、籽粒苋（*Amaranthus hypochondriacus*）、披碱草（*Elymus dahuricus*）、二色胡枝子（*Lespedeza bicolor*）、绢毛胡枝子（*Lespedeza cuneata*）、截叶胡枝子（*Lespedeza cuneata*）、马棘（*Indigofera pseudotinctoria*）、多花木兰（*Indigofera amblyantha*）、魁蒿（*Artemisia princeps*）、鸡冠花（*Celosia cristata*）、银叶菊（*Senecio cineraria*）、狗尾草（*Setaria viridis*）。自制出 3 个草种生活力，均有待加入国家规程中。2003 年该中心

1188个样品中，131个样品按国际标准检验，980样品按国家标准检验，77个按自制标准检验，自制占6.5%。2004年1060个样品中，903个样品按国际标准检验，107个样品按国家标准检验，50个样品按自制标准检验，自制占4.7%。

经过检验试验，在国家已有的草种标准中，其方法也存在不理想方面，如表1。国家有关种子检验规程有待再次修订，以修订不适方法和增加一些新种子检验标准。

2004年我国完成中华人民共和国国家标准《禾本科与豆科草种子质量分级》修订和中华人民共和国农业行业标准《牧草与草坪草种苗评定规程》、《牧草种子清选加工技术规程》、《牧草与草坪草种子审定技术规程》的制定。

表1 披碱草检验方法比较

种 名	国家标准	自制标准
Elymus dahuricus	TP，25 ℃，L	TP，20~30 ℃，预冷；KNO_3
披碱草	新种子新鲜未发芽占40%多	新鲜未发芽只占10%以下

1.5 生产者、经营者和消费者对种子质量检验认识逐步提高

在社会主义市场经济大潮中，种子生产者与经营者也开始有了质量意识，好的公司树立“质量第一”观念，认识到种子质量是单位的生命，信誉是财源的共识，单位必须依靠提高种子质量来赢得用户，占领市场，参与竞争，求得发展，在竞争对手如林，市场如战场的情况下，立于不败之地。从农业部牧草与草坪草质检中心（北京）的每年检验的样品看，现在检验单位送样样品大约95%以上来自企业公司，说明经营者已将检验这项纳入其经营管理中。在检验项目上检验样品最多的是发芽率，占送样样品的95%以上；其次为净度，约占60%~70%；再次为其他植物种子数、生活力水分、包衣种子测定，约占10%~22%；对重量、种及品种鉴定、活力、健康等检验的数量相对少，不到1%。

1.6 草坪与地被植物种子检测手段滞后市场需求

从市场流通种子看，由于假种子存在，目前要求种及品种鉴定的客户越来越多。尤其品种鉴定，品种之间特征、特性差距小，从形态上无法区分，只能通过生物技术手段来鉴别。但目前只有少部分品种可以鉴定，如狗牙根、翦股颖、紫花苜蓿等。多数种子靠现有的设备无法鉴定。草坪与地被植物检验研究方面起步晚，远落后于农作物。一些乡土地被植物种子检验研究的就更少。现有的研究成果远远满足不了目前市场的需求，需要我们在人力、财力等方面去投入、去研究。

2 草坪与地被植物种子质量检验的发展趋势

2.1 健全市场种子质量管理系统，种子市场与种子质量规范化、标准化，促进种子质量检验

目前，我国国产种子质量问题严重。市场流通的国产种子大都世代不清、系谱不明，再加上缺少必要的清选技术，种子质量监督体系和制度建设落后，种子质量难以保证。

对种子实行规范化、标准化的繁育生产和管理，既保护良种培育者的权益，又使种子购买者农民的利益不受损害。中国种子生产、繁育、推广销售应尽快按照国际种子生产惯例，明确法规，早日实施《种子法》，坚持以法管种、以法治种、以法销种，以提高种子质量监督、检测为手段，完善科学管理系统。

建立二级种子质量监督检测和认证体系，即国家级种子质量监督检测中心应承担种子质

量监督、抽检和仲裁等检验工作，省（市、区）级种子质量监督检测站应负责本省、市（区）的自检、质量监督及认证工作，从而保证种子质量。

2.2　随着对种子质量认识提高，种子质量检验越来越重要

各种子经营机构，都需资质认证，其中一项就要求经营的种子需有质量检验部门出具的检验报告。消费者在购买种子时，也需要有检验部门出具的种子质量检验报告，尤其在种子进出口交易中，所以种子质量检验越来越被受关注，在种子市场流通交易上起到愈来愈重要的位置。

2.3　加强检验人员专业技术培训，向种子生化检测技术发展

加强种子生产、经营企业内检验人员培训，使检验人员熟悉和掌握本企业生产、经营的各类地被种子特征特性、检验标准及检测方法。重点充实和加强培训种子质量监督检验中心人员的检验技术以及种子生化检测技术、方法、电泳技术、DNA 检测技术、种子种苗的检测技术，使种子检验人员的技术水平进一步提高以满足市场需求。

2.4　完善种子质量检验的质量保证体系

2.4.1　检验工作流程

检验部门具有一套严格的检验流程，严格按国际、国内有关种子检验规程。从收样部门到检验部门室应密码下达，确保检验员能出具更准确公证的数据。

2.4.2　仪器设备

所有出数据的检验仪器设备每年定期进行校准与鉴定，由具有资质的专业人员鉴定，并出具鉴定证书，不合格的报废。定期对仪器设备要进行运行检查，保证出具数据正确可靠。

2.4.3　实验室检测人员间与仪器间的比对

国际种子检验协会（ISTA）每年进行会员实验室联合检验，来考核各实验室检验结果的正确性，我国只有中国农业大学牧草种子实验室是会员实验室，能有资格参加联合检验，并在近 3 年的检测结果中获得优良成绩，受到了 ISTA 秘书处的好评。但在我国目前国内没有一个部门组织全国的相关检测部门进行联合检验与比对，只有个别检测部门间少量人员比对，所以开展全国相关检测部门联合检验与比对，对提高各检测部门及检测人员的检测水平是非常重要的，在比对当中可以发现不足，取长补短，全面提高全国的检测水平。

2.4.4　强大的科研后盾做支撑

草坪与地被植物种子的检验需要科研作为支撑，强有力的科研后盾，是检验质量不断提高的源泉；没有科研就没有创新，也就没有成果，在科研中不断摸索更佳的检验方法与检测技术。在检验中出现的检验方面的科学难题，需要科研人员尽快去研究解决，这对不断提高检测人员的检测水平，确保检验结果更准确，具有重要意义。

总之，目前我国草坪与地被植物种子质量检验获得了很大的发展，但还存在着许多不足，需要我们去克服、去改善，我国草坪与地被植物种子质量检验体系会逐渐完善，保障体系健全，种子质量检验在我国种子市场上愈来愈起到重要的作用。“科学、公正、高效、廉洁、服务”是检测部门遵循的质量方针[2]，准确、可靠、公正的出具检测结果是检测部门的责任与义务。我们要为适应 21 世纪草坪与地被植物种子质量保障变化[3]的需要而努力，更好地促进中国种子质量检验事业的健康稳步发展。

参考文献

[1] 韩建国．实用牧草种子学 [M]，北京：中国农业大学出版社，1997. 113～114

[2] 毛培胜. 农业部牧草与草坪草种子质量监督检验测试中心（北京）质量手册（受控文件）[M], 5~4; 10~3

[3] Loch D S, Boyce K G. Meeting the changing need for herbage seed quality assurance in the 21st century [A], [C]

作者简介：孙彦（1965~），女，主要从事草坪科学与管理及牧草与草坪草种子质量检验工作，发表论文 20 多篇，主编《草坪实用技术手册》与《草坪养护技术》等著作，Tel: 62732793，E-mail：cts-china@ sohu. com。

23　地被植物的研究进展

余　莉　任爽英　董　丽

（北京林业大学园林学院，北京　100083）

摘要：本文总结了近年来国内外地被植物的研究进展，包括资源调查、适应性研究等，并展望了未来的研究方向。

关键词：地被植物　研究进展

地被植物[1]是指覆盖在地表面的低矮植物，包括低矮草本植物和一些适应性较强的低矮、匍匐型的灌木和藤本植物。地被植物是园林绿化的重要组成部分，它可以应用在园林绿地中的空旷地，林下、乔、灌木树丛之间，路边、水边、堤坡两边、树坛等各种绿地中。地被植物不仅具有美化环境的功能还具有良好的生态效益，因此近年来对于地被植物的研究也逐渐地扩展到越来越多的方面，研究也日益深入。

1　国内地被植物的研究现状

1.1　地被植物的资源调查及筛选

研究地被植物，首先要有种源，需要先进行资源调查工作，从中选择有希望的材料进行研究，从而可以推广应用到园林绿地中，美化环境。

周家琪、吴涤新等[2]对秦岭南坡火地塘等地区野生花卉和地被植物种植资源进行了调查，对23科51种野生花卉和地被植物中的生活型、花期、花色、植株高度、幅度、分枝情况和园林应用潜力进行了记载和评价。谭继清等[3]对重庆市的园林地被植物资源进行了调查和应用研究，结果认为：重庆市的园林地被植物资源丰富，常见的地被植物记有86科278属429种。并针对不同地段推荐使用不同的地被植物。钱纽民等[4]对杭州市的草本和木本地被植物进行了详细调查，推荐了德国鸢尾（*Iris germanica*）、美女樱（*Verbena phlogiflora*）、倭海棠（*Chaenomeles japonica*）、倭竹（*Shibataea chinensis*）、菲白竹（*Pleioblastus angustifolius*）等草本和木本地被植物。严玲璋[5]对上海植物园的野生地被植物进行调查后，大力推荐应用垂盆草（*Sedum sarmentosum*）、矮叶野决明（*Cassia leschenaultiana* ）、天蓝苜蓿（*Medicago lupulina* L.）等并对他们的生物学特性和观赏价值进行了观察和研究。赵雪宇等[6]推荐了可在北方地区应用的地被植物：马蔺（*Iris lactea*）、鸢尾（*Iris tectorum*）、宿根福禄考（*Phlox paniculata*）、荷兰菊（*Astermovi belgii*）、地肤（*Kochia scoparia*）、细叶美女樱（*Verbena tenera*）和小叶彩叶草（*Salvia* spp.）。杨远庆[7]对贵州的野生植物进行了调查，发现可作地被的多年生草本有委陵菜（*Potentilla chinensis*）、锦香草（*Phyllagathis cavaleriei*）、石松（*Lycopodium japonicum*）、虎耳草（*Saxifraga stolonifera*）、芒萁（*Docranopteris dichotoma*）、地瓜榕（*Ficus tikoua*）、吉祥草（*Reineckia carnea*）等。

1.2 地被植物的引种栽培

引种不仅可以丰富园林景观效果，而且对增加物种多样性，提高园林的生态效益具有重要的意义。

上海市园林科研所先后从国外引进地被植物 18 科 32 属 45 种，栽培后进行开花习性和耐荫性的试验，从中选出 6 种优良开花地被、5 种优良耐荫地被，并进行推广应用，取得良好效果。天津、辽宁大连、山西、包头、郑州、北京、武汉、辽宁沈阳等地也有不少引种成功的报道，极大地丰富了本地区的植物种类。文友华[8]对观花地被细叶美女樱的观赏特性、耐寒性和抗杂草能力进行了研究。曹三妹[9]等研究了铺地枇杷的观赏特性、根系的固土能力及作为江堤河岸的水土保持植物的特性。徐庆林等[10]将地被菊（*Dendranthema × grandiflorum Kitamura*）引入甘肃银川表现良好，绿期长、开花质量好，且具有较强的抗寒、抗旱、抗污染能力。刘本彩等[11]将细叶美女樱引入郑州，表现出花色丰富、花期长、抗逆性强、无病虫害、繁殖容易、管理粗放，同时还进行了花期调控试验。王军[12]在南京引入可用作地被的美女樱（*Verbena hybrida*）、地被月季、大花马齿苋（*Portulace grandiflora*），通过栽培繁殖试验选出了其中较好的品种。张艳敏[13]在哈尔滨引入野生连钱草，试验得出其较耐寒，覆盖速度快，花叶俱佳，观赏性很强。谢佐桂等[14]对三点金（*Dismodium triflourum*）在深圳的绿期、再生性和耐刈性、刚性、芜枝层、土肥和病虫害、耐荫性和抗杂草竞争性进行了研究，其具有快速匍匐生长、绿期较长、抗病虫害、耐贫瘠、管理粗放等一些优良特性，以与假俭草混种，改善草坪单一的色彩，但不耐践踏。徐敏等[15]研究马蹄金（*Dichondra repens*）在昆明的栽培应用，认为其是耐荫湿、不需修剪的低矮地被，成坪后管理粗放，是园林绿化的好材料，但不耐践踏。苏丕林[16]等介绍了地被植物过路黄（*Lysimachia christinae* Hance.），发现其具有生长早发的特性，生长期长、绿色持续期长，能够平卧匍匐生长，蔓延扩展能力很强，植株平卧整齐，无坑凹的现象，但不耐中、高度践踏，适宜作活地被物和观赏性草坪草种。

1.3 适应性研究

地被植物需要良好的适应性才能在园林中各种立地条件下正常生长发育，发挥出最佳的美化和生态作用，所以对其的适应性研究是非常必要的。国内的研究主要集中在以下几个方面。

1.3.1 耐荫性的研究

耐荫植物的筛选和应用是合理建立复层种植结构、提高单位面积绿地生态效益的关键措施，因而植物耐荫性的研究，在模拟自然、进行城市森林建设中具有十分重要的意义，日益受到人们的普遍关注。目前城市中绿地多处于建筑包围之中，使许多绿地处于荫蔽环境中，因此，耐荫地被植物的筛选和应用在城市绿化中的地位日渐突出。

在园林植物方面，苏雪痕教授[17]最早对杭州园林植物群落中的一些种群在不同光照下的生长发育状况及光合作用特性作了研究，提出了园林植物耐荫性及群落配置理论。伍世平等[18]对 11 种地被植物的叶绿素，光饱和点和光补偿点进行了测定后，对它们的耐荫性进行了划分。白伟岚等[19]对一些地被植物的耐荫性作了研究，进行了叶绿素含量和光 ~ 光合曲线的测定，结果表明植物对光的适应性是多样的，光补偿点低说明植物利用弱光能力强，有利于有机物质的积累，是植物耐荫性的一个重要参数，而光饱和点的高低同样制约着植物的耐荫程度，一般来说：光补偿点低且光饱和点相应也低的植物具有很强的耐荫性；光补偿点低，光饱和点较高的植物，能适应多种光照环境；光补偿点较高，而光饱和点较低的植物，应栽植于侧方遮荫或部分时段荫蔽的环境。光饱和点和光补偿点均较高的植物则为喜光的阳生植物。据此对所测定的植物进行了分类，并指出其适宜的栽培环境。裴保华等[20]对富贵草（*Pachysandra terminalis*）的耐荫性进行研究，通过对叶的生长性状、叶的解剖结构、叶绿素含量、光合性能、高生长和生物量指标进行了研究得出富贵草适宜在8%～25%的光强下生长。天津市园林研究所[21]重点研究了蛇莓（*Duchesnea indica*）、连线草（*Giechoma hederaceracal* var. *longituba*）、小冠花（*Coronilla varia*）、百脉根（*Lotus corniculatus*）等54种地被植物在不同遮荫条件生长情况，对这些种类的地被植物耐荫性的高低进行了划分。

1.3.2 抗旱性研究

水分是影响植物生长发育的重要环境因子。中国大部分地区水资源极为匮乏，因此，研究地被植物的抗旱性具有十分重要的意义。

李维俊[22]对白三叶（*Trifolium repens*）越夏性的研究认为，白三叶草地土壤（0～10cm）含水量（x）与越夏率（y）的相互关系为 $y = 26.59 + 7.15x$（$r = 0.8846$），达到显著性差异（$p \leqq 0.05$）。施国威等（1990）研究白三叶在武汉抗旱性，其抗旱性较强。石爱平等[23]研究了紫花地丁（*Viola yedoensis*）的抗逆性，对干旱胁迫后的生化指标进行了测定，结果表明紫花地丁在土壤含水5%～8%时仍能生长。

1.3.3 抗寒性研究

温度是影响植物生长重要的环境因子，低温是许多植物引种成活的限制因子。张文惠等[24]研究低温胁迫下马蹄金叶片内的游离脯氨酸、超氧化物歧化酶（SOD）、丙二醛（MDA）的变化，探讨这些因子对马蹄金受低温胁迫后的敏感性及相关关系。发现随着温度降低这些物质含量均发生明显变化。Pro含量先增后减，在5℃和0℃时，Pro含量处理48h比24h有所增加，在－5℃时，两种处理结果差异不明显。SOD活性也呈先增后减趋势，在0℃和5℃时，SOD活性处理48h比24h高，－5℃时结果相反。MDA含量随温度降低呈递增趋势。刘慧民等[25]研究五叶地锦（*Parthenocissu. quinquefolia*）枝条在温度逐渐降低（－15～－38℃）的条件下，可溶性蛋白、可溶性糖、游离脯氨酸、不饱和膜脂肪酸等有机物的含量均显著增加，有机物含量与温度间呈显著线性相关（r 值分别为 －0.9410，－0.8744，－0.9340，－0.9432），－38℃处理与－15℃处理的含量差异显著。过氧化物酶活性呈显著线性降低关系（$r = 0.9327$），电导率呈显著线性上升关系（$r = -0.9035$）。上述理化指标的变化说明五叶地锦具有一定的抗寒性。

1.4 其他方面的研究

许伟等[26]叙述了目前园林彩叶地被植物的概况及园林彩叶地被植物辐射诱变育种的前途与发展趋势，介绍了一些彩叶地被资源，如鸢尾、红叶酢浆草（*Oxlix rubra*）、银叶菊（*Senecio cineraria*）、花叶芦竹（*Commamomum cassia*）、金焰绣线菊（*Spirae axbumalda* cv. 'Goldfame'）等。

有人对地被植物选择的标准也进行了研究。俞洋[1]认为，要利用地被植物的高密度的种植，覆盖整个地表，使野草失去竞争能力。筛选地被植物，应该符合以下的标准：耐寒、抗逆、覆盖速度快、管理粗放、观赏效果好、病虫害少。徐炜[27]则提出了一个量化的指标，对植株自然高度、生育周期、叶的习性、毒害性、根除难易、观赏价值、茎的类型和生长速度、适宜性、管理频度、经济价值10个方面，每个方面分为A、B、C 3个等级，A级记为

5分，B级记为3分，C级记为0分，得出≧40分可大面积推广应用；≥35分可酌量推广，开发利用；≥30分，选其适宜生境少量试用，并从中选择优株繁殖推广；≥25分，仅作育种材料加以应用。

由于起步较晚，国内目前对地被植物的研究的范围和深度都非常有限，主要集中在地被的引种驯化方面，同时对所引种的材料仅简单地进行了抗逆性的研究，多为耐荫性方面。鉴于地被植物重要的应用价值，今后还需加大力度开展各方面的研究工作。我国气候、地形多样，地被植物资源非常丰富，但园林中所应用的地被植物种类还非常单调，充分开发野生植物资源，推广地被植物是很关键的工作。同时对于地被植物的生物学特性、生理生态学特性及适应性等还需要更为深入的研究，力求丰富园林绿化种类，创造迷人的植物景观，提高环境生态效益。

2 国外地被植物的研究和应用现状

通过查阅文献，总结了国外地被植物的研究主要侧重在以下几个方面：

2.1 地被植物种类开发

Jaworski 等[28]推荐了25种在美国东南部应用的地被种类，同时评估了他们的环境适应性和观赏价值。Richardson 等[29]推荐了在美国加利福尼亚南部山茶种植中种植蛇莓（*Duchesnea indica*）、高山牻牛儿苗（*Erodium chamaedryoides*）、*Lysimachia nummularia*（珍珠菜属）等地被。Sultonova 等[30]认为 *L. nummularia* 具有广泛的生态适应性，推荐可代替草坪在环境恶劣的地方种植。Mas Talens 等[31]推荐 *Heuchera sanguinea*（矾根属）和 *Hypericum polyphyllum*（金丝桃属一种）的两种植物可代替草坪能够减少维护费用并节水。Borsotto 等[32]推荐了百里香（*Thymus serpyllum*）的几个品种和 *T. citriodorus*（百里香属）里的品种。Acar 等[33]研究了19种地被植物，推荐 *sedum Spurium*（景天属）和 *Thymus praecox* subsp. *caucasicus* var. *grossheimii*（百里香属）可大面积应用。

2.2 地被植物的生物学研究

2.2.1 繁殖特性

Douglas 等[34]研究丰花月季的组织培养，茎的增殖率为1.3，培养基为 Ms + BA（10（mol/L)，NAA（10（mol/L)，GA（10（mol/L)。M'Kada 等[35]研究熊果（*Arctostaphylos uva-ursi*（L.）sprengel）的离体快繁，采用茎段为外植体，培养在 Ms + BA（10（mol/L）+活性炭（2g/L）培养基上，98%以上的幼苗生根，但31%的植株在出瓶锻炼时死亡。芽培育选择了两种培育方法，幼芽培养采用 NAA（50（mol/L)，在4次继代培养后产生1700个生根的植株；用腋芽培育培养基含有 BA（25（mol/L）和 IAA（20（mol/L)，4次继代培养后产生500个生根植株。两种方法在3次继代后，增殖率都有所下降。Shimomura 等[36]研究了几种在日本应用广泛的沿阶草属（*Ophiopogon japonicus* cv. Tamaryu)、阔叶麦冬（*Liriope platyphlla*）和吉祥草（*Reineckea carnea*)、沿阶草（*O. japonicus*）4种地被植物的发芽率。它们的种子被培育在10℃、15℃、20℃、25℃、30℃（24h黑暗）或25℃、10℃（12h黑暗/12h光照）54d后，所有的种子在25℃黑暗条件下发芽率最高，其中以沿阶草（83%）最好。

2.2.2 适应性

Kolb 等[37]在1985～1986年间进行了10个地被月季品种的田间试验，对它们的外观、生长、病害、抗霜冻能力和覆盖能力进行了评估。Witte 等[38]研究了110 个常春藤品种，各一半种植在全光和荫蔽条件下，所有的品种在荫庇条件下具有更快的覆盖速度，其中30 个品种有95% ~100% 的覆盖率，13 个品种在荫庇条件下覆盖了100%，在全光下至少覆盖了95% 以上。Jeong HyunHwan[39]研究遮荫（0，35%，55%，75%，95% 全光）对 *Hedera rhombea*（常春藤属）和富贵草生长的影响，选择最佳的光照条件。结果表明两种植物在中度遮荫（35% ~55% 全光）生长最好，叶绿素总量、叶绿素 a 、b 以及比值随光强减少而增加，鲜重和干重在35%、55%、75% 光照比全光和95% 全光照下高，单位面积叶片重量也随光强减少而下降。Pittenger 等[40]研究6 种野生地被对不同灌溉处理（50%，40%，30%，20% 土壤水分的蒸发量）的反应，*Baccharis pilularis*'Twin Peaks'、*Drosanthemun hispidum* 和洋常春藤品种'Meedlepoint'在20% ETO（土壤蒸腾量）时表现可接受景观，蔓常春花要求至少30% ETO，在任何处理下 *Gazania rigens* var. leucolaena 'Yellow cascade' 和 *Potentilla tabernaemontani*（萎陵菜属）都不能维持景观。Lee Jeongsik 等[41]研究富贵草的最佳遮荫环境和生长抑制剂，结果表明富贵草分枝数随遮荫增加而减少，30% 全光时分枝数最大，富贵草地上部分的鲜重和干重在30% 全光最大，随遮荫程度增加地上部分和地下部分的比值增加，同时光合活性、叶绿素含量、营养水平相显著高于全光。

2.3 经济林下种植地被植物相关方面的研究

2.3.1 改善土壤条件

Gregorva 等[42]论述了在梨园中种植地被7 年后，土壤的 pH 值由7.36 下降到6.93，土壤腐殖质含量从1.88% 上升到2.66%，Alvarez Puente 等[43]研究在澳洲坚果下种植地被可以防止土壤腐败和衰退，减少地表径流。

2.3.2 对经济林生长及产量等的影响

Ancay 等[44]研究在草莓园中混合种植 Legumini，Alpina，Lento 和 Logro，发现与裸地相比，平均产量减少15%，水果的重量和果柄长度也有减小。Colugnati 等[45]研究在葡萄园种植了黑麦草（*Lolium perenne*）、羊茅（*Festuca ovina*）、苇状羊茅（*F. arundinacea*）、紫羊茅（*F. rubra*）、草地早熟禾（*Poa pratensis*）、白三叶（*Trifolium repens*）、草莓车轴草（*T. fragiferum*）、天蓝苜蓿（*Medicago lupulina*）和它们的混合种植效果，发现黑麦草和苇状羊茅表现出较快的覆盖速度、持久度并抗杂草。但是当这两种地被单独应用时都会同葡萄竞争造成减产，推荐单一地被应该应用在水肥条件优越、葡萄长势好的果园中。Firth 等[46]研究 *Lotus pedunculatus*（百脉根属）和 *Arachis pintoi*（落花生属）5 年来对1、4、14 年生的澳洲坚果生长和产量的影响，结果表明对1 年生植株生长影响最大，其次是4 年和14 年生植株。产量调查进行在4 年和14 年生植株上，发现影响不显著，果实质量也没有差别，但落果延迟，还有土壤结构、肥力和稳定性等潜在的优化。

2.4 园林应用方面

Bechtloff 等[47]研究19 种宿根和灌木地被植物在墓园中的应用。其中富贵草、心叶黄水枝（*Tiarella cordifolia*）、蔓常春花和林石草（*Waldsteinia ternate*）表现较好。Kolb 等[48]研究3 种地被混植方式（每种方式14 个种）与单一 *Salvia nemorsa*（鼠尾草属）种植的花费情况。结果表明混植减少了移植的费用，同时保持了良好的景观效果。Wraga 等[49]比较了3 种酢浆草的观赏价值，评估了高度、密度和花量。其中好运草（*Oxalis deppei*）和其品种'铁十字'非常适宜在休闲场所的应用，且花期很长。

2.5 其他方面

Latocha 等[50]研究了杂草密度对 29 种地被植物覆盖率、高度、抗霜冻能力的影响。Yoon 等[51]研究了对红子佛甲草（*Sedum erythrostichum*）导入抗除草剂基因，结果发现所有的 GUs ~ positive 转基因植株都高抗 Basta（除草剂）。

综上所述，由于国外对地被植物研究的历史比较长，现在研究内容非常广泛，涉及的领域很丰富，同时具有很强的应用性。在各个方面的研究都比较深入，注重对于新的种类和品种的应用，与生产联系紧密。尤其是对于某些种和品种的观赏特性、生物学特性等进行了非常全面的研究，便于在城市中的实际应用。

3 未来的研究趋势

3.1 进一步开发野生地被植物资源，丰富园林应用种类和生物多样性

我国野生地被植物资源非常丰富，能够更好地适应当地的气候和不良的环境条件。目前在园林中应用的仅是很小的一部分，种类还很单调。园林工作者还需要加大力度引种驯化野生地被植物，增加园林绿地中地被植物的种类。

3.2 对多年生草本地被植物进行深入研究

近几十年各地通过对多年生草本地被植物的研究，认识到多年生草本地被具有抗逆能力强、观赏期长、管理粗放等的特性。在此基础上，需要深入研究它们的生理、生态特性，为植物栽培和配置提供理论依据。加强培育叶色和叶型多样、低矮、扩展性强、花色丰富等地被植物，把园林绿地装扮的更加多姿多彩。

3.3 木本矮生地被植物的研究

一些木本地被植物具有多变的叶型、丰富多彩的叶色和迅速的扩张能力、抗逆能力强，可以组成绿地图案，一年种植可多年应用，紫叶小檗（*Berberis thumbergii* f. *atropurpurea* Rehd.）、金叶女贞、黄杨（*Buxus sinica*）已经在北方园林中得到了广泛的应用。今后应侧重于优良种、品种的引种、育种和栽培研究，以创造观赏性能更好的地被植物。

3.4 不良生境下优良新种、新品种的选育

林下庇荫处、建筑物西北面的阴湿地、立交桥下、高速公路两边的坡地上，土壤贫瘠、干旱地等恶劣的环境，适合其生长的地被植物种类少而且单调，今后开展抗逆性强的地被植物选育研究，对于改善和美化城市环境有很重要的意义。

参考文献

[1] 俞洋．地被植物［J］．中国园林，1989（2）36 ~ 39

[2] 周家琪，吴涤新．秦岭南坡火地塘等地区野生花卉和地被植物种质资源调查初报．北京林学院学报，1982，2：78 ~ 79

[3] 谭继清，李清明，王世宇．重庆园林地被植物资源及其利用的调查研究报告．生态学杂志，1988，Vol. 3：18 ~ 20，24

[4] 钮友民，钟勇芳．杭州地被植物调查报告．杭州植物园通讯，1982，19 ~ 23

[5] 严玲璋，范连琴，方利根．上海植物园野生地被植物调查报告．1986

[6] 赵雪宇，刘芳．适合北方地区栽培的地被植物．新农业，2001，2：45 ~ 46

[7] 杨远庆．贵州野生植物资源的多样性及园林应用评价．中国园林，2003，8：75 ~ 77

[8] 文友华．优良观花地被植物：细叶美女樱．中国花卉盆景，1990，Vol4：4

[9] 曹三妹、施国威．几种地被植物的引种适应性研究．中国园林，1993，5：23~25
[10] 徐庆林，陈银芬，田耘等．地被菊的引种与驯化．宁夏农林科技，1999，6：40~41
[11] 刘本彩，郭风民，宋良红．细叶美女樱栽培技术及应用研究．河南林业科技，1998，18（4）：26~28
[12] 王军．夏花类园林植物的引种及繁育研究．江苏林业科技，1998，25（增刊）：117~120
[13] 张艳敏．地被植物连线草在北方城市中应用．北方园艺，140：53
[14] 谢佐桂，王兆东，王晓明．优良的园林地被植物三点金．中国园林 2001，4：86~87
[15] 徐敏、张江里．地被植物马蹄金在昆明的栽培应用．云南农业科技，2003，1：22~23
[16] 苏丕林、苏蓉．地被植物过路黄研究初报．湖北农学院学报，2000，20（4）：326~327
[17] 苏雪痕．园林植物耐荫性及其配置［J］．北京林业大学学报，1981，（6）：63~71
[18] 伍世平，王君健，于志熙．11 种地被植物耐荫性的研究．武汉植物学研究，1994，12（4）：360~364
[19] 白伟岚，任建武，高永伟．园林植物的耐荫性研究．林业科技通讯，1999，2：12~16
[20] 裴保华，彭伟秀，张东林．富贵草耐荫性的研究．河北林学院学报，1994，9（3）：205~209
[21] 王祥和，满巧香，马晓军等．天津市园林地被植物的引种栽培［J］．天津建设科技，1995（12）：27~31
[22] 李维俊，白三叶越夏性的初步研究［J］．中国草业，1992（2）：6~10
[23] 石爱平，王红利、郭睿．紫花地丁几种抗逆指标研究初探．北京农学院学报．1997，12（1）；48~53
[24] 张文惠，呼天明．低温胁迫对马蹄金抗性生理生化指标的影响．吉林农业大学学报，2002，24（5）：39~41
[25] 刘慧民，王崑，李奇石．五叶地锦低温处理条件下与抗寒相关的部分生理生化指标的变化规律．东北林业大学学报，2003，31（4）：74~75
[26] 许伟，李春涛，丁增成等．园林彩叶地被植物品种与辐射诱变育种．安徽农业科学，2002，30（3）：435~436
[27] 徐炜．地被植物的选择标准研究初探．中国园林，1993，9（3）：52~54
[28] Jaworski, C. A. Phatak, S. C. Cuphea glutinosa selections for flowering ornamental ground cover in southeast United States. [Conference paper] Advances in new crops. Proceedings of the first national symposium 'New crops: research, development, economics', Indianapolis, Indiana, USA, 23 ~ 26 October 1988. Timber Press, Portland, Oregon, USA: 1990. 467 ~469. 7
[29] Richardson, A Ground covers for camellias. [Journal article] The Camellia Journal. 1991. 46: 3, 17 ~19
[30] Sultonova, S. Ya. Korotkov, V. N. *Lysimachia nummularia*, a promising ground cover plant. [Russian] [Journal article] Byulleten' Glavnogo Botanicheskogo Sada. 1992. No. 163, 34 ~37
[31] Mas Talens, E. Padilla Mercader, M. D. Wild species for ground cover. Part 1. [Spanish] [Journal article] Horticultura, Revista de Hortalizas, Flores y Plantas Ornamentales. 1996. No. 117, 112 ~114
[32] Borsotto, P. Assone, S. *Thymus*, an interesting genus for use in urban environment. [Italian] [Journal article] Colture Protette. 2001. 30: 9, 147 ~151
[33] Acar, C. Var, M. A study on the adaptations of some natural ground cover plants and on their implications in landscape architecture in the ecological conditions of Trabzon. [Turkish] [Journal article] Turkish Journal of Agriculture & Forestry. 2001. 25: 4, 235 ~245
[34] Douglas, G. C. Rutledge, C. B. Casey, A. D. Richardson, D. H. S. Micropropagation of floribunda, ground cover and miniature roses. [Journal article] Plant Cell Tissue & Organ Culture. 1989. 19: 1, 55 ~64
[35] M'Kada, J. Dorion, N. Bigot, C. In vitro micropropagation of *Arctostaphylos uva-ursi* (L.) sprengel.: comparison between two methodologies. [J] Plant Cell Tissue & Organ Culture. 1991. 24: 3, 217 ~222. 13

ref

[36] Shimomura, T. Kondo, T Seed germination and polyembryony of some Liliaceae ground covers native to Japan. [Conference paper. Journal article] Acta Horticulturae. 2000. No. 517, 73 ~ 80

[37] Kolb, W. Schwarz, T. Trunk, R Trial of ground-cover roses. [German] [Journal article] Deutscher Gartenbau. 1987. 41: 37, 2194 ~ 2198

[38] Witte, W. T. Best ground cover ivies from our trials. [Journal article] Between the Vines - Newsletter. 1996. 8: 3, 1, 7

[39] Jeong HyunHwan. Kim Ki Sun. Effects of shading on the growth of *Hedera rhombea* Bean and *Pachysandra terminalis* Sieb. et Zucc. [Journal article] Korean Journal of Horticultural Science & Technology. 1999. 17: 1, 29 ~ 32

[40] Pittenger, D. R. Shaw, D. A. Hodel, D. R. Holt, D. B. Responses of landscape groundcovers to minimum irrigation. [Journal article] Journal of Environmental Horticulture. 2001. 19: 2, 78 ~ 84

[41] Lee Jeong Sik. Jeong SunJin. Heo Jin Ah. Kang Hee Jung. Hwang SoYoung. Kim Yong Koo. Light intensity levels and growth inhibitors on growth of shade tolerant Japanese spurge (*Pachysandra terminalis*). [Journal article] Journal of the Korean Society for Horticultural Science. 2002. 43: 2, 137 ~ 142

[42] Gregorova, H. Zimkova, M. Impact of orchard interrow grassing on some soil characteristics. [Book chapter. Conference paper] Grassland ecology V. Proceedings of the 5th Ecological Conference, Banska Bystrica, slovakia: 2000, 367 ~ 374

[43] Alvarez Puente, R. J. Management of weeds in coffee plantations in Cuba. [spanish] [Journal article] Centro Agricola. 2002. 29: 3, 16 ~ 20. 7 r ef

[44] Ancay, A. Carron, R. Terrettaz, R. Delabays, N. Mermillod, G. Ground cover in raspberry plantations. [J. C] Acta Horticulturae. 2002, No. 585, 611 ~ 613

[45] Colugnati, G. Crespan, G. Picco, D. Bregant, F. Tonetti, I. Gallas, A. Altissimo, A Performance of various species for vegetation cover in the vineyard. [Italian] [J] L'Informatore Agrario. 2003. 59: 13, 55 ~ 59

[46] Firth, D. J, Whalley, R. D. Johns, G. G. Legume groundcovers have mixed effects on growth and yield of Macadamia Integrifolia. [J] Australian Journal of Experimental Agriculture. 2003, 43: 4, 419 ~ 423

[47] Bechtloff, U. Kerstjens, K. H. Monreal, M. Ground-cover trial for grave planting at Essen. [German] [J] Taspo Gartenbaumagazin. 1997. 6: 2, 51 ~ 54

[48] Kolb, W. Costs and use of ground cover perennials. [German] [J] Taspo Gartenbaumagazin. 1998. 7: 7, 50 ~ 52

[49] Wraga, K. startek, L. The comparison of decorative value of three taxa of Oxalis. [Polish] [J] Folia Universitatis Agriculturae stetinensis, Agricultura. 1998. No. 70, 143 ~ 147

[50] Latocha, P. The influence of frost hardiness and some biometric features of ground cover plants on the amount of weeds. [J] Annals of Warsaw Agricultural University sggw, Horticulture (Landscape Architecture). 2000. No. 20, 31 ~ 40

[51] Yoon, E. S. Jeong, J. H. Choi, Y. E. Recovery of Basta-resistant *Sedum erythrostichum* via Agrobacterium-mediated transformation. [Journal article] Plant Cell Reports. 2002. 21: 1, 70 ~ 75

* **作者简介：**余莉（1979 ~），女，上海嘉定人，北京林业大学园林植物与观赏园艺专业硕士毕业，现在圆明园管理处工作。

24　观赏草种类、观赏价值及其用途

高　鹤　刘建秀

（江苏省中国科学院植物研究所（南京中山植物园），南京　210014）

摘要：观赏草是一类日益受到重视的新型景观材料。在国外，观赏草越来越多地被用于园林景观设计和道路绿化中，然而目前我国对观赏草的认识和应用甚少。为了进一步探讨观赏草在我国的实际应用价值，本文对观赏草的种类和观赏价值作初步阐述，并提出观赏草在我国将具有广阔的发展前景，应大力开展观赏草的研究，加快其引种驯化、品种选育以及繁殖速度研究，以满足我国城市生态环境建设等多方面对观赏草的迫切需求。

关键词：观赏草　种类　观赏价值

在城市绿化中，既有高大造型优美的乔木，有健硕美观的灌木，亦有平坦而开阔的草坪和地被植物，然而，还有一类园林植物，其在高度、造型和观赏性能方面独具一格，很有特色，这就是观赏草[1]。

1　观赏草的概念

观赏草是指那些叶色、茎（秆）、花（序）或株（丛）型美丽有特色和有观赏价值的草或叶片像草一样的草本植物的统称。常见的观赏草叶线形或线状披针、具有平行脉、须根[2]。大部分观赏草是禾本科植物，还有的为莎草科、灯心草科、花蔺科、玉簪属等植物。

2　观赏草的种类和观赏价值

观赏草的种类非常丰富，可根据经典分类归属将其分成6大类，其科属名、种名及其相应种类观赏价值见表1。

表1　按科属分类的常见观赏草

科（属）名	种　类	观赏特点
禾本科（Gramineae（Poaceae））	*Arundo donax* L. 芦竹	秆高，花丛大，叶翠绿茂密
	Arundo donax var. *versicolor* Stokes 花叶芦竹	叶片上有黄白色宽狭不等条纹
	Beckmannia erucaeformis（L.）Host 茵草	小穗扁圆，上有不明显的白色条纹
	Bouteloua curtipendula（Michx）Torr 垂穗草	花序紫色
	Briza maxima L. 大凌风草	小穗扁圆，似铃铛
	Briza madia L. 凌风草	花序紫色金字塔形，小穗似铃铛
	Briza minor L. 银鳞茅	小穗广卵形
	Bromus japonicus Thunb 雀麦	花序下垂
	Coix lacryma-jobi L. 薏苡	总苞念珠状

（续）

科（属）名	种　类	观赏特点
禾本科（Gramineae（Poaceae））	*Cortaderia selloana*（Schul）Aschers & Graebn 蒲苇	银白色羽状穗
	Dactyles glomerata L. 鸭茅	花序下垂
	Eragrostis curvula（Schrad）Nees 弯叶画眉草	叶及花序下垂
	Festuca amethystine‘Superba’休波帕羊茅	簇生，叶细而呈蓝绿色，花序高0.6米，圆锥花序，花狭长且呈蓝色或紫色随后变为黄褐色
	Festuca idahoensis‘Siskiyou Blue’爱达荷羊茅	叶细且呈蓝绿色或灰绿色，蓝绿色复总状花序
	Festuca rubra L. 紫羊茅	亮银蓝色。花穗绿色或黄褐色，花序高出茎秆0.3米
	Miscanthus sinensis Anerss 芒	花序黄棕色
	Pennisetum alopecuroides（L.）Spreng 狼尾草	簇生，叶绿色有横向淡黄色条带，冬天变棕黄色、弧形
	Pennisetum glaucum（L.）R. Br. 御谷	绿叶狭窄且有光泽，秋季变为金色到橙黄色，冬季变为褐色。穗状花序呈绒毛状，直立或呈弧形，奶油色或粉色，花序高0.9米，后来花序变成黄褐色直至秋季
	Pennisetum purpureum Schumach 象草	金黄色花序
	Phalaris arundinacea L. 虉草	成片生长，做绿篱
	Phleum paniculatum Huds. 鬼蜡烛	整株，特别是成熟后的黄色烛状花序
	Phleum pratense L. 梯牧草	花序蜡烛状
	Rhynchelythrum roseum（Nees）Stapf & Hubb 红毛草	花序粉红色
	Saccharum arundinaceum Retz 斑茅	整株
	Saccharum fallax Balansa 金猫尾	金黄色花序
	Saccharum narenga（Hance ex Trin）Bor 河八王	紫红色花序
	Saccharum spontaneum L. 甜根子草	银白色花序
	Setaria plicata（Lam.）T. Cooke 皱叶狗尾草	叶片纵向褶皱
	Thysanolaena maxima（Roxb）Kuntze 粽叶芦	叶片宽大、花序大型
	Vetiveria zizanioides（L.）Nash 香根草	植株高
灯心草科（Juncaceae）	*Juncus diastrophanthus* Buch 星花灯心草	整株
	Juncus leschenaultii Gay 水茅草	整株
	Juncus setchuensis Buch 野灯心草	叶片扁平，二歧聚伞花序
	Luzula oligantha G. Sam 华北地杨梅	整株
	Luzula plumose E. Mey 羽毛地杨梅	整株
	Uncinia rubra 红钩灯心草	叶光滑呈深红褐色，花暗褐色
莎草科（Cyperaceae）	*Carex comans*‘Bronze’青铜新西兰发状苔草	铜褐色叶
	Carex elata‘Aurea’金色苔草	叶纤细、黄色、淡绿色纵向条纹
帚灯草科（Restionaceae）	*Chondropetalum tectorum* 帚灯草	典型的芦苇状花序
花蔺科（Butomaceae）	*Butomus umbellatus* L. 花蔺	整株，花序中的花淡红至紫红色
	Butomopsis latifolia（D. Don）Kunth 拟花蔺	整株
香蒲科（Typhaceae）	*Typha angustata* Bory et Chaubard. 长苞香蒲	黄色的花冠随着花朵盛放会转为红色
	Typha angustifolia L. 水烛	穗状花序蜡烛状
	Typha latifolia L. 宽叶香蒲	雌花序绿褐色至红褐色，老熟时变灰白色

3 观赏草的观赏价值

从形态上来说，观赏草没有观赏植物那样大的艳丽的花朵，它的美主要表现在形状、高度、色彩、质地、质感、动感上。

3.1 形状

观赏草在不同的栽培条件下形状可能会有所变化，光照下直立生长的草放到荫蔽处后叶片可能会下垂，不同季节观赏草可能形成不同的形状，但基本分为以下几种类型：

（1）丛状

叶从草丛轴心处直挺地向外斜伸，呈尖锐状，例如开展灯心草（*Juncus patens*）和欧洲异燕麦（*Helictotrichon sempervirens*）。

（2）匍状

叶从草丛轴心处向外散出，叶形较松软，呈草匍状，如花叶球穗草（*Hakonechloa macra* ‘Aureola’）以及狼尾草（*Pennisetum* spp.）、沿阶草等。

（3）直立状

茎秆直立，若无明显茎秆则叶片直立挺拔。如羽毛芦竹和红叶白茅（*Imperata cylindrical* var. *koenigii* ‘Red Baron’）、木贼（*Equisetum hyemale*）等，一般较大型的观赏草多属于此种形态。

（4）喷泉状

此种形态一般是弧形叶、直立花轴和下垂呈弧形的花序的复合体，匍状的大针茅（*Stipa gigantean*）的花轴伸长后高出草丛1m多高，花穗下垂，构成一幅美丽的喷泉画。

（5）瀑布状

弧形叶和直立茎秆的组合体，如芒（*Miscanthus* spp.）。

（6）焰火状

花轴从草丛中心向四周直伸，花序如焰火喷射，如覆叶拂子茅（*Calamagrostis foliosa*）。

3.2 高度

观赏草的高度有很大差别，矮到只有几厘米高，高的达到6m多。对于同一种观赏草来说，在一个生长季节中的高度也可能有不同的变化，例如有的观赏草出花前只有30cm，出花后接近5m。较低矮的观赏草有沿阶草（*Ophiopogon japonicus*）（10.2cm）、石菖蒲（*Acorus gramineus* ‘Pusillus’）（7.6～12.7cm）、天蓝沼湿草（*Molinia caerulea*）（30.5～45.7cm）、雪线苔草（*Carex conica* ‘Snowline’）（15.2～30.5cm）等，中等高度的观赏草占多数，高大的观赏草如矮生蒲苇（*Cortaderia selloana* ‘Pumila’）（花期高达1.8m）、芦竹（1.8～3.5m）、芒类（*Miscanthus* spp.）等。

较矮的观赏草用于花坛，中等大小的观赏草用于做绿篱，高大的观赏草作为花坛的背景来衬托较低矮的观赏草和其他植物。

3.3 色彩

3.3.1 叶色

（1）常绿色：多数观赏草的叶色是绿色的，如大针茅（*Stipa gigantea*）。

（2）其他叶色

（a）金色和赤褐色

菲黄竹（*Pleioblastus viridistriatus*），叶亮绿色，有不规则的亮黄色条纹。

疏花山麦冬（*Liripe muscari*‘PeeDee Ingot’），叶黄色，花穗为深紫色。

花叶球穗草（*Hakonechloa macra*‘Aureola’），叶有光泽，绿叶上有宽黄条纹。

（b）蓝绿色和灰色

欧洲异燕麦（*Helictotrichon sempervirens*），叶狭窄，蓝灰色。

开展灯心草（*Juncus patens*），叶蓝色。

（c）红色

葡萄酒红狼尾草（*Pennisetum*‘Burgundy Giant’），叶宽大，深红紫色。

（d）银色

水苏（*Stachys byzantina*）

蒿（*Artemisia* spp.）

（e）斑斓的条纹

欧根石菖蒲（*Acorus gramineus*‘Ogon’），亮黄色叶片具绿色条纹。

芒（*Miscanthus sinenis* var. *condensatus*‘Cosmopolitan’），叶缘（乳）白色。

火烈鸟新西兰亚麻（*Phormium cookianum*‘Flamingo’），叶橄榄绿，叶上粉色和珊瑚色条带。

（f）另据新闻报道，一种四季常青的观赏草——美国哈特种子公司研发并培育成功的转基因蓝色羊茅草在零下28℃时比松柏还绿，而进入5～6月份时，会渐渐变成湖蓝色。该草现已在山西广泛推广。

3.3.2 花（花序）色

（1）红（紫）色

丽色画眉草（*Eragrostis spectabilis*），圆锥花序紫色。

疏花山麦冬（*Liripe muscari*‘PeeDee Ingot’），花穗为深紫色，叶黄。

弯芒蔗茅（*Saccharum contortum*），穗状花序狭长，红色或紫褐色。

（2）褐色

灯心草（*Uncinia rubra*），花序褐色。

劲芒（*Miscanthus sinensis*‘Strictus’），花序红褐色。

（3）银色

宽叶野青茅（*Calamagrostis bracytricha*）

（4）白（粉）色

斑叶芦竹（*Arundo donax*‘Variegata’），圆锥花序，大。

（5）其他

沙生蔗茅（*Saccharum ravennae*），羽状花序，白中带紫。

3.3.3 茎（花梗）色

羊茅（*Festuca amethystine*‘Superba’），六月初花梗呈深紫色。

3.3.4 变色

叶色和花色会随着季节的变化而变化。春夏季多呈绿色，且呈多种深浅不同的绿色。随着秋天到来，叶色多了橘黄色、栗色、褐色、金色等色调，有的夹杂些粉色、白色、乳白色等，还有的看似枯黄死掉，其实是它独特的铜褐色叶色。例如：

（1）紫色画眉草（*Eoagrostis spectabilis*），花序的颜色和形态随时间的变化，从开花到结实到种子成熟都发生变化。

（2）垂穗假高粱（*Sorghastrum alopecuroides*‘Moudry’），独特的蓝绿色，秋天变黄。

（3）芒得狼尾草（*Pennisetum alopecuroides*‘Moudry’），叶绿色有光泽，弧形，秋天叶变为黄色或橙色。

（4）黄背草（*Themeda japonica*），绿色叶在秋天变为红橙色，冬天变铜色。

（5）红叶白茅（*Imperata cylindrical* var. *koenigii*‘Red Baron’），春天叶绿，叶尖红色，秋初彻底变红。

（6）弯芒蔗茅（*Saccharum contortum*），叶绿色或蓝绿色，秋季叶为紫色或红色。

（7）大丛乱子草（*Muhlenbergia rigens*），圆锥花序细弱呈银白色，仲夏花序逐渐变为黄褐色。

（8）芒（*Miscanthus*‘Giantenus’），花序刷状，为红褐色后变为银色。

3.4 质地

观赏草有不同的质地，每一种质地都有独到的欣赏之处，不仅在触觉上可以感知，有的用视觉就可以判定。不同质地的观赏草协调搭配其他植物可以给人以触觉和视觉上的冲击。有的观赏草茎叶细致有光泽、光滑，如灯心草（*Uncinia rubra*）；有的观赏草叶片质地较厚，较光滑，如香蒲（*Typha latifolia*‘Variegata’）；有的观赏草叶表粗糙有毛，如玉簪属（*Hosta*）植物。

3.5 质感

赋予观赏草独特迷离的气质和质感的是半透明，尤其在逆光和侧光下，观赏草的叶片和花序都有出色的表现。质地细腻的叶片在光下闪着光如同丝丝发缕，最典型的是墨西哥羽毛草（*Nassella tenuissina*），其丝发般的叶在侧光或逆光下飘拂显得轻盈秀美；穗状花序的边缘在光下泛着金光，犹如一道道亮眉，如常见的狼尾草（*Pennisetum* spp.）。

3.6 动感

观赏草不仅用缎带般的叶片来衬托花卉，在清风吹过时发出阵阵娑娑的声响也给种植带来了无限的生机。

4 观赏草的用途

观赏草茎秆姿态优美，叶色丰富多彩，花序五彩缤纷，植株随风飘逸，即使在萧瑟肃杀的秋季，它们也可给生境带来无限的生机。观赏草对生境有极广泛的适应性，它既可耐旱，亦耐水淹；既喜阳光，又耐荫蔽；既耐高温，亦耐寒冷。在栽培和植物配置方面，观赏草既可盆栽，亦可地栽；既可孤植，也可片植，而且养护水平极低。观赏草也可广泛地应用于城市绿化、高尔夫球场建设、公路绿化、荒山治理以及河流绿化上[1]。

观赏草也可以作为切花插花材料以供观赏[4]，有些水生观赏草还可以用来净化水质，如水葱等。

5 展望

随着我国经济建设的飞速发展，相应的生态环境、景观设计会迫切的需要各种观赏材料，在众多的观赏植物中，一直以来人们将注意力更多的放在了养护要求较高，需要较多的人力物力用在花卉和草坪草等传统的地被植物上，但随着人们回归自然意识的增强，越来越认识到观赏草是一个很有经济价值的类群，因为它自然而优雅、朴实而刚强，是回归自然的最好象征[1]。

观赏草能在任何类型的土壤中生长，一旦建植后就无须水肥管理和养护，很少产生病虫害，是美丽又低廉的观赏植物。在国外，尤其是美国和澳大利亚的观赏草业的发展给我们带来很大的启发，在1980~1990年甚至更早的时候，美国和澳大利亚就开始了有开发价值观赏草品种的搜集，随之大面积种植后筛选叶型、株形、整齐度、色泽等表现优良的品种加以繁殖并推广销售，目前已经形成了较为成熟的观赏草产业。目前我国对观赏草的研究和应用很少，国内只有上海等少数几个城市的公司和个别科研机构开始培育观赏草，但种类和品种有限，随着对观赏草的需求的不断上升，观赏草在我国有着很大的发展空间，可喜的是越来越多的专家和园艺师们开始关注这一朝阳产业，相信在不久的将来观赏草会成为我国观赏植物的新宠。

参考文献

[1] 兰茜J奥德诺著，刘建秀译. 观赏草及其景观配置. 北京：中国林业出版社，2000年
[2] 刘建秀等. 草坪地被植物观赏草. 南京：东南大学出版社，2005
[3] Rick Darke. The color encyclopedia of ornamental grass [M]. Portland, Oregon: Timber Press, 1999
[4] 宋希强，钟云芳，张启翔. 浅析观赏草在园林中的运用. 中国园林，2004，03：32

作者简介：高鹤，吉林省白山市人，在读硕士研究生，主要从事观赏植物种质资源的研究与评价工作 基金项目：江苏省科技厅基础设施项目（BM2002802）资助。

25　重视地被植物应用　加强地被植物科学研究

陈佐忠[1]　赵炳祥[2]

（1. 中国草学会草坪专业委员会，北京　100094；2. 赵炳祥，中国农业大学，北京　100093）

摘要：在传统的意义上地被植物包含草坪植物。地被植物以其多样性丰富、观赏性高、生态适应性强、资源丰富、应用广泛而使其在园林绿化中有广阔的应用前景。当前，我们应特别加强野生地被植物资源调查与评价、野生地被植物筛选与引种驯化、地被植物适应性与栽培管理技术的研究、不同地被植物景观效果与生态功能研究。

关键词：地被植物　野生植物资源　绿化　园林绿化

1　地被植物与草坪植物

地被植物在园林科学中，是用于园林绿化的植物。地被植物是指园林绿化中覆盖于地表的低矮植物，其高度不超过100cm（也有定为110cm、120～150cm）。

地被植物与草坪植物的关系，不同学者有不同见解。胡中华认为草坪是地被植物的一种[1]。谭继清等认为，“草坪是典型的地被，地被包含草坪”。他同时认为“草坪地被科学是多学科交叉的现代科学技术”，是许多学科“相互学习、相互融合的综合性应用学科”[2]。张祖群等[3]也持相同的观点，他认为草坪是地坪的一种类型。也有的学者，把地被植物涵盖于草坪植物中。孙吉雄[4]把这一类植物叫做“禾本科以外的草坪草”，刘自学等[5]则将其称之为“草坪型地被植物”、“草花类地被植物”。孙彦等[6]又将其称为“非禾本科草坪植物”。如果按照地被植物本来的定义，草坪植物应属于地被植物的范围，而草坪植物已在绿化中占据越来越重要的位置，草坪植物的研究也越来越深入，把草坪植物与其他地被植物并列，也是可行的。为了避免不必要的混淆，我们建议，草坪植物就是指禾本科植物的地被植物，而地被植物则指禾本科以外的植物。我们不妨把草坪的研究对象就限定在研究禾本科地被植物，而地被学的研究对象就是禾本科以外的植物；如果二者都包含，则是草坪与地被科学研究的对象。

2　地被植物的特点

2.1　多样性丰富

地被植物种类繁多，有不同科、不同生态类型植物。其中既有多年生草本、一年生草本植物，也有灌木、半灌木植物；既有某些禾本科植物，也有菊科、豆科、十字花科等不同科植物。

2.2　观赏性很高

地被植物有花色鲜艳、色彩斑斓的花卉植物，也有枝叶繁茂的观叶植物，在绿地上搭配起来，构成花带、花墙、花境，可大大提高绿地的观赏性。

2.3 生态适应性很强

地被植物科目繁多，在不同水分条件、不同酸碱度、不同质地的土壤条件下基本上都可选择合适的植物种类。而且一般而言，野生地被植物都具有适应性较强的特点。

2.4 资源丰富

地被植物种类繁多，在我国各地资源十分丰富，据调查，在浙江杭州地区有144种，分属于53科[7]；在北京地区，野生秋季地被植物有85种，分属于22科[8]；南京地区，春季野生开花地被植物有139种[9]；山东济南地区野生地被植物有349种和变种，分属于73科[10]；云南西双版纳地区野生地被植物有205种，分属于56科[11]；吉林省长白山区野生地被植物有175种，分属44科[12]；湖南约72科473种[13]，甘肃境内有28科113种[14]。

2.5 应用广泛

正由于地被植物所具有的上述特点，因之地被植物在绿化中应用十分广泛，几乎在不同条件下都可看到地被植物的应用。

2.6 应用前景广阔

随着我国绿化事业的发展，地被植物的应用必将会有一个广阔的市场前景，当然地被植物也有其弱点的一面，它较之草坪植物耐践踏性比较弱，这在一定程度上又限制了其应用。

3 加强地被植物研究

我国地被植物在绿化中的应用有悠久的历史，丰富的资源，广阔的前景。但研发工作起步较晚，基础较弱，加强其研究很值得重视。

3.1 野生地被植物资源的调查

已有许多地区进行了区域性的野生地被资源调查[15~18]，这为适合不同生态环境地被植物的筛选与资源开发提供了可能，但由于各方面的原因，更多的地区还没有进行有系统的调查，对地被资源的家底不清，更谈不上如何合理利用这些野生资源，所以最起码的摸底工作很值得做，如果不能进行新的大范围调查，认真查一下资料，进行初步的整理还是很有意义。

3.2 野生地被植物种的筛选与引种驯化

在野生地被资源调查与国外考察工作的基础上，从中进行筛选和驯化工作很值得重视。在这方面，我国已取得了不少成果，如上海植物园关于垂盆草、连线草、蛇莓、短叶决明、天兰苜蓿的工作，杭州植物园关于蝴蝶花、吉祥草、白穗花、阔叶山麦冬、倭海棠、菲白竹的工作，中国科学院植物研究所关于无毛紫露草、花叶爬山虎、荚果蕨等方面的工作都很有成效。近年来，有许多观赏价值很高的荷兰菊、紫叶酢浆草、多花筋骨草、金叶过路黄、蟛蜞菊等以及石竹属、铁线莲属一些植物也被成功引进，从而大大丰富了我国地被植物的种类。但为了更加丰富我国地被植物的种类，我们仍需加强这方面的研究。

3.3 地被植物适应性与栽培管理技术体系的研究

无论是从国外引进的或者国内筛选的地被植物新材料，要充分发挥其观赏性能与优点，都有一个适应性栽培管理技术体系研究的问题。地被植物适应性目前特别值得重视的是耐荫性的研究。因为地被植物在实践中的应用大量应用于乔木底下，光线不足，遮荫问题十分突出。最近，王雁[19]对崂峪苔草等14种地被植物光补偿点、光饱和点以及耐荫能力进行了研究，其结果表明，崂峪苔草耐荫能力最好，其次为荚果蕨、萱草、宽叶麦冬、黄花菜、紫花地丁、鸢尾和玉簪。在栽培技术体系研究中，除了要进行不同地被植物栽培管理不同措施单项研究外，配套综合研究也十分重要。另外，提高产业化的水平，规模化生产的研究很值得重视，我国城镇化发展很快，地被植物应用也很快，一种新的地被植物被推出以后，其需求常以人们难以想象的速度在增加。

3.4　不同地被植物景观效果与生态功能的研究

不同地被植物都具有自己的生理特点，配置在不同场景中的观赏效果不同，如何使不同的地被植物与其所处的环境、乔灌木的搭配协调、美观、自然，是一种艺术，也是一种科学，需要进行研究。而不同地被植物的根、茎、叶、花形态各异，对水分、阳光的利用不同，对环境因子的反馈也不同，如何进行全方位搭配，这也是一种科学，同样需要进行深入的研究。李辉等曾对麦冬、崂峪苔草等两种地被植物光合、呼吸、固碳量以及蒸腾量进行过研究，其研究结果表明，崂峪苔草在碳氧平衡中的作用远远低于早熟禾。

3.5　对逆境地被植物应用与研究应给予更多的关注

随着全国范围绿化事业的发展，我国大面积的干旱、半干旱地区、盐碱地区、风沙地区、山区，过去重视绿化程度不够，现在也在大规模的进行绿化。在许多城市，由于要建“森林城市”，对耐荫地被植物要求日益强烈，而随着城市高楼大厦的日益增多，而遮荫地段应如何绿化，用什么地被植物也更多的被摆到日程上来。此外，屋顶绿化、垂直绿化也发展迅速。因此干旱、遮荫、盐碱等不同逆境下地被植物的研究越发重要。这应引起我们更多关注。

3.6　地被植物生理生态学研究

地被植物的研究整体水平较为落后，这与其日益广泛的应用很不适应。我们应逐步加强不同地被植物生理生态学研究。王丹等对石竹抗旱性及其解剖结构进行了研究，结果表明，石竹的抗旱性较强与其解剖结构很有关系。石竹根输导组织发达，叶片厚，上、下表皮均有角质层分布，维管束发达。王雁对 14 种地被植物光补偿点、光饱和点、最大净光合速率、CO_2 补偿点等进行了研究，揭示其与耐荫性的关系。

地被植物在我国绿化事业中有广阔的应用前景，我们特别要重视其应用与研究。

参考文献

[1] 胡中华，刘师汉. 1995. 草坪与地被植物，北京：中国林业出版社

[2] 谭继清，刘清益，周福生. 2005. 草坪绿化实用技术，重庆出版社

[3] 张祖群，李敏，赵荣，杨新军. 2004. 近年来我国地被植物研究进展及述评，湖北农学院学报 24（4）267～271

[4] 孙吉雄主编. 2003. 草坪学，北京：中国农业出版社，79

[5] 刘自学，陈光耀等. 草坪草品种指南. 北京：中国农业出版社，290～352

[6] 孙彦，周禾，杨青川主编. 2001. 草坪实用技术手册，78～84

[7] 孔杨勇，夏宜平，张玲慧. 2004，杭州城市绿地中的地被植物应用现状调查，中国园林，5，57～60

[8] 马武昌，王雁. 2004. 北京地区野生秋季观赏地被植物. 中国花卉园艺，9，34～37

[9] 童丽丽. 2003. 南京地区春季野生开花地被植物种质资源及其园林应用价值. 金陵职业大学学报，18（4），81～87

[10] 朱莉，李延成，张敬东. 2004. 济南地区地被植物及野生地被资源的调查与应用，山东林业科学，19～22

[11] 窦剑，周双云，许再富. 2004. 滇南乡土地被植物资源及在园林中的应用. 浙江林学院学报，21（1），54～60
[12] 周繇. 2003. 长白山区野生地被植物资源的研究. 湖北大学学报（自然科学版），25（4），332～336
[13] 王建兵，彭重华，苏利英. 2005. 湖南地被植物及其在园林绿化中的选择与应用. 湖南林业科技，32（2），46～47
[14] 李军，赵卫智. 1998. 北京几种草坪地被植物生态效益的研究. 中国园林1，4（4），36～38
[15] 朱圣潮，徐德钦. 2003. 丽水市绿化地被植物研究. 丽水师范专科学校学报，25（5），69～72
[16] 李燕，李兆光，杨静全，解玮佳，和加卫. 滇西北高山园林地被植物种质资源. 云南农业科技，5，43～44
[17] 陈雅君. 2003. 黑龙江省野生园林地被植物资源及其利用. 北方园艺，2，46～47
[18] 李阳春，吴天德，邵新庆等. 2001. 甘肃野生草坪及地被植物种质资源的调查. 草原与草坪，3，26～30
[19] 王雁. 2005. 14种地被植物光能利用特性及耐荫性研究. 浙江林学院学报，22（1），6～11

作者简介：陈佐忠（1937～），生于江苏泗阳。中国科学院植物研究所研究员，长期从事植物生态学研究。

26　北京地区地被植物在园林绿化中的应用研究与发展趋势

白淑媛　蔺　艳　梁　芳

（北京市园林科学研究所，北京　100102）

摘要：本文针对园林地被植物的特点、作用、类别及应用研究历史、现状和存在问题进行了综述性的分析讨论，对目前北京地区园林地被植物研究应用过程中急需解决的主要问题和今后的发展趋势提出了建议，并推荐了数量较多的适于北京地区应用的地被植物种类。

关键词：北京　地被植物　应用研究　发展趋势

环境是人类的生存条件，建设一个良好的城市生态环境，不仅关系到城市经济的可持续发展、城市居民的身心健康，而且也是全民族精神文明的体现。作为首都的北京，建设一个高科技、丰富文化内涵、生态健全的环境，创建生态园林城市，更有其特殊的意义。在“绿色奥运、科技奥运、人文奥运”的目标下，城市园林绿化、美化建设更是城市建设不可缺少的重要组成部分。草坪地被植物作为园林绿化建设的底色更是有着不可替代的作用。但是，过去由于认识程度和历史经济水平的原因，而忽视了地被植物的应用，致使绿地系统层次单一、品种单调。近 20 年，北京市园林绿地中的地被植物主要是冷地型草坪草，虽然它有其特殊的优点——景观优美，绿色期长，坪用性状好，给广大市民留下非常深刻的印象。但养护管理要精细，且对水分的需求量相对较大，这对于严重缺水的北京来说是一个急需解决的问题。另外，北京的园林建设风格体现着我国古老的文化和文明，以乔灌草相结合的绿化格局为主，城市中乔木和建筑物遮荫对喜光的草坪草也是一种很大的限制因素。如何解决草坪绿地与人争水的矛盾和林下耐荫植物缺乏及北京地区园林地被植物过于单一化而引发的多种问题，最主要的还是多种地被植物因地制宜的合理种植，充分体现适地适树、适地适草的原则。多种乡土地被植物的应用，不仅能在一定程度上解决目前园林绿化中存在的问题，还可以丰富北京的园林植物种类，降低常规养护费用，有效解决提高绿化覆盖率、增强生态环境作用和节约管理成本方面的尖锐矛盾。

1　园林地被植物的特点作用和类型

1.1　园林地被植物的概念和特点

园林地被植物的含义很广泛，种类也比较多，除了指覆盖在裸露地面上的优势草木本植物外，还包括一部分自己形成的优势野生地被植物群落。一般而言，园林地被植物是指适用于园林绿化的一些植株低矮、枝叶密集、具有较强扩展能力、能迅速覆盖地面且抗污染能力强、易于粗放管理、种植后不需经常更换的成片栽植的植物，不仅包括一年生、二年生和多年生草本植物，还包括一些适应性较强的苔藓、蕨类植物、常绿和落叶木本地被、攀缘藤本植物和宿根花卉。园林绿地中多种地被植物的合理应用，可使有限的绿化空间发挥最大的生态效益，实现区域绿化的植物多样性。

优良的地被植物一般应具备以下的基本条件：

（1）植株低矮、耐修剪。植株高度多为30cm左右，耐修剪，萌芽、分枝力强，枝叶稠密，能有效体现景观效果。

（2）枝干水平延伸能力强，扩张迅速，短期就能覆盖地面，既可用于大面积裸露平地或坡地的覆盖，也可用于林下空地的填充，自成群落，生态保护效果好。

（3）适应性强、易管理。对光照、土壤、水分适应能力强，对环境污染及抗病虫害抵抗能力强，适宜粗放管理。

（4）绿色期长、耐观赏。绿色期长，全年覆盖效果好，以常绿植物最佳，与彩叶、观花植物结合选用，更可活跃季相。

（5）繁殖简单，施工简便，成本低、见效快。

（6）无毒、无害、无不良气味。

（7）不会泛滥成灾，造成生物入侵。

1.2 园林地被植物的作用

草坪草和地被植物都是园林绿地的重要组成部分，是维护生态平衡、保护环境、净化空气、杀菌、减少大气污染、消除二次扬尘、防止水土流失、涵养水源的有效措施之一。另外，地被植物具有增加城市绿量（即提高单位绿地面积上的叶面积指数）、降温、增湿、提高光能利用率、美化城乡面貌、丰富景观季相变化、丰富群落层次、提高城市绿化物种丰富度和绿地生态、经济效益等作用，有关草坪和地被植物作用的研究很多，据报道：①草坪绿地每昼夜能释放氧气600kg/hm^2，同时又能吸收CO_2气体超过900kg/hm^2；②许多地被植物茎叶密集交错，叶片上又有很多绒毛，能吸附大量的飘尘和粉尘，在3～4级风力下，城市中心区公共场所（百货公司）上空的粉尘深度是草坪绿地的13倍，而细菌含量是草坪空间的3万倍；③草坪草和地被植物是人类生态环境的清道夫和忠诚卫士，羊胡子草（干重）每日能吸收4.5g/kg^2SO_2，绿草每年能从空气中吸收同化超过200t/hm^{2}污染物质；④草坪和地被植物的茎叶具有良好的吸音效果，20m宽的草坪绿地可减轻噪音2dB左右；⑤草坪和地被植物的根系不仅能蓄积水分，而且能将土壤中的水分吸取排放到空间，因此能够起到调节空气湿度的作用，夏季草坪上空的湿度比裸地高10%～20%；⑥许多坡地、水库、河岸、水沟等处，有了草坪和地被植物的覆盖，不但能截流降落的雨水，而且能削弱暴雨落下的动力，减缓雨水流速，减少水土的流失，以20cm表土为例，如果有草坪草或地被植物覆盖，需要3.2万年才能被冲刷干净，而裸地仅需18年；⑦绿色能缓减太阳光的反射，对减轻和消除人们眼睛的疲劳有很大好处，在公路两旁建立草坪或地被植物的缓冲带，能明显降低车祸的发生机率；⑧作为园林绿化的底色，不仅能给人们提供休息活动的场地，还能衬托出乔灌层次的景观、起伏的线条，多季相、多色相的立体景观给人以美的感受。

1.3 园林地被植物的主要类型

在生态园林绿地中，植物群落类型多且差异大，地被品种的选用虽无固定的模式，但要依据“因地制宜、功能优先、季色相变化、配置合理”的原则，同时在城市生态景观建设中应根据景观的需要和绿地系统的要求决定地被植物使用。园林地被植物主要分为5大类，分别是野生地被植物、宿根观花地被植物、矮生灌木地被植物、藤本地被植物和屋顶绿化地

被植物。

1.3.1　野生地被植物

北京地区野生地被植物种类繁多，具有很高的利用价值，例如二月蓝、紫花地丁、糙叶黄耆、委陵菜、鹅绒委陵菜、绢毛匍枝委陵菜、蒲公英、平车前、地黄等野生地被植物，它们具有植株矮小整齐、繁殖力强管理粗放的特点，成片种植既能满足减少扬尘、防止土地裸露的作用，而且无需专门管理，和乔灌草结合，在自然生长的情况下亦能达到意想不到的绿化效果，增加自然情趣。在公园和居住区绿地中增加野生地被植物，则能使自然生态环境在现代城市中得到体现，避免单一草坪的单调性。近几年，北京的各大公园如天坛、香山公园、颐和园、紫竹院等在岸堤或绿地内栽种了大量紫花地丁和二月蓝等野生地被，为公园增添了自然野趣。

1.3.2　宿根观花、观叶地被植物

萱草、玉簪、鸢尾、马蔺、石竹类、麦冬类、射干、矮生大花秋葵、金鸡菊等宿根植物，在大面积的草坪上点缀栽植或色块栽植，使其分布有疏有密，自然错落，形成缀花草坪，既能增加植物种类多样性，又使景观别具风趣。或者，在公园绿地建立专门的宿根花卉园，形成专类景区。如近年从国外引种驯化的郁金香，在北京植物园、中山公园、玉渊潭公园等地得到了很好的运用，而矮生型的美人蕉在四环路上每年都能大放光彩。

1.3.3　灌木型地被植物

矮生灌木是园林植物构成中的主要种类之一，因其种类繁多，形态色彩各异，季相变化丰富，成为造园过程中增加林地层次，丰富园林景观的主要植物材料。在植物配置时，乔、灌结合，既满足植物造景需要，又能有效覆盖地面、增加绿量。北京地区常用于地被栽植灌木型的主要有沙地柏、迎春、卫矛、平枝栒子、箬竹、地被竹、锦带花、棣棠、金叶女贞、紫叶小蘖、大叶黄杨等。其中沙地柏更是因其植株贴地生长、枝态舒展、四季常青、管理粗放而得到广泛种植。金叶女贞、紫叶小檗和大叶黄杨近几年成为北京绿化造景的常用材料，常常被用于道路绿化带、城市广场、立交桥绿化，通过变换搭配组合出多种造型图案，在丰富园林色彩的同时满足了人们色、意、形的感官要求，美化了环境。

1.3.4　藤本地被植物

攀缘植物如地锦、扶芳藤、常春藤、凌霄、金银花、小冠花地被月季、藤本月季等单株覆盖面积大、附着力强，能很好的防止水土流失，且无须专门管理，是公路、立交桥体、围栏、墙体、河岸的良好护坡绿化地被植物。北京的许多高速公路和环道坡面都种植了大量的地锦，即满足了绿化功能，又起到了防土固坡作用，每当秋风吹过，满目红叶，为高速路增添了别样的景致。

1.3.5　屋顶绿化地被植物

屋顶绿化可以提高绿视率，可适当缓解城市由于高楼大厦过度密集而造成城市气候恶化，它可使无屋顶住宅的室内温度得到改善，屋面的隔热保温效果明显提高，对建筑物本身的结构也有保护作用。在屋顶花园的建设中，大量使用乡土植物易于栽培管理，同时可以反映一个城市的地域文化内涵和城市特有风貌。另外，植物材料的应用要结合屋顶特殊的生境，选择抗性强、耐旱、耐贫瘠、耐热、抗风、低矮的乔木、灌木和小型常绿植物。很多常见的多年生地被植物非常适宜作平顶和斜顶屋顶绿化材料，这些植物植株较矮，繁殖能力强，扩张速度快，而且具有良好的耐旱性，无须过多灌溉、施肥以及修剪处理，如景天科的

佛甲草、白花景天、垂盆草、费菜、八宝景天等。

2 北京地区园林地被植物的研究与应用

2.1 草坪地被植物的研究应用历史

新中国成立后的15年内，即1949~1965年，是园林绿化建设事业稳步前进、全面发展的时期，地被植物的科研事业也有了长足发展。当时的绿化以植树为主，为解决地面覆盖材料缺乏的问题，园林工作者迈出了艰难的科研步伐。中国科学院植物园以三北地区为主进行了地被植物的调查引种，并成功试种了美国地锦、大花萱草、鸢尾、大羊胡子和小羊胡子等地被植物，1956年北京植物园从甘肃天水引入野牛草，在园内栽培成功并开始推广，于是，野牛草逐渐成为地面覆盖材料。1966年到1972年间由于动乱，园林绿化中没有种过草，不仅使已取得初步成效的科研被迫中断，就连中试推广的示范地也没能幸免于难，大量已建成的园林绿地遭到严重破坏，已驯化成功的地被植物种源也大部分丢失。

1977~1985年，园林地被植物的科研事业又重新焕发。北京市又一次开始重视草坪地被植物的发展，1978年，仅长安街、三里河等主要干道和区干道上就种植野牛草草坪11万多m^2。1979年，北京林业大学为丰富北京地区的园林地被植物种类，特地到秦岭地区调查野生花卉和地被植物的种质资源，共记载了57科122种，其中重点介绍了23科51种植物，但没有引种和中试。1980年专家们建议园林界应重视应用和开发国产禾本科优良草种，如结缕草属、假俭草属、狗牙根属等暖地型草坪草和我国原野中大量分布的早熟禾属、羊茅属、翦股颖属等冷地型草坪草。1982年，北京市提出在普遍绿化的基础上，要不断提高城市绿化的水平，提倡在大量植树的同时，多种一些开花灌木、攀援植物、宿根花卉和草本地被。同年，北京市园林科学研究所开始从北京的郊区平原如海淀、小汤山地区及山地如百花山、灵山、雾灵山、上方山等地收集地被植物，到1985年共收集90多种，其中重点推出了9种（垂盆草、匍枝委陵菜、鹅绒委陵菜、蛇莓、百里香、小冠花、白脉根、白三叶、崂峪苔草），收集宿根花卉197个品种，并在一些公园和街头绿地中进行了中试推广。但是1986年以后，国外的冷地型草坪草开始进入北京园林绿化的市场，在北京3000多万m^2草坪面积中冷季型草占900多万m^2，起步时期每年新增绿化面积50万m^2。1996年以后进入了高潮阶段。由于其特殊的优点，如景观优美，绿色期长，繁殖容易，能在短时间内形成绿地等，使得冷季型草坪迅速成为了北京市地面绿化植物中的主导者，逐渐取代了曾经应用的地被植物。在地被植物的应用空间日渐缩小的同时，从事地被植物应用研究的技术人员也放弃了继续前进的努力。

2000年，北京市应用的草坪面积已达到5000万m^2，并且仍在以递增的速度发展。虽然景观优美的草坪扮靓了北京城，但水资源逐年短缺的危机成为其继续迅速发展的制约因素，不能大面积种植草坪，裸露的地面如何处理？绿色奥运工程如何实现？中断了十几年的有关乡土野生地被植物的开发应用研究又被提上了日程。众多科研院所、大专院校及私人企业都开始日益重视园林地被植物的选育和储备。例如，从2003年开始，北京市园林局结合奥运绿化，开始着手地被植物在城市绿地中开发应用的研究，该项课题由颐和园、园林科研所、天坛、香山及北京林业大学等多家单位参与，引种了几十种园林地被植物，2004年，第一梯队的十余种已开始于天坛、颐和园、香山等公园和城区街头绿地中进行中试，取得了初步进展；中国林业科学研究院园艺研究所从2001年开始对北京地区周边的野生地被植物进行调查和引种，并从抗旱、耐荫等角度对10余种地被植物进行了生理生态指标的测定，其中紫花地丁、委陵菜、平车前、蒲公英等在朝阳公园大面积示范；中国科学院植物园龙雅宜先生研究的宿根花卉、地被植物种类繁多；北京植物园也引种筛选了许多宿根花卉、地被植物种类；中国科学院畜牧研究所研究的狐尾三叶草（丛生型）、库拉三叶草（地下根茎）花丛密集适合地形起伏栽植；北京东合环境绿化有限公司繁育了荚国蕨、球根蕨、射干、乌头、聚花风铃草、桔梗、大花萱草、金娃娃、黄芩、大叶铁线莲、多花矮生菊、寒红菊等多种地被植物；东升乡科技推广站做前期的科研引种、试种，野生种20～30种，后期由东升种业有限公司开发、生产，目前地被植物与宿根花卉共计50余种。

2.2　园林地被植物研究与应用方面存在的主要问题

2.2.1　科研成果不能受到足够的支持与保护

地被植物的科研成果需要经过科研人员长时间的辛勤劳动才能获得，但在植物材料的品种保护及推广应用方面常会遇到许多困难。我国目前对植物新品种的保护体制还不健全，而园林地被植物大多从野生种类中筛选驯化而来，繁殖相对容易，一旦其应用价值被市场接受，就会有许多人来扩繁种苗，市场形成无序竞争，而选育者受到竞争冲击，付出的辛劳无法得到相应回报，权益也不能受到保护，久而久之，愿意从事这一工作的人便越来越少。再者，乡土地被植物从景观方面来说，与目前应用的冷季型草坪无法比拟，在推广应用过程中常不被人接受，只能小面积示范或种植于苗圃中，不能充分发挥其应有的效益与价值。

2.2.2　研究工作重复，种苗储备不足

由于地被植物的研究工作在半个多世纪内多次中断，许多曾经引种的地被植物种源流失，其生物学特性和栽培繁殖技术研究丢失，曾经从事该项工作的技术人员也大多转行或退休，使得同一植物的引种、筛选工作多次重复进行，早在20世纪80年代就引种、推广的一些地被植物，如蛇莓、紫花地丁、蒲公英、连钱草、点地梅等，目前仍处于试种阶段，没有形成产业化，种苗储备量无法满足绿化工程的需求，影响了地被植物推广应用。

2.2.3　科研与市场脱节

目前，地被植物的研究、生产与销售大多属于事业单位，生产方式落后，生产、销售能力低，不能形成研、产、销一条龙的链锁结构，这对园林地被植物的发展应用有很强的束缚性。科研与市场脱节的问题不解决，园林地被植物的发展前景就不容乐观。科研与市场结合，不仅能解决科研经费短缺的问题，使科研事业可持续发展，而且能激活市场，为社会带来生态和经济效益。园林地被植物从科研单位的小批量生产走向市场是必然的趋势，关键是如何迈出改革的第一步。

2.2.4　繁殖、应用方法上有待于创新

地被植物的生产和应用方法相对来说还比较原始落后，与成熟的草坪业相比尚有很大的差距，需要下功夫创新。问题一，许多地被植物不结实或结实率很低，主要通过分株、埋条、扦插等无性方式扩繁，需要耗费大量的时间和人力，繁殖系数还不高，而扩繁出来的种苗由于无法像冷季型草坪草那样成卷铺植，应用到绿地时又得耗费大量的时间和人力来栽种，两项重复性的工作无形中便大大地增加了成本；问题二，一些地被植物的结实率虽然也比较高，但由于育种技术和种子清选技术相对落后，大部分地被植物的种子存在纯净度不够、发芽率较低、出苗慢而不整齐等问题，这一方面会造成无法准确计算用种量，容易浪费种子，增加成本，另一方面又会增加绿地应用的风险性，播种后的效果也许与最初设想的有

极大差别，影响绿地的景观性和生态性；问题三，部分地被植物对生境条件要求比较高，必须在伴生条件下生长，单一栽种会出现斑秃现象，所以要实地适种克服应用中的盲目性。如何使扩繁和施工方式同时简单化，最大限度的降低成本，保证建植后的景观性和生态效益是地被植物快速、大面积进入北京园林绿地的关键之一。

3 北京地区园林地被植物的发展趋势

3.1 充分发展和利用好现有的草坪地被植物

3.1.1 理智对待冷季型草坪草

冷季型草坪虽然耗水，但并没有耗到让人无法接受的程度。北京园林科学研究所与中国农大合作承担的、由自然基金委和节水办资助的“北京草坪抗旱、抗病、延长绿期综合管理及品种选育技术的研究”、“北京城区节水灌溉制度中试与推广”等课题及园林科学研究所承担的局级课题“低养护条件下冷季型草坪品种筛选、水肥管理及病害综合防治技术的研究”都表明，北京地区冷季型草坪草年灌溉量为 0.3～0.5t/m^2，这一研究结果与一些非专业媒体宣传的一次浇水 1t/m^2 相差甚远。北京现有草坪 5000 万 t/m^2，如果能科学管理，严格控制灌溉量，年消耗 1500～2500 万 t 的水资源并不是一个天文数字。何况，北京市现在已采取了许多有效措施来节约水资源，如利用中水灌溉草坪。园林科学研究所承担的多项有关中水的研究现已证明，中水不会对草坪造成明显伤害，除了对于栽植古树或其他对盐分敏感树木的绿地要慎重外，完全可以利用中水，这能在很大程度上缓解绿地与人争水的矛盾。此外，草坪边缘铺设透水铺装，或者修砌集水设施，充分利用天然降水等都是有效节水的途径。因此，因水而废草实在不是明智之举。因为就景观方面来说，目前北京地区还没有可以取代冷季型草坪草的地被植物，我们不可能因为它的不足便全盘否定了它的长处，冷季型草坪草中也有一些抗病、抗旱的品种。选择草种非常关键，一定要因地制宜，根据自然条件、经济条件及养护水平慎重考虑。北京地区需要冷季型草坪草，但不能盲目性的大面积种植。如果是景观要求较高的特殊地段，又具备高养护条件，完全可以使用冷季型草坪，但如果只是为了使绿期长一点却在不具备条件的地方种植，为此而付出代价是不值得。因此，对待冷季型一定要理智，避免从一个极端走向另一个极端。

3.1.2 加强暖季型草坪草的应用力度

暖季型草坪草生命力强，适应性广，抗旱、抗病虫害。其最适生长温度为 26～35℃，在北京地区绿色期较短，约为 180～200 天，比冷季型草坪草少 100 天，这一缺点使得暖季型草坪草近几年在北京地区的应用面积大大减少。如果不以绿色期作为选择草种的第一依据，暖季型草坪草应该是一类更趋于乡土化的优良地被植物。目前北京地区常用的暖季型草坪草主要有两种：野牛草和结缕草。北京市园林科学研究所曾经对野牛草进行过比较系统的研究，包括管理养护和品种筛选。研究发现，通过一些合理的养护方式，可以在一定程度上延长野牛草的绿色期。通过研究，还筛选出了几种绿色期相对较长的品种，其中一种的绿色期比北京原引种的长 20 多天，并且都是雌株，解决了雄株开花影响野牛草草坪景观的问题。而结缕草是我国的一种乡土草种，原产山东半岛一带。我国山东地区目前已可以自己繁育种子，并且基本解决了种子发芽率低，出苗速度较慢等问题，但与国外生产的冷季型草坪草种子相比，在种子工厂化生产、提高种子质量、提高种子产量等方面还需努力探索。

3.1.3　进一步发展和利用现有的地被植物

目前北京地区已经应用的地被植物主要有几种，①草本地被植物，如二月蓝、白三叶、崂峪苔草、百脉根、麦冬、尖叶石竹、地被菊、玉簪、鸢尾、萱草等；②木本地被植物，如扶芳藤、沙地柏、平枝栒子、迎春、忍冬、地被月季等；③藤本地被植物，如爬山虎、五叶地锦、常春藤、凌霄、山荞麦、络石等。这些地被植物在北京地区已应用多年，但推广力度不够，除二月蓝、白三叶、麦冬和五叶地锦目前应用面积较大外，其余种类基本都是小范围种植。2001 年的统计结果表明，北京市园林科学研究所 20 世纪 80 年代推出的小冠花、紫花地丁、垂盆草、百脉根和蛇莓的应用面积分别仅为 $4173m^2$、$3615m^2$，$2168m^2$ 和 $1000m^2$。当前，急需开展的工作是如何进一步发展和利用这些优良的植物材料，使其所具有优势充分体现，在适宜的地方形成最好的景观效果。而扩大种苗储备量和改善施工方式无疑更是当务之急。

3.2　注重挖掘和利用野生地被植物

北京郊区和周边地区有着大量的野生地被植物资源，中国科学院植物园、北京市园林科学研究所、北京林业大学、中国农业大学等科研院所都进行过调查，但未能很好的开发应用。从 2003 年开始，北京市园林局结合奥运绿化，开始着手乡土、野生地被植物在城市绿地中开发应用的研究，在全面规划和保护的前提下，有序地利用野生地被植物。野生地被植物虽然不如草坪整洁，但其特有的叶形、花色等也能形成独特的观赏效果。如匍枝毛茛、白头翁、黄芩、并头黄芩、京黄芩、甘野菊、小红菊、蓝花棘豆、连钱草、百里香、蛇莓、野豌豆等开花时具有很好的观花效果，而无花时又能完全覆盖地面。而耧斗菜、蓝盆花、蓝刺头、玉竹、荚果蕨、旋覆花、毛茛、落新妇、沙参、狼尾花、婆婆纳、月见草、松果菊、蓍草、蛇鞭菊、天人菊、紫露草、千屈菜、火炬花等虽然覆盖地面性不是特别强，但其花色艳丽，在适宜的地方合理种植，科学管理，同样能发挥作用。

3.3　科学引进国内外优良地被植物

北京近年来从国内外引进了多种观赏植物，这类植物中的一些种类在一定程度上同样适宜作为地被植物使用，如当年播种当年开花的大花金鸡菊、矮生型波斯菊、紫叶酢浆草、鼠尾草、蔓长春花、匍匐婆婆纳、假龙头、耧斗菜系列、景天类、佛甲草、洒金柏沙地柏品种、蓝叶忍冬等。外地植物的引入，能在短时间内丰富北京地面覆盖植物种类，使北京的园林底色不再是单一的草坪。但是外来物种引入不当，不仅会浪费大量财力物力，严重者还可能造成生物入侵。同样，地被植物的引种也一定要有针对性，不能盲目发展，应以能在北京地区大面积露地种植和安全越冬，具有独特观赏特性，抗逆性强，能弥补北京地区乡土地被植物不足的种类为主。此外，在引种植物的时候，各科研单位或大专院校应相互交流，互通有无，避免同一物种的重复性引进。

地被植物的应用方兴未艾，而对地被植物的研究，如地被植物的种类、生态习性、适应性以及生态环境、扩繁应用、景观配置等方面的研究将是今后一段时间内的主要工作，也是生态城市园林绿化建设对我们提出的新要求。

4　建议北京地区应用的部分乡土地被植物种类

草本地被类：

（1）匍枝毛茛（*Ranunculus repens* L.）

毛茛科毛茛属多年生草本，具匍匐枝，节上可生根，生长迅速，喜阳又耐荫。花黄色，有光泽，花期4~5月。绿色期较长，北京地区12月上旬仍保持绿色。原生于湿草甸子、水边或湿地，生长旺盛时期不耐践踏，可作为郊野绿地或城市绿地中人为破坏较少地方的地面覆盖材料。

（2）甘野菊（*Chrysanthemum eticuspe*）

菊科菊属多年生草本，耐旱、耐瘠薄、耐荫、耐寒，适应性强，管理粗放。花黄色，花期8~9月，国庆期间进入盛花期，远观效果更好。适于山坡绿化、公路护坡，也可植于公园或庭院中，增添几分野趣。

（3）玉竹（*Polygonatum doratum*）

百合科黄精属多年生草本，根茎横生，有节，茎有棱，稍斜伸，高30~60cm。耐荫能力极强，花白色，栽培种花期4~5月。宜做阴处或林下地被植物。

（4）黄芩（*Scutellaria cordifolia*）

唇形科黄芩属多年生草本，根状茎较细，茎直立，多自下部分枝。花单生于茎上部叶腋，偏向一侧，花冠蓝紫色，花期7~9月。喜向阳、湿润的环境，也较耐旱。可作色块栽植，也可作为观花地被应用。

（5）小红菊（*Dendranthema hanetii*）

菊科菊属多年生草本，具地下根状茎，全部茎枝有稀疏的毛，头状花序，全部苞片边缘白色或褐色膜质，舌状花粉红色，花果期9~11月。国庆期间盛花期，成片粉色花，远观近看效果皆佳。耐旱、喜光、耐瘠薄。可作色块栽植，也可作为观花地被应用。

（6）连钱草（*Glechoma hederacea* L.）

唇形科连钱草属多年生草本，具匍匐茎，逐节生根。耐荫性极强，生长迅速，抗性强。花紫色，北京地区花期3~4月。原生长于林下、林缘、山坡、路旁等。在城市绿地中宜应用于林下或建筑物遮荫处。

（7）地黄（*Rehmannia glutinosa*）

玄参科多年生直立草本，花期4~6月，紫红色或淡红色，果期6~7月，种子细小卵形、黑褐色。适应性强，耐贫瘠、干旱，忌排水不良和湿涝的环境。地黄花茎挺拔，花型奇特，可作园林坡地、路旁、林缘片植或带状栽植。

（8）紫花地丁（*Viola edoensis akino*）

堇菜科多年生草本，无地上茎，根状茎稍粗。花瓣紫堇色或紫色，通常具紫色条纹，花果期4月中旬至9月。较耐寒，喜凉爽气候，忌炎热和雨涝。适宜成片栽植在草坪边缘及路旁，最好是伴生状态下栽植。

（9）糙叶黄耆（*Astragalus scaberrimus*）

豆科多年生矮小草本，茎匍匐或地上茎不明显，奇数羽状复叶，花冠黄白色，花期4~5月，果期5~6月，耐旱，可作水土保持的草种。

（10）委陵菜（*Potentilla chinensis*）

蔷薇科多年生草本，根茎粗壮，木质化，羽状复叶，茎生叶与基生叶相似，但较小。伞房状聚伞花序，多花，花瓣黄色，花期5~9月，瘦果，肾状卵形，有皱纹，果期6~10月。大面积应用于平地、坡地、绿化带等。

（11）旋覆花（*Inula japonica*）

菊科多年生草本，和欧亚旋覆花极相似，其叶基部渐狭或急狭或有半抱茎的小耳，椭圆形或长圆形，头状花序较小，花果期6～10月，舌状花黄色。适合小范围栽种。

（12）蛇莓（*Duchesnea indica*）

蔷薇科多年生草本，具长匍匐茎，被柔毛，羽状复叶，花瓣黄色，长圆形，花托红色，上着生多数瘦果，瘦果长圆状卵形，暗红色，花期4～7月，果期5～10月，是种可观花又可观果的地被植物。特别适合常绿树下栽种。

（13）蒲公英（*Taraxacum mongolicum*）

多年生草本，株高10～25cm，花鲜黄色，花期3～6月，果期3～6月。瘦果倒披针形至倒卵形。花期长、适应性强可与野生堇菜类植物混播，它在土、肥条件较好的情况下自成群落、逐渐扩展蔓延是大环境绿化不可多得的乡土野生花卉。可作点缀或伴生。

（14）车前草（*Plantago depressa* Willd.）

车前科多年生草本，具须根，花密生成穗状花序，花萼背部龙骨状凸起宽且成绿色，花冠淡绿色。蒴果，种子黑褐色。花期6～9月，果期7～9月。可成片栽植林下或与其他观花地被组成花径等。

（15）白头翁（*Pulsatilla chinensis*）

毛茛科多年生草本，花单生，蓝紫色，聚合果，花期早，4月上旬观花，5月中下旬观赏银色具光泽毛茸头状聚合果，极为别致；后期观叶至深秋霜后叶片枯萎，是我国北方园林中难得的露地花卉之一，在园林中可作自然栽植，用于花坛布置或配置道路两旁，或点缀林下。适应性强，喜凉爽气候，耐寒、耐旱、忌暑热，不耐盐碱和低湿地。

（16）佛甲草（*Sedum lineare*）

景天科多年生草本，无毛。茎高10～20cm。3叶轮生，少有4叶轮生，叶线形，长2.0～2.5cm，宽约2mm，先端钝尖，茎部无柄，有短距。花序聚伞状，顶生，疏生花，黄色，花期4～5月，果期6～7月。抗旱、抗寒性强，绿色期长，适宜应用在屋顶绿化中，也可片植与其他草坪地被中。

（17）垂盆草（*Sedum sarmentosum* Bge）

景天科多年生肉质草本，低矮，匍匐生根，叶为3叶轮生，倒披针形至矩圆形，基部有距，全缘。花序聚伞状，淡黄色，花少数，无梗，花期5～7月。耐寒、耐热、耐干旱，但不耐践踏，适于作庭园中的观赏地被或花丛中土壤的覆盖物，也可栽植于建筑物背荫处及树荫下，还可作原野绿化的地被。

（18）荚果蕨（*Matteuccia struthiopteris*）

球子蕨科多年生植物。根状茎短而直立。叶簇生，有柄，二型。营养叶叶柄棕褐色，2回羽状深裂，叶草质，叶脉羽状。适合成片种植在林下、林缘。

（19）耧斗菜（*Aquilegia vulgaris*）

毛茛科多年生草本。茎直立，多分枝。总状花序顶生，花朵下倾。萼片花瓣状。有蓝、黄、粉、红等色，花期5、6月。性耐寒，喜微湿润排水良好的土壤。适合在林荫下的花镜、草坪边缘、灌木丛下种植。

（20）蓝花棘豆（*Oxytropis coerulea*）

豆科多年生草本，无地上茎或茎极短，常在地下分枝，叶丛生。奇数羽状复叶，小叶对生，两面有柔毛。总状花序，由叶丛中生出，花多数，疏生，花冠蓝紫色，花期6～8月，果期8~9月。种子和分株繁殖。抗旱性强，适于成片或块状栽植。

（21）石竹（*Dianthus chinensis* L.）

石竹科多年生草本，根粗壮，根茎处有残叶。茎簇生，直立，无毛。叶对生，基部合生，抱茎，全缘。花顶生于分叉的枝端，单生或对生，花瓣5，红色、粉红色或白色。种子和根芽繁殖。适合于坡地种植。

（22）崂峪苔草（*Carex giraldianakuk*）

莎草科多年生常绿草本，耐寒、耐荫，并且耐粗放管理，可广植于乔灌木之下、建筑物背荫处以及花境、花坛的边缘，是荫湿处的优良护坡地被植物。北海、景山等公园绿地有大面积应用。特别适合于林下栽种。

（23）二月蓝（*Orychophragmus violaceus*）

十字花科二年生草本植物，花蓝紫色，3~4月是植株的盛花期，5~6月是种子发育成熟期。可生长在林缘和疏林下、路边，常成片分布，早春花朵繁茂、花期长，栽培容易，是一种很好的观花地被植物，是近年来园林中开始利用广泛栽培的一种野生花卉。

（24）小冠花（*Coronilla varia*）

又名多变小冠花，豆科小冠花属多年生草本植物。有根瘤，固氮能力强，是良好的绿肥作物；开花期长（6~9月），是蜜源植物；果期7~10月，根系发达，覆盖度大，再生能力强，耐旱、耐寒、耐瘠薄；在无灌溉条件时也能缓慢生长，不耐湿，是保水固土的优良地被植物，也是堤岸和斜坡绿化的好材料，可作为美化环境、减轻污染的观赏植物来种植。

（25）白三叶（*Trifolium repens* L.）

豆科多年生匍匐草本，茎无毛，小叶3枚，叶下面有毛，边缘有细锯齿。头状花序，有花10朵以上，花冠白色或粉红色。荚果，包于宿存的萼筒内，含种子2~4粒。花期5~6月，果期8~9月。适宜林下片植。

（26）百脉根（*Lotus corniculatus* L.）

豆科多年生草本，茎直立，奇数羽状复叶，小叶5，其中3枚生于叶轴顶端，2枚生于叶柄基部，全缘，两面无毛或有柔毛。3~4朵花排成伞形花序，花冠黄色。荚果，干时灰绿色，含种子多粒。花期5~7月，果期8~9月。适宜坡地、林下片植或条植。

（27）麦冬（*Ophiopogon japonica*）

百合科多年生草本，花小，淡紫色，花期7月。耐荫，生长势强，能露地越冬，适合于在庭园中作良好的边缘观叶植物，也可成片栽植来覆盖地面或作为林下地被。

木本地被类：

（1）百里香（*Thymus mongolicus* Bonn.）

唇形科多年生半木质化的弱小灌木，枝叶细密，枝匍匐生长，叶小对生。花小型，淡紫色或白色，花序穗状密生。全株具有香气。适合栽植在山石边，作为装饰性的匍匐地被植物，也可栽植于斜坡上或混生于其他的草丛中。

（2）平枝栒子（*Cotoneaster horizontalis* Decne.）

蔷薇科落叶或半常绿匐枝灌木，5月开花，花粉白色，9月结球形鲜红色的果实，经冬不落。耐旱耐瘠薄，抗病虫害能力强，适于护坡和遮挡不良环境，也能用于疏林草坪做装饰地被。

（3）沙地柏（*Sabina vulgaris* Ant.）

柏科匍匐常绿灌木，极耐干旱、耐寒、稍耐荫。生长势旺，适宜于在坡地、河堤和林缘作地被成片栽植，或在建筑物的周围作基础种植，亦可在岩石园中与山石配置。

（4）迎春花（*Jasminum nudiflorum* Lindl.）

木樨科落叶灌木，春节前后开花，花鲜黄色。耐旱、耐碱、适应性强，适于栽植在庭院、绿地之中或草坪的边缘，在宅旁、池旁与假山石配置，十分雅致美观；由于其根蘖萌发能力很强，作为堤岸护坡材料也非常理想。

（5）常春藤（*Hedera nepalensis* K. Koch var. *sinensis*（Tobl.）Rehd.）

五加科常绿藤本，叶型美观，花淡黄色或淡绿白色，果实球形，成熟时红色或黄色。耐荫、耐旱，适于作庭园中的立体绿化材料，也可作立交桥、墙壁、岩石以及斜坡等的覆盖地被。

（6）扶芳藤（*Euonymus fortunei*（Turcz.）Hand. Mazz.）

卫矛科常绿藤本，花期6~7月，耐荫、耐干旱、耐瘠薄，适于作爬树攀墙或匍匐于岩石上的攀援植物，也可作坡地林下的地被植物，另外，由于其随处可生根，成活容易，是一种防尘效果较好的地被材料。

（7）美国地锦（*Parthenocissus quinquefolia* Planch.）

葡萄科落叶藤本攀援植物，叶夏季绿色秋季变红。耐寒、耐热、也较耐荫，蔓延迅速，为园林中用于墙面、立交桥、山石老树干等垂直绿化的好材料；亦可作为疏林下和杂乱无章的垃圾与渣土地段的地面覆盖植物。

（8）金银花（*Lonicera japonica*）

忍冬科半常绿缠绕藤本灌木，花冠初为白色，后变为黄色，花期5~6月，果实球形，成熟后变红色。较耐寒，冬季老叶枯落，新生叶经霜后变紫红色经冬不落。由于匍匐生长能力比攀援生长能力强，故更适合于在林下、林缘、建筑物北侧等处做地被栽培。

宿根花卉类：

（1）射干（*Belamcanda hinensis* DC.）

鸢尾科多年生草本，具短而健壮的黄色根茎，叶2列互生，剑形，扁平。花深橙色，有紫红色斑点，花期7~9月。适应性强，喜肥沃、沙质壤土，耐寒，喜光照及干燥环境，不择土壤。可作林地边缘不同形状的栽植，也可作色块栽植。

（2）马蔺（*Iris iactea* pall. var. *chinensis*）

鸢尾科多年生草本，花浅蓝色、蓝色，花期4~6月，果期5~7月，耐盐碱、耐践踏，根系发达，需充足阳光、排水良好处，不耐水涝，在通风不良的条件下容易发生锈病。它适用于道路两侧、坡地等自然条件相对恶劣地段的环境绿化。

（3）玉簪（*Hosta plantaginea*（Lam）Aschers）

百合科宿根花卉，7、8月开花，花叶色彩丰富。性喜荫，耐寒、喜湿又耐旱，是建筑物背荫处或林下绿化的优良地被植物。

（4）萱草（*Hemerocallis fulva* L.）

百合科宿根草花，花期6~8月。性耐寒，能露地越冬，可广泛应用于花境、草坪边缘，或在灌丛前大面积栽植。

（5）鸢尾（*Iris germanica* L.）

鸢尾科宿根草花，花大而美丽，颜色丰富，花期4~6月。生长健壮，抗性强，能露地越冬，广泛应用于各种形式的配植，可栽植于花坛或花境边缘，也可丛植于草坪间做点缀，还可作专类花园或布置于粗放管理的绿地。

参考文献

[1] 胡浙星，何鸣立．北京市地被植物的引种试验．园林科研 2，北京市园林科学研究所，1989：26～29
[2] 于顺利，彭羽．杂草也是地被植物．中国花卉报第 7 版（2004 年 1 月 6 日）
[3] 邵敏健．上方山苔草的繁殖、管理及应用．北京园林，北京市园林科学研究所，1992，4（12）：2～8
[4] 古润泽，张新猷．北京市居住区人均绿地和乔灌草种植比例．园林科研 3，北京市园林科学研究所，1997：108～111
[5] 张金政，孙国峰．北京城市大环境绿化中可利用的草本花卉资源．北京奥运和城市园林绿化建设论文集，北京园林学会，2002：140～150
[6] 焦玉忠，张淑萍．园林植物地被植物引种栽培技术研究．全国园林科技信息网第二十次会议特刊，2001：77～79
[7] 龙雅宜，张金政．试论野生花卉在城市大园林中的作用．北京奥运和城市园林绿化建设论文集，北京园林学会，2002：130～134
[8] 程亦军．多种类型的地被植物在园林工程中应用．绿化与生活，2003，(3)
[9] 张玲慧，夏宜平．地被植物在园林中的应用及研究现状．中国园林，2003，(9)：54～57
[10] 刘健．北方园林中地被植物的选择应用．中国林副特产，2002，4（11）：44～45
[11] 李银，刘存琦．草坪绿地规划设计与建植管理技术．兰州：甘肃民族出版社，1994
[12] 胡中华，赵锡惟．草坪及地被植物，北京：中国林业出版社，1984.12
[13] 谭继清．中国草坪与地被，北京：科学技术文献出版社

作者简介：白淑媛（1955～），女，北京市园林科学研究所草坪地被研究中心主任，工程师，长期从事园林绿化科研工作。

27　北京地区野生草本地被植物引种、筛选与利用

马　洁[1]　韩烈保[1]

（北京林业大学草坪研究所，北京　100083）

摘要：从北京地区地被植物应用现状分析，得出引种野生草本地被植物是丰富城市景观、增加物种多样性经济有效的途径。通过对北京及周边6省2市的植物调查、引种建立了野生草本地被植物引种园。经过一年的物候观测，初步选出适合北京园林绿化利用的草本地被植物20种。

关键词：野生草本地被植物　引种　筛选　园林绿化

地被植物是指能够覆盖地面的低矮植物，包括多年生的低矮草本植物和一些适应性强的低矮、匍匐型的灌木及藤本植物。地被植物是园林绿化的底色，是丰富城市景观、改善生态环境的重要物质基础。随着园林绿化水平的不断提高，植物造景时对地被植物材料的丰富性提出了更高的要求。

我国地域辽阔，地形复杂，气候多样，蕴藏着极为丰富的野生植物资源，其中很多具有很高观赏价值的地被植物尚未开发利用，与此形成鲜明对比的是城市中的园林植物种类单调，形成的绿地景观不够丰富，植物群落也不够稳定，因此，引种野生地被植物资源是解决这一问题的有效途径。

1　地被植物在北京园林中的应用现状

北京是一个干旱缺水的城市，夏季炎热、冬季寒冷的气候条件限制了很多地被植物的应用。近年来，北京地区从国外引种的一、二年生草花种类繁多，而能够露地生长，完全适应北京地区气候条件的植物种类还很少，远远不能满足绿化的需求。在陡坡、浓荫、贫瘠、盐碱、多沙多石、灌水困难的地段，由于没有应用合适的地被植物，经常可以看到黄土露天的景象。

目前北京地区对野生草本地被植物的利用无论是种类还是数量都是非常少的，除少数植物如二月蓝、紫花地丁、马蔺、蕨类等有少量的应用外，其他同样具有很高观赏价值的野生资源的应用更为少见。

2　野生草本地被植物的调查引种

2.1　试验地自然概况

试验地位于北京市海淀区东北旺园艺场，北纬39°58′，东经106°26′，海拔50m，属温带半湿润过渡带气候。年平均气温11℃，最冷月（1月）平均气温为－8～4℃，极端最低气温为－22℃；最热月（7月）平均气温为23～26℃，极端最高气温为42.2℃。全年无霜期为160～180d。年均降水量为600mm左右，大于0℃年积温4100～5500℃，大于10℃年积

温3600～4800℃。总的气候特点是春旱多风，夏热多雨，秋高气爽，冬寒少雪。北京地区常用地被植物见表1。

表1 北京地区常用地被植物

植物名称	学　名
宽叶麦冬（百合科）	*Liriope platyphylla*
麦冬（百合科）	*Liriope spicata*
白车轴草（豆 科）	*Trifolium repens*
鸢尾（鸢尾科）	*Iris tectorum*
德国鸢尾（鸢尾科）	*Iris germanica*
紫花地丁（堇菜科）	*Viola philippica* spp. *Munda*
二月蓝（十字花科）	*Orychophragmus violaceus*
萱草（百合科）	*Hemilocallis fulva*
玉簪（百合科）	*Hoster plantaginea*
石竹（石竹科）	*Dianthus chinensis*
地锦（葡萄科）	*Parthenocissus tricuspidata*
五叶地锦（葡萄科）	*Parthenocissus quinquefalia*
沙地柏（柏 科）	*Sabina valgaris*

2.2 引种遵循的原则

（1）多年生或具有自播繁衍能力的一、二年生草本植物；

（2）从生或具有地下横走根茎或地上匍匐茎；

（3）植株低矮，低于1m；

（4）具有观赏价值较高的花、叶、果、株型等；

（5）生长迅速，覆盖地面所需时间短；

（6）抗旱、抗盐碱、耐瘠薄或耐荫能力强。

2.3 野外调查、建立野生草本地被植物种质资源圃

野生草本地被植物资源的调查范围包括北京及与北京气候条件相近的周边6省2市，先后从北京妙峰山、张北地区坝上草原、河南鸡公山、山西太岳林区－中条山－恒山林场、天津塘沽、内蒙古大青山、甘肃祁连山、山东泰山－崂山－昆嵛山等地成功引入野生草本植物共计44种，分属16科，建立了野生草本地被植物种质资源圃。植物名录如下：

禾本科：中华隐子草（*Cleistogenes chinensis*）狼尾草（*Pennisetum alopecuroides*）、矛叶荩草（*Arthraxon prionodes*）、白羊草（*Bothriochloa ischaemum*）、黄背草（*Themeda japonica*）、落草（*Koeleria cristata*）、硬质早熟禾（*Poas phondylodes*）；莎草科：翼果苔（*Carex neurocarpa*）、披针苔（*Carex lanceolata*）、细叶苔（*Carex rigescens*）、异穗苔（*Carex heterostachya*）、青绿苔（*Carex leucochlora*）、四花苔（*Garex quadriflora*）、早春苔（*Carex subpediformis*）；蔷薇科：蛇含委陵菜（*Potentilla kleiniana*）、匍匐委陵菜（*Potenlilla reptans*）、匍枝委陵菜（*Potentilla flagellaris*）、鹅绒委陵菜（*Potentilla anserine*）、蛇莓（*Duchesnea indic*）、东方草莓（*Fragaria orientalis*）；鸢尾科：矮紫苞鸢尾（*Iris ruthenica* var *nana*）、野鸢尾（*Iris dichotomapall*）、马蔺（*Iris lactevar chinensis*）、射干（*Belamcanda chinensis*）；唇形科：岩青兰（*Dracoclum rupestre*）、连钱草（*Glechoma longituba*）、百里香（*Oenothera biennis*）、野薄荷（*Menta haplocalyx*）；桔梗科：紫斑风玲草（*Campanula punctata*）、桔梗（*Platycodon grandiflora*）、沙参（*Adenophora elata*）；毛茛科：短尾铁线莲（*Clematis brevicaudata*）、华北耧斗菜

(*Aquilegir yabeana*)、野棉花（*Anemone tomentosa*）；菊科：小红菊（*Dendranthema chanetii*）、紫菀（*Aster tataricus*）；百合科：小花萱草（*Hemerocallis dumortieri*）；景天科：垂盆草（*Sedum sarmentosum*）；川续断科：华北蓝盆花（*Scabiosa tschiliensis*）；蓼科：金荞麦（*Fagopyrum dibotrys*）；灯心草科：洮南灯心草（*Juncus taonanensis*）；石竹科：霞草（*Gypsophila oldhamiana*）；豆科：野苜蓿（*Medicago falcate*）；龙胆科：小龙胆（*Gentiana squarrosa*）。

3　优良野生草本地被植物的筛选及园林应用

对引种成功的地被植物进行了一年的物候观测及扩繁试验。为其今后的园林应用提供科学依据，初步选出适应北京地区气候条件，具有较高观赏价值的草本地被植物20种。

（1）马蔺 *Iris lactevar chinensis*　鸢尾科，鸢尾属。多年生草本，株高40～60 cm。花蓝紫色，花期4月中旬至6月上旬。叶线性，具有质感。3月下旬返青，11月中旬枯黄。分布于路旁，向阳的沙质地或山坡上，是理想的护沙固堤植物，可布置园路及花坛、花境的边缘做镶边植物，也可在草坪或模纹花坛中做点缀植物。

（2）矮紫苞鸢尾 *Iris ruthenica* var. *nana*　鸢尾科，鸢尾属。多年生草本，株高20～30cm。花蓝紫色，花期4月。3月下旬返青，11月中旬枯黄。分布于海拔200～800m山坡、草地。庭院栽培，花坛草坪边片植，是优良的春观花、夏秋观叶植物。

（3）野棉花 *Anemone hupehensis*　毛茛科，银莲花属。多年生草本，株高45～70cm。花粉红色，聚伞花序。3月下旬展叶，11月上旬枯黄。生于路边、山坡。野棉花花大色艳，可用于布置花坛、花境。

（4）华北耧斗菜 *Aquilegir yabeana*　毛茛科，耧斗菜属。多年生草本，株高35～50cm。萼片与花瓣同为紫色，花期4月中旬至5月下旬。3月中旬返青，11月中旬枯黄。分布于山坡、林缘及山沟石缝间。花期长，花大而美丽，可供栽培观赏，也可用于花坛、花境。

（5）霞草（丝石竹）*Gypsophila oldhamiana*　石竹科，石竹属。多年生草本植物，株高40～80cm。花期5月下旬至8月，聚伞花序，花白色。4月上旬返青，11月上旬枯黄。分布于路旁、干燥阳坡。霞草远观灿若云霞，是很好的观赏草本植物，主要用于切花、干花，是插花中最重要的衬托花材，也可布置花坛、花镜。

（6）青绿苔草 *Carex leucochlora*　莎草科，苔草属。多年生草本植物，株高30～35cm。叶片长而有光泽，叶质稍硬。在北京地区3月下旬返青，11月下旬枯黄，绿期长。分布于路旁、山坡草地、灌丛林下。青绿苔的生态幅较宽，既适于林下栽植，又适于在全光下成片种植。

（7）披针苔草 *Carex lanceolata*　莎草科，苔草属。多年生草本植物，丛生，株高25～30cm。叶片细长，半常绿。分布于干燥陡坡、灌丛林下。耐干旱瘠薄，全光、林下栽植均好，优良的地被植物。

（8）早春苔草 *Carex subpediformis*　莎草科，苔草属。多年生草本植物，丛生，高20～25cm。叶片质地细致，3月下旬返青，11月中旬枯黄。生于干燥山坡、灌丛林下。耐干旱瘠薄，全光、林下栽植均好，质地细腻。

（9）异穗苔草 *Carex heterostachya*　莎草科，苔草属。多年生草本植物，具地下横走根茎，株高30～40cm。3月下旬返青，11月上旬枯黄。生于路旁、灌丛林下。异穗苔草对光照强度不敏感，生长迅速，不耐践踏，适宜做封闭型绿地。

(10) 鹅绒委陵菜 *Potentilla anserine* 蔷薇科，委陵莱属。多年生草本，叶层高 10 ~ 15 cm。单回羽状复叶，具地上匍匐茎。3 月下旬返青，11 月上旬枯黄，枯黄前遇霜变红色。分布于河流旁、低地草地。可建植单一的观赏绿地，也可在其他禾本草坪中镶嵌。

(11) 匍枝萎陵菜 *Potentilla flagellaris* 蔷薇科，委陵莱属。多年生草本，具地上匍匐茎。叶片掌状 5 裂，花期 4 下旬至 8 月，花黄色。4 月上旬返青，11 月上旬枯黄。分布于灌丛林下、河流旁及路旁草丛中。阳坡、林下均生长旺盛，叶形秀丽，花期长，单独建植或做镶嵌材料景观效果都非常好。

(12) 匍匐委陵菜 *Potenlilla reptans* 蔷薇科，委陵莱属。多年生草本，具地上匍匐茎，叶片三裂。4 月上旬返青，11 月上旬枯黄，枯黄前遇霜变红色。分布于灌丛林下、河流旁及路旁草丛中。可建植单一的观赏绿地，也可在其他禾本草坪中镶嵌。

(13) 蛇莓 *Duchesnea indica* 蔷薇科，蛇莓属。多年生草本，3 出复叶，具地上匍匐茎。花期 5 ~6 月，花黄色。果红色，果期 7 ~9 月。绿期为 4 月上旬至 11 月上旬。分布于山坡、路边的草丛、林下荫蔽而湿润的土地上。蛇莓是优良的观叶、观果地被植物，耐荫湿，可在高层建筑、立交桥下的荫湿地建植，也可在林下、湖岸边应用。

(14) 东方草莓 *Fragaria orientalis* 蔷薇科，草莓属。多年生草本，具地上匍匐枝。花期 5 ~6 月，花为白色。果红色，果期 7 ~8 月。绿期为 4 月上旬至 11 月上旬。分布于山坡、路边的草丛、林下荫蔽而湿润的土地上。是优良的观叶、观果地被植物，可植于封闭性林下。

(15) 紫菀 *Aster tataricus* 菊科，紫菀属。多年生草本，株高 70 ~ 100cm。花色蓝紫，花期 7 月中旬至 8 月。分布于山地、草甸、灌丛中。用于花坛、花境、切花。

(16) 小红菊 *Dendranthema chanetii* 菊科，菊属。多年生草本，株高 10 ~ 35cm。花期 8 月下旬至 9 月中旬，舌状花粉色。生于山坡林缘、灌丛及河滩与沟边。庭院栽植，配置花坛，是良好的观花观叶地被植物。

(17) 连钱草 *Glechoma longituba* 唇形科，活血丹属。多年生草本，叶层高 10 ~ 20cm，具匍匐枝。花期 4 月中旬 5 月中旬，花冠淡蓝紫色，钱形叶。绿期为 3 月下旬至 10 月下旬。分布于疏林、路旁、溪边。可植于林地下或做草坪的镶嵌材料，观花、观钱形叶。

(18) 百里香 *Oenothera biennis* 唇形科，多年生草本，叶层高 5 ~ 10cm，匍匐地面生长。花期 5 ~7 月，花淡紫色。绿期为 3 月下旬至 11 月上旬。生于草原、低地草丛中，是阳坡良好的地被植物、芳香植物。

(19) 小花萱草 *Hemerocallis dumortie* 百合科，萱草属。多年生草本，株高 40 ~ 50cm。花期 6 月下旬至 8 月，花黄色。绿期 3 月下旬至 11 月上旬。分布于阳坡、林缘及石缝间。用于花坛、花境、切花。

(20) 金荞麦 *Fagopyrum dibotyys* 蓼科，荞麦属。多年生草本，高 50 ~ 80cm，叶三角形。绿期 4 月上旬至 11 月上旬。生于山谷湿地，山坡灌丛。可植于林下、阴坡，是一种较好的观叶地被植物。

4 小结

目前在北京园林绿化中运用的植物材料比较单一，缺乏地方特色和代表植物。同时在园林绿化中还存在盲目从国外引种，对野生资源开发利用不够重视的现实。一些野生草本地被植物具有很高的观赏价值，同时还具有抗逆性强、栽培简便、管理粗放等优点，因而引种野生地被植物，变野生为栽培是丰富北京园林景观，提高整个城市园林绿化水平的经济有效途径。

参考文献

[1] 贺士元，邢其华，尹祖棠. 北京植物志（上、下）. 北京：北京出版社，1992
[2] 胡中华，刘师汉编. 草坪与地被植物. 北京：中国林业出版社，1994
[3] 韩烈保. 国外优良草坪草在北京引种适应性研究. 北京林业大学学报，2000，22（2）：68～70
[4] 石朝进. 北京地区野生草种资源及其开发利用. 中国野生植物资源，2004，23（1）：32～42

作者简介： 马洁（1980～），女，山西长治人，现为北京林业大学草业科学专业硕士研究生，研究方向为野生本地被植物引种驯化。

28　黑龙江省3种具有开发与草坪应用前景的野生地被植物

龚束芳　杨　涛

（东北农业大学园林系，哈尔滨　150030）

摘要： 经多年观察，对黑龙江省优秀的野生草地植被——偃麦草（*Elytrigia repens*）、扁蓄蓼（*Polygonum aviculare* L.）、连钱草（*Glechoma hederacea* L. var. *longituba Nakal*）等的形态、生态习性进行分析，并进一步提出这几种野生地被植物类型在园林绿化中的应用特点和应用前景。指出解决优秀的野生植被在城市园林中广泛推广应用的手段是走科研、生产与宣传引导三位一体的道路。

关键词： 野生草地植被　偃麦草　扁蓄蓼　连钱草

野生草地植被是指现在仍在原产地处于天然自生状态的、一年生和多年生低矮的草本植物种类，它具有较高的群体观赏价值、功能价值或生态价值，对当地环境具有极强适应性，无或少有病虫害，具有养护容易、见效快等优点。随着人们环境意识的提高，开发利用本省的野生资源，补充园林草地植被种类和品种，创造生态、环保、效益型的绿地已经成为人们的共识。黑龙江省地处我国东北角，气候特点是气温低，年气温变化大，降水集中。春季多风、少雨、干旱；夏季短促，多雨；秋季降温急剧，常有霜冻发生；冬季漫长、严寒、干燥。这种气候特点，使许多外来物种如草地早熟禾、紫羊茅、翦股颖、黑麦草、白三叶等，在常规管理的条件下难于表现出其应有的质量特征。在面临东北地区城市绿化中的干旱缺水、夏季炎热、冬季寒冷等极端条件的考验时，很难达到理想的绿化效果。本文结合多年来对野生状态下偃麦草、扁蓄蓼、连钱草在黑龙江省、哈尔滨地区的生长状况的观察和人工繁殖实验，对这几种草地植被的开发与草坪应用价值进行探讨。

1　偃麦草

偃麦草（*Elytrigia repens*）又称速生草、匍匐冰草，英文名 Quack grass，Couch grass，Witch grass，是禾本科小麦族偃麦草属多年生根茎型草本。广泛分布于亚洲、欧洲和美洲的温带地区，在黑龙江省十分普遍，多野生于山坡、路旁、林地等处。在许多地方被认为是难以控制的恶性杂草之一，同时由于其优秀的抗逆性，也是改良小麦不可缺少的野生基因库。

1.1　偃麦草的形态特征

偃麦草具有发达的根状茎，茎叶繁茂，秆平滑，自然高度为60～80cm，植株下部叶鞘具毛，具爪状叶耳。叶片扁平，质地较粗糙，长10～20cm，宽5～10mm，属宽叶型禾草。穗状花序直立，长10～18cm，小穗宽面朝花序轴，由数朵小花组成。小穗的两片颖片可具短芒。小花先端有时具短芒。叶片粗糙表面暗绿色至蓝绿色，成熟时脱节于颖之下。

1.2　繁殖方法

偃麦草繁殖以播种为主，撒播量30～45g/m^2，播深1.5～2.0cm，播后镇压保湿。还可以利用根茎进行埋茎繁殖，具体方法为：将偃麦草地上部分叶片进行低修剪至1～2cm后，将草皮连根铲起，抖落或洗去根部附土，然后将草块根部拉开，将撕拉开的根茎切成3～5cm长短的草段，均匀地撒铺在整平的繁殖场地上，上面覆盖一层薄薄的细土，并压紧压平整，不让草段露出土面。以后经常喷水，保持地面湿润。一般情况下，在草坪植物旺盛生长期内，护理30天左右，可形成良好的偃麦草草坪。此外，对偃麦草进行分栽也是进行扩大繁殖的好方法。

1.3　偃麦草的生态适应性

生长能力：偃麦草具粗壮发达的根状茎，生活力极强，根系能在10～15cm的土层中形成纵横交错的根系网络，根横长度可达1～1.5m，每2～3cm形成节，每节可轮生长出新生根3～5条（或称根毛），节上还可长出白嫩幼芽，形成新的植株，成坪速度快。

抗逆性：偃麦草抗寒性强，春季解冻不久即可返青，秋季生长旺盛，地下茎可越冬，在哈尔滨地区绿色期从3月末到10月底可达6～7个月。偃麦草耐湿，亦较耐旱，对土壤的适应范围广，耐贫瘠能力强，在砂性至黏性板结的土壤上均可旺盛生长。偃麦草抗病虫害的能力极强，多年观察未发现野生偃麦草群落发生病害及虫害。同时实践表明，偃麦草也具有极强的抗除草剂能力，在使用草甘膦和拿捕净清除禾本科草的实验中，偃麦草需要大于草地早熟禾2～3倍的药量与使用次数。

耐践踏能力：偃麦草叶片粗糙，纤维素含量高，耐践踏能力强，经过频繁践踏的草坪生长低矮，垂直高度仅为6～8cm，是自然生长高度的十分之一，同时地面覆盖率和植株密度均有显著提高，覆盖度可达95%以上。同时偃麦草叶片刚性和弹性均很强，践踏后恢复迅速。

1.4　偃麦草的坪用价值

偃麦草草坪养护管理简单，从20世纪80年代初期开始，东北农学院（东北农业大学前身）就对地产偃麦草进行引种栽培，多年观察结果表明，偃麦草在我国北方具有极大的推广利用价值和开发潜力，尤其偃麦草极强的耐践踏性与速生能力，是足球场草坪、高尔夫球道、休憩草坪、公园、广场、庭院绿化等践踏强度较高草坪的理想草种。此外，偃麦草对环境条件的广泛适应性，对养护强度的极低需求，是公路、堤岸两侧斜坡上建植护坡的优秀草种，可以形成质量相对较高、同时又低成本、节水、易管理的生态型草坪。

2　扁蓄蓼

扁蓄蓼（*Pohygonum avicuiare* L.）为蓼科、蓼属一年生草本植物，别名扁蓄、扁猪牙，猪牙草。英文名 Common Knotweed。扁蓄蓼广泛分布于欧、亚、美洲温带地区，我国各地均有分布。多野生于田边、路旁、荒地及沟边等土壤贫瘠之处。

2.1　扁蓄蓼形态特征

茎平卧或上升，低矮，自基部多分枝，叶柄极短，叶片狭椭圆形或长披针形，基部楔形，全缘。托叶鞘膜质。花小，白色至红色，腋生1～2枚，花期7～8月，种熟期8～9月份，小坚果卵状三棱形，褐色。

2.2 扁蓄蓼繁殖方法

扁蓄蓼具有自播繁衍的习性，种子经过冬季休眠后萌发。种子采收可在8月中旬至9月上中旬大部分种子成熟但尚未完全脱落时贴地面收割全株，阴干后敲打，种子即可脱落，低温干燥保存，春季进行播种繁殖，日平均气温在5~20℃时均可播种，播种深度1~5cm即可。自然脱落于地面的种子，在哈尔滨地区，3月末即萌发出嫩绿的幼苗。

此外，扁蓄蓼老熟节间极易产生不定根，因此，也可以在生长季节进行分株或扦插茎段扩大繁殖，也可以起草皮块进行移植，移植后注意保湿，5~7天后可基本恢复生长。对幼嫩顶端进行修剪后移植，可以显著提高成活率。

2.3 扁蓄蓼生态适应性

扁蓄蓼喜阳光充足，也有一定的耐荫性。在光照充足的条件下匍匐生长，匍匐茎伸长可达20~30cm，高度8cm左右，绿色期从4月中下旬返青到9月末枯黄，可达5~6个月。在有遮荫的环境下，植株直立生长性强，且茎纤细，绿色期短。

在干旱、贫瘠、沙化和板结的土壤上生长良好，覆盖率可达90%以上，多雨季节覆盖率可达100%并可以形成比较纯的植物群落，同时和马蔺、狭叶车前、紫花地丁等也具有较好的兼容性，稍加管理，即可形成具有一定季相变化的自然草坪。

耐践踏且再生能力极强。扁蓄蓼匍匐茎生长迅速，节间距离1~2cm，茎节间老熟部分或距基部1/2以下部分贴地极易生根，一定强度的践踏有利于植株矮化和根系生长，局部践踏损伤后可以迅速得到恢复。

2.4 扁蓄蓼的坪用价值

扁蓄蓼耐粗放管理，同时又可以形成优美的自然式草地景观，耐践踏，叶片丰富、滞尘能力强，植株生长低矮，不需要或只需要最少的养护管理。由于其本身具有自播繁衍的习性，一旦建成扁蓄蓼草地后，即可形成同多年生草地植被同样的效果，是公园、庭院，居民小区、公路分车带及路旁绿化美化的优秀地被植物。

3 连钱草

连钱草（*Glechoma hederacea* L.）：别名活血丹，为唇形科活血丹属多年生匍匐草本植物。除西北、内蒙古外，连钱草在全国各地均有分布，多生长于林荫树下、湿润的草地及路旁、溪边。

3.1 连钱草形态特征

具纤细四棱形匍匐茎；叶对生，有长柄，叶片肾形至圆形，株高10cm左右。花期4~5月，花2~6朵轮生于叶腋间，花唇形，淡紫色或粉红色；小坚果长圆状卵形，褐色。

3.2 连钱草的繁殖

连钱草的花少、种子量少，采收不易，故繁殖多以营养繁殖为主，一般可采用分株、扦插。由于连钱草节与节间均容易生根，通常采用分株繁殖。分株繁殖在整个生长期都可进行，在哈尔滨地区最佳时间是4月中旬至5月中旬，此时连钱草返青幼苗长出3~4对小叶，叶径0.5~1.0cm，苗高5~7cm，小苗多呈丛生状态，一丛10株左右。这时分株可在扩大繁殖的同时起到疏苗的作用。扦插繁殖的最好时机7月中下旬至8月中下旬，可结合修剪按1~2节剪取连钱草的匍匐茎插穗。扦插基质可用素沙，亦可用透性良好的壤土，扦插时注意插穗的极性，把下部的节插入基质内约1cm深，压实。浇透水，置于阴凉湿润处，10天左右即可生根，上部开始长出新叶，15～20天就可以移植，扦插成活率可达100%。

3.3 连钱草的生态适应性

连钱草性喜疏光、散射光，忌酷热的直射光，耐荫力特别强。在建筑物的北墙根下和树丛内，长势良好，在阳光较充分的疏林下也能生长，但长势不如在较密的林下长势旺盛。连钱草耐寒能力强，不需要任何防寒措施便可安全越冬，且绿色期长，4月初即可返青，10月中上旬才进入枯黄期。

连钱草，不耐积水和干旱，尤喜在通气良好的腐殖质较多的壤土及沙壤土中生长。连钱草病虫害少。

3.4 连钱草的坪用价值

连钱草叶形美观，花色美丽；株形低矮，群体整齐，色泽均一，绿色期长，茎叶柔软，有弹性，叶圆平展，淡紫色的小花既美、雅致又散发淡淡的香气，是良好的观赏草坪地被植物。同时，连钱草抗寒力强，喜疏光和散射光，特别耐荫，同时蔓生性强，覆盖地面广，竞争力强，能形成较纯的群落，一般不需要任何特殊管理。与禾本科草坪草相比，连钱草的这些特性非常适合在城市林下以及建筑物北侧等荫湿环境下种植，并能够形成清新健康的林下经管效果，在改善城市园林的弱光景观中具有重要的推广价值。

4 黑龙江省野生草本植被应用的前景

黑龙江省地域辽阔，地形变化多样，具有丰富的生态环境类型，因此，野生草地植被的种类异常丰富，除以上提到的3种类型植被外，具有开发潜力和开发应用价值的还有很多，如藤本草本植物蝙蝠葛、铁线莲、打碗花、穿龙鼠薮等；观花的低矮地被点地梅、白屈菜、紫花地丁、延胡索等；观叶地被植物展枝唐松草、马蔺、鼠掌草、委萎莱等。这些野生的草地植被一旦繁殖栽培成功，都能够形成独特的景观效果，同时，野生植被的繁衍能力强，抗逆性强，适应性广，养护成本低，适于大面积栽培及粗放管理，群体效果较好。发掘并将这些野生资源应用于城市园林中来并加以示范和推广应用，无疑是丰富绿化景观、实现绿化植被种类多样性和减轻养护负担，降低绿化成本，提高绿化质量的一个重要的战略性措施。

但是，由于目前野生草地植被的种子采收和种苗繁育都还处于自产自销的状态，未形成规模，因此，种源严重不足成为野生草地植被大面积推广应用的主要限制因子。为解决这一问题，笔者认为必须走“科研、生产与宣传引导三位一体”的道路，才能更有效地发挥野生植被在城市园林中的作用。首先各科研部门要加强优秀乡土野生草地植被资源的引种栽培研究，根据城市园林生态的特点，对野生资源加以选择和纯化，并为扩大生产提供种源以及建立配套的栽培生产措施；其次，在科研院所的研究基础上，建立专业的、规模化的野生植被开发生产基地，扩大再生产，为野生资源的应用提供商品种子和种苗；此外，要加强宣传，正确引导人们在城市绿化中，创建植物多样性的群落环境和生态型绿地，建立绿地植被选择指导网站，使人们足不出户，即可从网上获得可用的植物种类和种苗供应信息。如此系统便捷的科研生产与服务体系，必将极大地推动优秀的野生地被植物在城市园林中的应用，并使城市园林的面貌获得重大的改观。

参考文献

[1] 龚束芳等. 实用草坪栽培与管理. 东北林业大学出版社. 2001

[2] 郭桂林等. 哈尔滨黑龙江省植物检索表. 黑龙江出版社. 1990

[3] 邢淑清等. 黑龙江省早春野生花卉种质资源引种观察. 园艺学报. 2000 年 6 期

[4] 侯庆云等. 连钱草引种繁殖栽培试验. 林业科技. 2002 年 2 期

[5] 孟林等. 优良的饲用坪用水土保持兼用植物 = 偃麦草. 草地与草坪. 2003 年 4 期

[6] 卞勇等. 扁蓄和叉叶委陵菜的草坪利用研究. 草业科学. 2004 年 7 月

作者简介：龚束芳（1971～），女，黑龙江人，东北农业大学园艺学院，副教授，在职博士，研究方向：草坪与地被植物。

29 深圳类芦边坡绿化的应用状况

王 炜[1] 孙发政[2] 刘荣堂[1]

（1. 甘肃农业大学草业学院，甘肃兰州 730070
2. 深圳市大自然生态园林技术有限公司，深圳 518131）

摘要：在使用类芦进行生态护坡的山体坡面上，分别选取生长时间为 1～8 年的区域采样调查，对类芦的应用状况及生长情况进行了比较说明，并对不同生长年限的类芦生物量进行多重比较。类芦在最初使用的前 4 年群落具有高度的稳定性，能起到控制侵蚀和稳定坡面的作用，并改善生境为其他物种的生长提供了有利条件。

关键词：类芦 生态护坡 生物量 多重比较

类芦（*Neyraudia reynaudiana*），又名石珍茅、望冬草、羊茅草，属禾本科类芦属。天然植被多生于河边、山坡或砾石草地，是一种适应性极强的天然禾草。类芦种子产量高，繁殖力强。在干旱、贫瘠的峭壁陡坡上，类芦自然矮化成高不足 1m、秆粗不足 2mm、叶宽不到 5mm 的中小型草本；而在株丛密集处，不能抽穗的草层高仅 50cm 左右。这种株丛矮化变异，有利于抗风、降低水肥消耗和利于附壁生长。同时，这一特性也有利于其在坡面上形成低矮、致密、均一而美观的草被，正符合人们绿化美化岩壁、边坡的景观要求[1]。类芦是保水固土能力特别强的水土保持草本植物，是绿化荒山、荒坡、荒沟，改善生态环境的一种理想草被，也可作为乔灌草立体配置中首选的草本植物。特别是对山体裸露边坡的治理，在乔灌植被尚未形成一定覆盖度时，类芦可迅速覆盖裸露地表，防止土壤侵蚀，为乔灌木人工群落的创建和迅速恢复创造一个良好的土壤植被环境条件。

深圳市从 1995 年开始使用类芦作为边坡防护及绿化材料，在 1997 年开始大面积推广应用，至今先后在多处山体裸露坡面使用类芦进行生态护坡，取得了很好的水土保持和植被恢复效果。本文对不同应用年限的类芦在冬末春初的性状表现进行了调查和采样分析，以便为其在生态护坡中的使用效果提供进一步的理论说明。

1 采样地概况

深圳市位于广东省东南沿海，地理位置 113°45′～114°37′E，22°26′～22°51′N，属南亚热带海洋性季风气候。年均气温 22.4℃，最低气温 0.2℃，最高气温 38.7℃。年均降水量约 1950mm，年均蒸发量约 1775mm，年平均湿度 79%。年日照百分率达 47%，是日照较多的地区。采样边坡位于深圳市不同路段的上边坡，坡体为深厚松散的花岗岩母质，坡度50°～60°，边坡的土壤均为花岗岩发育而成的赤红壤，土壤酸度较高，养分极度缺乏。在种植类芦前，由于开挖和填埋，边坡原表土已不复存在，裸露出来的为砾石占较高比例的心土和半风化的母岩碎块，原有植被已被完全破坏。

2 种植方式

所有采样地均采用喷播的方式播种类芦。将类芦穗粉碎并过筛，取草种与穗秆混合物与肥料、纸浆、水搅拌均匀制成喷播物料，而后通过喷播机将混合物料喷射到所需绿化的坡面，喷射完成后及时覆盖无纺布，防止雨水冲刷及保湿[2]。

3 结果和分析

3.1 类芦生长情况

2005 年 2 月 27 ~ 28 日，分别对种植年限为 1 ~ 8 年的类芦边坡进行采样调查，对其枝叶密度、盖度、高度、密度、生物量等指标进行了测定（表 1）。在特定的边坡生长条件下，类芦群落的变化经历了“发展——盛期——稳定”3 个阶段。2004 年种植的类芦，平均每丛分蘖数最大为 4.5，在类芦生长 3 年后（2002 年种植），其生物量的积累达到最大值。群落密度由初期的最大值逐次下降，然后渐渐趋于稳定。而绿度却一直保持稳定，都在 6 分左右。不同生长年限的类芦群落，盖度有所差异，但在种植类芦后，边坡整体植物群落的盖度却一直趋于稳定，保持在 99% 左右，这一植被盖度有效地防止了水土流失，极为有利地保护了边坡的稳定性。根据绿度和盖度 2 个指标判断，类芦在多年的应用中并未出现群落退化，一直保持良好物种适应性。野生状态下生长的类芦，株丛高度常达 2 ~ 3m，但在边坡条件下，类芦得到了自然矮化株丛高度不足 1m，而随着生长年限的增加，2000 年及更早种植的类芦，植株的平均高度也有所增加，且茎秆不同程度地加粗，木质化程度加重。在边坡上生长 7 年后，类芦才开始出现木质化的短根茎，根茎上可同时分化出根和萌蘖芽。

表 1 不同种植时间的类芦生长情况

种植时间	采样地点	枝叶密度（片/株）	平均分蘖	盖度（%）	平均株高（cm）	绿度（分）	密度（株/m^2）	地下生物量（g/m^2）	地上生物量（g/m^2）	总生物量（g/m^2）
2004	老虎坑	4 ~ 6	4.5	99	43.5	6.5	280	568	1338	1906
2003	龙大公路	3 ~ 6	2.7	99	47.1	6	273	800	1137	1937
2002	坂田公路局	4 ~ 8	3.2	92	25 ~ 35	5.5	196	980	1175	2155
2001	隧道管理所	5 ~ 8	4	94	35 ~ 42	6.5	136	820	1270	2090
2000	三洲田	4 ~ 6	3.4	95	31 ~ 48	6	126	890	950	1840
1999	坝关	5 ~ 7	3.6	90	27 ~ 38	5.5	104	710	876	1586
1998	横岗	4 ~ 8	3.5	87	45 ~ 52	6	68	700	780	1480
1997	布龙公路	5 ~ 9	2.5	82	47 ~ 55	5.5	68	655	660	1310

植物的地上部分和根系水土保持作用显著[3~5]。植物的地上生物量，是反映植被地上生长状况的重要指标之一。而植物根系的盘绕固结作用及植物本身对水流的抵抗作用，增加了水流运动的阻力，减缓了水流的流速，同时阻止地表结皮的形成，增加了入渗，减弱了水流对地表的冲刷作用。植物地下生物量的多少及分布，对高等级公路边坡的防护更有着特殊的意义，直接影响着土壤流失量的大小[6]。生物量的研究表明，在类芦生长的前 3 年，总生物量不断增加，而后随着植株密度的下降，生物量也开始缓慢下降。当类芦的植株密度与生长环境相适应不再发生明显的变化后，生物量便趋于稳定（图 1）。类芦地上生物量的变化较地下部分更为明显，这是因为地上部分的变化与当年的气候、水分等条件直接相关，而类芦长有多年生的宿根，因此，地下部分受当年气候条件的影响要相对小一些。

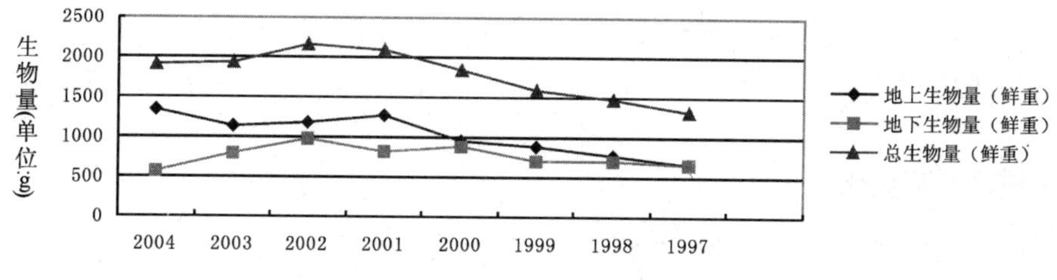

图1　生物量动态图

为了进一步说明不同种植时间对生物量的影响，对类芦总生物量进行 F 测验及多重比较，其结果见表2。

表2　类芦不同种植时间的总生物量（g）

种植时间	2004	2003	2002	2001	2000	1999	1998	1997	
	1756	2024	2047	2213	1891	1796	1194	1176	
	2051	1986	2116	1987	1834	1525	1543	1345	
	1911	1801	2302	2070	1795	1737	1703	1409	
总和	5718	5811	6465	6270	5520	5058	4440	3930	$T=43\ 212$
平均	1906	1937	2155	2090	1840	1686	1480	1310	

显著水平取 $a-0.05$，自由度 $v_1=7$，$v_2=16$，$F_{0.05}=2.66$，作方差分析见表3。

表3　方差分析表

差异源	*SS*	*v*	*MS*	*F*
组　间	1 791 672	7	255 953.14	11.94 968
组　内	342 708	16	21 419.25	
总 计	2 134 380	23		

此 $F>F_{0.05}$，即种植时间变异显著地大于种植时间内变异，不同种植时间对类芦生物量具有不同效应。

新复极差测验（SSR 测验）进行多重比较结果见表4。

表4　多种比较结果表

处理	总生物量（g）	差异显著性	
2002	2155	a	A
2001	2090	ab	A
2003	1937	abc	AB
2004	1906	abc	AB
2000	1840	bc	ABC
1999	1686	cd	BC
1998	1480	be	CD
1997	1310	e	D

分析结果表明，在坡面上生长的类芦经过不同的生长年限总生物量之间是存在差异的。但 2001～2004 年种植的类芦，即 1～4 年的生长年限所造成的类芦总生物量差异是不显著的，这就表明在坡面上使用类芦进行生态护坡在前 4 年的时间内，类芦的生长及群落是稳定的，这样就能起到良好的固土护坡作用，同时也能对坡面的土壤、水分等微生境进行改善，为其他植物的萌发生长提供条件。1997～1998 年种植的类芦总生物量与其他年份种植的类

芦存在明显的差异，这同类芦盖度的下降及其他植物的出现完全相符。生物量的变化也说明了随着生长年限的增加，类芦在坡面植物群落中的优势度会随着群落多样性的发展而逐渐降低。

3.2 边坡植物群落变化

在2004年与2003年种植类芦的边坡上，没有其他植物的侵入，植物群落为单一的类芦群落。只是类芦枝叶的遮荫作用为其下层空间提供了良好的荫湿的环境，因而地表生有大量的苔藓。2002年种植的群落中开始出现五爪藤（*Ipomoea cainica*）及乌毛蕨（*Blechnum orientale*）等。在2001年种植类芦的坡面上除了乌毛蕨外还出现了单株野牡丹（*Melastoma candidum*）、芒萁（*Dicranopteris pedata*）、马占相思（*Acacia mangium*）及五节芒（*Miscanthus floridulus*）等，其中五节芒为仅次于类芦的群落优势种。2000年与1999年所种植的坡面也出现相似的植物，只是出现频率有所差异，在1999年种植类芦的坡面上还出现了数株马尾松（*Pinus massoniana*）。1998年种植类芦的坡面上却没有发现上述入侵植物，而是有大量的翠云草（*Selaginella unicnata*）生长在类芦群落的下层空间。1997年种植的类芦，群落盖度出现较为明显的下降，大量的芒萁侵入类芦的生长空间并取代类芦成为次优势种，除芒萁外群落中还出现野葛藤（*Pueraria* spp.）、五节芒、乌毛蕨、粽叶芦（*Thysanolaena maxima*）等。很显然，类芦群落的稳定性强，在坡面条件下不发生退化。在生长了8年之后盖度才出现明显下降，群落中才出现次优势种芒萁。而且类芦群落在维持稳定性的基础上一直向进化的方向演替，最后同入侵的植物一起形成新的稳定群落，对侵蚀控制和坡面稳定起了很大的作用，在这个过程中类芦群落则一直对护坡固土起着决定性作用。

4 讨论与建议

我国的各类公路边坡的生境条件普遍较差，特别是开凿山体与填埋沟谷形成的边坡大多呈现出土石裸露，侵蚀与滑坡相当严重的景象。虽然使用挡土墙等工程措施能在一定程度和一定时间内解决侵蚀与滑坡问题，但在人们对绿色生态环境的要求日益明确的今天，缺少生态效益且造价昂贵工程措施其使用将越来越少。相反，价格低廉的植物生态护坡正日趋受到重视。类芦生态护坡作为一种新型的生物护坡措施表现出了很好的护坡效果与生态效益；而且它在公路闭荫、消除噪声、改善公路小气候以及建设绿色通道等方面都能起到重要作用。

类芦地上部分生长快，生物量大，地下部分根系发达，能形成强大的根网[1]。而且类芦的抗逆性及适应性都很强，能在生长条件恶劣的坡面上良好生长且不需要附加的人工养护。因此，用类芦绿化保护坡面能用较少的投入取得较好的效果。总地来说，使用类芦进行生态护坡具有快速、持久、多功能的特点，其生态效益、经济效益和社会效益都相当明显。在我国南方适合类芦生长的区域应大面积推广使用这一生态护坡草种。但在使用过程中应对以下两个方面加以注意：一是栽植方式的选择，除了使用种子喷播外还可用分蔸栽植[7]。前者可快速进行大面积的绿化较后者更为高效，且节省成本，而且在使用类芦种子进行喷播时无需使用纯净的种子，种子与穗秆不必完全分离干净，获取容易。二是在使用类芦进行防护的坡面上，在类芦生长3~4年，坡面稳定后可有选择性地补种灌木和乔木，使群落达到乔、灌、草相互平衡的稳定结构，增强坡面的景观效果。

参考文献

[1] 孙发政．类芦的固土护坡性状及其生产应用价值［J］．草原与草坪，2004（1）：66～69
[2] 孙发政．类芦绿化边坡施工方法的研究［J］．草原与草坪，2004（4）：61～62
[3] 北京林业大学水土治理教研组．水土保持学［M］．北京：高等教育出版社，1989
[4] R・拉尔．土壤侵蚀研究方法［M］．黄河水利委员会宣传出版中心译．北京：中国农业出版社，1989
[5] 安保照．周庆相译．坡面绿化施工法［M］．北京：人民交通出版社，1992
[6] 席嘉宾，张惠霞．几种混播绿化组合对高等级公路边坡防护效益的研究［J］．草业科学，2000，17（4）：57～60
[7] 林夏馨．强度侵蚀山地主栽类芦的绿化治理效果分析［J］．福建热作科技，2004（3）：4～6

作者简介：王炜（1980～），女，甘肃农业大学硕士研究生，主要从事草地生态恢复与边坡护理研究。

30 北京奥运与城市野生地被植物开发应用研究

《城市绿地地被植物开发应用》课题组

（颐和园管理处，北京 100091）

摘要：2008年奥运会给北京园林绿化带来了机遇和挑战，开展野生地被植物应用研究为北京的城市绿化中选择合适的乡土野生地被植物材料，体现生态特色、地方特色十分必要。北京地处暖温带半湿润气候区，野生地被植物资源丰富，课题组从北京城市常见的100余种有应用价值的野生植物中筛选出30种进行深入研究和扩繁试验，经过进一步的筛选，最后确定出20种表现良好的野生地被植物，供奥运园林绿化工作中应用。在对一些重点种进行生态适应性研究的同时，进行推广和示范，并对北京野生地被植物开发应用前景进行了展望。

关键词：地被 绿色奥运

前言

"绿色奥运、科技奥运、人文奥运"的新理念对北京城市绿化美化提出了更高要求。按照"北京市区绿地系统规划"和"'新北京、新奥运'城市绿化行动计划"，到2007年北京市城近郊区的人均公共绿地面积要从目前的10.03m^2达到13m^2以上，到2010年市区总的城市绿化覆盖率要从41.07%达到45%，为此每年需要增加绿化覆盖面积1781hm^2。这不仅需要大量的植物配置材料，同时还要充分考虑城市生物多样性的保护，要能以最低的投入获得最高的生态效益，要能反映出北京地方特色。如何解决这些城市发展中对绿地覆盖植物材料提出的新要求，开发北京城市野生乡土地被植物，实现生态、景观和文化的和谐发展，这是园林绿化中急待解决的重要课题。

1 开展北京野生地被植物开发应用研究具有重大意义

1.1 开展北京野生地被植物开发应用研究的目的

1.1.1 充分挖掘北京地区乡土地被植物资源，丰富北京市的地面基础绿化植物材料。

1.1.2 研究植物在不同生态条件下的适应性，为合理配置奠定基础。

1.1.3 总结地被植物在繁殖、应用、养护管理方面的技术规范及其在规模化生产中的技术，进一步扩大生产应用范围。

1.1.4 解决城市绿化中不同生态类型的环境对地面绿化的要求。

1.1.5 解决城市绿化中城乡结合部、景观林大面积的地面绿化需要。达到增绿、抑尘的目的。在城市美化中体现"绿色奥运、科技奥运、人文奥运"的内涵。

1.2 开展北京野生地被植物开发应用研究的意义

如今，单一的草坪已不能满足城市多种环境的绿化要求，生活在城市"水泥丛林"中的人们更渴望回归自然，返璞归真。野生地被植物带有浓厚的乡土气息，野趣天成，千姿百态，会给人们带来轻松和欢乐。保护、开发、利用自然、野生、乡土的地被植物，具有重要意义：

1.2.1 保存了大量的植物种类，有利于城市生物多样性保护。

1.2.2 为昆虫、鸟类提供了丰富的食物和栖息地，为微生物繁殖提供有利条件；有利于保持城市的生态平衡。例如蛇莓的果实是喜鹊等益鸟喜爱的食物，委陵菜黄色的花朵吸引多种昆虫来采蜜，一些豆科植物的根瘤菌起到改良土壤的作用。

1.2.3 野生地被更适合北京的气候条件，因其抗逆性强，可以大量减少杀虫剂、杀菌剂、除草剂使用，减少环境污染，有利于环境保护。

1.2.4 具有管理相对粗放，种植成活率高，对土壤要求不严格等特点，有些可忍受极隐蔽、潮湿和干旱的环境。地被建植以后，只需稍加养护管理即可，节水、节约人力。

1.2.5 应用多种野生地被植物创造城市生态景观，突出首都的地方特色，营造了更加丰富多样的植物景观。

2 国内外野生地被植物开发应用状况

2.1 野生地被植物的开发应用，正越来越被国内外园艺学家和园林管理者所重视，特别是乡土的植物，因为它们更能符合生态的原则和突出地方特色。地被植物在生态园林和建立地方特色中的重要作用，多次成为园林管理、科研者讨论研究的议题，并出现了许多成功的实例：许多国家建设有地被植物专类园，如澳大利亚富有特色的联邦植物园，运用了大量的澳洲乡土灌木类的地被；还有一些城市则重视野花和多年生地被在城市景观中作用，并把它们作为向市民宣传科普生态知识的载体；一些北美、加拿大的园艺公司还研究出了模仿野花草地的组合产品，用于高速公路和郊野绿化，也反映出人们的审美趣味从大花型、人工化向自然化、生态型的转变。在我国华南、华东地区，一些地被植物很好的突出了当地的地方特色，如厚藤、石蒜、葱兰、吉祥草等等，上海、杭州等城市都有许多成功应用地被植物的经验和范例。

北京隶属暖温带半湿润气候区，西部和北部有太行山、燕山环抱，中部和南部是潮白河、永定河冲击形成的大平原，总面积 1168 万 km^2。这些优越的地理环境孕育了北京丰富野生地被资源，根据调查统计，北京城区仅五环内就有野生草本植物 43 科 127 属 202 种。其中，蕨类植物 2 科 2 属 3 种，双子叶植物 34 科 90 属 152 种，单子叶植物 7 科 35 属 47 种。这里很多种类非常适合做城市地被应用。但从调查显示，这些野生地被植物在北京园林中应用尚存在明显欠缺。主要表现在：①由于人们的思想观念、栽培应用技术、种苗数量局限等种种原因，野生地被应用范围还很窄，面积还很小（2000 年城市绿化普查资料数据表明：到 2000 年，北京市建成区草坪地被面积约为 5639hm^2，其中冷季型草坪面积为 3533hm^2，占草坪地被总面积 62.6%；暖季型草坪面积 2054hm^2，占草坪地被总面积 36.4%；而其他地被植物面积只有 52hm^2，占总面积的 1%）；②应用种类少，常用的只有二月蓝、白三叶、蒲公英、苦菜等少数几种；③大多是单一种类地被植物的配置，没有做到模仿自然、多种搭配混合应用，因而不能实现四季有景的最佳景观效果。

我们可以肯定，今后的城市绿化将朝着以下的趋势发展：重视生态；重视野生乡土地被种类（如适合北京地区的地被类野花组合）；重视绿色环保、低维护费用的地被植物；重景观的多样性和地域特色。开展城市野生地被植物应用研究，势在必行。

3 北京野生地被植物开发应用课题进展情况

为了配合奥运绿化，北京市园林局从2003年立项进行野生地被植物在城市绿地应用的研究，由颐和园、园林科研所、天坛、香山、北京林业大学联合组成的野生地被课题组，在全面规划和保护的前提下，开展了引种筛选、栽培应用、快速繁殖、野花组合等各项工作，在开发与实际应用方面取得了较大的进展。

3.1 扩大范围、收集筛选乡土野生地被

3.1.1 多方查阅、收集有关资料。

3.1.2 确定定点观察样方，进行周年观察及物候观测。

3.1.3 调查周边地区野生地被自然分布状况。

3.1.4 引种植物材料，收集母株和种子，观测品种特性评估试验，确定繁殖种类。

3.1.5 筛选原则：

多年生为主，一、二年生为辅；地面覆盖速度快，便于生产繁殖；夏季开花为主，兼顾其他季节，在奥运期间具有良好的景观效果；节水，养护成本低；高度应在60cm以下。

课题组利用近两年的时间走遍北京周边山区和近郊平原，以及内蒙古、河北等地，从百余种野生地被中搜集了30多种有开发利用价值的野生地被植物，进行栽培观察和扩繁试验，最终筛选出20种纳入奥运会备选植物名录。

3.2 进行多种方式的扩繁试验

采用播种、扦插、分株（根）、组培等多种方法，解决野生地被植物的繁殖问题，选择简便易行的繁殖方式。例如其中香山公园运用赤霉素浸泡打破休眠的方法，攻克了蛇莓播种育苗的难关，并发现蛇莓雨季移栽成活率最高，春季次之；颐和园利用硝酸钠溶液浸种使不易发芽的大叶铁线莲发芽率达到65%以上，并借鉴花卉栽培中容器育苗技术，生产容器苗，方便施工应用；园林科学研究所发现匍枝毛茛分株成活率极高，而且年生长量很大，能迅速覆盖地面。

3.3 进行重点种类对环境的适应性研究

野生地被植物虽然具有较强的适应性，但由于其在自然界有特定的生长环境，因而也有其最适合的生态环境，城市绿化中只有在充分了解其生态适应性，合理布置，才可能达到最大的生态效益和景观效益。因此研究野生地被的生态适应性便有着重要的作用。本课题选择了10种综合性状初评优良的野生地被植物（蛇莓、匍枝毛茛、大叶铁线莲、玉竹、甘野菊、旋覆花、委陵菜、匍枝委陵菜、青杞和连钱草）为材料，进行了土壤适应性、光适应性、水分适应性和高温适应性等方面研究，将所有生理指标的测试结果结合被试种类田间的生长及越冬、越夏等状况进行综合适应性的评价。

耐荫性方面所采用的生理生化指标主要有光作用曲线、叶绿素含量测定和细胞形态结构观察，目前从叶绿素方面来看大叶铁线莲的耐荫性很强，玉竹既不耐荫，又不能忍受强光直射；其他种类可耐适当遮荫，但对以观花为主的种类遮荫过强时生长缓慢，开花稀少，不能达到覆盖地面的作用。土壤适应性研究的初步结果表明除玉竹需要结构疏松的土壤外，其余种类对土壤的适应性极强且无明显差异。抗旱性经过叶绿素、电导率、水势和叶片含水量等的测定，初步显示玉竹的耐旱性最强，匍枝毛茛、匍枝委陵菜、连钱草、蛇莓的耐旱性次之，其余种类不能忍受长期的水分胁迫。耐热性方面除了匍枝毛茛和大叶铁线莲稍差外，其

余均可在38℃连续高温下生存8天。关于适应性研究方面此次汇报的仅部分结果，试验仍在进行之中，经过各种抗性指标的全面测定，有望对被试种类对环境的适应性进行全面的评价，为园林绿化中合理的配置和应用奠定坚实的基础。

3.3　开展不同生态型建植技术研究，进行各种地被植物的组合栽植试验，应用于不同生态条件下的地被建植。

为不同生态条件的各种地区，选择最适宜的地被植物种类。例如香山公园摸索出适合于山地条件的两种组合方式，应用于香山公园坡地绿化，效果非常好。①耐荫组合：求米草+林地早熟禾+苦菜、苦荬菜+甘野菊+三垭绣线菊+蚂蚱腿子+花木兰+多花胡枝子+杭子梢。其特点是林下坡地，适用于阴坡、半阴坡，有水土保持作用。6月、8月、10月可观花。②坡地组合：苔草（细叶苔草或异穗苔草）或野牛草+甘野菊、菊花脑+苦菜、苦荬菜+蚂蚱腿子+花木兰+多花胡枝子，其特点是耐旱，适用于全光照至半阴坡地，有水土保持作用。

又例如颐和园的凤凰墩景区基本属于半荫条件，选择旋覆花和二月蓝混合栽植方式，可以互相取长补短，优化野生地被植物景观。春季二月蓝出苗返青很早，在二月蓝开花后期旋覆花地下宿根出芽并很快长到10cm左右，二月蓝进入枯黄期时，旋覆花正进入第一次修剪期，因此可以用割灌机同时对枯黄的二月蓝和旋覆花植株进行修剪，留茬高度约10～15cm即可保证景观效果。7～8月旋覆花盛花期时，二月蓝自播的种子处于陆续萌发期，逐渐长成有几片到十几片扇圆形基生叶的植株，匍地生长，旋覆花花后逐渐枯萎，再用割灌机进行第二次修剪，较第一次修剪高度略低，剪掉旋覆花枯黄的地上部分，使二月兰的秋苗完全显露出来，覆盖地面，直至深秋仍保持绿色。采用这样的模式对野生地被进行简单的人工管理，效果很不错。

再如在北京植物园运用甘野菊、多花胡枝子、野豌豆等一批野生地被绿化水系，形成了较为独特的景观，得到各方面好评。

3.4　通过试验，我们发现在应用野生地被植物时应当注意以下事项

3.4.1　一定要充分了解植物的生物学特性和生态习性，为不同的种植地区选择适宜的野生地被植物种类。还应考虑到植物的耐踩性。香山公园选择蛇莓做古树下覆盖地面的材料，就是一个成功的范例。

3.4.2　野生地被种植面积宜大不宜小，成片成块地栽植，更能显示野生地被植物的整体美和浑然天成的自然美，又不易受到人为破坏。

3.4.3　适当进行养护管理是必要的。种植后，前期应加强养护管理，确保成活后方可粗放管理；野生地被植物虽然较耐贫瘠，若土质肥沃则生长更佳，适时施肥其覆盖地面的速度会更快；对于覆盖地面迅速的野生地被，还要注意控制其生长范围，防止其侵蚀草坪；对于过高的地被可以通过适当修剪控制高度和花期，花后枯萎的地被植物如旋覆花、甘野菊、二月蓝等，也要及时进行花后修剪，以免影响景观效果。

3.5　通过建立扩繁基地和展示基地，扩大野生地被植物的应用展示面积。包括多花胡枝子、蛇莓、匐枝毛茛、旋覆花等在内的10余种野生地被种苗已经具备了较大数量和生产能力，为进一步实施规模化生产做好了准备。在香山公园、颐和园、天坛公园结合公园绿化，覆盖裸露地面，应用野生地被的面积已经达到将近8万m^3。园林科学研究所在对外施工中，也已经开始大量应用野生地被。

4 野生地被植物开发应用研究工作展望

我们当前完成的工作只是浩瀚的野生地被植物开发应用中的一小部分，今后的工作更是任重而道远。

（1）在解决快速繁殖技术的基础上，扩大种苗生产量，为走向市场做好准备。在更广泛的范围内扩大野生地被植物的示范面积和应用面积。如为香山公园在古树下选择蛇莓做为覆盖地面的植物材料。

（2）继续进行各种组合栽植方式研究，探索野生地被植物的应用模式，充分展示野生地被植物的景观效果。

（3）在地被植物的应用方面，研究快速建植地被展现景观效果的方法，借鉴草坪快速建植的方法，尝试绿生带、植生带等技术，生产类似草皮卷的地被产品，以解决野生地被植物从建植到达到最佳观赏期时间较长的问题。攻克目前大部分野生地被植物目前还无法形成草皮卷，工业化程度低，造成前期施工成本比草坪高，是野生地被植物走向广泛应用的最后一关。

（4）探索与市场接轨的方法，解决科研与市场脱节，生产能力、销售能力低下的问题。科研与市场脱节的问题不解决，园林地被植物开发应用研究就失去了其最终意义。

31 几种地被植物在北京园林绿化中的应用研究

郝留彦 姚 远 郑维霞 王长久

（北京市丰台区园林局南苑绿化队，北京 100076）

摘要：对北京地区常见的几种地被植物，进行种植试验与研究，观测其生物学特性，筛选出了有推广价值、适应北京气候环境且园林效果突出、养护管理粗放的地被植物有：紫花苜蓿、二月蓝、糙叶黄耆、蛇莓等。

关键词：乡土地被植物 园林绿化 示范与推广

1 引言

园林绿地结构愈复杂，生物种类愈多，园林绿地系统也就越稳定。植物群落的相对稳定是建立在生物多样性的基础上的[1]。目前大多数城市在追求绿化当时效果和人为园林景观意识下，在园林绿化中除了种植必备的乔木、灌木外，大量的铺植草坪。人为种植的草坪一般存在着养护管理费用高、技术要求程度不够等问题，与我国现今经济发展水平不相适应。另外，大量种植草坪使得物种单一化，不利于物种的生态稳定。鉴于此，近年来，地被植物渐受重视，尤其是乡土地被植物，特点是栽培容易，养护管理粗放，适应力、覆盖力强，能对地面起到良好的保护和装饰作用，更能维持城市生物多样性，因此在目前的园林绿化中受到了广泛欢迎。本次试验的地被主要为草本地被，种类有北京地区的乡土地被植物，以及从安徽、河南、河北等地引进的部分地被植物，包括葱兰、红花酢浆草、二月蓝、紫花苜蓿、蓝色羊茅草、蛇莓、糙叶黄耆和紫花耧斗菜等，其中乡土地被植物均是先后从丰台区管辖的绿地内发现并进行移植的，经过 2 ~4 年的种植试验，观测其生物学特性，初步筛选出了具有推广价值、适应北京气候环境且园林效果突出、养护管理粗放的地被：紫花苜蓿、蛇莓、糙叶黄耆和二月兰等。

2 材料和方法

2.1 材料

本次试验主要于 2001 ~2005 年进行，试验地被植物种类包括葱兰、红花酢浆草、二月蓝、紫花苜蓿、蓝色羊茅草、蛇莓、糙叶黄耆和紫花耧斗菜等。

2.2 观测项目

2.2.1 生长习性观测

植株高度、生长速度、绿期、花期和果期等。

2.2.2 生理习性观测

耐旱、耐荫、耐寒和耐湿等习性。

2.2.3 繁殖技术

对照种子繁殖和分蘖繁殖试验，比较成活率。

3 生态习性观测结果

综合地被生态习性观测结果得出，不能露地过冬的有葱兰、红花酢浆草，园林效果不突出的有紫花耧斗菜、蓝色羊茅草，初步筛选出的优良地被植物有紫花苜蓿、蛇莓、糙叶黄耆和二月等。

3.1 葱兰（*Zephyranthes candida*）

葱兰又名葱莲、玉帘、白花菖蒲莲，是石蒜科多年生常绿草本植物。叶片肉质线形、暗绿色，株高30~40cm，6~7月份开花，为白色。葱兰原产南美，我国江南地区均有栽培，多用于地被植物，或用于花坛、花边、林下，也可作盆景。葱兰喜阳光充足、肥沃和带有粘性的土壤，耐半荫或低温环境，在北京地区绿期可达200余天。

繁殖技术和养护管理：葱兰繁殖以分株和播种为主，但要想达到春季栽种下半年开花，分株栽植把握最大。每年4月初，按照间距10~20cm分栽根茎，2个月即可以郁闭。耐寒力强，在-10℃左右条件下，不会受到冻害[2]。北京地区冬季最低温度远低于-10℃，试验田部分露地过冬的葱兰都受了冻害，第二年春季根部均死亡；根茎进行地窖储存的保存完好，春季移栽后又恢复长势。我队在试验田驯化了3年，鉴于每年入冬和开春分别需要大量的人力储藏根茎和移植分栽，养护费用较高，不适宜大面积推广。

3.2 红花酢浆草（*Oxalis rubra*）

红花酢浆草为多年生草本，酢浆草科，酢浆草属，原产南美巴西，别名三叶草。地下根茎分生出大小不等的小球茎，可通过分栽球茎进行繁殖，因此繁殖能力很强，红花酢浆草花为粉红色，喜荫湿环境，株高20~30cm，抗病力强，但不太耐寒，在北京地区仍无法露地过冬，需地窖储存球茎，在北京地区绿期可达200余天。

繁殖技术和养护管理：4月份挖出球茎进行分栽，株间距植株于6月初开始开花，花期很长，直到11月底天气转冷，叶子开始枯黄，12月份再把球茎挖出于地窖储存。和葱兰类似，也不适宜大面积推广。但红花酢浆草在北京地区居民室内种植，可安全过冬，并且能四季开花，但必须保证充足的水分和养分。

3.3 蓝色羊茅草（*Festuca glauca* L.）

蓝色羊茅草，原产地澳大利亚，禾本科羊茅草属，绿色针状叶革质，外被蓝粉，终年不退；耐寒性、耐旱性极强，亦有较强的耐瘠薄、耐盐碱、耐践踏性，极少病虫害，生长量小[3]。

图1 试验田种植的紫花耧斗菜

繁殖技术和养护管理：蓝色羊茅草于2002年4月从河北石家庄引进并种植，在北京地区可露地过冬，繁殖方法主要为分株法。本次试验除在实验田种植外，在马西路中心隔离带绿地、南四环辅路外50m绿化带上均有种植，蓝色羊茅草全年不用修剪，人工管理较少，未发现很强的病虫害现象，但是惟一不足的是，本次试验几处种植的蓝色羊茅草均长势不佳，叶色虽蓝但尖部发白，且整体植株长势显瘦弱，生长较慢，易生杂草，园林效果不太突出。目前，此地被植物还在进一步观测研究中。

3.4 紫花耧斗菜（*Aquilegia viridiflora*）

紫花耧斗菜，毛茛科，为多年生宿根草本。本次试验植株是2004年在河北兴隆山里发现并引进的，北京怀柔山区也有发现。全株高度60cm左右，被短柔毛和腺毛，基生叶数枚，叶柄长约18cm。花顶生下垂，萼片暗紫色，花瓣5，北京地区3月份开始开花；5月份种子成熟，可种子繁殖；通过观测种植于南四环辅路绿化带上的部分紫花耧斗菜（图1），可见它耐旱性很强，喜部分遮荫或部分光照，强光下叶子发生卷曲，影响观赏。由于植株过高，颜色整体发暗，不耐践踏，大面积种植欠整齐，因此更适合盆花、花坛、花园小面积地栽等，不太适合大面积的地被种植。

3.5 紫花苜蓿（*Medicago sativa* L.）

紫花苜蓿为豆科植物，多年生草本，株高100～150cm，主根粗大而长，入土很深，分枝多；总状花序腋生，由20～30朵小花组成，花冠蓝紫色或紫色；荚果，内有种子2～8粒；花期5～7月，果期6～8月，在北京地区绿期可达11月份。由于根系发达，吸水力强，很抗旱；喜光，光照充足生长快，植株低矮，分枝多，叶多而密，颜色绿，反之则徒长。

繁殖技术和养护管理：紫花苜蓿以种子繁殖为易，播种量为6～7kg/hm^2，干旱地区可以适当提高播种量。本次试验种植于南四环辅路绿化带上的紫花苜蓿面积达万余平方米，因种植于柳树片林中，半遮荫状态，紫花苜蓿植株生长迅速，高达120余厘米，鉴于植株过高不便于管理、园林效果不佳的现象，2005年6月底曾对其进行了一次修剪，保留高度20cm，7月中旬苜蓿再次开出紫色小花。另外，为增加郁闭度，也可以在植株初次高达20cm时进行轻修剪，苜蓿植株分蘖数增加，可迅速增加郁闭度（此试验于2003年已做过）。紫花苜蓿抗旱性极强，2005年全年浇水仅1次，由于当年北京地区雨季雨水较多，紫花苜蓿长势减弱，并滋生大量杂草，这与孙连魁、岳本良、张丽丽等关于紫花苜蓿不耐涝的试验结果相吻合[4]。因此，全年除适当进行人工杂草处理外，几乎无需其他任何的养护管理，适合在北京地区园林绿化中大面积推广，可广泛应用于片林和管理粗放的绿地内。

3.6 二月兰（*Orychophragmus violaceus*）

二月兰又名诸葛菜等，十字花科，诸葛菜属，一、二年草本植物，株高10～70cm，茎直立，总状花序顶生，花瓣从白色至紫色系呈现一系列过渡色变化，少数为纯白色和深紫色，还有少量的特殊变异[5]。喜光又耐荫，半荫环境下长势最好，全光照下植株普遍长势弱，叶色和花色较深，花期较早而短。可耐北京地区的干旱环境，为早春花卉，能露地过冬，可种子自行繁殖。本次试验的二月蓝（图2）种植于南四环路辅路绿化带片林下，绿期为第一年的9月至次年6月，3月下旬开花直到5月份，最佳观赏期能达到1月之久，冬季可观叶，是不可多得的优良地被资源。

图2 南四环片林下的二月蓝景观

繁殖技术和养护管理：种子繁殖可分春季和秋季，试验结果表明，7～8月份间进行种子繁殖效果更好。二月蓝种植于片林下还可以在一定程度上防止杂草滋生。本次试验表明，没有种植二月蓝的片林下杂草多而茂盛，种植二月蓝的片林下只有少量的矮杂草，人工适当清除即可。二月蓝叶片有较强的吸附铅、铝等有害金属元素的能力[6]，因此，在北京地区大面积推广二月兰，不仅能美化环境，丰富园林景观，还能提高环境质量，保护城市生态平衡。

3.7 糙叶黄耆（*Astragalus scaberrimus*）

糙叶黄耆为豆科，黄耆属，多年生矮小草本，茎匍匐或地上茎不明显，全株密生白色丁字毛和伏毛；奇数羽状复叶，长5～19cm；总状花序，具3～5朵花，花冠黄白色，长15～20mm；荚果，圆柱形，长1～2cm，先端有硬尖；花期4～5月，果期5～6月。

图3 糙叶黄耆花期

繁殖技术和养护管理：2003年在绿地里发现黄耆并移栽于南四环辅路外50m绿化带，初次分栽面积$2m^2$，2004年4月份再次分蘖繁殖面积达$20m^2$。2005年3月上旬长出绿色小叶，4月份开出成片黄白色花，可持续至5月份（图3），此时植株整体低矮，不足7 cm；6月底至7月初种子成熟，但采集工作比较困难，种子完全成熟度较难把握，且颗粒小，易脱落，易虫蛀，饱满颗粒极少，质量很低。7～8月雨季时，植株生长迅速，新茎高度达20 cm；约11月底霜季时地上植株开始枯黄。适宜分蘖繁殖，繁殖时间开春为优，此时匍匐茎较多。优点是：抗旱性极强，相同条件下，抗旱性强于蛇莓。糙叶黄耆喜光照，分栽当年不开花，植株郁闭后不易长杂草，全年几乎不用人工除草。春季和雨季水分充足时，叶色碧绿，夏季干旱时，叶色变深转蓝，观赏效果不如前者，但植株未出现死亡现象，部分接近地面的茎叶发生枯黄；雨季到来又立即恢复长势。糙叶黄耆为北京地区一种优良的乡土地被，其抗旱性强于蛇莓，园林效果突出，很值得在园林绿化中大面积推广，适合种植于城市内道路边绿化带、高质量绿地内等，可同时观花、观叶，与同属性其他地被搭配，园林效果将更佳，如米口袋等。

3.8 蛇莓（*Duchesnea indica*）

蛇莓（图4）为多年生草本，蔷薇科，又称地杨梅。蛇莓果实鲜红，可同时观赏花、果、叶，有长匍匐茎，最长可达1m。花瓣5，宽倒卵形，黄色；瘦果小，聚合果，直径1cm左右，红色；茎匍匐生长，低矮，长势迅速。蛇莓喜荫、半阳或偏荫的生活环境，在强光下长势较差。

图4 蛇莓花期和果期

繁殖技术和养护管理：蛇莓繁殖主要以分蘖繁殖为主，种子繁殖成活率很低，分蘖繁殖时间可分春季和夏季。试验表明，秋季分蘖繁殖成坪速度更快，分析原因主要是春季较为寒冷，气温低，空气也干燥，而夏季分栽时正值雨季，蛇莓得到了充足的水分，因此生长速度较快。在北京地区，春季发芽时间与上年冬季降雨、雪量及开春气温有很大关系。据试验田观测，2004 年 3 月中旬蛇莓即开始发芽，至 4 月上旬已有部分成坪，2005 年蛇莓发芽时间为 4 月上旬，且普遍长势不佳。因此，为促进蛇莓春季发芽，可在 3 月初浇一遍水，4 月初进行一次人工除草；在 6 月底雨季来临之前依据天气干旱程度，观测叶面萎蔫状况，酌情浇水一次，雨季后人工除草一次；直到 9 月底至 10 月初，为适当延长蛇莓绿期可适量进行施肥并浇水。蛇莓很少出现病害，几乎无需病虫害防治。因此，蛇莓全年的养护费用极低，低至 0.83 元/m^2，仅需 3 遍水，1 次施肥，2 次人工除草。蛇莓因其地上匍匐茎发达，因此再生能力很强，每年约有 10 个月的时间均处于不断地开花结果状态。对土壤适应性强，耐土壤贫瘠、耐旱、耐寒等，本次试验种植于苗圃和南四环辅路试验田的蛇莓，均能很好的生长，但苗圃由于土壤状况良好、水分充足等原因，蛇莓长势要强于南四环试验田。

4　结语

针对目前我国丰富的地被资源，其研究的深度和开发的广度还远远不够，对于它们综合的繁殖技术和推广经验方面的研究仍然存在着不足。北京地区 20 年前就开始了乡土地被植物的开发研究，但截止目前城市园林绿化中运用的乡土品种还很有限。乡土地被植物开发最大的问题是重利用、轻开发，根源在于基础研究欠缺。乡土地被植物的利用带有资源开发的性质，育种有很大的不可预测性，杂交育种、性状改良的周期也比较长，有的两三年内未必能出成果，这也是导致我国乡土地被植物基础研究薄弱、开发利用缓慢的现实因素。今后，还需要对地被植物进行更深入的研究，特别是地被植物生物学、生态学特性，以及保护和净化环境的功能、经济用途等方面，逐步实现从现有地被植物和地被植物资源中选育出更多更好、能够应用于不同地区、不同环境条件下，满足不同需要，具有良好环境效益和一定经济价值、科学价值的新型地被植物，并根据其生物学特性在园林绿化中进行合理搭配，丰富城市园林景观，保护城市生物多样性，维护城市生态平衡。

参考文献

[1] 范卓敏，赵国勋. 遵循园林植物物种多样性创造以植物为主造景的园林景观，城市大园林论文集 [C]，北京：北京出版社，2002

[2] 高尚士. 葱兰. 园林与花卉 [J]，2004，7

[3] 李秀云，王湘勇. 优良地被植物——蓝色羊毛草. 河北林业科技 [J]，2003，2

[4] 孙连魁，岳本良，张丽丽等. 紫花苜蓿利用价值及栽培技术. 现代化农业 [J]，2004，6（总第 299 期）

[5] 李洁，尉淑珍. 二月蓝——园林有推广价值的地被植物. 运城学院学报 [J]，2004，V0122，5，P34

[6] 刘兴剑，孙起梦. 园林巧植诸葛菜 [J]. 江苏绿化，1999（06）

作者简介：郝留彦（1954～），男，北京市丰台区园林局南苑绿化队。

32 公路路域环境区域划分与环境特征的调查研究

江玉林　陈学平　李振宇　陈宗伟

（交通部科学研究院 交通可持续发展中心，北京　100029）

摘要：本文首先进行了植物生长对环境条件的需求分析，根据研究主导公路生态环境恢复的地形、气候和构造、植被类型等关键因素分布和影响程度的不同，将我国的公路路域分成了西南区、华北区、长江中下游区、黄土高原区等9个区域。本文中选取了其中5个比较典型的区域分别展开研究，以多个实验示范工程为依托，根据当地的气候条件和不同区域的公路路域环境，以及不同区域的公路路域环境生态恢复原则，开展了不同区域的新建公路路域生态恢复植物种选用原则的研究。通过研究成果在多个实验示范工程中的应用，取得了较好的生态效益、经济效益和社会效益，对促进我国公路生态建设起到了重要作用。

关键词：公路路域　生态恢复　环境区域

公路建设过程中所造成的生态问题一直受到人们的广泛关注，而公路路域生态恢复是解决这一问题的关键。对这一问题的有效解决将有利于控制公路建设所造成的有害影响，解决公路沿线水土保持、景观恢复、绿化美化等方面存在的问题，提高公路抗灾能力和安全性，因此具有重要的现实意义。

1　影响公路路域生态恢复的主要因素分析

1.1　植物生长对环境条件的需求分析

一个地区的自然条件对公路路域生态恢复有着重要影响。首先是植物生长严格受到公路沿线生态环境的影响，主要因素是温度和水分。同时由于地形的限制，公路立地条件在一定程度上也决定了植被的正常生长和发育。因此，为正确地选择植物和路域植被恢复技术，有必要先找出植物生长的主要限制因子。在本研究中的主要因子有：①温度因子。我国地处欧亚大陆东南部，按照水平位置的气候状况，研究区域从南到北划分为亚热带、暖温带和温带。各带之间温度差异较大，对植物的生长影响也很大。②水分因子。水分是植物生长和发育的决定因子。③土壤因子。土壤是植物生长的基础，也是生态系统中物质和能量交换的重要场所。

1.2　新建公路路域环境特征分析

（1）公路路域生态恢复特点分析　新建公路路域是指公路建设的直接影响区，常指公路界桩范围内的区域。与建设前路域原生态系统相比，新建公路路域生态环境具有明显的特殊性。其中包括：①绝大部分自然植被已破坏，且缺乏表土。②公路边坡立地条件差，容易出现水土流失，植被恢复困难。尤其是挖方边坡，开挖后完全是生土或裸露岩石，几乎不含有机质，缺乏微生物的活动，“土壤”非常致密，保水保肥能力较差。③取、弃土场土壤结构松散，容易造成水土流失，甚至发生泥石流。④投资少、施工难度大，后期植被养护困难。⑤带状分布，有时要跨越多种气候和多种土壤类型，具明显地区性和多样性。公路的这些特点从而导致生态恢复的难度加大。

（2）公路路域生态恢复范围与内容　以恢复生态学理论为指导，对新建公路路域生态环境进行恢复和重建，亦即是将植被作为生物工程，服务于公路路域植被恢复、水土流失治理、视线诱导以及绿化和美化公路环境。一般说来，其范围包括公路沿线附属设施、互通立交区、边坡及路侧、中央隔离带、取土场、弃土场、生物围栏以及边坡与外界过渡带等。

2　我国公路路域生态环境区划研究

2.1　划分依据和方法

（1）研究我国公路路域环境区划基本思路交通部已经颁布了《公路自然区划标准》（JTJ003-86），该标准的原则基本上应该适用于公路路域环境区划。其基本思路是参照我国公路自然区划标准，以我国国道和国道主干线系统布局方案为路线基础，在对5个典型研究区域分析研究的基础上，综合其他相关因素，提出我国公路路域生态环境区域划分与环境特征。其基本方法是，采用资料分析和实地典型调查为主的方法。

（2）5个典型研究区域的选择　按照我国公路路域环境区划研究的基本思路，课题组在我国《公路自然区划标准》7个一级区划中，选择了比较典型的5个地区进行调查研究，他们是西南区（Ⅴ）、华北区（Ⅱ）、长江中下游区（Ⅳ）、黄土高原区（Ⅲ）和新疆干旱区（Ⅵ）（上述括符中的罗马字是公路一级自然区划中的分区代号）。这5个地区的代表性在于：从气候看，它们跨越了高寒带、中温带、暖温带、亚热带、热带，年均温从5～21℃；最小降雨量为50mm，最大降雨量则大于1800mm。土壤类型总体上含盖了我们国家的主要的土壤类型，而从地形上看，从平原、丘陵、山地、草原到沙漠都有出现。从图1可以看出，5个研究区域基本上已经把我国的国道主干线系统完全含盖。

2.2　主要研究区域公路路域环境描述

（1）西南区　位于秦岭以南，北回归线以北，宜昌－溆浦一线以西，川西北高原以东，即东部1000m等高线以西，西南等高线3000m以东。包括陕西南部、甘肃东部、四川、云南大部，湖北和湖南西部。按照《公路自然区划标准》属于西南潮暖区（Ⅴ），地处亚热带湿润区，山地丘陵占95%，大部分海拔500～2000m。主要土壤类型，以紫黏土、红色石灰土和砖红粘性土为主。境内河流多。一般年均温度在10～18℃，降雨量1000mm以上。

西南区是我国西部经济较为发达，资源丰富的地区，也是我国许多少数民族聚居区。“五纵七横”国道主干线中的二河线、渝湛线、沪蓉线、沪瑞线和衡昆线分布在该区域，累计长度占总长度的16%。

（2）华北区　位于长城以南，太行山以东，淮河以北，濒临渤海与黄海，包括北京市、天津市、河北大部、河南东部、山东全部、安徽淮北以及江苏北部地区。按照《公路自然区划标准》中的Ⅱ类区的大部，包括除东北区以外的东部湿润季冻区的全部。其北部为燕山，西部为太行山，中北部为鲁中南山陵区，东南部为低山丘陵区，其间有我国最大的冲积平原，即“华北平原”。气候属于温带，降雨量为500～1000mm，属于夏秋两季型，春季降雨量占10%。地下水埋深一般在2～3m，山地大于3m。以冲积土、粗粒岩和棕黏土为主。

本区为我国中原地带，地处黄河下游，相对修路条件较好，以填方边坡为主。

（3）长江中下游区　地处我国中南区，位于东经102°～123°，北纬24°30′～34°10′之

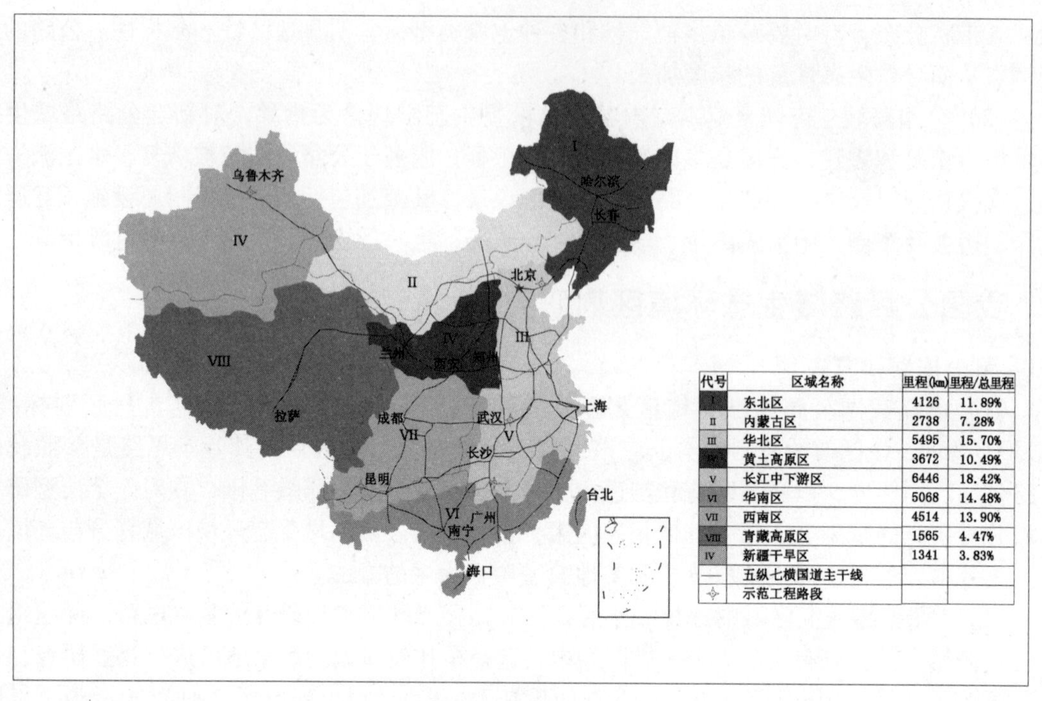

代号	区域名称	里程(km)	里程/总里程
I	东北区	4126	11.89%
II	内蒙古区	2738	7.28%
III	华北区	5495	15.70%
IV	黄土高原区	3672	10.49%
V	长江中下游区	6446	18.42%
VI	华南区	5068	14.48%
VII	西南区	4514	13.90%
VIII	青藏高原区	1565	4.47%
IV	新疆干旱区	1341	3.83%
—	五纵七横国道主干线		
✧	示范工程路段		

图1　中国国道主干线公路路域环境区划图

间。包括江西、浙江、上海3省市全部，湖南、湖北、江苏和安徽省大部以及河南省一小部分地区。按照《公路自然区划标准》，包括除华南区以外的东南湿热区（Ⅳ），长江中下游平原湿润区、江淮丘陵－山地湿润区、长江中下游平原中湿区、江南丘陵过湿区。本区地形复杂，山地、丘陵、岗地、平原和湖泊交错，海拔高度与地表切割程度相差悬殊。3/4为丘陵地带，1/4为平原地区。气候属于北亚热带和中亚热带，降雨量800～1400mm，江南丘陵区达2000mm。气候温暖湿润，冬冷夏热，四季分明，季风盛行，水热资源丰富。4～7月占全年降雨量50%。丘陵区为黄棕壤、红壤和粗粒岩，平原区大多为冲积土，沿海区为软土为主。

（4）西北黄土高原区　我国北部，西起青海日月山，东至太行山，南达秦岭、伏牛山，北界为长城，与《公路自然区划标准》划分的黄土高原干湿过度区（Ⅲ）一致。包括山西全部、河南西部、陕西中北部、甘肃中东部、宁夏南部和青海东部。山系之间是土层厚度在几十到几百米的黄土高原，海拔多在1000～1500m。由于地处内陆，属季风性大陆气候。年均气温在4～14℃。年温差和日温差较大。湿润系数为0.5～1，降雨量300～600mm，在渭河山地和盆地达800mm，而在甘肃东部仅仅为200mm，降雨为夏秋型。除河谷地带外，地下水埋深多在50～200m，部分地区矿化度高，不能用于植物灌溉。由于黄土质地松软，遇水容易塌陷，植被稀疏，水土流失严重。

（5）新疆干旱区（Ⅳ）　位于我国西北部，地处欧亚大陆中心，四周高山环绕，境内有三列高山（天山、阿尔泰山和昆仑山）和两个盆地（准噶尔盆地和塔里木盆地）。其中，塔里木盆地中部的塔克拉玛干沙漠，多为流动沙丘，是我国最大的沙漠，中部还有第二大沙漠—古尔班通古特沙漠。天山将新疆分为南疆和北疆两个自然条件不同的区域，境内垂直变化明显。北疆年均温度5～7℃，无霜期100～160d。南疆7.5～14.2℃，无霜期200～220d。全疆平均降雨150mm，北疆150～200mm，南疆只有20mm，山区高于平原，迎风坡高于背风坡。降雨主要集中在夏季，冬雪也是主要的水资源。本区还包括22.4%的沙漠，1.03%的森林和30.7%的草原，其余为山地。

3 不同区域公路路域环境生态恢复原则

公路生态恢复工程更加侧重于快速性、经济性、景观性恢复和功能性保障。其恢复方向和恢复程度需要从公路植物绿化功能和周围环境对植物生长和发育的适宜程度两方面考虑。首先是在自然环境基本满足植物生存条件的前提下，力争起到经济而长久的绿化效果和生态恢复作用；其次是考虑公路交通功能性。因此，公路路域生态恢复原则是：以恢复植被景观和防治水土流失为目标，充分考虑植物的功能性、美观性和经济性，将公路沿线的地带性植物群落作为选种的重要参考依据，大量利用乡土植物，因地制宜地实施新建公路生态恢复工程。其生态恢复的主要功能如图2所示。

(1) 功能性
- 保持绿色植被绝对量
- 防灾绿化（边坡生物防护、取弃土场恢复）
- 功能绿化（中央隔离带、行道树、绿篱）
- 景观绿化（立交区、服务区）

(2) 时效性
- 尽早恢复“土壤”稳定状态
- 预防自然灾害的发生
- 促使生态系统的快速自然恢复

(3) 经济性
- 有利于防止坡面灾害，提高安全性
- 替代土木工程措施，减低工程造价
- 便于减少养护和管理

(4) 美观性
- 有利于环境保护
- 有利于与环境相协调
- 有利于改善环境和美化环境

图2 新建公路路域生态恢复的功能

按照以上原则，根据我国气候条件和公路路域环境的特殊性，主要研究区域新建公路路域生态恢复植物种的选用原则见表2。

表2 不同区域新建公路路域环境生态恢复的理想植被类型

位置	西南区	华北区	长江中下游区	黄土高原区	新疆干旱区
上边坡	灌木	草本	灌木	草本/草灌混播	无
下边坡	冷（暖）型草本	灌木、冷季型草本	灌木、暖季草本	冷（暖）季型草本	冷季型草本（草原）无（荒漠）
立交区服务区	冷（暖）型草本、灌木、乔木	冷（暖）型草灌木、乔木	暖季型草本灌木、乔木	冷（暖）型草本、灌木、乔木	冷季型草本灌木、乔木
行道树	常绿乔木为主	落叶乔木为主	常绿/落叶乔木	落叶乔木为主	落叶乔木为主（仅限于绿洲）
中央隔离带	小乔木常绿灌木	常绿小乔木	小乔木常绿灌木	小乔木	无/落叶灌木
取、弃土场	灌木/草本	灌木/草本	灌木/草本	灌木/草本	草本/无

（1）在南方湿润区，新建公路上边坡生物防护将以恢复灌（乔）木林为目标，实现公路边坡的森林化，利用草本植物或灌木，在下边坡植被群落可以达到常年覆盖的作用；取、弃土场的植物绿化必须与坡面工程排水以及工程拦截水措施相结合，这一地区的立交区和服务区可更多地考虑植物的绿化和美化功能。

（2）在北方半湿润区，新建公路上边坡将以恢复多年生草本植被或栽植灌木为目标；下边坡可以利用灌木来稳定边坡，起到减少水土流失的作用；取、弃土场的草灌结合植物绿化措施需要与坡面排水措施相结合；这一地区的立交区和服务区亦可考虑植物的绿化和美化功能。

（3）在北方干旱和半干旱风蚀区，水分缺乏是公路路域植被恢复和维持最大的制约因素。新建公路上边坡植被恢复难度大，多依赖于工程防护，下边坡可以适当采取当地草本植物护坡，但如果绿色期短，周围植被稀少，应该以保护原有地表植被和自然恢复为主；不提倡中央隔离带绿化和美化，除非在重要景观区或沙漠绿洲区；立交区的绿化植物强调旱生和超旱生灌木为主。有灌溉条件时，也可考虑栽植路侧行道树。总之，以植被建设为中心的新建公路路域的生态恢复必须高度重视自然条件是否满足植物的生长和发育条件，即因地制宜，适地适树原则。在原始植被稀少的北方地区建植费和维持养护费以及绿化效果是人们关心的焦点问题。以新疆吐—乌—大高等级公路与乌—奎高速公路为例，一方面，绿化效果不佳：沿线植被稀少，天然植被平均盖度10%～20%左右（南疆10%左右，北疆20%左右），自然恢复大约需要10～30年。若要加速这一过程，就必须有人为的干预，包括地面处理、播撒种子、人工浇水以及培肥换土等；另一方面，植被建植和养护费高，立交区绿地建设费为25～46元/m^2，养护费2.27元/m^2，相当于新疆二级公路平均造价的10%～20%，并接近一级公路的养护费用（后两者平均为1.6万元～3万元/km）。显然，在类似地区，在公路建设过程中，保护原有植被和自然恢复相结合是生态恢复保护的重点，而一味地强调公路路域的植被建设将是不适用的，容易造成经济和人力的浪费。

4 结束语

通过对全国公路路域生态环境区划的研究，选择了可以涵盖全国国道主干线的比较典型的5个区域进行深入地研究、分析，最终得出不同区域新建公路路域环境生态恢复的理想植被类型，并且通过在多个示范工程的应用，证明该理论是科学的，该方法是正确的、切实可行的，同时具有很高的实用价值，对我国公路的生态建设具有重要的指导意义。

参考文献

[1] 江玉林．公路路域环境生态恢复研究与实践．北京：中国农业出版社，2004

[2] 江玉林等．中国南方公路生物环境工程实施的原则与实践［J］．交通环保，2001，2：17～20

[3] 江玉林．公路生物环境工程技术研究进展［J］．中国园林，2001，2：13～15

作者简介：江玉林（1963～），女，研究员，主要从事交通环境保护、交通可持续发展技术与示范。E-mail：jiangyulin@ vip. sina. com。

33　乡土地被植物——蛇莓的应用研究与推广

胡国强[1]　郑维霞[2]　王长久[2]

（1. 北京市丰台区园林局，北京　100071；2. 北京市丰台区园林局南苑绿化队，北京　100076）

摘要：通过对北京地区乡土地被植物——蛇莓进行种植试验与研究，观测其生物学特性，并进行抗旱性、抗寒性等研究，得出蛇莓是具有园林推广价值、适应北京气候环境且园林效果突出、养护管理粗放的地被植物。并结合大面积试种试验，研究其综合的繁殖技术、管理措施等，为其在城市园林绿化中大面积推广提供了技术保障。

关键词：乡土地被植物　蛇莓　园林绿化

引言

地被植物的特点是栽培容易，养护管理粗放，适应力和覆盖力强，能对地面起到良好的保护和装饰作用，因此，近年来在国内外的园林绿化中均受到了广泛欢迎和重视，许多专家和园林工作者进行了相关研究。但是，目前国内各大城市对地被植物的研究和推广技术方面的工作还做的不够，许多优良的地被，特别是乡土地被并没有得到合理的开发和利用，只有部分种类的潜能得到了挖掘，如王祥和、汤巧香、么秀文等；对天津市的54种地被进行了适应性观察，筛选出了可在天津市大面积推广的15种地被植物[1]；贾学苏关于紫花地丁的繁殖研究[2]；辽宁省林业学校从叶片质地、抗旱性、抗热性、抗寒性、抗病性、耐践踏、花色、绿期及与杂草竞争能力方面对美国地被石竹进行评价，认为地被石竹建植草坪成本低、后期管理粗放、适应性广泛，是优良的绿化品种[3]；张艳敏经过4年的栽培试验表明，认为连线草具有占领地盘、减少杂草的优势，减少地面尘土飞扬和水土流失等作用[4]；刘建介绍了北方园林中可运用的15种地被植物[5]；北京乡土地被植物研究所对近30种地被植物进行了物候观测[6]等等。针对目前我国丰富的地被资源，其研究的深度和开发的广度还远远不够，对于它们综合的繁殖技术和推广经验方面的研究仍然存在着不足。本文主要针对具有园林推广价值、适应北京气候环境且园林效果突出、养护管理粗放的地被植物——蛇莓进行繁殖技术、抗旱性、抗寒性等生理特性以及养护管理等内容进行研究与概述。

1　材料和方法

1.1　材料

本次试验主要于2001～2005年之间进行，试验地被植物为蛇莓。试验地点为北京市丰台区南四环绿化带片林，土壤质地以沙壤土为主。

1.2　实验方法及测定项目

1.2.1　生态习性观测

1.2.2　生长指标测定

1.2.2.1 匍匐茎长度测定

试验针对地被的繁殖方式和时间进行对比，针对生长周期为全年的地被植物，除种子繁殖和分株繁殖外，采取春季繁殖和秋季繁殖两种方式，测量匍匐茎增长速度，以及分栽成活率比较。

1.2.2.2 匍匐茎数量测定

1.2.3 生理指标测定

1.2.3.1 抗旱性

针对北京地区夏季炎热干燥天气，避开人为管理，于夏季最高温段进行抗旱性试验，以植株补水后3~4天内能恢复成活为准，观测其萎蔫程度，总结养护管理经验。

1.2.3.2 抗寒性

对地被生态习性掌握后，在秋季对植物进行施肥、浇水，与对照（自然生长或人为管理较少）进行比较，观测植株绿期变化。

1.2.3.3 雨季耐水涝性

直接观测自然生长状态下植株雨季的长势，有没有因水大而出现长势弱或死亡现象。

2 结果与讨论

2.1 生态习性观测结果

蛇莓（*Duchesnea indica*）为多年生草本，蔷薇科，又称地杨梅。蛇莓果实鲜红，可同时观赏花、果、叶，有长匍匐茎，最长可达1m。花瓣5，宽倒卵形，黄色；瘦果小，聚合果，直径1cm左右，红色；茎匍匐生长，低矮，长势迅速。蛇莓喜阴、半阳或偏阴的生活环境，在强光下长势较差，对土壤适应性强，耐土壤贫瘠、耐旱、耐寒等；每年约3月中旬发芽，12月初叶片干枯发黄，地面生长停止，全年约有10个月的时间均处于不断地开花结果状态。在北京地区，春季发芽时间与上年冬季降雨、雪量及开春气温有很大关系，据试验田观测，2004年3月中旬蛇莓即开始发芽，至4月上旬已有部分成坪，2005年蛇莓发芽时间为4月上旬，且普遍长势不佳。

2.2 蛇莓的再生能力很强，适宜匍匐茎分株繁殖

在保证水分充足的条件下，蛇莓匍匐茎分株繁殖成活率100%，本次试验分别于2004年春季、2005年夏季进行，未出现死亡植株。2004年春季分栽的蛇莓株间距分别为15cm、25cm、35cm，主要测量其生长量和成坪速度，结果发现，3个月后3种株距的植株全部郁闭，试验得出蛇莓春季分栽株间距可为20~35 cm。2005年6月采集的种子，晾干，7月底进行播种，至今未出现发芽现象；刘艳玲、倪学明、徐立铭等也对蛇莓种子发芽率进行试验，发现蛇莓的种子发芽率很低，一般不超10%[7]。因此，对照两种繁殖方式的结果可以看出，蛇莓更适宜采用无性繁殖，即分株繁殖。图1是2005年7~8月间盆栽蛇莓7天为一间隔测量出的匍匐茎增加数，可以看出蛇莓分株能力很强，所以再生能力强。据观测，一株蛇莓在自然生长状态下全年可分株60株以上。

2.3 蛇莓喜阴湿生长环境

春季分栽和夏季分栽生长速度比较（见图2）：其中两次生长量测定时间间隔均为7天。通过实验结果可以看出，夏季分栽的蛇莓茎生长速度明显快于春季。分析原因是春季较为寒冷，气温低，空气也干燥；而夏季分栽时正值雨季，蛇莓得到了充足的水分，因此生长速度

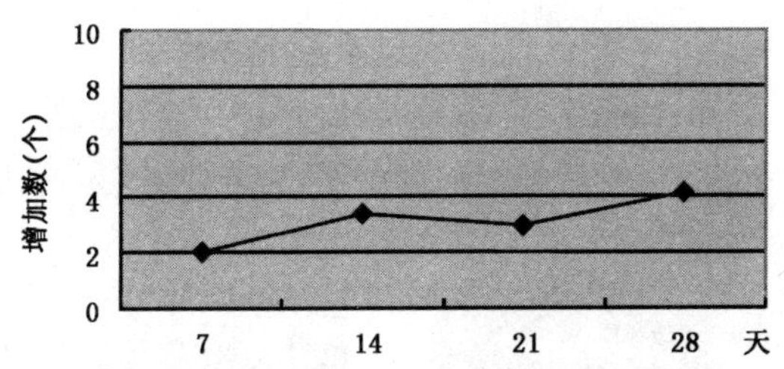

图1　蛇莓雨季分栽植株匍匐茎增加情况

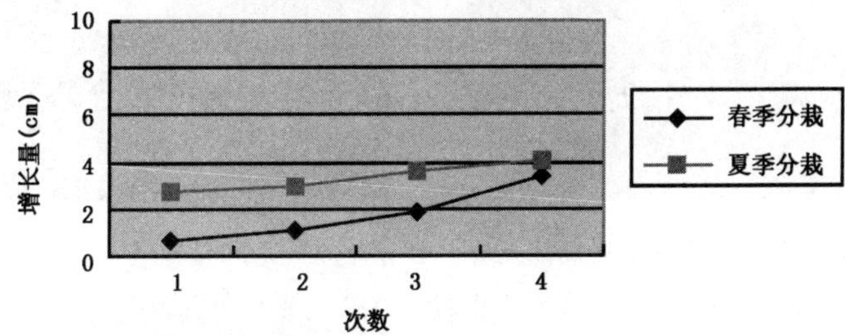

图2　蛇莓春季和夏季分栽匍匐茎生长速度比较

较快。另外，2005年雨季分栽时，同时选择了5株蛇莓分栽于花盆内，给与充足的水分，从试验田中大面积分栽的蛇莓中任选5株，置于相似的遮荫条件下，相同间隔内测量植株生长速度，经过数据对比也发现，植于花盆中的蛇莓长势明显好于几乎为自然状态下试验田内蛇莓长势，可见蛇莓是喜荫湿的地被植物。试验田片林下种植的蛇莓群落，在桧柏树堰内的长势极佳，颜色墨绿，而离树堰较远的蛇莓叶色发黄、叶片瘦小，分析原因主要是对桧柏进行养护浇水时蛇莓植株也得到了充足的水分。

2.4　蛇莓具有一定的抗旱性

通过盆栽蛇莓抗旱试验得出，当土壤深度10cm处土壤含水量为8.12%时，蛇莓生长几乎停止，上层叶片发黄，接近地面的叶片发枯，叶片约有70%转为焦黄，此时补充水分，蛇莓能恢复长势；继续断水，当土壤含水量为6.5%时，蛇莓植株约90%处于焦黄甚至转黑，补充水分后，植株平均存活率很低，短时间内不能恢复原有景观。

蛇莓的根部一般分布在土壤10cm内，匍匐茎分株能力强，地面覆盖效果好，能防止一定的地面蒸发，另外根系发达，吸水能力强，因此具有一定的抗旱性。本次试验测得的暂时萎蔫系数土壤含水量，较之王祥和、汤巧香、么秀文等在天津市研究的蛇莓萎蔫系数4.33%要大[1]，分析原因一是土壤质地有差异；二是本次试验蛇莓为盆栽，土壤涵水能力较自然状态下要差些，导致土壤含水量下降较快；三是天津市地处海边，空气湿度相对北京要大，植物蒸腾量与空气湿度和气温有着密切的关系，相同气温下，空气湿度大时，植物蒸腾量就小，反之则大，这与试验结果不相悖。

2005年大面积蛇莓控水抗旱试验（北京南四环路绿化带片林下蛇莓试验田内）于6月12日至7月30日进行，历时近50天，只有2场雷阵雨和3场小雨，期间6月26日~7月23日市区降雨少而不均衡，试验地几乎无降水；试验期间最高气温达43℃，气温在40℃以上的天数达8天。根据2004年抗旱试验结果（图3、图4），观测当叶片数萎蔫接近70%，此时主根大多已干枯死亡，只有部分匍匐茎分生的小芽，叶片细小、发黄，此时立即进行大水浇灌，10余天后，局部蛇莓长势如图5，可见蛇莓恢复生长的能力也很强。蛇莓具有一定的抗旱性，与北京地区普遍种植的冷季型草夏季每周浇一次水比较，蛇莓可以节约大量的水资源和人工管理费用。

图3 蛇莓大面积抗旱试验后补水3天后局部长势

图4 连续补水2次10天后长势

2.5 适量的施肥和水分可以增加蛇莓的抗寒性

小面积蛇莓抗寒性试验结果可以看出，2004年10月初进行一次施肥并保持充足水分的蛇莓，与对照（无人工管理）相比，绿期延长了近10天，并且次年开春发芽和长势也明显好于对照。

图5 南四环试验田片林下蛇莓长势

2.6 蛇莓嗜水耐雨涝

2005年北京地区雨季降水较往年有所上升，特别是8月3日、10日，连降了2次大雨，仅8月3日一天平均降雨量最多的达到了150mm，试验主要观测8月1日至10日期间蛇莓的长势，这期间由于降雨量大，空气湿度也大，蛇莓生长迅速，植株长度和主根分蘖数明显增加，能快速覆盖地面，并且叶色碧绿，透着水灵，并无任何长势变弱的现象。可见，蛇莓喜水耐涝，充足的水分能明显提高它的生长速度，增加分蘖数，增强地面覆盖能力，是适合种植于林下荫湿环境的地被植物。

2.7 蛇莓的养护管理措施

2.7.1 种植环境

蛇莓适应环境能力很强，除高寒、干旱的荒漠地区外，国内暖温带及其以南各省区都有分布[8]。蛇莓在北京地区可安全过冬，正常情况下，11月底霜冻开始时蛇莓地面叶片发黄，逐渐干枯；进入12月，地上部分生长停止，直到次年3月份，蛇莓地下根茎重新发芽生长，全年绿期可达250余天。蛇莓由于耐荫喜湿的特性，适合种植于大树下或片林里（图6）替代冷季型草坪，同时也可抑制杂草。

2.7.2 繁殖技术

蛇莓宜分蘖繁殖，春季分蘖繁殖可在4月中旬左右，分栽前除杂草，翻土10cm深度，整地，株间距保持25～35cm，短期内要郁闭可减小株间距，栽后10天内保持3遍水，一般3个月后即可成坪。秋季分蘖繁殖可在7月底8月初雨季进行，可选择较小植株，分栽后地上生长势易平衡，也易成活，株间距可适当增大，此时水量充足，空气湿度大，蛇莓生长速度快，成坪也快，并可以节约一定的浇水量。

2.7.3 养护技术

蛇莓春季返青时间与土壤含水量、气温有很大关系，土壤含水量大、温度高，返青就早，反之则晚；若春季土壤含水量过低，蛇莓的发芽率将降低，植株整体长势将受影响，通过试验观测，2004 年蛇莓发芽时间比 2005 年早近 20 天，这与冬季降雪量和春季的气温有很大关系。因此，为促进蛇莓春季发芽，可在 3 月初浇一遍水，4 月初进行一次人工除草；在 6 月底雨季来临之前依据天气干旱程度，观测叶面萎蔫状况，酌情浇水一次，雨季后人工除草一次；直到 9 月底至 10 月初，为适当延长蛇莓绿期可适量进行施肥并浇水。蛇莓很少出现病害，几乎无需病虫害防治。因此，蛇莓全年的养护费用极低，每平米低至 0.83 元，仅需 3 遍水，1 次施肥，2 次人工除草。

图 6 分栽的蛇莓长势

3 结论

3.1 蛇莓作为多年生草本，一次建坪多年受益，可自行繁殖，在北京地区其绿期长达 250 余天，花期、果期从 4 月份可连续至 11 月份，可同时观花、果、叶，园林效果突出。

3.2 蛇莓喜荫湿环境，在北京地区可以选择种植于养护比较粗放的片林、城市绿化带以及大树较多的城市公园等，作为林下观赏地被。

3.3 蛇莓繁殖能力很强，匍匐茎节节生根，再生能力强，繁殖成活率高，成坪块，地面覆盖效果好，对于美化环境、防止黄土露天、水土流失、吸附降尘、防止地表径流等都有着促进作用。

3.4 蛇莓喜水耐旱，比较适合北京地区春秋季干燥、夏季炎热、雨季雨水较多的气候环境。春季干燥影响长势在雨季能及时恢复，但养护工作中应该注意，6 月底雨季来临前，要根据叶片萎蔫程度进行一次人工浇灌，防止叶片萎蔫过度而影响观赏效果。

3.5 蛇莓作为北京地区一种优良的乡土地被植物，应该得到大面积推广。惟一不足的是，蛇莓初次分栽时需要一定的人工，但较之目前的冷季型草铺植、养护等费用要低廉很多。

参考文献

[1] 王祥和，汤巧香，么秀文等. 天津市园林地被植物的引种栽培，天津建设科技 [J]，1995 年第四期

[2] 贾学苏. 野生花卉——紫花地丁的推广运用和栽培技术. 邯郸农业高等专科学校学报 [J]，2003 年第 20 卷第四期：20

[3] 王福玉，李国栋，柴艳等. 地被石竹建植观赏草坪试验. 辽宁林业科技 [J]，1999，2：P53 ~ 54

[4] 张艳敏. 地被植物连线草在北方城市中应用. 北方园艺 [J]，总 140 期：53

[5] 刘健. 北方园林中地被植物的选择和应用. 中国林副产品 [J]，2002 年第 4 期，总第 63 期

[6] 邱晓华. 我国乡土地被植物开发现状. 中国花卉报 [R]，2005 年 2 月 24 日

[7] 刘艳玲，倪学明，徐立铭等. 3 种野生耐荫地被植物的调查与评价. 草业科学 [J]，2004 年 9 月，第

21卷第9期
［8］萧云峰，高洁，孙发政．耐荫湿的草坪地被植物——蛇莓的研究．四川草原［J］，1995年第3期：20～23
［9］彭江南，陆蕴如，陈德昌．蛇莓化学成分的研究．中草药［J］，1995，26（7）

作者简介：胡国强（1962～），男，硕士，高级工程师，北京市丰台区园林局副局长，丰台区绿化办公室副主任。

34　北京地被植物应用现状与发展前景

周肖红

（香山公园，北京　100093）

摘要：本文对北京地区地被植物应用现状和存在问题进行了分析讨论，调查了地被资源状况，提出了北京地被植物应用前景和对册。

关键词：地被植物　资源　应用

地被植物是指比较低矮，能够覆盖地面的观赏植物种类。地被植物在城市园林中具有非常重要的地位，主要表现在：（1）地被植物与草坪相比，维护费用较低；（2）通常不需要特殊的修剪、养护措施；（3）病虫害相对较少，因而更加环保；（4）能够形成自然而又富有特色的植物景观；（5）有更丰富的观赏效果，如观花、观果、观枝干、观叶等；（6）具有草坪不可比拟的优点，如可以阻止游人的入侵和进入；（7）在生态上具有更加重要的功能，如植物种类丰富、保持水土、减少热岛效应、增加绿量、提高绿质等；（8）部分地被植物更加节水。近年来，在北京出现有关草坪的争论，使得对于地被植物的应用更加关注、重视。人们生活水平提高，对环境美化的要求提高，对地面绿化形式有了更多元化的要求；地被植物景观丰富、适应性广等重要优势得到广泛认识。同时，为实现北京绿色奥运理念，也十分有必要增加对地被植物应用的重视；总之，北京地被植物的应用将进入一个全新的发展阶段。

1　北京地被植物应用现状和存在的问题

目前北京对地被植物的应用主要集中在以下几个方面：

（1）公园绿地中，作为林下绿化应用。常见的种类有麦冬、扶芳藤、白三叶等，已形成一定规模。（2）作为小面积的观赏型地被和用于边角地、间隙地绿化，如蛇莓、匍枝毛茛、常春藤、地锦、崂峪苔草、金银花、山荞麦、连钱草、垂盆草、甘野菊、马蔺、箬竹、沙地柏等。一般规模都不大，面积有限。（3）部分宿根花卉和一、二年生花卉，也发挥地被植物作用。如矮生萱草、地被石竹、美女樱、玉簪、紫萼等等。（4）在风景区、公园、郊区绿地中保留下来的乡土自然地被植物，是地被植物应用另一重要类型。具代表性的有天坛公园耐旱型自然地被、香山公园的山区地被和耐荫型地被等。这一类乡土自然地被植物种类比较丰富，几乎包含了北京地区自然生长的大部分常见低矮植物种类，观花季节景观十分优美，是值得发掘的资源。

目前北京地被植物的应用情况，主要存在以下问题：

（1）应用不广泛，种类贫乏。和发展迅速的草坪业相比，地被植物的引种、推广、应用发展缓慢，而且北京受到气候环境的制约，冬春季寒冷干旱，而夏季炎热，许多地被植物在越冬和越夏上存在困难，绿色期缩短，观赏价值降低。因此地被植物使用不够广泛，种类比较单一。

（2）缺乏地被植物应用技术基础研究，无法精确掌握其生物学特性和栽培繁殖、养护技术，不能做到科学应用地被植物，因此没有发挥最好观赏效果，影响了地被植物推广应用。

（3）对地被植物要求存在误区。通常都要求三季有花，四季常青，而实际上要求一种地被植物十全十美是不可能的。很多地被植物只是具有某一两方面的优势，因此限制了地被植物的发展。

（4）地被植物的供求市场没有形成，小批量的零星生产使地被植物应用成本高，能提供种苗、供设计师选择的种类极其有限；地被植物供需市场还未形成，需要大家投以更多关注和支持。

（5）公众的认识和认知程度制约了地被植物的使用和发展。园林植物品种的多样化，观赏风格的多元化是城市园艺水平发展提高后的必然趋势，但是在这过程中如何让公众从偏爱大草坪、大绿地转而欣赏接受地被植物景观，也需要一个加大宣传、提高认识的过程。

2 北京地区地被植物资源状况

目前北京地区虽然地被植物应用面积还不大，但地被植物涵盖面十分广泛，可供进一步推广应用的地被植物种类还是很丰富的，根据性状和用途将其分为以下几类：

2.1 按地被植物生长分类

（1）一、二年生地被植物　在一、二年内完成生活史，或多年生植物作一、二年生栽培，几年内就需要更新的地被植物。这类地被植物主要以观花为目的，花期较长。北京常见的有二月蓝，是北京目前应用较广的二年生观花地被；板蓝根，近几年在郊区应用，效果十分独特美丽；地被菊等矮生小菊，许多品种不需修剪也可以保持低矮株型，一般种植2～3年后需要更新；还有美女樱、孔雀草等，如果养护得当，花期可以从春季一直延续到11月。其他如小花型的矮牵牛、三色堇等，目前都已培育出小花类的地被型品种，还有六倍利、香雪球等等，都是花期很长，适合作铺地式栽培的种类。总之，一、二年生地被植物特点是有的管理比较复杂一些，需要定期种植更新，但观赏效果好，观花期也长。

（2）多年生地被植物　一经种植，可多年应用的地被植物。大部分地被植物都是多年生草本植物，包括种类最广泛、北京常见应用的有紫花苜蓿、小冠花、萱草、白三叶、垂盆草、百脉根、麦冬等等；此外，近年老鹳草、九头狮子草、荞麦也有应用。

（3）木本、藤本地被植物　是值得重视的地被类型，特点是景观稳定，有许多草本地被不具备的优点。北京地区现在应用的主要有地锦、金银花、铺地柏、沙地柏、箬竹、鹅毛竹、铺地蜈蚣、水栒子、枸杞、倭海棠、络石、长春蔓；还有花木蓝、胡枝子、绣线菊类、马兜铃等乡土野生种类。此外，地被月季也是一类重要的木本地被植物。

2.2 按生态习性分类

（1）耐荫型地被　由于大量地被植物在林下使用，所以耐荫地被是地被植物中重要种类。典型代表种类有蛇莓、玉簪等。

（2）抗旱类型　由于北京干旱缺水，大面积种植地被植物的区域灌溉条件有限，不可能经常浇水，所以良好的抗旱性是我们选择地被植物的一个重要指标。北京乡土的地被植物、木本地被植物，都是比较抗旱的种类。

2.3　按观赏特性分类

（1）观花类　许多地被植物可观花，种类繁多，是地被植物有别于草坪的一大优势。

（2）观叶类　叶型别致有趣的地被植物种类不少，如一些观赏草、玉簪大叶型品种、花叶品种，蠹吾等。

（3）观果类　蛇莓、地榆、各种忍冬等地被植物果形漂亮、红艳可爱，而且观果期相当长。

现将在北京有一定应用或有应用前景的各种类型地被植物列表1。

表1　北京地区部分地被植物应用一览表

种　类	观　花	观　叶	观　果	耐　荫	主　要　特　点
萱　草	√	√			6、7月观花，其他生长季观叶，矮生品种“金娃娃”在北京街头绿地应用广泛，其大花品种艳丽多姿，但目前应用不多
二月蓝	√	√			4、5月观花，现在北京郊区应用已达一定规模
板蓝根	√				北京郊区有应用
麦　冬	√	√		√	引种早，在北京绿地栽培面积大
蛇　莓	√	√	√	√	自然野生种，在香山有栽培，适合推荐在奥运期间使用
连钱草		√		√	在天坛等公园有引种栽培
垂盆草	√	√		√	在部分绿地有栽培，可用于屋顶绿化
费　菜	√	√			有少量栽培
佛甲草		√			有引种，用于屋顶绿化
匍枝毛茛	√	√		√	有引种，目前正在推广
石竹类	√				北京应用的有常夏石竹等，但多年生使用易退化
玉簪类	√	√			优良的传统宿根地被，有一定应用面积。现品种很多，花期8月，适合推荐为奥运绿化地被使用
老鹳草	√	√			北京有野生种类，效果较好的是从国外引进的观花品种
蔓锦葵	√				观花地被，北京目前只有少量栽培
蓍　草	√				花色有白、粉、黄等多个品种，有少量应用
矾　根	√	√		√	虎耳草科，叶色斑纹变化多样，适合作庭园地被覆盖，需要一定的精细管理，北京有少量引种应用
菊花脑	√				香山有应用
地被菊	√				北京公园绿地有应用
地被月季	√				街头绿地等有应用，作为市花，适合在奥运期间应用
九头狮子草		√			观叶地被，株型成垫状，药用植物园有栽培
鳞毛蕨		√		√	目前市场可提供种苗
荚果蕨		√		√	目前苗木市场可提供种苗
紫酢浆草	√	√			要求一定小环境
石　蒜	√			√	观花地被，由于在北京需要小环境，目前应用较少
婆婆纳	√				近年推广繁殖，已有一定苗木量
月见草	√				近年引进，有小范围应用
鸢　尾	√				品种、花色繁多，北京目前有一定应用
福禄考	√				街边绿地作宿根花卉应用
旋　花	√				重瓣品种花、叶俱佳，北京有引种栽培

（续）

种类	观花	观叶	观果	耐荫	主要特点
野棉花	√				夏季观花，引种较早
岩白菜	√	√			观叶地被，叶型特别
橐吾	√	√			叶型奇特，北京植物园有引种
大黄		√			叶型奇特，有引种
风斗菜		√			叶片硕大，耐荫
珍珠菜	√			√	有黄叶品种，花叶俱美
鱼腥草		√			花叶品种是很有特色的观叶地被
紫露草	√	√			稍耐荫，花色品种多，有引种
火炬花	√	√			花叶俱美，夏花地被
马蔺	√	√			应用较早，可增加应用白花马蔺等其他品种
车前草		√			大叶品种叶型美，有紫叶品种，北京目前尚未见应用
匍匐筋骨草	√	√			叶片秀丽，可应用于庭院岩石园
小冠花	√	√			目前有少量应用
紫花苜蓿	√	√			公园绿地有少量应用
紫菀	√				品种花色很多，作大量地表种植时效果非常优美
地榆			√		观果地被
委陵菜	√	√			北京有多个野生种类可作地被应用，目前还引进了少量园艺品种
求米草		√		√	自然野生种，已开始有引种
马兜铃	√	√			叶、花奇特秀丽，目前尚无应用，可推广
薯蓣	√				原为块根作物，可作地被，效果不错。北京有野生
旋覆花	√				在北京以自然野生为主，已有引种栽培
蒲公英	√				野生种春花地被
糙叶黄芪	√				野生地被，耐旱
紫花地丁	√	√		√	野生种，目前有人工引种栽培，其他野生种类如早开堇菜、斑叶堇菜等具同样观赏价值。耐荫，夏季覆盖地面表现好，可推荐为奥运期间使用
点地梅	√				野生种
沙参	√			√	北京野生的多歧沙参、石沙参等都有很好的观花效果，由于花期易倒伏，用于坡地效果最好，目前有引种
多花胡枝子	√			√	野生种，香山公园有栽培引种
甘野菊	√				野生种类，现已有一定面积应用
小红菊	√				野生种类，香山有应用
花木蓝	√			√	野生种，观花效果好，可推广应用
猕猴桃		√	√		目前仅见作棚架绿化，可推广为地被
南蛇藤		√	√	√	目前应用少，可作为木本地被推广
葛藤		√			北京有野生资源，可推广作野生地被

（续）

种 类	观 花	观 叶	观 果	耐 荫	主 要 特 点
蝙蝠葛		√			野生种类
葎叶蛇葡萄		√			野生藤本，在山石边等有应用
地 锦		√		√	美国地锦和中国地锦，覆盖效果都很好
常春藤		√		√	在北京建筑物前小气候好的地区应用，叶形叶色秀丽
金银花	√			√	在坡地作地被应用
矮紫薇	√				尚未见有作地被应用，可推广
铺地柏		√			常绿木本地被，在北京绿地中有应用
长春蔓	√	√			在北京部分绿地有少量应用，要求一定养护管理
沙地柏		√			在北京绿地、坡地、干旱地区常见应用
箬 竹		√		√	还有鹅毛竹、倭竹等种类，在边角地、公园有应用
水栒子	√	√			有少量应用
平枝栒子		√	√		木本地被，铺地效果好，北京有少量应用
枸 杞	√		√		在北京有栽培应用，也有野生群落
倭海棠	√		√		优良的观花、果，木本地被，目前北京有引种，但尚未作地被应用，可进一步推广
络 石		√			要求一定的小环境，有引种
绣线菊	√				观叶类的金山、金焰绣线菊、日本绣线菊，乡土种类三裂绣线菊、柔毛绣线菊等都可作地被应用
金露梅	√				尚未见有作地被应用，可推广
虎 杖					观叶地被
迎 春	√		√	√	可作为木本地被进一步应用
莸	√	√			观叶地被，金叶品种尤其漂亮
雪 果			√		观果
忍冬类	√		√		有多个品种，藤本
小檗类		√	√		北京常见的几种小檗均可作地被
麦 李	√	√			观花
欧 李	√		√		可作观花兼观果地被
大叶铁线莲	√				夏季花叶秀丽，其他藤本种类如芹叶铁线莲、棉团铁线莲等野生种类生长强健，可作地被
山荞麦	√			√	藤本地被，花期夏季
圆锥八仙花	√				稍耐荫
大花八仙花	√				稍耐荫
安娜贝利八仙花	√				可作宿根栽培，花朵硕大
小叶黄杨		√		√	可作常绿地被应用
红瑞木		√	√		有多个种类，枝干颜色变化不同
野蔷薇	√		√		花朵美丽
矮紫杉		√	√		部分苗圃有引种
红雪果			√		可作观果地被，北京有引种，但尚未作地被应用
爬行卫矛		√		√	即“扶芳藤”，在北京边角绿地，常绿树下有应用

3 北京地被植物应用前景分析

3.1 乡土地被植物资源丰富，应用前景广阔

北京地区属暖温带半湿润气候，地被植物种类十分丰富。据不完全统计，北京乡土地被植物种类有近200多种，观赏效果较好的也近百种。乡土地被和自然生长的地被植物广泛分布在城乡结合部、风景区，对北京园林绿化具有重要的实用价值。许多地被植物具有较高的资源价值和应用价值；还有一些优美的观花种类，如花木兰、委陵菜、三裂绣线菊、沙参、狗哇花、甘野菊、小红菊等；更有一批水土保持植物种类，如荆条、蚂蚱腿子、多花胡枝子等，在陡坡山区发挥重要作用。而且植物生态类型多样，有生长在平原干旱地区糙叶黄芪、苦菜等，有在香山等山林地区生长的耐弱光、生长于阴湿环境的中华秋海棠、牛耳草、求米草等。只要加强管理保护研究，可以提供丰富的地被种类供选择。

3.2 在城市绿地中的边角地、间隙地绿化中，地被植物有望大展身手

地被植物在管理上比草坪简便，不需要经常修剪，病虫害少，浇水遍次少；很适合在城市中的坡地、间隙地绿化应用；因为这些地区往往使用园林机械不便，水源较远。麦冬、扶芳藤、沙地柏等，它们都很适合城市绿地中的坡地、间隙地绿化。

3.3 野生乡土地被和人工草坪形成混合型草地将得到重新认识

对于混合草地，我们一般采取两种方法，有条件和经费的，尽量拔除野草；而失管的区域，则听之任之。其实这一类混合型草地有的景观效果很好，如草地早熟禾与蒲公英、紫花地丁、二月蓝、点地梅混生，野牛草和苔草、野豌豆、糙叶黄耆、米口袋、蒲公英混生，苔草与蛇莓、求米草混生等，群落稳定，又可观花，需要我们重新认识，保护利用，适当管理。

3.4 混合草地被将会大受欢迎

地被植物混合种植，可以扬长避短。许多地被优点突出，缺点也明显，如二月蓝，在观赏了4～5月惊心动魄的花海后，我们不得不忍受它在6月期间表现出来的一片枯黄衰败；白三叶曾经在一段时间推广的相当好，但是它对碱性土壤不适应在几年后慢慢表现出来；小冠花、紫花苜蓿曾经被推荐在古树下种植，但是它们在幼苗期生长缓慢，也着实让人心焦。因此，将地被植物混合应用，或和草坪植物混合使用，可以优势互补。近几年草坪公司推出欧美盛行的野花组合，将多种一、二年生植物和多年生植物配合使用，优势互补，是可以借鉴的思路。我们根据自己的季候特点和需要，也能调配出适合北京使用的地被组合。目前观察效果比较好，可以参照的自然群落就有很多，如野牛草与蒲公英、野豌豆、紫花地丁、点地梅、田旋花形成的自然群落，观花效果好，而且由于野牛草不需经常修剪，单子叶植物和双子叶植物也可相安无事；再如多花胡枝子、花木蓝、蚂蚱腿子等形成坡地群落，有很好的水土保持和观花效果等等，都是值得借鉴的。参照自然群落配合的地被组合，可根据需要形成各种美景，更符合城市生态要求，并满足功能上的特殊要求。在施工方法上，可以利用喷播技术（可以喷播种子和小苗）来达到机械化高效作业的要求，这在日本等发达国家已经有了成功应用的经验。

3.5 地被植物将更广泛的应用在个性化小型绿地和庭院绿化中

如果没有丰富的地被植物，我们如何能满足个性化的小型绿地和庭院绿化的要求。小型绿地和庭院绿化可以使用大量的观花、观叶型地被植物，收到观花和地面覆盖双重效果。

3.6 木本类地被，值得发展

木本类地被无论是在管理简便性上、生态效益上都值得进一步发展。如箬竹、倭海棠、小叶黄杨、胡枝子、蚂蚱腿子等低矮灌木，表格中已列举很多，不再重复。木本地被还可通过修剪来控制高度；或通过选育低矮品种来定向培育地被型灌木。所以我们在设计中需要考虑长期的效果，木本地被，会在后期带来丰厚的回报。

参考文献

[1] 贺士元等．北京植物志．修订版．北京：北京出版社．1992

[2] 胡中华，刘师汉．草坪与地被植物．北京：中国林业出版社．1998

[3] 张金泉．植物地理学．重庆：重庆出版社．1989，144～332

作者简介：周肖红，女，1994 年毕业于北京林业大学园林系，长期从事地被植物调查应用研究，现任香山公园园艺队队长，高级工程师。

35　新型地被植物——观赏草

袁小环　滕文军　武菊英

（北京农林科学院草业中心，北京　100089）

摘要： 观赏草自引入中国以来受到广泛关注和普遍好评。本文介绍了观赏草的研究现状以及适宜用作地被植物的观赏草的种类和特性，论述了观赏草的发展前景和应用中应该注意的问题。

关键词： 地被植物　观赏草

地被植物（ground-cover plants，ground covers）是一类低矮的植物群体（一般株高 50cm 以下），在园林园艺学科中主要包括草本花卉、蕨类、小灌木和藤本。因为它们能很好地覆盖地面，除了满足“黄土不露天”的园林绿化要求外，还具有防止杂草滋生、美化景观的作用。

草坪草也符合地被植物的定义，但通常另列为一类。20 世纪 80、90 年代冷季型草坪草得到大量应用，它们像致密的绿毯一样覆盖着城市大大小小的地块，草本花卉等传统的地被植物则锦上添花般成为大地的点缀。

随着冷季型草坪日益表现出费水、费工、病虫害严重的问题，多种多样地被植物的开发和应用受到广大园林园艺工作者的关注，这是一件好事，说明我们向自然的法则和生态的原则又前进了一步。

1　观赏草研究进展

在形形色色的地被植物大观园中，有一类植物尚未被人们充分认识——观赏草。观赏草是具有观赏价值的多年生单子叶草本植物的总称，以禾本科和莎草科的植物为主，也有冷季型和暖季型的分别。部分冷季型观赏草对北京夏季高温的适应能力不强，如银边草（*Arrhenatherum elatius* var. *tuberosum* f. *variegatum*），会出现休眠现象，景观效果降低。暖季型观赏草能很好地适应北京的气候，自然降雨条件下即能正常的生长发育，病虫害少，管理简便，符合环保生态的园林发展趋势。

观赏草于 20 世纪 70、80 年代兴起于欧、澳、美等国家，如今已在一些国家的园林中得到广泛应用。虽然观赏草进入中国只是近几年的事情，但由于它们生性强健、具有质朴自然的气质和飘逸雅致的艺术美感，一经出现就受到业内人士的赏识，显示出广阔的发展前景。

目前国内对观赏草的研究集中在育种方面，主要包括国外引种和本地草种选育两种途径。研究路径为：栽培成活——生产繁殖——性状观察——园林应用定位——区域试验。针对北京冬冷夏热的气候特点，引种主要考虑能不能正常越冬、越夏，如日本血草（*Imperata cylindrical*‘Rubra’）不能室外越冬，引种失败；而自英国引进的银边草（*Arrhenatherum elatius* var. *tuberosum* f. *variegatum*）夏季休眠。我国有丰富的草种资源，其中相当一部分有良好的园林应用前景，北京草业与环境研究发展中心已成功选育出大油芒、野古草、野青茅、青绿苔草等应用于北京的园林绿化，表现良好。在建立观赏草资源圃的基础上，观赏草特别是暖季型观赏草的一个显著特点是抗旱性强，对于北京这样严重缺水的城市加大本地草种选育的同时，进一步杂交育种是中国观赏草育种的发展方向。

建立节水型园林具有积极的意义。因此，观赏草的需水规律、抗旱观赏草的筛选研究也具有现实意义。据试验，大部分暖季型观赏草如大油芒、画眉草、野古草、须芒草、芒等在北京自然降水条件下不需灌溉可正常生长发育。

2 适宜用作地被植物的观赏草简介

2.1 冷季型观赏草

发草 *Deschampsia caespitosa*（L.）Beauv.：株高30~50cm。叶片狭细，深绿色，密簇丛生，早春即开始生长。圆锥花序开展，突出植株约50cm，淡绿色，花期5~6月。片植、盆栽或作镶边材料。适宜中性或弱酸性土壤，稍耐盐碱。耐霜冻，不耐涝，全日照或部分荫蔽长势最好。

银边草 *Arrhenatherum elatius* var. *tuberosum* f. *variegatum*：植株密集簇生，高约30cm，条形叶片具银边，很好的花带、花坛和花境材料。生性强健，易于繁殖。在北京夏季高温休眠，9月重发新叶，整个秋季生长。

蓝羊茅 *Festuca glauca* L.：株高40cm。叶片狭细，蓝绿色，春、秋季节为蓝色。圆锥花序，开花期5月。适宜用作盆栽、片植或镶边。中性或弱酸性疏松土壤长势最好，稍耐盐碱。在持续干旱时应适当浇水。

细茎针茅 *Stipa bungeana* Trin. ex Bge.：株高40~60cm。叶片卷缩成线状，细而长，韧而柔，亮绿色。穗状花序，花期4~6月。本种花、叶柔美，适宜孤植或片植。能够适应北京夏季的高温，即使秋季叶片枯黄仍很可观。喜光，耐寒、耐贫瘠、耐旱性都很强。

2.2 暖季型观赏草

青绿苔草 *Carex leucochlora* Bunge.：叶片青绿色，细腻柔美，丛生状，非常适宜作地被。适应性强，全光至荫蔽生长均好。

画眉草 *Eragrostis curvula*（Schrad.）Nees.：株高30~50cm。花期6~10月，开放型圆锥花序长约40cm，展开度80~100cm。孤植，或用于花带、花境配置。喜光，耐贫瘠、耐旱。应用广泛。

蓝羊草 *Leymus chinensis*（Trin.）Tzvel.：植株成疏丛状，秆易倒伏而形成枝叶铺地的效果，可修剪以促使分蘖。叶片灰蓝色。花、果期6~8月。耐旱耐寒，耐践踏，抗逆性极强。非常适宜于公路护坡种植。

滨麦 *Elymus hispidus*（Opiz）Meld.：株形紧凑、直立、整齐，叶子蓝色。没有欧滨麦的入侵习性。喜光，适应性强。

花叶芒 *Miscanthus sinensis*‘Variegatus’Anderss.：幼株高约50cm，散丛生。叶弧形，有国兰风韵，亮绿色，有白色纵条纹。花序白色略带红色，聚生茎尖，秋季变为褐色。叶色鲜艳而植株健壮，丛植或与花卉配置均宜。耐霜冻，喜光照不耐湿涝。

以上介绍的观赏草是严格意义上的地被植物，一般株高不超过50cm。但观赏草的形态特点使植株高大的种类也具有很好的覆盖地面的效果，如具有密集丛生条形叶的狼尾草、拂子茅和芨芨草3个属的种类，它们开花后在园林景观中具有较高的视觉位（1.0~2.0m），作地被的同时发挥着灌木的生态效益。

3 观赏草在园林应用中应注意的问题

观赏草用作地被为园林绿地增加了动感和季相变化，往往使平凡的地块变得生机勃勃。它们的日常管理比较简便，一般不需额外的灌溉、施肥等养护措施。很多观赏草冬季枯黄后仍保持原有的形状，表现较好的景观效果，在无需考虑防火的情况下可以保留，待来年开春再从植株基部剪去。观赏草大多丛状生长，分蘖产生的速度快，冠幅也随之增大。一般在种植后的第二、第三年达到最好的景观效果，第四、五年需要分株或间苗进行调整。

地被观赏草应用于园林，大多数情况下与其他植物一起美化环境，需要考虑各种植物的生物生态特点实现优势互补。比较而言，暖季型观赏草春天萌芽晚，前期生长慢，需要配置春天开花的植物。冷季型观赏草夏季表现欠佳，配置夏花植物将是明智的选择。总而言之，充分利用各种植物的时间变化最好的填充空间，在简便管理的养护水平下，使得景观满而不盈，日日常新。

参考文献

[1] 北京林业大学花卉教研室．花卉学．北京：中国林业出版社，1990

[2] 中国农业百科全书观赏园艺卷编辑委员会．中国农业百科全书·观赏园艺卷，北京：中国农业出版社，1996

[3] 武菊英，王国进．可持续旱景园林与观赏草．科技潮，2003（10）

[4] 武菊英，观赏草：为花园设计注入新的活力．中国花卉园艺，2003（15）

[5] ［美］兰西J·奥德诺著，刘建秀译．观赏草及其景观配置．北京：中国林业出版社，2003

[6] Peter Loewer. Step-by-step：ornamental grasses，Meredith Corporation，Des Moines，Iowa，1995

[7] Roger Grounds，the plantfinder's cuide to ornamental grasses，David & Charles Publishers，1998

作者简介： 袁小环（1975~），女，园林植物与观赏艺术专业博士，现从事观赏草与地被植物的生进生态和园林应用研究。Email：dsyxh@sohu.com，sunringner@163.com

36　景天植物在轻型屋顶绿化上的应用

赵定国[1]　薛伟成[2]

（1. 上海市农业科学院生态环境保护研究所　201106；2. 上海市农业科学院屋顶绿化实验基地）

摘要：屋顶绿化最大的困难是轻型屋顶绿化。上海市农业科学院发明的佛甲草屋顶绿化技术，在屋顶水泥板5cm基质上铺植佛甲草苗块，基本不需要浇水、施肥、修剪、除草和防治病、虫、草害等管理措施下，也可以达到常年景观效果，解决了大面积轻型屋顶绿化的难题。针对佛甲草的缺点，又研究成功将多种彩色景天属植物用于轻型屋顶绿化的技术，可以使轻型屋顶绿化更美丽。

关键词：景天植物　彩色草种　屋顶绿化　轻型屋顶

无论登上哪个城市高大建筑物或坐车经过高架路、高架轨道鸟瞰周围，整片整片黑色的、灰色的平屋顶会展现在眼前，掩盖了现代城市越来越漂亮美丽的地面景观，是一大憾事。一方面是化万元以上的经费建设城市中心区的地面绿化，另一方面却是大量可用轻型平屋顶浪费。

屋顶绿化和地面绿化一样具有美化环境、净化空气、降低噪音、减少环境污染、提高城市排蓄水功能和缓解热岛效应等作用。屋顶绿化还有地面绿化不具备的作用，其不但具有改变现代城市鸟瞰形象、丰富城市立体景观、调节人们的心理和视觉感受的效果，还具有隔热降温、隔热保温、改善建筑物环境小气候、提高建筑物防水层使用寿命、节约能源降低城市用电压力等作用。屋顶绿化也是一种城市扩大而失去土地资源的补偿。但是，屋顶绿化比地面绿化在技术上困难的多。

1　一般屋顶绿化难以大面积推广

1.1　受屋顶负荷限制建设困难

以土重$2t/m^3$计算，屋顶$1m^2$铺50cm的土就增加负荷1t。如果建设$1000m^2$增加的负荷将达到1000t。就是用人工配制土，以0.6系数折算，增加的负荷也将达到600t，其中还没有包括植物成长的重量。这还仅限于种植灌木类植物，就是种植一般草类，土层也需要20cm。这些材料重量的增加，如果屋顶原先没有这方面的设计，将使建筑结构受力不平衡，带来破坏建筑的隐患。这种隐患当时不一定会反映出来。

1.2　生态环境恶劣一般植物难以成活

夏天强光照，冬天强冷风，特别是空气流动量大，水分挥发损失快，没有地下水可以持续供应，一般植物容易失水难以很好生长。

1.3　管理困难

一般种植的植物都需要浇水、施肥、修剪、除草和防治病、虫害等管理措施。许多屋顶难以上人，屋顶绿化面积小，管理问题不会很大。面积大了，这些管理就非常麻烦。特别是水资源缺少的城市管理更困难。

1.4 一般屋顶绿化建设费用大难以大面积推广

以上海复新屠宰场为例。其投资了1400万元建设了1.4万m^2的屋顶绿化，建设成本达到1000元/m^2。建设后不但每天需要10个人养护管理，还要支出大量水费、设备费和农药、肥料费用等。这种绿化方式非常好，但如此高的费用支出对许多单位来说是难以承受的，当然也难以推广的。

2 佛甲草屋顶绿化技术解决了大面积轻型屋顶绿化的难题

屋顶绿化最大的困难是轻型屋顶绿化。轻型屋顶绿化指的是负荷小于200kg的屋顶进行绿化。其最大的困难一是负荷限制大。以土重2t/m^3计算，屋顶只能放上10cm/m^2的土。要在水泥屋顶10cm的土种植植物是相当困难的。二是管理非常不便。这种轻型屋顶往往没有上人或难以上人。三是面积巨大。除了居民住房外，20世纪70年代后大量建造的医院、学校、机关、大楼裙房以及厂房等等大部分都是这个类型，最影响城市鸟瞰景观。

针对大面积轻型屋顶绿化的难题，上海市农业科学院生态环境保护科学研究所赵定国等经过多年试验研究，已经研究出一套适用于轻型平屋顶绿化的技术，获得了国家发明和实用新型专利，并通过了上海市高新技术转化项目认证。现将基本情况介绍如下。

2.1 选择了适用于屋顶特殊生态环境的植物——佛甲草

佛甲草属景天科景天属。它在自然屋顶状况下生长良好。上海市区和郊区的老房子房顶上有自然种分布。它们生长在屋檐落水上或2瓦片间由雨水聚成的灰尘堆积物上。四季生长，春秋开黄花。连续不降雨不会死亡，只是有些萎缩，停止生长。下雨后，水分充足又生长，匍匐扩展，沿屋檐下垂，长达30cm左右。它们在自然屋面无人管理下生长，长势良好。老房子屋顶难得上人，屋檐更少动它，自生自繁几十年，一年四季生长见绿。

佛甲草极耐干旱和高温。上海实验时将佛甲草种植在平屋顶上，基质厚1cm。2000年夏旱期7月中旬后20天不下雨，连续高气温35～40℃，屋面温度50～55℃，基质干得能用火点着的情况下，该草不死亡，只是有些萎蔫，叶色有些发白。下雨后，该草又开始泛绿生长。能抗低温。上海1月气温－3℃，屋面温度－5℃，有严重霜打，整个基质和草被全部冻住，一碰佛甲草，草就断裂掉下。但此草不死亡，只是顶部叶片和茎秆变成深绿褐色，略微影响景观。冬天时近地面茎节上长有密密麻麻的小苗，绿意盎然。春天开冻，苗即恢复生长，二月就见小绿苗伸出受过冻的老茎叶之上，形成一片绿绿的绿草毯。北京冬天的气温比上海更低，时间更长，佛甲草在屋顶上也冻不死。

无需厚基质种植，减轻平屋面负荷。该草可以采取不用或少用土壤的人工轻型基质栽培，种植层在5cm左右已经足够。80%草根网状交织分布在2cm的基质内，形成草根和基质整体板块。可防雨水冲刷掉基质。

根系无穿透力，不会破坏屋面结构。该草的根系弱又细，扎根浅，平面生长，网状分布，没有穿透屋面防水层的能力。

基本无需管理，自生自繁。该草匍匐生长，每条茎的叶节上都能长出小苗，着地生根。小苗吸取老茎叶的营养。老茎叶被小苗利用后不是枯黄，而且萎缩，所以不会形成枯草层而影响美观或容易着火。草的高度不会超过20cm，长高后会倒下再生出小苗，故不需要修剪。草上可能会再长出些杂草，但是许多情况下这些杂草会因严重干旱而自然死亡。有蚜虫发生，草苗和基质也会带上些田间小虫，种植后打些农药即能消除。有时会有季节性迁移虫害发生，例如斜纹夜蛾，也是容易防治的。总之，基本无需管理，种上屋顶后，基本不需浇水、施肥、除草、修剪，自然生长良好。

佛甲草作为轻型屋顶绿化材料，已在上海、深圳、长沙等市应用，北京试用基本成功。

2.2　采用了无纺布根系加强法

单有好的草种，没有合理的相关技术可能难以体现其实用价值。本项技术利用无纺布整块轻盈、经纬拉力小、可塑性小、易光解、具有保护种植基质、防病、防虫、防草害等优点，生产以无纺布为载体的佛甲草苗块，可以克服佛甲草根系无拉力、难以形成大面积整块形状等弱点，达到短期内可大面积整块铺植、防止杂草、减少运输费用等目的。

经研究和试验证明，无纺布可以扬景天科景天属植物的优点避其弱点，达到草坪铺植的理想要求。采用无纺布的好处是：①无纺布具备拉力小的特点，且无经纬拉力，便于植物根系穿透，不影响草坪植物功能根系生长；②无纺布可塑性小，冷、暖、干、湿等对无纺布的可塑性影响不大，不会粘连住植物根系而影响根系功能；③一般无纺布易受光裂解，不会影响长大的植物生长，不会造成环境污染问题；④无纺布通气，不影响无纺布下种植基质水肥供应状况，有利植物正常生长；⑤无纺布与种植基质间会形成一定的空间，阻断上升水流向上散失的通道，从而起到保持水分的作用；⑥无纺布形成保护层，保护种植基质不会被大雨冲掉；⑦无纺布还具有一定防止病、虫、草害的作用。用无纺布来加强草坪植物的根系拉力，使草坪植物在短期内迅速长成大面积整块，便于规模化、规范化生产。这样可以达到缩短培植时间；整块搬运，减少运输费用；大面积整块铺植，减少铺植用工，并可以达到一夜成坪效果。

3　景天属植物在轻型屋顶绿化上的发展

3.1　可以用到轻型屋顶绿化上的佛甲草或景天属植物的选择

景天科景天属植物有许多品种，单带有佛甲草之名的就有 20 多种。如：佛甲草（*Sedum lineare* Tnunb）、日本佛甲草（*Sedum japonicum* Sieb. ex Mig）、珠芽佛甲草（*Sedum bulbiferum* Makino）、凹叶佛甲草（*Sedum emargina tum* Migo）、长圆佛甲草（*Sedum engleri* Hamet）、白果佛甲（*Sedum leucocarpum* Franch）、多茎佛甲草（*Sedum multiaude* Wall. ex Lindl）、圆叶佛甲草（*Sedum makinoi* Maxim）、藓状佛甲草（*Sedum polytrichoides* Hemsl）、短蕊佛甲草（*Sedum yvesii* Hanet）、红子佛甲草（*Sedum erythrospermum* Hayata）、小萼佛甲草（*Sedum microsepalum* Hayata）、能高佛甲草（*Sedum mokoense* Yamamoto）、东南佛甲草（*Sedum alfredii* Han）、等萼佛甲草（*Sedum triangulosepalum* Liu et Chung）、玉山佛甲草（*Sedum morrisonesnse* Hayata）、疏花佛甲草（*Sedum uniflorum* HK. et Arn.）、对叶佛甲草（*Sedum baileyi* Praeg）、截柱佛甲草（*Sedum truncalis tigmum* Liuet Chung）、石碇佛甲草（*Sedum sekiteiense* Yamamoto）、星果佛甲草（*Sedum actinocarpum* Yamamoto）、合果佛甲草（*Sedum concarpum* Frod）、齿圆佛甲草（*Sedum engleri var. dentatum* S. H. Fu[7]）、银边佛甲草（*Sedum lineare* Thunb. cv. Varigatum[8]）等。

由于带有佛甲草名的草很多，在全国分布面广，地域跨度大，所以其有许多别名和叫法，也是有些其他草的俗名。文献可以查到的有：垂盆草、佛指甲、铁指甲、狗芽菜、豆瓣菜、狗芽瓣、石头菜、金刺插、爬景天、卧茎景天、火连草、金钱桂、水马齿苋、野马齿苋、豆瓣子菜石板菜、匍行景天、狗牙草、日本景天、黄花方、小萼景天、台岛景天、台湾景天、黄花万年草、远齿粗壮景天、鼠牙半支莲、禾雀月利、麻雀花、细叶打不死火焰草、万年草、午时花、小叶刀火欣草等等。

带有佛甲草名的草品种繁多，不是非常专业的人员难以区分。虽然它们都带有佛甲草的名，其实他们的种性有很大差异，不是什么佛甲草都可以用到轻型屋顶绿化上的。

3.2 目前正在推广用于轻型屋顶绿化上的佛甲草只是景天属的一个品种

目前在北京、上海、深圳、长沙等地轻型屋顶绿化上成功使用的只是景天属中的一个品种—佛甲草（*Sedum lineare* Tnunb）。

佛甲草（*Sedum lineare*）名见《图经本草》。李时珍曰，二月生苗成丛。高四五寸。脆茎细叶，柔泽如马齿苋，尖长而小，夏日开花，经霜侧枯。人多栽于石山瓦墙上，呼用“佛甲草”。佛甲草生于山野，多年生。茎肉质多汁。多数丛生。倾卧于地之部分，节节生根。叶线状而多肉，淡绿色，3 片轮生。初夏枝梢开花，黄色，花瓣 5 片，雄蕊与花瓣同数（见《植物学大辞典》1918 年）。佛甲草属于种子植物门被子植物亚门双子叶植物纲古生花被类亚纲蔷薇类目景天科景天属（见《中国植物图鉴》1955 年）。佛甲草是多年生草本，无毛。茎高 10 ~ 20cm。3 叶轮生，少有 4 叶轮生，叶线形，长 2.0 ~ 2.5cm，宽约 2mm，先端钝尖，茎部无柄，有短距。花序聚伞状，顶生，疏生花，宽 4 ~ 8cm，中央有一朵短梗花，另有 2 ~ 3 分枝，分枝常有再 2 分枝，着生花无梗；萼片 5，线状披针形，长 1.5 ~ 7mm，不等长，不具距，有时有短矩，先端钝；花瓣 5，花色，披针形长4 ~ 6mm，花端钝尖，茎部稍狭；雄蕊 10，较花瓣短；鳞片 5，宽楔形至四方形，长 0.5mm；骨突略叉开，长 4 ~ 5mm，花柱短。种子小。花期 4 ~ 5 月，果期 6 ~ 7 月（见《中国植物志》1984 年）。

佛甲草是一味草药，全草药用。外敷：将其捣烂外敷，可治诸病毒，头面肿胀，毒虫螯伤，汤、火烫伤，伤口出血等。内服：捣烂取汁，内服能退热、止渴、止赤白痢、止泻。作漱口液能消咽喉口舌肿。亦可作滴眼用，能消眼肿和角膜生斑翳。

3.3 佛甲草的缺点

佛甲草运用于轻型屋顶绿化已基本成功，但其还存在品种单一、颜色单一的不足之处。只有品种的多样性才有植物群落的稳定性。佛甲草的种性总有随气候变化呈现消长情况，单一品种也难以适应突然的自然变化。佛甲草只有一种绿色，景观上跟不上需要。所以需要选育和培养更多不同颜色的品种。

3.4 多种景天属植物用于轻型屋顶绿化已经研究成功

上海市农业科学院通过 4 年的研究，从几十种国内外材料中发现，在少管理的情况下只有景天属植物的某些品种较为适宜作为轻型屋顶绿化的材料。目前已经选育出多种景天属植物，可以运用到轻型屋顶绿化上。这些材料的植物性状、形状、颜色与佛甲草有差异。同时发现，景天属植物也有冷、暖季性之分。由于这些材料的性状、形状、颜色各不相同，可以互相取长补短，可以与佛甲草（*Sedum lineare* Tnunb）合理配置用于屋顶，达到勾勒美丽图案的效果，使轻型屋顶绿化四季更漂亮、更美丽。

4 结论

（1）佛甲草屋顶绿化及其一次成坪技术解决了大面积轻型屋顶绿化的难题。

（2）佛甲草轻型屋顶绿化还存在品种单一、颜色单一的不足之处。

（3）上海市农业科学院已经研究成功多种性状、形状、颜色各不相同的景天属植物材料可用于轻型屋顶绿化，可以使轻型屋顶绿化四季更漂亮、更美丽。

（4）至今为止的研究和考查证明，景天科景天属植物的多种品种可以运用于屋顶绿化、地面绿化，也可以运用于立体绿化、室内绿化，物美价廉，管理方便，具有生态景观效应，是值得推广和应用的植物材料。

参考文献

[1] 赵定国，李桥，艾侠等．屋顶绿化的好材料—佛甲草初考．上海农业学报，2001，17（4）：58~59
[2] 赵定国．21 世纪城市绿化的新景观＝屋顶绿化．草原与草坪，2001.3
[3] 赵定国，薛伟成．轻型平屋顶绿化技术，中国科技发展论坛．北京：国防工业出版社，2005
[4] 赵定国．屋顶绿化及轻型平屋顶绿化技术．中国建筑防水，2004.4
[5] 赵定国，曹逸．一次成坪解决屋顶绿化技术难题．中国花卉园艺，2004（18）：10~11
[6] 赵定国．屋顶绿化一次成坪技术．建筑建材资讯，2003 年 8 期
[7] 赵定国．无纺布根系加强法在草坪绿化上的运用．2003 年国际无纺布大会论文中国论坛，上海世贸中心
[8] 赵定国，陈培昶．城市草坪施肥与防治病虫草害．园林，2001.11
[9] 中国植物充编委会．中国植物志，北京：科学出版社，1984 年第 34 卷第一分册：144
[10] 孙庆荣、吴德亮、李祥麟等，植物学大辞典，上海：商务印书馆，1982.。
[11] 贾祖璋，贾祖珊．中国植物图鉴．北京：农业出版社，1955
[12] 作者拉汉英种子植物名称．北京：科学出版社，1983 年 492~493
[13] 中国科学院植物研究所编．新编拉汉英植物名称．北京：航空工业出版社，1996
[14] 中国科学院编译出版委员会名词室编订．拉汉种子植物名称（补编）．北京：科学出版社，1959
[15] 靳淑英编．中国高等植物模式标本汇编．北京：科学出版社，1994 年
[16] 上海科学院编著．上海植物志．上海：上海科学技术文献出版社，1999 年
[17] 中国科学院昆明植物研究所．云南植物志．北京：科学出版社，第八卷，1997 年
[18] 中国科学院西北植物研究所编著．秦岭植物志．北京：科学出版社，第 1 卷第 2 册，1974
[19] 湖北省植物研究所编．武汉：湖北植物志．1972 年
[20] 作者中国高等植物图鉴．北京：科学出版社．1972 年
[21] 中国科学院编译出版委员会名词室．拉汉种子植物名称．北京：科学出版社，1959
[22] 江苏省植物研究所编．江苏植物志．南京：江苏科学技术出版社，1982
[23] 中国科学院华南植物研究所编．广东植物志．广州：广东科技出版社，1995
[24] 第二军医大学药学系生药学教研室编著．中国药用植物图鉴．上海：上海教育出版社，1960
[25] 韦直，何业祺．浙江植物志第三卷．杭州：浙江科学技术出版社，1993
[26] 贺士元，邢其华，尹祖棠编．北京植物志上册．北京：北京出版社，1984
[27] 中华人民共和国商业部土产废品局．中国科学院植物研究所合编．中国经济植物志．北京：科学出版社，1961
[28] ［清］吴其睿著．植物名实考．上海：商务印书馆，1957
[29] 倪同良．楼房屋顶绿化的首选植物垂盆草．绿化与生活，1997，（4）：10

作者简介：赵定国（1950~），男，高级农艺师，主要从事轻型屋顶绿化工作。E-mail：kk3@scas.sh.cn 021－62208566

37 栒子属植物在园林绿化中用作地被的探讨

史燕山 骆建霞

（天津农学院园艺系，天津 300384）

摘要：文中概括介绍了栒子属植物的生物学特性及其在国内外园林绿化中应用及研究的情况，提出了在我国加强栒子应用及研究的一些看法，并对当前可用于地被绿化及盆景制作的一些栒子种进行了较详细地描述。

关键词：地被 栒子属 绿化

1 栒子属植物简介

栒子，即蔷薇科栒子属的植物，栒子的名字“*Cotonester*”源自于希腊文“*Kotoneon*”（温桲）和拉丁文“*adistar*”（相似），其实看不出栒子与温桲有多少相似之处。栒子属植物包括90余种，分布于亚洲、欧洲和北非的温带地区，其中心分布区位于我国西部及喜马拉雅山脉地区。我国分布50余种[1,2]。

栒子属不同种植物的生长习性有很大差异：有的能长成15～20m高的乔木（*Cotonester frigidus* 耐寒栒子），有的是低矮的亚高山匍匐灌木（*C. radicans* 长柄矮生栒子）；起源于寒冷地区的为落叶种（水栒子 *C. multiflorus*），而起源于温暖地区的种大多是常绿或半常绿的（西南栒子 *C. fanchetii*）；当然落叶与常绿两类栒子之间的抗寒性有着很大差异，一般常绿栒子要求冬季最低温度较高，落叶栒子则可耐约－20℃的低温，有一种原产西伯利亚贝加尔湖畔的栒子（贝加尔栒子 *C. lucidus*）可耐－20℃以下的低温，在俄罗斯常见种植。另外不同种的栒子在叶片的形状、果实的颜色、花朵的颜色、植株形态等方面都有明显的不同。栒子属不同种类在生物学特性上的差异为我们选择适宜不同环境条件的栒子创造了条件。栒子大多喜光，耐旱但不耐涝而要求土壤排水良好。有些种耐贫瘠和盐碱的土壤，条件适宜，植株生长旺盛，幼树新梢年生长长度可达1.5m以上。秋季鲜红的小浆果挂满枝头直至冬季，常引得一些小鸟光顾，使园林增添了几分自然色彩和野趣，成为栒子的一大看点。栒子繁殖采用扦插、播种均可。扦插可在夏末或春季进行；种子在播种前需进行层基处理以满足低温要求。有些种具有无融合（单性生殖）生殖特性，所以种子繁殖后代的遗传基础一般与母本是一致的，而它们的远缘杂交种则会表现出某种程度变异。

2 国内外栒子属植物应用研究的印象

许多栒子属植物属匍匐灌本，株高在1m以下，有的只有20～30cm高（黄杨叶栒子的变种 *C. buxifolius* var. *cochleatus* 20cm、匍匐栒子 *C. adpressus* 30cm）。它们既可覆盖在岩石表面，又可沿墙体表面生长形成瀑布状下垂，也可较大面积种植形成地毯状的铺地效果。因而在欧美的许多国家（英国、美国、加拿大等）都把栒子作为一类重要的地被和园林观赏植物在园林中大量应用，以至于许多人认为枸子属植物已经在大规模的园林绿地和家庭花园中种植过多，甚至个别种（*C. franchetii*）已从栽培植物群落溢出，依靠种子大量繁殖，对当地的植物群落造成侵害[3]。尽管如此，事实表明枸子属植物在欧美许多国家应用很多且确实是成功的。另外，由于许多栒子小巧的株形，亮绿的叶片（秋季变成红色），形似微型蔷薇的粉红或白色小花，秋冬季枝头红色或橘红色的果实等而被用作理想的盆景材料。

反观我国栒子属植物在园林绿化中的应用，无论是种类还是数量与欧美国家相比都相差甚远，这与我国是栒子起源中心地区的情况实不相符。许多原产我国的栒子资源早已在国外园林或育种工作中发挥重要作用，但这些宝贵的植物资源至今却仍悄无声息的沉睡在我国的丛山峻岭之中或保存在某些植物园内，期待着人们的开发应用。目前只有平枝栒子（*C. horizontalis*）、柳叶栒子（*C. salicifolius*）、多花栒子（*C. multiflorus*）等少数几种栒子在一些城市中零星种植。有关栒子的研究工作也很少[4,6]。据笔者查询，近些年来只有青海西宁园林植物园的李艳萍、云南植物研究所、北京市植物园的袁再富，北京彦霖源特种植物研究所等报道过他们有关栒子的研究工作。可见，在我国无论是栒子的应用还是研究工作都处于一种落后的状态。而实际上，栒子不管是用作地被还是做绿化灌木、或是做盆景植物材料都有其他植物所不能替代的独特韵味。其优点除了外部形态特征方面的观赏价值外，还表现为适应性较强。全国从南到北大部分地区都可以找到适合本地土壤气候条件的栒子种类。下面介绍一些国内外广泛种植或有可能在国内推广种植可用作地被的栒子种类，供有关人员在引种和研究时参考。

3　介绍几种栒子

（1）平枝栒子 *Cotonester horizontalis*　此种不仅在国内，在国外也是种植最广泛的，也称铺地蜈蚣。落叶或半常绿灌木，具匍匐性，主枝水平开张，侧枝排成二列也水平伸展，如蜈蚣腿的形式，节间不生根；叶近圆形至倒卵形，有光泽的绿叶铺满地面；花 1～2 朵生于叶腋，春季开满白色或粉色小花；6 月中旬即出现鲜红色果实，球形，径 4～6mm，经冬不落。分布于我国云南、贵州、四川、甘肃等地，是布置岩石园、庭院、绿地和沿墙、角隅的优良材料，也可制作盆景。本种在休眠期可耐 -15～20℃的低温，在北京有零星种植。

（2）匍匐栒子 *C. adpressus*　匍匐落叶灌木，高约 30cm。枝条先端有茸毛，节间短易生根；叶片较薄，阔卵至倒卵形，叶缘波状，叶面暗绿色，无毛，叶被幼时有毛；单花或成对小花春季开放，红色或粉色；果实球形，多汁，鲜红色。原产我国西部。此种植株高度低于平枝栒子，既可用作地被，也是制作盆景的好材料。本种在休眠期可耐 -10℃～-15℃的低温，上海有引种栽培。交通部科学研究院的科研人员曾选用此种植物用作公路护坡绿化。

（3）矮生栒子 *C. dammeri*　常绿匍匐灌木，高约 15cm，是栒子属中植株极矮的种。枝条较长，铺地生长，节间生根；叶片阔倒卵形至椭圆形，叶尖多为钝，叶面中叶脉下陷而叶背有些突出，叶背及叶柄均有稀毛；春末夏初开花，花色粉红，花径 9mm，单花或聚伞花序上着生 2～4 朵小花。秋季结果，果实红色，径 5～7mm，但结果少。喜光也耐荫，在国外栽培较多。可耐 -10℃～15℃的低温。此种原产我国湖北、甘肃、贵州、四川、西藏、云南等地。

（4）细尖栒子 *C. apiculatus*　落叶灌木，高 1m 左右，枝展 2m。株型紧密，呈馒头形，枝条呈弓形。叶片亮绿，近圆形或卵圆形，偶有阔倒卵形，6～15mm×5～13mm；晚春开花，单花粉红色；果实近圆形，红色，直径7～8mm。在排水量好、光照充足、中等温度环境条件中生长迅速，可耐－23℃的低温。此种在国外应用广泛，既可大面积覆盖地面，也可种植在岸边、坡地，有效的防止水土流失。还可以用作矮绿篱以及园林基础植物。原产我国甘肃、湖北、陕西、四川、云南。

（5）小叶栒子 *C. microphyllus* 常绿灌木，高1m。枝条较硬，平展生长，小枝红棕至黑棕色，幼枝具黄色短柔毛，逐渐光秃；叶片倒卵至长倒卵形，较厚且革质；5月底至6月初开花，小花1～3，花径8～10mm，白色；果实鲜红色，球形，直径5～6mm。原产我国西藏、四川、云南以及不丹、印度、尼泊尔、锡金等国家地区。云南植物研究所的研究人员将此种分为4个变种，即var. *microphyllus*、var. *thymifolius*、var. *glacialis* 和var. *cochleatus*。

（6）散生栒子 *C. divaricatus* 落叶灌木，较直立，成年植株可高达1～2m，但随树龄增长，外围枝条很快变为水平伸展呈铺地状。叶片亮浓绿色，椭圆或阔椭圆形，偶有倒卵形，0.7～2cm×0.5～1cm；春夏之交开花，花芽粉色，开后小花呈粉白色，单花或2～3朵成束，不修剪的成年树花量很大；果实红色，椭圆球形，直径5～7mm，冬季脱落。本种喜光，也可部分遮荫，在湿润、排水良好、全光照条件下生长茂盛，同时对贫瘠、干旱、中度盐碱等土壤均有较强的适应性，对土壤pH值的适应范围较大，较耐低温。

（7）白毛小叶栒子 *C. cochleatus* 常绿灌木，高30cm，枝条向下弯曲，铺地生长，节间生根；叶片阔椭圆形，叶尖钝，5～14mm×3～9mm；春季开花，花芽粉红色，开花后变白色，花径8～10mm；果实绯红色，单性生殖。原产四川、云南、不丹、尼泊尔等地区。耐－10℃～－15℃的低温。

（8）木帚栒子 *C. dielsianus* 落叶灌木，高1～2m，小枝灰黑或棕黑色，下垂形成伞状，梢端有密绒毛；叶片椭圆至卵圆形，1～2.5cm×0.8～1.5cm；6～7月开花，伞房花序，1.5～3cm着生小花3～7朵，小花直径6～7mm，粉红色；果实深红或珊瑚红色，近球形或倒卵球形，直径5～8mm。原产甘肃、贵州、湖北、四川、西藏、云南。较耐低温。

（9）长柄矮生栒子 *C. radicans* 有人将其划分为矮生栒子的变种。高约15cm，枝条较长，匍匐生长，节间生根；叶片倒卵至椭圆形直径1～15cm，叶面叶色正绿，幼叶有稀疏长毛，叶脉稍下陷，叶背初期具稀毛；春夏之交开花，单花或小花成对，粉红色，花径9mm；果实红色，种子3或4，多为4。分布于甘肃、湖北、四川、西藏。耐－10℃～－15℃的低温。

（10）*C. suecicus*‘Coral Beauty’ 常绿灌木，高50cm，枝展2m。6月开花，小花粉白色；果实橘红色。生长茂盛，适宜在岸边和其他乔灌木下作地被，喜光，耐中等遮荫。为快速覆盖地面，种植时株距可保持60cm。

（11）*C. hjelmqvistii* 半常绿灌木，高50cm左右，生长迅速。茎向两侧伸展形成人字形，覆盖地面能力较强。叶片椭圆或倒卵形，光滑的深亮绿色叶片到秋天转为亮红色，十分美丽；春季开花，小花量大，粉红色，非常吸引蜜蜂；秋天树上挂满亮红色的小浆果。定植时株距可为75cm。适应性较强，有较强的耐盐碱能力。此种除作地被外，还可经过整形作墙面覆盖。分布于英国北部至苏格兰中部等地。耐－20℃左右的低温。

栒子属植物不仅有着很高的观赏价值，而且许多种类还有着较强的适应性，像耐寒、耐旱、耐瘠薄、耐中度盐碱等。为什么原产我国的栒子在国外园林中大量应用，且已经培育出许多新的品种，而我们却对此不能充分利用呢？只要我们能选择出适应本地栽种的栒子类型，研究掌握栒子繁殖栽培的技术方法，就可能让栒子这种宝贵的植物资源在我国的园林绿化工作中发挥其应有的重要作用。

参考文献

[1] James Cullen, Sabina Knees, Suzanne Maxwell, et al. The European garden flora [M] Cambridge University Press 1995. 666 ~ 950

[2] Cuizhi Gu, Chaoluan Li, Crinan Alexander, et al. Flora of China FOC Vol. 9 96 ~ 108

[3] Gray J. Kling UI Plants: Woody ornamentals university of illinois at urbana-champaign

[4] 李艳萍. 栒子属植物的引种栽培. 林业实用技术，2002

[5] 朱家冉等. 拉英汉种子植物名称. 北京：科学出版社，2001

[6] 余树勋，吴应祥，花卉词典，北京：中国农业出版社，1993

作者简介：史燕山（1955 ~），男，江苏泗阳人，天津农学院园艺系教授、从事园林植物育种的教学和科研工作。

38　古城立交桥下地被、耐荫植物应用初探

陈宪章

（西安市园林绿化总公司，陕西　710032）

摘要：如何使立交桥下成为城市绿化一个新亮点，文章结合城市市政建设施工，就西安立交桥下地被耐荫植物在营造立地环境、选择适合桥下生长绿化植物品种和后期养护管理进行了初步探讨。

关键词：城市建设　立交桥下　耐荫植物选择　地形营造　管理

随着古城西安城市建设的快速发展，座座立交桥、高架桥已星罗棋布。可桥下如何利用一直是各级首脑们和设计大师关注的焦点。据笔者观察，就是首都北京立交桥下多采用地砖一铺了之，成为城市飞地。作为北方城市的西安，一开始也沿用硬铺装方法，理由是这么大的桥下，太荫，种植什么植物都不能成活。过去虽有尝试，但大多生长太差，失管夭折。时光进入2005年，西安市委和市政府，提出了按“国际化、市场化、人文化、生态化”发展的理念。立交桥下能否绿化美化，又被提上议事日程。结合当年的城市绿化设计规划，在总结往年失败的教训和去年试验桥下越冬植物成活的基础上，笔者本着跟近市政新建立交桥通车的完工的原则，由我公司进行了几座立交桥下5万余平方米地被耐荫植物栽植。截至目前，所栽种各类植物除个别之外，均生长良好，枝叶茂盛，鲜花似锦，成为古城一道靓丽的风景线。

一、桥下立地环境的营造

1. 土壤的处理，应精于一般绿地。土壤养分有效化原理告诉我们“土壤养分有效化是在微生物、根系分泌物以及土壤化学物质等参与下，通过复杂过程来完成的。”故要求施工项目公司在处理土壤上狠下功夫：一是清理干净修桥遗留的各类垃圾土，回填的土壤不许黄土搬家；二是选择20多年沤熟到的垃圾土过筛，加施我们自己生产的绿洲牌复合肥、及泥炭土混合做成坪床，以保证植物生长的需要；三是土壤拌合中，加施呋喃丹等进行土壤消毒。

2. 地形营造，一般忌平。按不大于30°坡度，进行地形造势。离马路道牙低下10cm，开始起伏。即解决桥下排水，又可最佳视角去表现桥下植物层次，达到绿化美化的目的。从太白桥、劳动路桥看，一般场地宽在6m以内绿地，稍有坡度即可（内高外低）。过高，浇水会溢过道牙流到马路上，形成不必要浪费。所以桥下坡度大小应因地制宜，不可机械照搬。

二、选择适合桥下绿化栽植的地被、耐荫植物

西安地处东经107°40′～109°49′和北纬33°39′～34°45′之间，属暖温带半湿润大陆季风

气候，夏季高温多雨，冬季稍冷少雨。地处渭河冲积一、二、三级阶地上，年降雨量600mm。秦岭群峰横亘于南，泾渭河谷蜿蜒于北。秦岭即是我国南北方天然自然地理气候分界，又以野生植物品种繁多著称于世，是我国种子植物重要基因库，也使得城市绿化植物选择更加丰富。

可选择立交桥下作为绿化场地多属于全荫或半荫环境，光照强度一般在100～5000lx（采用2DS—10型自动换挡数字照度计测量光照强度）。在植物材料选择上，尽量选一些耐荫或半耐荫品种。这里要说明一点，随着城市园林绿化事业发展，地被植物外延已经把一些灌木类或亚乔木植物纳入自己范围，采取片植，和草本植物一样长年修剪，保持着地被植物属性。另一个要满足植物的生态要求，使植物能正常生长。一方面，因地制宜，本着适地适树原则，使栽植植物生态习性和植物地点的生长条件基本上得到统一；另一方面，就是为植物正常创造合适的生态条件，这样才能使植物成活和正常生长。

根据往年实践和去冬耐寒性试验。适合于西安立交桥下地被耐荫植物见表1。

表1　适合于西安立交桥下地被耐荫植物

序　号	种　名	拉丁名	科　属	耐荫性
1	匍匐翦股颖	*Agrostis stoloniferum*	禾本科	* *
2	草地早熟禾	*Poa pratensis.*	禾本科	* *
3	麦　冬	*Liriope spicata*	百合科	* * *
4	葱　兰	*Zephyranthes candida*	石蒜科	* *
5	鸢　尾	*Iris tectorun*	鸢尾科	* *
6	八角金盘	*Fatsia Japonica*	五加科	* * *
7	海　桐	*Pittosporum tobira linal*	海桐花科	* *
8	小花秋海棠	*Begonia micranthea*	秋海棠科	*
9	四季秋海棠	*Begonia semperflorens hybr*	秋海棠科	*
10	金盏菊	*Calenduda officnalis*	菊　科	*
11	万寿菊	*Tagetes erecta*	菊　科	*
12	鸡冠花	*Celosa cristata*	苋　科	*
13	石　竹	*Dianthus chinensis*	石竹科	*
14	玉　簪	*Hosta plantaginea*	百合科	* *
15	桃叶珊瑚	*Aucuba chinensis*	山茱萸科	* *
16	紫叶小檗	*Berderis thunbergii* var. *atropurpurea*	小檗科	* *
17	锦　带	*Weigela floride*	忍冬科	* *
18	小叶女贞	*Ligustrun quihoui*	木犀科	*
19	丰花月季	*Rosa cultivars*	蔷薇科	*
20	佛甲草	*Sedum lineare .*	景天科	* * *
21	丝　兰	*Yucca filamentosa*	百合科	* *

三、后期养护管理

由于桥下的自然条件所限，栽植的植物后期养护显得十分重要，重点要放在（1）浇水，本着浇透、勤浇、少浇的原则操作。特别是注意大气候下了小雨、中雨和立交桥下绿地没有因果关系。计划要浇得水还得浇。反过来要观察桥下柱子落水口处周边是否积水，如有要及时排除。（2）施肥，要根据栽植时间，因地制宜，根据不同品种，来具体实施。（3）植保，桥下一般情况下太荫，加上有墙，通风不畅易病害发生。故要定期或不定期检查植物根、茎、叶的生长情况。要有植保预报，提前防治，定期喷洒百菌清、三效唑等药品。另检查土样，定期消毒。否则易造成苗木死亡。如：太白桥下的锦带在 7 月份突然出现局部死株。由于我们及时发现，立即给土壤消毒、喷施多菌灵和福美霜的混合剂后，其他锦带生长良好。(4) 要定期修剪，清理残败枝条和落叶、杂草，使病虫害无藏身之地。

四、小结

城市立交桥有方向，东西向的植物后期养护难度大于南北向的，特别是东西向，北面的植物应格外用心。尽可能多一些八角金盘、佛甲草等耐荫性强、抗病虫害强的植物品种。南北向的桥下由于有东西向晒，植物选择范围可更大一些。我们把月季分花色成片栽植，效果不错。而普遍被人们看好的十大功劳，死亡率高达 3/4，而小刺柏等次之，也在 1/2 左右。立交桥上下行，中间有间距的，使太阳光可在相对时间照到对面。应注意选择一些亚乔木、灌木来栽植，如红叶李、木槿等，可提高桥下绿化层次，又多一些色彩。红叶小檗在桥下则因没有光照，茎叶转绿。

作者简介：陈宪章，(1957～)，男，从事园林绿化工作。

39　提高养护水平以保绿化成果

白淑媛

（北京市园林科学研究所，北京　100102）

摘要：本文在科学试验及实践的基础上，从施肥、灌溉、修剪、打孔、病虫害防治等方面阐述了草坪养护管理的重要性及如何合理的实施综合养护管理技术，给实际操作提供了依据，并提出养护管理的成本核算，以供参考。

关键词：提高　养护管理　综合技术　绿化　成果

1　目的意义

随着社会的发展及人民环保意识的提高，城市草坪绿地已经成为现代化城市文明的重要标志，也是改善城市生态环境、提高广大市民生活质量的重要措施。草坪的养护管理工作正朝着日趋成熟方向发展。养护管理是指草坪建成后，根据建坪目的和草坪草的生长规律，采取一系列综合性管理措施，具体包括施肥、修剪、灌溉、补播、划破草皮、打孔、覆沙、清除枯草层、滚压和切边等。俗话说“三分种，七分养”，国外草坪业发达的国家，在养护上的投入占产业总收益的80%以上，我国虽不能过高的在养护上投入，应当调整好建植与养护的比例。

近年来，北京市草坪面积发展的速度很快，特别是为迎接1999年建国50周年大庆，以及城市园林绿化“黄土不露天”工程的实施，草坪可以说前期起到了一个“绿化先锋”的作用，栽植面积大幅度增加，极大地提高了城市的绿化覆盖率，改善了城市的景观效果和生态水平。根据北京市园林局2001年12月11日公布的绿化普查结果表明，本市绿化覆盖率面积已达到26790hm^2，绿化覆盖率达到36.54%，其中草坪面积已达到5642万m^2，比1995年增长近一倍多。在维护北京市现有绿化成果的基础上，以申办奥运会为契机，实现草坪业健康、持续、稳定的发展已成为北京市园林绿化养护管理部门一项重要工作内容。因此，对于不同地段、不同用途、不同养护要求的草坪，不可能采取相同的管理措施，需要因地制宜的采取最为经济有效的方法，才能达到事半功倍的目的。目前北京市草坪发展中存在的突出问题是养护管理不够科学合理，对于建成草坪的管理，尽管养护水平在不断的提高但规范化养护管理还有待于进一部探索，如何能用最少的投入养好冷季型草坪一直是绿化工作者关心的问题。选择合适的草种是草坪能否建植成功及后期养护管理是否省心省力的关键因素之一，而一整套完善的管理系统则有助于草坪管理工作者合理安排管理作业，确定最佳的管理模式，从而能以最少的投入获得较好的效果。

2　根据科学实验结果调整本区域的养护方案制定养护计划

坚持科学的养护管理是获得高质量草坪的关键，重建植轻养护的作法是影响草坪寿命的关键。春缓、夏保、秋促六字方针，是北京地区草坪养护根本指导思想，即各种养护管理措施在春季缓慢进行，切忌盲目施大肥、浇大水、造成疯长、减弱抗性、不利于越夏；夏季要控制水肥的管理和割草的高度，防止草坪病害，保证其安全越夏；秋季是草坪养护的大好季节，要多施肥，水量浇足浇透，为其越冬和明年的生长奠定基础。

2.1　草坪施肥管理

草坪施肥首先要制定一个施肥计划，即在这一个生长季节中准备施用的肥料总量，首先是氮肥的用量，接着是氮磷钾比例的确定，确定后即可计算出对应的磷钾肥的施用量；施肥计划的第二步是确定施肥的时间和每次使用的肥料种类和数量。

草坪施肥量的确定的依据主要有 3 点，一是草坪草本身的需肥特性，不同草种和同种草坪草的不同品种的需肥量不同，冷季型草坪草中的匍匐剪股颖需肥量最大，而暖季型的狗牙根最嗜肥；第二点依据是草坪生长土壤的肥力状况，即所谓的测土按需施肥，依据土壤的养分状况确定用肥的数量和比例；依据之三是养护管理水平，即对草坪质量的期望，高养护水平的草坪一般用肥量较大，施肥次数较多，一年约 4 次肥，氮素施用量可高达 5 ~ 7.5kg/100m^2，而低养护水平的草坪每年却仅施 2 次肥，施用纯氮 0.5kg/100m^2。但值得注意的是，如使用非缓释（溶）肥料，每次草坪施肥的纯氮素用量不应大于 0.4 ~ 0.5kg/100m^2，一次施用氮肥过多，不仅会造成肥料的浪费，还会引起草坪植物徒长并降低草坪对不良环境胁迫的抗性。

现已证明的草坪植物正常生长所必需的营养元素有 16 种，除碳、氢、氧主要来自空气和水外，其余的包括氮、磷、钾和钙、镁、硫（以上称大量和中量元素）以及铁、锰、硼、锌、铜、钼、氯（以上称微量元素），都主要依靠土壤来供给。所谓土壤养分，指的就是这些主要依靠土壤供应的必须营养元素。表 1 给出了常见草坪植物体内必须营养元素的含量范围及有效态。

表 1　常见草坪植物体内必须营养元素的含量及有效态

营养元素	正常含量（g/kg 干物质）	有效态	营养元素	正常含量（g/kg 干物质）	有效态
N	20.0 ~ 60.0	NH_4^+，NO_3^-	Fe	0.035 ~ 0.10	Fe^{2+}，Fe^{3+}
P	2.0 ~ 5.0	HPO_4^{2-}，$H_2PO_4^-$	B	0.010 ~ 0.060	$H_2BO_3^-$
K	10.0 ~ 25.0	K^+	Cu	0.005 ~ 0.020	Cu^{2+}
Ca	5.0 ~ 12.5	Ca^{2+}	Zn	0.022 ~ 0.055	Zn^{2+}
Mg	2.0 ~ 6.0	Mg^{2+}	Mn	0.16 ~ 0.40	Mn^{2+}
S	2.0 ~ 4.5	SO_4^{2-}	Mo	0.001 ~ 0.008	MoO_4^{2-}

草坪植物在整个生育过程中只有满足所必须的各种营养物质，才能健壮地生长发育。如果在植物生育过程中的一个时期，植物缺乏任何一种营养元素，其正常生长就会减慢或生长受到抑制，甚至引起死亡，因此要根据不同土壤及其养分含量和不同草种（或品种）的不同生育期，实行平衡施肥，有效地保证草坪草生长所需。但在一般情况下，最为重要的主要是氮、磷和钾这 3 种元素，它们必须要定期加入到土壤中。氮、磷、钾存在于大多数肥料中，所以也叫营养元素。由于草坪植物对氮磷钾的需要量比其他元素大，所以它们是草坪草的主要养料。

在这 3 种元素中，氮在土壤中最可能缺乏。氮磷钾是草坪修剪时带走较多的营养元素，它们通过腐叶和根归还土壤的数量不多，一般归还比例还不到吸收总量的 10%，往往表现为土壤有效含量较少，因此在养分供求之间不协调，并明显地随着草坪修剪次数的增多而表现不足。为获得高质量的草坪就必须通过施肥来加以调节，因此氮磷钾被称为肥料三要素。施肥要根据草坪外部表现（色泽、密度、生长量）等需求来确定施肥量。

2.1.1 施肥试验的结论

氮肥适于在初春和秋季施用，且施入量增加后对草坪草的促进作用越明显；但在夏季，却不宜大量的施入氮肥，否则会造成草坪草地上部分的徒长，从而使草坪的修剪次数增多，养护成本加大，另外，还会因为草坪草根冠比失调而抵抗力下降，从而引发和加重草坪草病害的蔓延。磷肥和钾肥对草坪草的根系生长具有一定的促进作用，尤其是幼苗期和秋末生长期，对磷、钾肥的需求量比较大，苗期或秋末施肥要使用含磷、钾元素的肥料。

合理施肥是影响草坪抗性和质量的主要因素之一，同时施肥也是草坪管理计划中最省时、最节约的一项措施。合理的施肥计划应依据草坪植物的营养需求而制定，并依据需求的季节变化而调整，才能真正做到按需高效施肥。秋季（尤其是深秋）施肥对冷季型草坪最为重要。

秋季施肥气候适宜，北京地区冷季型草坪秋季施肥 8 月底就可开始，一般应进行 2 ~ 3 次，整个秋季施肥中氮肥的用量应占全年用量的 75% 左右，其中又以最后一次深秋施肥用量最大。8 月底至 9 月初的第一次施肥是为促进草坪从夏季高温高湿逆境中的恢复，并满足初秋草坪快速生长的需要，施肥量不宜太大，一般草地早熟禾草坪氮肥（尿素）用量应控制在 $10g/m^2$ 以下，并结合施用磷钾肥。最后一次深秋施肥的主要作用有以下几点：（1）延长绿期（一般速效肥料有效期 30 ~ 40 天），有推迟当年枯黄期和提前第二年返青期两个方面作用；（2）根系发达，贮存营养提高草坪第二年越夏能力；（3）减少第二年春季施肥量，改善夏季表现。一般年份深秋施肥时间是 10 月下旬至 11 月上中旬。

春季是冷季型草坪的第一个生长高峰，也是一年中生长量最大的时期，大量的生长引起营养需求的急剧增加，但如果春季施肥量过大（特别是氮肥），将增加草坪植物的生长量，草坪将因频繁修剪而消耗大量营养，导致越夏能力下降，夏季病害加重，所以应结合前一年的大量深秋施肥，减少春季施肥量。北京地区草坪春季施肥应从 3 月中下旬以后开始，氮肥（尿素）控制在 $5 \sim 7g/m^2$，并着重施用磷钾肥，视草坪状况，如有需要，4 月份还可追施一次。春季最适合施用缓释肥料。春末夏初最好施用钾肥。

夏季冷季型草坪处于高温高湿的逆境胁迫下，氮肥常加重病害的发生，所以应结合水分和修剪等管理措施的调控，尽可能减少夏季施肥或不施肥，只有在草坪出现严重缺绿症时才施用少量氮肥或叶面喷施 0.3% ~0.5% 的尿素和磷酸二氢钾。

在一般养护条件下，一年施肥 3 ~ 4 次就能达到目的，其中春季施肥占全年施肥量的 25%，秋季施肥占 75%，而且最好施用氮、磷、钾全部含有的复合肥、缓释肥或草坪专用肥。因为秋季气候适宜，是冷季型草坪草的第二个生长高峰，特别是深秋时节，在日均温接近 10℃时，已低于冷季型草坪草叶片生长的最适温度（18 ~24℃），这时的土温仍可维持在 10 ~18℃，正适合草坪根系生长，此时施肥可将大部分营养供草坪根系生长和贮存，而不会造成草坪地上部分徒长，所以施肥要重在秋肥。普通绿地在一般养护条件下的施肥可参照表 2。

表2　普通绿地在一般养护条件下的施肥制度

施肥季节	施肥时间	施肥种类	N、P、K比例	年施肥量 [$g/m^2 \cdot a$]	每次施用量 (g/m^2)	备注
春季	4月初	缓释肥、复合肥或草坪专用肥	低氮低磷低钾如2:1:2、2:1:1等	N：20~30g/m^2 P：10~15g/m^2 K：10~15g/m^2	年用量的15%	草坪返青表现较好，4月施足后5月可不必再施
	5月中旬				年用量的10%	
秋季	8月底至9月初	复合肥、草坪专用肥或缓释肥	高氮低磷高钾如3:1:2、3:1:3等		年用量的30%	秋末最后一次施肥最好是在日均温近10℃时进行
	10月底				年用量的35%	

注：表中的施肥量指N、P、K的纯量，而不是肥料的用量，具体施入的肥料量还需根据所施肥料的N、P、K比例换算。

2.2　水分管理

目前水资源紧缺的状况逐渐加重，中水用于园林绿化的趋势势在比行，无论是那种水源应用于园林绿化都需要有量化指标的支持。由于近年草坪面积发展速度较快，已达到7000万m^2，草坪耗水量大的问题日益引起各方的关注。其中最突出、最需解决的是如何科学合理灌溉，既能满足草坪草生长的需要，维持一定的景观效果，又能不浪费水源，达到节水的目的。但是，目前北京市各处的草坪灌溉系统和管理水平相差甚大，要实现以相同的灌溉制度统一操作是不太现实的，需要根据不同的管理水平制定相应的灌溉制度。灌溉是保证适时、适量地满足草坪生长发育所需水分的主要手段之一，是弥补大气降水在数量不足和空间上不匀的有效措施。有时也用喷灌冲洗草坪叶面上附着的化肥、农药和灰尘，以及用于干热天气的降温等。

水分通过降雨进入土壤，经过植物叶面蒸腾、地面蒸发损失和向地下入渗，一般不能满足草坪生长的需要，如不及时灌溉，草坪草可能会休眠或死亡。尤其在太阳辐射强烈的夏季，会蒸散大量水分，必须及时灌溉以保证根系分布层的水分供应。草坪根系分布深浅除受草坪草遗传因子影响外，还与草坪生长的环境因素和管理密切相关，如土壤坚实度、通透性、保水性、修剪高度、施肥及灌溉等，都会影响草坪根系发育与分布。草坪根系的深浅又决定着灌溉次数和水量的多少。根系深可一次的灌水量大一些，并可延长灌水周期。在草坪生长季节，如草坪群落所处环境发生变化，灌溉方案也应随之改变。为保证草坪质量，应在环境条件允许的条件下促进根系向土壤深层发展，以吸收深层的水分和养分，增强其抗逆性，特别是在不良环境下。北京市园林科学研究所经过3年试验为草坪管理者的实际操作提供一些参考。

2.2.1　灌溉试验的结论

当土壤含水量处于饱和状态时，日平均耗水量最多的是高羊茅，每天耗水3.9mm/m^2，比裸露地面还高0.1mm/m^2，最少的是结缕草，与高羊茅相差1.6mm/m^2。各草种和裸露地面月平均耗水较高的是5月、7月和8月，5月高羊茅和草地早熟禾的日最高耗水量甚至可达到11mm/m^2以上，这3个月是草坪草或地被植物最易遭受水分胁迫的时期，特别需要注意水分的供给。

此外，各草种在土壤含水量处于饱和状态时消耗的水分与维持其自身生命所需水分间有一定差距。实际上，高羊茅草坪和草地早熟禾草坪一年有900mm/m^2内的人工灌溉足可达到高质量水平的要求，若能充分利用降雨，还可减少人工灌溉的用量。

而结缕草和野牛草草坪，一年有550mm/m^{2}的水分供给足矣。至于麦冬和崂峪苔草这两种地被植物，几乎不用人工灌溉就可生长，但在受到干旱胁迫的时候还需给予一定的水分补充。

春季北京市多风，加上早春草坪盖度低，草坪水分蒸发损失很大；另外由于春末夏初是冷季型草坪草一年中生长速率最快的时期（第一个生长高峰），蒸腾强烈，所以春季（3～5月）是草坪需水最多的季节。春季灌水深度不应少于10～15cm，这主要是由草坪根系的主要分布深度所决定，干透后再次灌溉，一般7～10天浇一次水，浇水见湿见干，可促进根系向纵深发展。此时草坪土壤已基本化冻，水分能充分渗透土壤，利于草坪植物吸收利用，促进其尽快返青。对壤土和粘壤土，灌溉的一条基本原则是“一次浇透，干透再灌溉”，即每次灌溉时应使土壤湿润到根系层（10～15cm），再次灌水时等土壤干燥到根系层深度，草坪草受到中等程度的干旱逆境，首先表现为萎蔫，接着叶片卷曲并且气孔关闭，这时是再次用水的最佳时机。经常湿润的土壤使草坪草的根系分布在很浅的土表，这样的草坪对各种不良环境缺乏抵抗力。

北京市的夏季（6～8月）多雨，高温高湿，草坪浇水必须掌握正确的时间，每天凌晨至上午10点和下午3～5点是灌溉的最佳时间，夜间浇水会使草坪长时间处于高湿环境中，引起病害加重；中午气温高，蒸发强烈，水分损失大，所以夏季草坪应避免在夜间和中午灌溉，但在特别炎热的中午，可给草坪短时间喷水（几分钟），通过水分蒸发带走热量而降低草坪温度，防止草坪受高温伤害。而7月和8月的灌溉计划要视天气情况而定，最好能根据天气预报来决定是否需要浇水。

秋季是冷季型草坪的第二个生长高峰，也是贮存营养、发展根系，为第二年生长作好准备的关键时期，充足合理供水的草坪，由于促进了根系的发育，可吸收更多的养分，能有效地延长草坪的绿期，起到类似施肥的效果。其他几个月则可适当延长灌溉间隔期，10～15天是可供选择的范围。

北京地区最后一次冻水一般年份在11月底进行，暖冬气候条件下可向后推迟，总的原则是只要日均温不低于3℃，就可以草坪补充水分。冬季如气温过高，对一些因土层薄、土壤持水力差或因特殊小气候影响，仍保持绿色的草坪，也可在上午10点至下午2点浇水，以保证第二年草坪返青良好。于昼夜消冻之时，水分既能充分渗透土壤，起到保墒、防寒的作用，又不会在地表形成冰壳，避免引起草坪的冻害发生。

一般确定草坪是否需浇水有3种简单的方法：（1）步行走过草坪时可以见到脚印；（2）10cm深度的土壤是干的，用手捏不成团；（3）午后对着太阳观察，草坪的某些地方出现深色斑块。若出现这3种现象，冷季型草坪就需要灌溉了。

有资料表明，降雨量可作为不同降雨年份的划分标准，北京地区，年降雨量≥728mm为丰水年，年降雨量≤431mm为干旱年，而年降雨量在431～728mm间的为平水年。2000年和2001年，北京的年降雨量分别为367.1mm和373mm，都小于431mm，是典型的干旱年。至于丰水年和平水年的灌溉制度，可在此基础上适当的增删，关键要掌握好灌溉的时机。因此，在制定灌溉方案时要考虑到降雨量。

2.3 草坪修剪管理

修剪是指去掉一部分生长的枝叶，为了美观和实用，草坪应定期修剪。一般来说，草坪修剪得越短其外貌就越吸引人，定期修剪可使草坪更为均一，质地更细。在一定的条件下，修剪可以维持草坪在一定的高度下生长，限制不耐修剪的杂草生长，维持草坪的观赏性和运动性。然而，单从植物学角度看，修剪对草坪有害，它引起根系暂停生长，降低碳水化合物的生产和贮存，为病原微生物创造了入侵机会，短时间内增加叶片尖部的水分损失，影响根对水分和营养的吸收，即任何形式的修剪对草坪草都是一种逆境。高质量的草坪大约每周修剪一次，一年总计20多次，而低养护水平下，草坪一年修剪约12次。

冷季型草坪的修剪管理应依据不同季节的特点进行调整，以达到既能获得良好的草坪外观，又全面提高草坪综合质量的目的。草坪的各项管理措施是一个有机联系的整体，修剪必须结合水肥调控，才能达到预期效果。修剪高度的季节调整是修剪技术的中心环节，修剪量1/3原则是确定修剪时间和频率的基本依据。

表3 高质量草坪的修剪频率

	3~4月	5月	6月	7月	8月	9月	10月	11月
修剪高度（cm）	5	5	5~6	6、7~8	7~8	6	6~5	8
修剪次数	3	4	3	2	3	4	3	2

春季草坪修剪：返青前（2月底至3月初）清除部分枯草促进返青，如有倒春寒天气，可向后推迟。浇返青水后，可开始第一次修剪，初次剪草可适当降低剪草高度，以清除枯草，升高地温，加快草坪返青，以剪掉草坪上部枯叶为目的。

草地早熟禾草坪最初的修剪高度可为5cm，并严格按照1/3原则，春季较低修剪作用在于提高草坪的分蘖密度，改善草坪质量。

6月初开始逐渐将草坪修剪高度提升到6cm，并结合水肥调控，尽量减少修剪次数，为草坪越夏作好准备。

夏季草坪修剪：可因减少了修剪次数而降低根系贮藏营养物质消耗，并通过更多的光合产物积累补充，在夏季高温胁迫下草坪生长速率变慢，为减少逆境压力，修剪高度应提高到7~8cm，以增加草坪叶面积，较大的草坪冠盖可有效保护草坪根系免受高温伤害。

秋季草坪修剪：秋季草坪进入第二个生长高峰，修剪高度应逐渐调整为6cm，结合水肥管理，修剪间隔10天左右。深秋施肥之前可将修剪高度逐渐降低到5cm左右，以防过大的叶面积影响肥料的有效吸收和向根系转移。

草坪进入冬季休眠前的15~20天，可将修剪高度逐渐提高到8cm，一方面可防止草坪受冻害，另一方面可在有特殊需要时剪去草坪上部因冻害而枯黄的叶尖，以获得暂时的景观效果，起到在形式上延长草坪绿期的作用。但越冬前的最后修剪高度不得低于6cm。

2.4 草坪打孔、覆土

打孔是通气的一种形式，可通过这一手段来改善土壤通气性，解决土壤紧实问题，过度践踏常造成土壤表层5~7.6cm处的土壤矿质颗粒紧压在一起，紧实土壤的孔隙度严重降低，限制了空气、水、肥料和农药渗入土壤，草坪根系发育不良，有毒有害气体大量积累。打孔后有利于土壤有毒气体的释放，增加土壤的渗透性，利于水肥的进入，刺激草坪根系的生长，由于打破了原有的土壤层次，可控制枯草层的发生，通过结合覆土或将打出的土条耙碎可达到加快枯草层分解的目的。草坪更新前结合除草剂使用进行打孔可起到促进种子萌发及更好控制杂草的目的。高养护水平的草坪绿地在生长季是每月打一次孔，而低养护的则一年打一次或者根本不打。

2.5 病害防治技术

由于目前冷季型草坪种子（草地早熟禾、高羊茅、多年生黑麦草、匍匐翦股颖等）几乎全部引种自美国、荷兰、英国、加拿大等欧美国家，作为外来种，面临全新的生态环境条件，容易受到多种因子的胁迫，如气候（温度、湿度、降雨）、土壤、病虫害等的影响，粗放的草坪建植与栽培管理技术，特别是草坪病害的发生，严重影响草坪的质量，降低了草坪的观赏价值和实用价值。如：在高温高湿条件下腐霉枯萎病能在一夜之间毁坏大面积草坪，褐斑病在草坪上形成"蛙眼状"病斑，被夏季斑枯病菌严重侵染的草坪会出现大量圆形或不规则形的病斑等。草坪病害成为困扰草坪养护管理者的一大难题，同时也成为北京市冷季型草坪发展的重要限制因素之一。根据资料，美国 188 万 hm^2 草坪，草坪杀菌剂用量达到 2450t，每年杀菌剂要花费 8000 千万美元。用于草坪的杀菌剂比其他任何一种作物使用的多。随着草坪业的发展，草坪病害防治成为草坪养护管理中的关键技术之一。我国对草坪草的真菌病害尚缺乏系统全面调查，估计真菌病害占总数的 90% 以上，病原真菌有 500 种以上。目前对草坪病害的调查和研究报道较少。已发现的真菌病害有 20 多种，致病性线虫 12 种。

中国农业大学赵美琦教授在草坪病害方面做了大量深入的研究，对草坪病害进行了调查，并进行了病害流行规律和影响因素及综合防治技术的研究，出版关于草坪病害的专著，为我国草坪病理学的发展奠定了良好的基础。同期（1990～2000），北京市园林科学研究所、北京市农林科学院植物保护与环境保护研究所、上海园林科学研究所、甘肃草原生态研究所等科研院所和大学等单位相继开展了草坪病害方面的研究工作，为新世纪草坪病理学的发展创造了良好的开端，随着工作的深入开展，新的科研成果将不断出现，应用于草坪病害防治实践中。

草坪病害是草坪草、病原菌、环境条件相互作用的结果。只有在一定的时间范围内，草坪中存在大量的感病寄主、大量的病原物，且环境条件（生物和非生物的）不利于寄主而有利于病原菌条件下，才可发生。因此，草坪病害综合防治应包括合理利用草坪草的抗病性；通过栽培管理措施，调控生态环境，创造有利于草坪草的环境条件和施用杀菌剂，减少病原菌菌数量，抑制病原菌活动，保护草坪草不受其害等方面。积极发挥人为调节作用，以合理利用草坪草的抗病性为中心，生态防治为基础，药剂防治为辅助，因地制宜地综合应用多种措施，充分发挥系统内各因素的功能，将病害水平控制并保持在经济阈值水平之下，以获得最佳的经济、社会和生态效益。

提倡合理使用农药，（1）首先应正确诊断和识别病害，明确病害的发生发展规律，按照药剂的有效防治范围、作用机制、危害方式和危害部位等合理选用药剂与剂型，做到对症下药，有的放失。（2）要科学地确定用药量、施药时间、间隔天数和施药次数。田间防治应在病害发生初期进行。对于再侵染频繁的病害，一个生长季节需多次用药，两次用药的间隔天数，主要根据药剂的持效期确定。（3）避免长期使用单一农药品种，否则会导致病原菌产生抗药性，使防治效果下降。为延缓抗药性产生要合理轮换使用或混合使用，要尽量减少用药次数，降低用药量，缩小用药范围，协调使用其他防治措施。⑷采用喷雾法防治叶部病害，草坪喷药后 24 小时内不要灌水和修剪；采用撒施法防治根部病害，施药后应适当灌水，以使药剂渗入到枯草层和土壤中去。

2.6 成本核算

表4 冷季型草坪高、低养护成本核算

养护措施	高养护水平		低养护水平	
	年耗次数	费用核算［元/（m^2·a）］	年耗次数	费用核算（元/m^2·a）
施肥	4	0.5	2	0.25
灌溉	30~32	4	22	2.9
修剪	20~24	1	15	0.6
打孔	每月一次	2	一年一次或不打	0.1
打药	15~19	0.5	10	0.2
其他	梳草3次、覆沙1次	2		0.5
总计		9		4.55

由表4可知，高养护水平下冷季型草坪需要9元/m^2·a的费用，而低养护水平下的耗费却只有4.55元/（m^2·a）。如果对不同的草坪采取相应的养护措施，就可以在一定程度上解决目前冷季型草坪养护方面的诸多问题。

总之，科学的养护管理技术及制定合理的养护管理方案，是做好园林绿化工作的关键所在，是确保园林绿化成果的必要措施，也是发展生态园林城市的前提条件和基本保证。

40　专用作地被的匍匐型紫花苜蓿金达

房丽宁

（美国百绿国际草业公司北京代表处，北京　100025）

摘要：金达是一种匍匐生长的紫花苜蓿，是一个专作为地被利用的苜蓿品种。本文介绍了它作为地被利用的特点、存在的问题，以及相应的解决方案。并介绍了金达的种植管理技术。

关键词：地被　匍匐紫花苜蓿

紫花苜蓿具有适应性广和抗旱、耐瘠薄、易管理的特性，所以常常被用作水土保持和地被植物。但普通紫花苜蓿直立生长，植株较高，存在地面覆盖度低等问题。金达为百绿推出的第一个完全匍匐生长的紫花苜蓿，在保留了普通紫花苜蓿抗性强、适应性广等生物学特性的基础上，其形态和生长习性有较大的变化，枝条匍匐，高度一般不超过20cm。但如果播种量过大，金达的枝条会因相互交叉不能完全匍匐生长，导致垂直高度提高。

一、金达作为地被植物，具有的特性

（1）冠幅大，地面覆盖度高。因为金达的枝条匍匐生长，而且分枝较普通紫花苜蓿密集，所以地面覆盖度较直立生长型的紫花苜蓿大大增加，防风固沙能力也相应提高。据在甘肃兰州的测定，生长第二年的金达，枝条长度为30～120cm。

（2）矮生，不需修剪。只要控制好金达的播种量（2～3g/m^2），金达的植株高度一般保持在20cm左右；而直立型的紫花苜蓿株高可达50～120cm，倒伏后可能影响景观，并容易发生病虫害。

（3）叶片小、花朵密集，景观效果好。金达属小叶型的紫花苜蓿，花紫色，花序较牧草型的紫花苜蓿小而且密度高（图1），花期在北方一般从5月下旬开始，一直持续到8月中下旬。

图1　金达的单株生长情况

（4）适应性强，易管理。金达的秋眠级为 2 ~ 3，为低秋眠级的紫花苜蓿。因为低秋眠级的品种具有较强的抗寒、抗旱、抗热和耐瘠薄及盐碱土壤的性能，金达对不同气候和土壤的适应性非常好，在北方大部地区及华东地区都可种植，但不能种植在排水不好或易积水的地方。

（5）土壤改良能力强。种植地被植物的土壤多比较瘠薄，如果施肥，就会增加建植成本；如果不施肥，植被就不能良好生长或退化速度加快。一亩地的金达每年可固定纯氮 217.5kg/hm^2 以上，相当于生产尿素 31.5kg 多，具有很好的改良土壤的效果。播种金达时接种根瘤菌，金达的根系能很快形成根瘤，发挥其固氮作用。

（6）寿命长，种植后不需经常更换。紫花苜蓿属长寿命牧草，一般可持续 20 ~ 30 年，金达为紫花苜蓿中长寿命的品种，在合理管理的情况下，寿命甚至在 50 年以上，用作地被可延长利用时间，减少植被更新次数，这样也就会相应的降低耕翻土壤的次数，减少水土流失的危险和节约种植成本。

（7）种植容易。金达主要通过种子繁殖，种子不需做特殊处理就很容易出苗，播种技术容易，而且播种费用较低。

二、金达作地被植物存在的问题及解决方法

苗期生长速度慢是金达作为地被植物存在的主要问题。和其他紫花苜蓿一样，金达在苗期的生长较慢，容易受杂草危害。为此，可以在播种时用萌前抑制剂（如氟乐灵）控制杂草或将金达和一年生黑麦草等苗期生长快速的短期生植物进行混播，一方面能达到快速覆盖地面的效果，另一方面能抑制杂草生长。由于金达的竞争力强，苗期后金达会迅速占据群落优势，将混播的短期生植物排挤出去。混播时，混播草种的播量应该不超过总播量的 20%。

此外，金达的耐荫性较差，不能种植在遮荫严重的地区。

三、金达的种植技术

1. 播种时间：播种可在春季也可在秋季播种，秋季因为降水多，杂草又少，是播种的最佳季节。为保证金达的安全越冬，秋季最晚要在当地初霜来临前一个月播种。夏季也可以播种，但要保证有良好的灌溉条件。

2. 播种方法：根据景观要求，金达可以条播也可以撒播。条播时的行距为 15 ~ 20cm。播种量为 2 ~ 4g/m^2。撒播时播量要提高到 3 ~ 5g/m^2。由于金达种子比较小，播种要浅，播深 1cm 左右，沙土可稍深播一些，黏土要浅播。

3. 接种与施肥：播种前最好将种子与根瘤菌接种，促进金达快速形成根瘤，提供其生长所需的氮肥。施肥主要以磷、钾肥为主，氮肥只在叶片明显表现出缺氮症状时再施少量氮肥（30 ~ 60kg/hm^2）。

作者简介：房丽宁（1969 ~），女，博士，主要从事不同草坪草和地被的适应性和栽培管理方面的研究。

41 “翠绿1号”假俭草建坪优势及技术

李炳杰

（广西北海市科委，广西北海 536000）

摘要：科学选择和利用优良草种建植草坪，可产生更大效益。中南草坪科研推广中心成功培育的“翠绿1号”优良草坪新品种，应用成本低，护理费用少，草坪档次高，已普遍引起绿化界高度关注，并开始进入大面积推广应用。本文就“翠绿1号”建设高档草坪的利用优势和建坪技术展开简要论述。

关键词：新品种 “翠绿1号”假俭草 建坪优势 播种技术

中南草坪科研推广中心培育的“翠绿1号”假俭草新品种草坪，选育于亚热带高寒山区，不仅可以用于城市绿化美化、改善生态环境、建设旅游景观，还能用于适度放牧、生产种子、增加农民收入。“翠绿1号”优良草坪的优良品质和性能，经专家审定认定后，中央电视台、人民日报等重要媒体作了公开报道和介绍，广大绿化用户可通过关键词搜索“翠绿1号”或“翠绿1号假俭草”了解到更多相关的信息和情况。目前，该新品种已进入快速推广应用阶段，为此，研究和开发“翠绿1号”的建坪优势与技术就成了急需解决的问题。

1 “翠绿1号”建设高档草坪的利用优势

“翠绿1号”属假俭草，多年生，抗旱、耐热、耐寒、耐酸、耐湿、耐荫、耐践踏等性能突出；茎、叶、穗全为绿色，形成草坪品质更细腻，低矮紧密、柔软宜人；可免修剪维护，而且修剪无露枯现象；能适应偏酸低肥土壤，抗病虫杂草侵害；属世界性优良暖季型草坪最新品种。该草种适宜于我国长江流域及以南地区，东南亚各国及其他热带、亚热带地区，用以纯栽或混播建造高档常绿草坪；特别适合园林绿化、体育运动、生态景观、水土保持等大面积免修剪运用。以“翠绿1号”种子、种苗建设高档草坪有明显的优势。

1.1 新品种高纯度

中南草坪科研推广中心培育、生产的“翠绿1号”种子、种苗，实现机械化、化学化生产，纯度高，无病源，无杂草，无土铲出，利用率高，施工效果更好。种子发芽率高达90%以上。

1.2 降低运输费用

用“翠绿1号”种子建坪，种子可以通过邮局或物流或快班等方式托运，不受任何天气影响，减少直铺草皮块所需要的大批运输费用（节省采用草皮块所需运输费用的95%以上）。用“翠绿1号”种苗建坪，种苗以1:（15~20）种植，每运输一车3000m^{2}可建植草坪40 000~60 000m^2，大大节省采用草皮块所需运输费用的80%以上。直接降低了工程总造价。这两种方法比起运输草皮块更为便利。

1.3 提高绿化效益

用“翠绿 1 号”种子建坪，操作自由度大；采用科学技术，可降低播种量（根据广东顺德播种结果表明：播种建坪 300 ~ 600m^2/kg，每建 1m^2 草坪所需种子费用仅 1 ~ 2 元，在边坡、堤坝上采用喷播技术可实现大面积高难度操作，大大提高播种效率，每人每天可完成几千甚至上万平方米的建坪面积，直接省去大批铺草费用，降低了工程施工成本；大面积建坪，每建 1m^2 草坪所需要人工费用比直铺草皮所需要费用低 50% ~ 85% 左右。用“翠绿 1 号”种苗建坪，所需要草苗价格比直铺草皮块低 30% ~ 50%。用种子播种和种苗埋植（压植、塞植）这两种方法比起用草皮块直铺都省钱。

1.4 提高草坪品位

用“翠绿 1 号”种子或种苗播建的草坪，耐寒、耐热一年四季长绿；色泽亮丽、耐践踏，用途广泛；免修剪、抗病虫害，减少护理费用；适应性强，无退化死亡现象，真正实现绿化上的一劳永逸；生长迅速，无铺设上的方块间隔痕迹现象，比其他草坪更具优势。由于该品种不仅品质细腻，耐寒常绿，且具有较强的水土保持能力和生态景观利用效果，所以在水利景观工程上有广泛应用前景，是长江、珠江水系用于生态护堤、水利景观建设的绿化、美化优良草坪新品种。

1.5 符合时代潮流

用“翠绿 1 号”种子或种苗建坪，建设的草坪质量好，档次高，可用于各种场面，满足多种用途需要，极符时代绿化潮流。

2 “翠绿 1 号”优良草坪的播种建植技术

“翠绿 1 号”假俭草属暖季型草坪，以种子、种苗建植草坪都可以取得建坪成本低、建坪质量高和令人满意的效果。用种子播种建坪和种苗建植草坪，有着不同的技术特点和操作要求。

2.1 以“翠绿 1 号”种子播种建坪的技术

2.1.1 选择播种时间

“翠绿 1 号”假俭草，以种子建植草坪，需要选择适当播种时间、播种量和播种方法，以利于快速发芽和生长。晚夏播种，有利于暖季草的发芽，播种后要加强水肥管理，清除杂草，争取在冻季到来之前成坪，株植物的根和匍匐茎纵横交错，具备抵抗霜冻、土壤侵蚀和耐踩踏的能力。

2.1.2 确定播种数量

草种费用影响到草坪种子的播种量。例如假俭草，播种量一般不宜大于 1.2 ~ 2.4g/m^2，这与常规出苗 10 000 ~ 20 000 株/m^2 的要求是相差甚远。原因之一是假俭草这个品种的种子费用昂贵；原因之二是其成坪形式确实不需要过高的播种出苗密度，这样播种量自然与其他草坪就相对较少了。实践也证明，播种假硷草成坪与其他丛生性草坪有很大区别，其依靠横向蔓延、生长的葡匐茎不断加大密度而形成优美草坪，播种量过大反而会造成大部分死亡（即造成种子浪费），过高播种量的效果，最终还是回到自然环境所决定的密度承载能力所允许的数量幅度范围，在所有草坪播种量中属于最低（根据广东顺德播种结果表明：翠绿 1 号播种量 3g/m^2 左右，即种子可播种建坪 300 ~ 600m^2/kg，每建 1m^2 草坪所需种子费用仅

1～2元，属于建设高档草坪中所需种子费用最低、效果最好的优良品种）。

2.1.3 选择播种办法

草坪草的播种，是将种子消毒、催芽后把种子适量均匀地撒于种床上，并把种子混入适当表土中（一般为0.6～1.0cm^2）的一个连续性过程。种子播种必须深浅一致，种子播的较深或者没把它们混入土壤中都会导致出苗减少。如播的过深，在幼苗进行光合作用和自土壤中吸收营养元素之前，胚胎内营养储存不能满足幼苗的营养要求，会在出土之中死亡。如播的过浅，没有充分混和时，种子会被地表径流水冲走或出土被猛烈阳光曝晒死亡。在播种上，只要能使种子均匀地撒于坪床上，可采用任何播种方法。不管采用人工或机械直接播种，只要播撒均匀并适当混入土层并加以保湿，都容易取得成功。在边坡、堤坝上采用湿式喷播技术可实现大面积高难度操作，大大提高播种效率，获取更好效果。

2.1.4 需要注意问题

①做好浸种催芽，争取统一吸水、萌发，将种子与已3～5倍的半干湿细沙拌匀，创造保湿、透气发芽环境。当有大部分发芽时，再增加细沙拌种播撒，提高播撒均匀度。②播种土层要细致、平整，种子要定量均匀播下，即将种子与面积等分对应播撒。③播种时切勿将种子散开过久凉干或造成缩芽、干枯，必须将已发芽种子尽快均匀播撒于湿润土壤之中（勿在地面高温、阳光曝晒下播种）。④播种后，要尽快用浅耙将种子混入0.5cm深的表土之中，并轻压土表使种子与表土紧密接触、连续保持土壤湿润，施以肥水促进种子萌芽、生长，争取冬前形成草坪，增强抗寒能力。⑤种子建坪初期，叶质较嫩，容易招至病虫侵害，需要要注意喷药防除病虫害。

2.2 以“翠绿1号”种苗种植建坪的技术

中南草坪科研推广中心，采取科学技术大批量繁育的“翠绿1号”草坪种苗，在管理上全面实现机械化和化学化作业，确保供应草苗无杂草、无病源，有较高纯度、质量和利用率；在移植上采用自行研制的草坪起草机进行无土铲出，保护了基地土壤耕作层，实现再生产的良性循环，在草坪建植中具有强劲的优势。由于翠绿1号草坪种苗采用无土铲出草皮卷方式，重量轻，易于跨省远距离运输，施工成本低、效果好。根据广东江门市、佛山市、顺德市，四川、云南等地用于公路绿化护坡、水利生态景观建设证明：大车可运3 000～5 000m^2，按1: 15～20施工种植，可建植草坪面积达45 000～100 000m^2。以种苗建坪，需要对草苗进行保湿、分段，以行植或穴植方式埋于平整、松软、具备淋灌条件的草坪场地之中。种植后，须保持土壤湿润、除草施肥（冬天栽植，可采用薄膜保温、保湿方法）促进草坪生长，经1～2个月时间生长便形成高密度、高纯度的优良草坪。

参考文献

[1] 任继周，张自和草坪与人类文明. 草原与草坪，2001.（3）
[2] 孙衍启，戴建民. 草坪业发展的概况与思考. 中国园林，1998，（2）
[3] 林家栋，朱邦长. 草坪与城市环境治理. 生态与自然保护，1999，45（12）
[4] 王钦. 低温对草坪植物细胞的伤害草坪科学，1993，（4）
[5] 李炳杰. 多功能新品种翠绿1号假俭草—推广应用前景及相关配套措施. 网络搜索2005

作者简介：李炳杰（1962～），男，高级农艺师，主要从事科技管理工作。

42 多功能新品种草坪——“翠绿1号”假俭草

——推广应用前景及相关配套措施

李炳杰

（广西北海市科委，广西北海 536000）

摘要：草地对人类社会、经济作用巨大。科学选择和利用优良品种，可产生更大效益。多功能新品种“翠绿1号”假俭草选育于亚热带高寒山区，具有优良的品质和性能，不仅用于城市绿化美化、改善生态环境、建设旅游景观，还能用于适度放牧、生产种子，增加农民收入。发展前景十分广阔。

关键词：新品种 “翠绿1号”假俭草 应用前景 推广措施

草地有巨大的绿化、旅游、生态、农业效能。科学地选择和利用优良品种，将会产生更大的效益。“翠绿1号”假俭草，经中南草坪科研中心多年精心选育、培育成功，并于2004年春开始正式扩繁，目前已具备了年建坪400万 m^2 的种苗供应能力。它极强的适应力、优异的使用性能、广泛的用途，在各类草地建设中表现出强劲的优势（特别是大面积免修剪运用），不仅能用于提高园林绿化档次、更新现有劣势草坪，还可用于生态景区退耕还草、适度放牧或生产种子，增加农村农民收入，在促进我国社会、生态和经济建设上，有广阔发展和利用前景。

1 “翠绿1号”假俭草的植物学特性

假俭草（学名：*Eremochloa ophiuroides*（Munro）Hack），属禾本科多年生宿根性暖季型优良草坪植物，又称百足草、蜈蚣草，原产我国四川、云南、福建、江苏、浙江及两广等长江流域及以南地区；国外适宜于东南亚及其他热带、亚热带国家高温（暖）多雨（湿润）气候地区。美国早年从我国引用其南部并生产种子。新品种“翠绿1号”假俭草的性能更为突出。

1.1 “翠绿1号”假俭草形态习性

“翠绿1号”假俭草茎、叶、穗全为绿色，叶色青蓝，长相优美而且比较耐寒。它植株低矮（自然高度为3~8cm），根深耐旱；匍匐茎粗壮发达，节间短（1.5cm左右）而多叶，分枝贴地横向蔓延（茎叶宿存于地面不脱落）；叶片线形、直立、密集，长2~5cm，宽0.15~0.3cm，叶色青蓝，柔韧性、弹性适度，无刺感，对人畜无毒害；花序总状，呈复瓦状排列，穗长4~6cm，抽生于茎顶，高出叶片，一年多次开花；抗旱耐寒、耐热、耐荫、保绿性良好；能适于多种土壤，尤其适宜偏酸性低肥细壤；抗病虫、杂草危害能力强；耐磨、剪、踏，吸尘滞土，抗二氧化硫等有害气体，适合于建造各类优质草坪。

1.2　“翠绿1号”假俭草栽培繁殖

“翠绿1号”假俭草可以种子或移栽、纯植或混植建坪，播种量15~25g/m^2；目前种子依靠进口，价格昂贵（400~580元/kg），而且直播需要较高的成坪管理技术，不易获得理想建坪效果。但无性繁殖能力极强，习惯上常采用移植草块和或埋植匍匐茎建植草坪，1m^2母体草坪一般可建成草坪8~15m^2，采用成套建坪技术措施，能使种苗代替种子快速建坪更有把握，更有保障。

2　“翠绿1号”假俭草的优势和前景

草坪为草地、绿地，经历了自然移栽，人工建植、机械生产和护理，高科技高难度施工、快速成坪等发展阶段，标志着草坪科技进步，体现了人类文明，反映了社会和经济繁荣。同时因草坪需要占用土地空间、人力物力，所以人们对草坪的发展提出更高要求。草坪，应具有较好的草坪性状、用途和较低的施工护理成本。我国草类种质资源丰富，经登记的上百多种。其中，假俭草适宜于热带、亚热带高温（温暖）、潮湿（湿润）的气候，为草业界公认的暖季型优良草坪。新品种“翠绿1号”假俭草，优势明显，前景广阔。

2.1　“翠绿1号”假俭草利用优势

“翠绿1号”假俭草与结缕草、狗牙根以及其他假俭草对比，综合评价高，利用价值高，景观效果好，集中了暖季型草坪的优点。有10大明显优势，第一，绿化观赏性能极佳。比普通假俭草、狗牙根、马尼拉更为优美（普通假俭草叶色欠佳，进口假俭草较粗糙，马尼拉草凹凸不平，狗牙根则病虫严重）。第二，常绿或长绿。在高温胁迫（薄膜覆盖暴晒）下45~50℃能正常生长；在低温下保绿性良好（翠绿1号假俭草体内同工酶、游离脯氨酸含量高，比进口假俭草、普通假俭草更耐低温低达5℃之多，冬季绿期更长；当其他草坪受到寒害，叶色由红变枯时，它依然保持青绿），于冬季施用适当配比的氮、磷、钾(4∶1∶2)，抗寒、保绿效果更显著；比狗牙根、结缕草更耐荫（遮荫或疏林下宜选用）。第三，耐土地贫瘠。对水、肥要求不严，能在低肥力（每个生长月需要N肥量为0.1~1.94g/m^2）土壤上自然生长，在连续干旱（杂草枯死）情况下遇到雨水立刻恢复生机，再生力强，不易退化。第四，抗病虫、杂草危害。成坪密度、覆盖度高，狗牙根等杂草难以侵入，群落稳定。第五，叶尖钝圆，柔软宜人，更令人亲近和喜爱。第六，免修剪且耐修剪。植株垂直生长缓慢，自然平整美观，即使生长旺季也无须经常修剪（深圳一级护养高度10cm以下，二级护养10cm以上，基本上不必修剪；体育运动类球场等需适度修剪至2.5~5.0cm，管理费用仍为最低）；比马尼拉草更耐剪，修剪时没出现枯草黄斑现象；特别适宜建植大面积开放性绿地，在高清洁环境应用，净化效果更佳。第七，建坪、管理、养护成本低，优势强。第八，较耐践踏。植株根茎埋于表土，叶鞘坚韧，剪草、滚压（或放牧）不易造成损伤；在沙壤土质上更耐践踏。第九，性能优异，用途广泛，既能用于城市绿化和体育运动；又能用于固土护坡、保护生态、营造景观，促进旅游；还能用于适度放牧、生产种子增加农民收入。第十，可以种子散播繁殖建坪，尤以种苗成坪效果更好，适宜机械化生产（草皮块薄而均匀），易于推广和运用。

2.2　“翠绿1号”假俭草推广前景

有学者指出：“……草地，带来改良土壤，保护自然资源……。掠夺性经营土地带来水患、生态恶化等问题……。不包括草业的农业，会丧失了它主要的实力源泉……。必须营造一种扩展绿色空间，洁净水和空气，以及多种景观的愿望……。如今世界上多数人群陷在城市的钢筋、水泥的包围之中，这种愿望就更加迫切……。生态农业可以提供和实现多重目标的愿望”。审视当今世界城市绿化、体育运动以及农牧业、环保业与旅游业发展，多用途人工草地的意义深远、影响极大。而我国草种种质资源开发、利用和保护滞后，盲目引种，造成资源流失和资金浪费；良种繁育体系不健全，育成品种数量少，新品种扩繁缓慢，不能满足生产需要。新草种在提升草地生产力，推动劳动力分流和生产分化，改善草地生态环境，优化农牧业生产结构，加速草地农业系统现代化等方面，起到十分重要的作用。扩大生态草坪面积，提高管理水平，已成为新时期草业建设与环境治理的紧迫任务。

我国幅员辽阔，地处亚热带的东南沿海和长江流域以南地区适宜假俭草生长。在四川盆地，草坪呈现多样性形态变化和变异；冷季型草坪难适夏季高温、高湿和病虫危害，暖季型草种难经受冬季持续低温伤害，两者在这一过渡带都存在缺陷；采用能安全越冬的假俭草和耐热抗病虫冷季型草进行套植，可以确保草坪景观生长效果。“火炉”重庆气温较高，草坪以暖季型为主，新品种“翠绿1号”假俭草在这一地区极具潜力；更适宜于我国东南部高温多雨地区及其他低纬度国家更多地区、更多方面栽培和利用：一、在城市绿化建设方面，营造风景需要更优良的草坪，随着绿地扩大和档次提高，新品种假俭草正迎合了形势发展需要。假俭草是华东、华南诸省较理想的观光草坪植物，在烈日下长得更加低矮，在荫影情况下亦能成坪。在规划设计上，以开阔平坦或缓坡地形建植大面积草坪，点缀花木组合，创造简洁明快、清新淡雅、通透舒畅的场景，供人们游憩和锻炼；在大型广场园林绿地，大型森林、动物、水利、地质旅游风景保护区，电子、制药环境，高速公路、飞机场等，建设大面积开放性免修剪草坪。二、在体育运动场所建设方面，从草坪生理指数、生长量及土壤因子来看，球场的使用、践踏强度加大，土壤容重随之加大，草坪根际环境、生理发生较大变化(根系空间密集、无氧呼吸增大、生理温度提升、体内营养降低等)。适度的践踏、使用(土壤强度一般以1.0～1.4mPa为宜)，可使草坪发挥出最早的生理潜能。假俭草具根深矮生、耐践踏、耐修剪的特点，与其他草坪混植铺设，可建造四季长绿、性能优异的运动草坪。三、在生态旅游建设方面，草地以土地为载体改善生态、保护了环境；并作为风景基调，构成大自然的美。假俭草起源于热带、亚热带，生殖力极强，匍匐茎节节生根，自然生长和更新，保持群落经久不衰，是难得的可牧型地被植物。坚持以环境治理与农牧业生产并重原则，以生态环境为目标、草原建设为重点、综合开发为手段，于长江中上游地区，实施退耕还草、建设稀林草地，对截留降雨、阻止水土流失，保护生态环境，可大大提高假俭草利用价值。四、在农牧业发展方面，草地适度放牧，可充分利用产能，减少枯草层积累，使植株更矮密，减轻病虫危害，提高草坪的质量和观赏价值。结合退耕还草和生态旅游，利用丘陵低山、山谷闲地、堤坝边坡、江河沿岸、湖泊四周等缓坡地带发展综合高效型可牧生态草坪，可拓展农牧业发展空间，缓和人多地少、人畜争粮的矛盾；可恢复植被、涵养水源，保持水土、美化江山，调节气候；可生产假俭草种子出口创汇，增加农业收入。走环境农业、草坪放牧的道路，可实现草地最佳最大效益。

利用和发展多用途免修剪草坪，提高土地利用率，保护生态环境，增加农民收入，寻求草地最大效益，已成为当今草坪发展的方面。目前，广东选定假俭草为最适草坪之一；广西中南草坪中心成功培育“翠绿1号”新品种假俭草，为建坪开展服务；福建厦门明确假俭草为优良草坪植物，抓住有利季节大面积实施草坪调整和更新换代；南宁市为建设“常绿园林城市”大面积应用耐寒冷、免修剪的“翠绿 1 号”假俭草；四川成都沙河整治工程、广东顺风湾广场工程，为确保江河两岸绿化景观效果，重点选用了耐湿耐浸的“翠绿 1 号”假俭草。伴随着这一品种的深入推广和应用，我国人工草坪草坪业将再度走向辉煌。

3　“翠绿 1 号”假俭草的推广应用措施

优良的草种，体现了草业的科技进步和发展水平。近年我国草坪学术勇跃，人工草地面积不断扩大，但问题不少。长期依赖进口种子，耗费大量外汇的局面必须改变。抓住机遇，强化管理，发挥人才作用，拓宽资金渠道，整合项目技术，走社会化大协作道路，共同推进新品种的应用，既是草业发展良策，也是草业界光荣任务。国产化生产假俭草种子已刻不容缓。必须加强科学研究，移植大农业技术，尽快实现种子产量、种苗质量以及建坪面积的重大突破。

3.1　种子种苗建坪并举，加速扩大高档草坪面积

假俭草种子高产区，一年两季可收获 2 次，年产量 225 ~ 300kg/hm^2（翠绿 1 号假俭草比进口假俭草更耐寒冷，更为美观，种子发芽率更高，工程成本更低落，草坪品质更好，生态景观效果更突出，市场价 550 ~ 580 元/kg）。目前，中南草坪科研中心北海基地先期面积 6.7hm^2，基地已形成稳定规模，并掌握全套建坪技术，可利用种苗成坪优势，发挥龙头带动、种源传播和技术辐射的作用，在长江以南省区（中心城市）建立多个种苗基地，以加快新品种推广应用，提高我国园林绿化建设档次和水平。

3.2　实施社会化大协作，走我国种子产业化道路

中南草坪科研中心，以超前眼光和技术优势，以招商引资或项目合作，利用国内外人才、资金和技术，利用北海有利气候条件，建立我国第一个假俭草基地，计划于 2004 ~ 2008 年面积 200 ~ 333.3hm^2，用以提供草坪、种苗和试产种子，首先满足我国及东南亚国家需要；然后扩大面积至 2000 ~ 3333.3hm^2，大量生产种子，满足热带和亚热带国家生产植生带、人工直播和机械喷播建坪的需要，从而创造草业最大效益。

参考文献

[1] 任继周，张自和草坪与人类文明. 草原与草坪 2001，(3)
[2] 孙衍启，戴建民. 草坪业发展的概况与思考中国园林 1998，(2)
[3] 林家栋，朱邦长. 草坪与城市环境治理. 生态与自然保护 1999，45 (12)
[4] 王钦. 低温对草坪植物细胞的伤害. 草坪科学，1993，(4)

43　浅析城市广场园林绿化

李秋梅　焦　伍

（河北邢台市新世纪广场管理处，邢台　054001）

摘要：继城市广场的兴建热潮后，其园林绿化的养护、维修和进一步完善成为一个日渐突出的问题。如果我们在设计园林理念上多些前瞻性设计，将对我们的日后养护、社会发展、资源的合理利用和保护，人类生活水平综合素质的提高，产生深远而积极的意义。现就此问题做一个简单浅析。

关键词：广场　园林绿化　浅析

城市广场是城市中最具公共活性的开放空间，被人们喻为城市的客厅，从古罗马意大利的圣马广场，到现代的城市广场，均体现了城市形象的艺术魅力。如上海的人民广场、南京的山西路广场都在城市的园林规划建设中起到了非常重要的作用。然而也有一些广场因其维护费用高且使用性又低造成徒有虚名，引起许多市民不满，也给社会带来了一些负面影响，对此我们不得不深思园林绿化设计的发展空间和历史责任。

要形成一个好的城市公共绿地广场，是一个造福后代难度较大的一项建设工程。只有经过科学设计、精心雕琢、努力经营并逐步完善提高。同时动员全社会各行业的共同参与营造，经过漫长时间一步一个台阶，才能逐步形成具有一定规模、设施功能健全、管理规范的广场。园林绿化做为城市广场自然空间的缔造者和创造者，其发展规模与建设质量直接影响着城市的形象。人们渴望自然，呼吁绿化的合理发展，人们只有和自然环境共存才能使城市广场更好更快地被社会所接受，推动社会的发展。为提高人们的生活质量，创造良好的休憩空间，这就是广场园林绿化义不容辞的责任。

1　广场园林绿化的设计理念

设计理念上随着现代人审美情趣的提高，旧的景观空间审美观逐渐被自然生态景观审美观所取代。广场的园林绿化设计也应把握好时代脉搏，为社会发展变化做出合理的预警和对策，着眼于整个城市，放眼大自然环境的改善，从现实和未来发展高度调整定位设计理念。2002 年北京市在对现有植被状况统计了 $294km^2$ 范围，其每年可释放氧气 295 万 t，吸收二氧化碳 424 万 t，蒸腾吸热 107 396 亿 kJ，蒸腾水 4. 39 亿 t，在滞尘、降低噪音、吸收有毒气体、净化空气各方面的作用也不可低估。从这一统计来看，城市园林绿化是一项不可低估的生态型效益资源。

构建和谐社会首先是人与自然的和谐，我们从自然节约和城市生态效益来重新审视广场，园林绿化的重要性就显得迫在眉睫，广场即为城市形象的代言先驱，其园林绿化也应成为现代城市建设的重要标志，从她创造的社会公共效益出发，也应该在城市建设中赋予城市园林绿化一定的地位，只有这样才能形成社会的共识，为城市园林绿化创造发展空间。

现代城市广场是经济、自然、社会文化共同发展的中心，而今城市的各种经济效益活动、社会公共活动都在与城市的自然园林竞争绿化空间。园林绿化中的绿地成为弥足珍贵的一种减少的自然资源。追求人与自然和谐，是人性的本能驱动，也是进行人性化园林绿化设计的一种风格，将绿地和经济功能空间进行一个合理的布局，留下适当的绿地净土去改善城市的生态环境很有必要，让人们在生活水平提高的前提下更多地了解自然，走进自然，融入自然，这才是城市园林绿化的最终目的和发展方向所趋。

2　广场园林植物的选择配置

园林的定义是在一定的地段范围利用改造天然的山水地貌，结合植物栽培、建筑小品的布置，辅以禽鸟养畜从而构成一个追求视觉美为主的赏心悦目、舒畅心情的游憩环境。园林美是人们在认识自然、改造自然过程中一种审美活动的产物，自然美则是客观存在的。如云南的西双版纳、山东的泰山、四川的峨眉山等。我们只有在认识到自然美的前提下才能去创造与自然美更加和谐的园林景观，按一定的审美情趣去改造和利用。城市广场的园林绿化应该立足长远、立足发展，追求自然美和景观美的融合，去选配植物。

园林绿化设计的各种雕塑、艺术小品的布局要科学合理，周边种植哪类树木为主体，配置哪种花草树木都要遵守它们生长规律，又要注重它们的整体效果。我们也在身边看到过马尼拉草坪将周围的小叶黄杨绿篱全部侵占造成死亡的现象，小叶女贞在草坪绿地中种植而造成甲壳虫的大暴发难以根除，樟树和酢浆草种在一块加重了红蜘蛛的虫害发生；规划种植很好的二种树不能正常生长而被另一种树所侵占，其中一种树无法生长等诸多因品种配置不合理而失败的园林设计方案。因此在树种的植物学角度去搭配合适的树种很重要。充分了解树木品种的生命力、适应性、病虫害的发生及交叉性问题，做到设计与引种有机统一，这是又一值得重视的实际问题。

中国园林始终讲究内在延续及艺术形式和深层的民俗文化相结合的人文发展和环境绿地的统一，但在现实中很多园林规划设计和园林工程都是同一单位或个人，为了能使设计方案被接受，而在植物选择种植上更多地迎合行政决策者意图或为了凑合现有苗木随意改动设计规划，不顾科学规律，受领导者的喜好和社会关系及主事者利益所左右，形成了换一茬领导改变一次规划方案，具有很大的随意性；还有些设计方案初看很有可取价值，但实施难度较大，没考虑实际情况或不了解地形土质，只求新物种新景点，选种的植物不能生长，或经济能力承受不起，设计方案多年无定论，这些都在制约着园林绿化的发展，尤其在一个城市的广场绿化中其问题表现更为突出。只有处理好这些问题，将园林绿化做为一种科学去尊重，这才能让城市的广场绿地发挥更好更长远地经济生态效益，这也是一个较为长远的发展目标。

3　广场园林文化对社会发展的积极影响

城市广场是一项综合性园林绿化工程，而且具有物质文明和精神文明于一体的建设项目，是经济、自然、社会科学文化共同发展的中心。只有融生态性文化科学艺术为一体进行园林绿化才能符合人与环境共同发展的关系，才能符合人对环境综合要求的标准和准则。广场的服务主体是社会公众，这便要求广场要突出以人为主体的服务功能，在优化环境的同时促进人的身体健康，继承弘扬我们的传统文化，陶冶人们的生活情操。提高人们的文化艺术修养水平，社会行为道德水平及综合素质水平，做到全面提高人们的生活质量。这就要求采取相应措施：适当多种些遮荫的花草树木，多些坐椅，静下心来欣赏园林。如北京的颐和园、圆明园体现了北国风光的博大和宏伟，建筑物棱角平稳而沉重，稳重且大方。讲究的是庄重宁静和谐之美；而南方的园林设计则讲求南国的借景意境，小中见大，深远含蓄，如苏州园林的精工细琢、小中求大的风格，讲究细腻的艺术美。广场只有吸引游人留住脚步，静下心来融入自然，让人们在自然中提高对园林艺术审美的品位和境界。

广场园林绿化是城市的形象魅力，引领着一个城市的园林前驱，但应根据本国国情、经济承受能力、所在区域的地理环境、气候条件等去科学合理的进行设计决策，让大家共同重视起来，才能更有利地服务于人类，服务于社会，最大限度地实现养护费用低、观赏效果高的良好社会自然效益，也才有城市广场园林绿化发展的必要。

作者简介：李秋梅（1971～），女，园艺师。主要从事园林绿化工作。0319－3265066

44　冷季型草坪草施肥要点

王艳春　赵燕翎

（北京市园林科学研究所肥料中心，北京　100102）

草坪施肥是众多草坪养护管理措施中非常重要的一个环节，是保持草坪持久质量的重要手段之一。草坪施肥（指追肥）如何做到科学合理施肥，需要从以下几个方面加以注意。

1　肥料种类的选择

草坪由于频繁的修剪会带走大量的矿质营养（包括大量元素和微量元素），因此必须以施肥的方式及时合理地补充草坪生长所需要的营养元素。因此草坪施肥尽可能施用全营养复混肥，其中以草坪生长需要量较大的氮、磷、钾为主，同时还需添加草坪生长必需的铁、锰、铜、锌等微量元素，以保证草坪对矿质元素的需求。氮、磷、钾有不同的生理作用，氮肥可使草坪增绿，叶片浓绿；磷肥可促进草坪根系的生长；钾肥可增加草的抗性，施肥时要兼顾3要素，避免重氮肥轻磷钾肥的施肥习惯，尽可能做到全面提供草坪需要的矿质营养。同时北京地区土壤碱性较强，pH值大多在8.5以上，因此会影响土壤中铁、锌等微量元素的有效性，因此草坪施肥时应考虑微量元素的适当补充。

北京市园林科学研究所研究开发的草坪专用肥，其养分全面，含有大量和微量营养元素，养分配比科学合理，能够满足草坪对养分的需求。经过3年多在公园、街道、居民区等绿地的推广使用，受到了广大客户的好评，对改善草坪营养起到了很好的效果。

除了使用以化肥为主要原料的复混肥外，还可以配合使用充分腐熟的有机肥，因为有机肥本身就含有大量、微量元素，是全营养肥料，并且还含有丰富的有机质，对改良土壤、活化土壤养分有很好的作用。

2　施肥时期

草坪施肥对施肥时期有特定的要求，如果掌握不好施肥时间，不但达不到预期的提高草坪质量的效果，反而会带来负面影响，比如高温季节施肥易引发草坪病害等。

根据草坪生长规律，在北京地区所处的气候条件下，冷季型草在一年中有2段生长适宜期。一是4月下旬至6月上旬，此阶段草坪生长最快，是一年中的第一个生长高峰；二是8月下旬至9月下旬，但生长量低于第1阶段，是草坪一年中的第二个生长高峰。两个生长高峰期中草坪对养分的需求量最大，需要在生长高峰出现之前及时补充营养，保证充足的养分供应。因此草坪最佳的施肥时期是在春季的3月下旬至5月上旬（返青期）和秋季的8月下旬至10月中下旬。春季返青前期施肥能促进顶芽提前7至10天生长，并有利于根系的生长。秋季施肥可以促进草坪草从夏季高温高湿的逆境中尽快恢复过来，以促进新分蘖枝生长发育和养分的积累，并满足秋季草坪生长需要。

北京市园林科学研究所研制的草坪春季和秋季专用肥即针对草坪两个生长高峰的营养需求而配制的。春季肥使用后增加草坪分蘖，使草坪叶色浓绿，质量均匀；秋季肥则能延长草坪绿色期15~20天，还能使草坪翌年提早返青。为了更好地发挥肥效，改善草坪营养状况，建议用户春季肥和秋季肥各分两次施用，遵循少量多次的原则，这样可以适当控制施肥后草坪的徒长，又可以延长肥效期，使草坪保持持久的质量。

关于草坪夏季是否施肥目前有截然相反的观点，笔者认为夏季草坪进入休眠阶段，生长缓慢，同时根系吸收能力减弱，可以不施肥。但如果草坪色泽发黄，确实有缺肥的症状，可以酌情少量施用，建议采取叶面喷施的方式施用尿素和磷酸二氢钾或氨基酸等肥料。

3 施肥量

草坪施肥量根据草坪营养状况（缺肥程度）和土壤供肥能力、施肥时期等条件来决定。通过植株营养诊断和组织测定可以确定草坪草的营养状况，通过土壤测试可以确定土壤的供肥能力，土壤测试可以全面了解草坪土壤肥力，从而确定肥料的养分组成、比例和施用量。判断土壤供肥能力，需要进行常规的土壤养分的分析化验，主要分析速效性的氮、磷、钾和有效态微量元素等指标，通过测土施肥来确定合理的施肥量，避免造成肥料的浪费。将植株和土壤测试结合起来则可以判断草坪草的养分供求状况，从而有的放矢地施用肥料。

在了解了土壤肥力水平的基础上，结合草坪生长特性和需肥规律，来确定肥料的养分配比。根据北京地区的土壤养分状况和草坪需肥特性，一般春季施肥应适当增加氮肥用量，氮: 磷: 钾配比可参考5: 2: 3，北京园林科学研究所研制的复混肥施用量为50~60g/m^{2}为宜。秋季施肥应适当增加磷、钾比例，复混肥施用量为50~60g/m^{2}为宜。若撒施有机肥，如腐熟并粉碎的牲畜粪便、泥炭土、腐殖土等，则用量适当增加，施用量为60~100g/m^{2}为宜。施肥后，应立即灌水，但灌水量不应过大，以免肥料渗透出根系分布层以外，造成肥料浪费。

4 施肥方法

根据草坪面积大小和现场条件，可以采取不同的施肥方式。旋转式施肥机对大面积草坪施肥效率很高，颗粒肥通过一个或多个可调节施用量的孔下落到旋转的小盘上，通过离心力把肥料施到半圆范围内。在控制好重复范围时，此法可得到令人满意的均匀度。问题在于用该类施肥机施肥，颗粒大小不匀的肥料混施时，较轻的颗粒散的远，较重的颗粒则散的近。因此，颗粒相差较大的肥料不应混合施用，以单独施用为优。但在城市绿地中草坪则由于面积较小和不便于机械操作等原因，而主要用人工撒施。但要求施肥人员特别认真和有经验，尽量做到肥料均匀施用，否则会影响草坪的观赏价值。

总之，冷季型草坪要合理施用化肥和有机肥，充足而合理养分配比的肥料不仅促进和提高草坪质量和生长能力，还能改善土壤结构，协调土壤中水、肥、气、热条件，提高土壤肥力，有利于草坪草生长发育，增强草坪草对杂草和病虫害的抵抗能力，因此要重视施肥这一环节。

作者简介：王艳春（1972~），女，1999年毕业于中国农业大学资源与环境学院，主要从事再生水在园林中的应用研究。

45　引种节水型地被植物尖叶石竹的应用

——尖叶石竹的栽种养护及管理

戴忠宪

（北京良乡绿景苗木种植中心，北京　100042）

摘要：本文详细描述了节水型地被植物——尖叶石竹的形态特征、生物学特性，叙述了该植物的种植与繁殖方法、日常养护与管理方法及其应用。

关键词：地被植物　尖叶石竹　节水　耐旱　耐寒

近年来，随着园林绿化事业的发展，传统草坪养护耗水量大、管理费用高与我国北方地区水资源严重乏匮的矛盾越显突出。这一植物生长与人类生存争水吃水的现象引起各级政府和广大科研工作者的高度重视，同时也给广大园林工作者带来极大的困惑，并在一定成度上制约了园林绿化事业的发展。

2000 年，北京良乡绿景苗木种植中心开始引种了产于俄罗斯地区的节水型地被植物——尖叶石竹。5 年来中心至力于尖叶石竹的培育和生产，积累了较为丰富的经验。目前已形成了百余亩种苗基地，多年来为构建节约型社会、绿化美化北方少水地区、节约水资源贡献着自己的力量。

1　尖叶石竹梗概

尖叶石竹（*Dianthrus spiculifolius* Schur.），石竹科石竹属，多年生草本，常绿，原产俄罗斯西南部。植株匍匐地面，高度 8 ~ 10cm，单株地面直径可达 50cm，叶针状簇生，花单生，顶生，花瓣 5，花色由深粉变白，有香味，盛花期 5 ~ 6 月份。具有绿色期长、花期持久、观赏性高、植株矮生、耐刈剪、抗性强、耐寒耐旱等特点。

图 1　尖叶石竹营养期

2　尖叶石竹外观

尖叶石竹，植株丛生横向生长，一年内单墩生长地径可达 30cm 以上；枝叶茂密株高低矮，无论植株地径多大，株高仍自然控制在 8 ~ 10cm 以内；叶茎较其他石竹细，叶长约 5cm、宽 0.2cm，长线型，端部尖；叶片光滑细腻，颜色与早熟禾类草的颜色相比显绿些。（一般石竹植株高度自然控制在 18 ~ 20cm、叶长 8 ~ 10cm、宽 0.3 ~ 0.4cm）（图 1）

栽种密闭成坪后，用手触摸手感细腻，在上行走好似草毯。整体密闭成坪，近似早熟禾类草坪。通过实践，在开阔的地段大面积栽种，绿化效果好。

3 优质尖叶石竹特点

3.1 节水、耐旱能力极强

在栽种或养护期，一般只在开春时、入冻前各浇一次水即可，年耗水量仅为 0.3t/m^2（以后也可不浇，原因主要在于其根系发达，根茎可达 30cm）。4 月至 12 月，尖叶石竹主要靠自然降雨，不会因缺水而枯黄，再干旱的地区和季节，尖叶石竹依旧常绿盎然（常规草坪一年养护用水量高达 1 ~ 1.2t/m^2，而尖叶石竹用水量仅为一般草坪用水量的 30%）。

3.2 绿期长、抗寒能力强

在 -30℃以上可成活，在 -20℃以上可保持常绿，观赏绿期长。在北方地区，绿期可达 300 天以上。

3.3 5 ~ 6 月盛花期

花朵 5 瓣多朵顶生，5 ~ 6 月盛花期（图 2）。在盛花期间，花色由深粉变粉再变白逐渐褪变颜色，花期约 30 天，花朵带有香味，花茎高 10cm，花凋谢后花茎自然枯萎。在盛花期间，石竹花连成一片，近观花、草分明，远望花朵覆盖草坪，又使石竹坪变为花的海洋，园林效果甚佳。

图 2 尖叶石竹盛花期

3.4 密闭成坪快

鉴于尖叶石竹茎节横向生长的特点，如株行距控制在 15cm 栽种，3 个月即可密闭成坪，达到同类草坪景观绿化效果。

3.5 栽种土壤条件要求不高

一般在排水良好的沙质半沙质土壤中栽种较为适宜，由于尖叶石竹具有较强的抗碱耐贫瘠的特点，适宜在我国大部分干旱、土壤贫瘠的地域种植。

3.6 极大降低养护管理成本

鉴于尖叶石竹的生长特性，一年中只需在盛花期后和入冬前各修剪一次即可，也可不修剪呈现自然状态（常规草坪每年需修剪 8 ~ 12 次），极大节约养护管理中的水费、人工费、燃油费等管理成本。

3.7 人为践踏也有利植物生长

尖叶石竹株高较低、枝叶茂密、根系发达，在人和重物的踩压下，不会破坏尖叶石竹的整体外观。枝、叶与较湿润的土壤紧密接触，更有利于尖叶石竹再生新的根系。

3.8 栽种地域广泛

尖叶石竹适合生长在我国华北、东北、西北寒冷、高寒等地区。适合栽种在大型绿地、公园、地下设施的地面绿化、屋顶、道路两侧、公路两侧、庭院绿化、河道护坡、起伏土丘、山坡绿化等。

4 尖叶石竹的种植

尖叶石竹具有耐旱节水、耐碱、耐贫瘠、耐寒、绿期长等诸多特点，在栽种时要注意如下步骤：

4.1 土壤的选择

栽种前要对种栽地的土壤进行勘察，最好选择不宜存水的沙质或半沙质土壤，如遇有沾土的地段可进行掺沙改造，这样有利于土壤排水和株根生长。

4.2 地块的处理

在地块处理上要求不高，一般只需要对 15～20cm 深的土层进行翻耕，捡出石块、瓦砾，无需过筛，将地块平整后即可栽种。如遇有低洼地段，要做好排水设施，以保证株根正常生长（地块是否平整，是石竹密闭后达到草坪平整效果的关键）。

4.3 栽种方法

（1）分株栽种法。在整墩尖叶石竹苗中分离出直径约 5～6cm 种苗，在需要栽种地点上挖出 10～12cm 深的洞穴，将种苗埋入穴中，回土后将周边土壤和种苗压实即可，回土时需确保株根周边没有空隙。种苗埋至深度以枝叶突出地面 3～4cm 为好，分株栽种法可大大降低栽种成本。

（2）整墩栽种法。带根栽种时应在栽种地点上挖出与尖叶石竹株根相同深度的洞穴，将苗的根部垂直放入洞穴中（不要使株根弯曲），回土后将周边土壤和种苗压实即可。一般以尖叶石竹种苗茎节接触地面为好，整墩栽种法可一次达到成坪效果。

（3）营养钵栽种法。营养钵栽种方法比较简单，与其他营养钵植物栽种方法一样，栽后浇一边水即可，不需要缓苗。

4.4 栽种注意事项

（1）分株栽种时应要保持各株间距均匀，做到横平竖直，这样有利于种苗均衡生长和美观。栽种间距是成坪时间长短的关键，如要 3 个月左右达到成坪效果，可分栽 36 株/m^2，间距控制在 15cm 左右；

（2）栽种 2 周后，要及时观察种苗是否成活，如尚未发现种苗枯黄，根部发有新生绿芽，说明种苗已成活；如发现个别种苗逐渐枯黄，根部尚未发现新生绿芽，说明种苗尚未成活，这时需及时浇水或进行补苗处理，以期尖叶石竹整体生长，同步成坪。

4.5 水肥管理

种苗栽种后水肥管理是种苗成活的关键：

（1）在较平坦的地段浇水，要一次浇透。数日后观察种苗生长，根据情况可再浇一遍。为节约水资源只要种苗成活，日后可不用再浇水。

（2）在土丘或不宜存水的地段浇水，要在种苗尚未成活前经常浇水，保持土壤有充足水分，待观察种苗成活后方可停止浇水。在盛夏季节由于气温较高白天水分蒸发快，最好在早晨浇水；

（3）如遇土壤较为贫瘠或想较快达到成坪效果，可在整地时、浇水前施加有机肥或化肥。

5 日常养护和管理

5.1 浇水

鉴于尖叶石竹是耐旱植物，在一个年度内只在开春和入冬封冻前各浇一遍水即可（也可不浇），其他时间靠自然降雨（如在栽种后，要想尽快达到密闭成坪效果，可根据干旱成度适当增加浇水量）。

5.2 修剪

尖叶石竹株高低矮，与其他石竹相比，它株高自然控制在8~10cm，不需要特意人为修剪。如需修剪时，与其他类草坪修剪方法相同即可，但要控制高度地8cm左右。

5.3 病虫害的防治

尖叶石竹不存在虫害，只是在夏季霉雨季节宜出现枯萎病（在单墩石竹中心顶部出现枯黄，并向周边扩散），在处理方法上可施用农用链霉素，病情在一周后得到缓解。

5.4 补苗

在日常养护时如发现个别死苗，可在就近尖叶石竹中分离出部分枝叶当种苗补种即可。

6 走出对尖叶石竹管理的误区

通过几年的实践，我们深感一些使用单位，对尖叶石竹的管理存在一定的误区：

6.1 只要求成坪时间和效果，忽视栽种质量。有的栽种株行距不均匀，有的株行距在20cm左右，有的则达到30cm。这样就造成株行距小的尖叶石竹已长大密闭，而株行距大的仍有土地裸露，达不到整体密闭成坪的绿化效果。

6.2 尖叶石竹成活后，放任其自然生长。认为即然尖叶石竹管理粗放，在一年时间内也不派员工进行管理养护，任其野草丛生，有时出现枯黄时也不打药，出现枯萎时也不进行补苗。

6.3 有的认为尖叶石竹节水耐寒，即要求石竹绿期长并达到绿化效果，但又在管理上即不浇冬水、春水，也不施肥。

6.4 栽种后，幼苗尚未生根和密闭前，放任行人任意踩踏。致使幼苗在生长期间受到外力影响，不能正常生根而死亡。

7 结束语

在走可持续发展道路的今天，节水、节能已成为绿化行业的新课题，寻求节水型植物是我们绿化人应尽的职责；而构建节约型社会、节约水资源、提高劳动效率，早已成为我们绿化人追求的目标。

尖叶石竹这一节水型耐旱、耐寒植物，在我们共同创建节约型社会的大趋势下，在广大领导、专家的大力支持和关注下，将为社会、企业带来不可估量的社会效益和经济效益；将为我们绿化景观带来崭新的亮点。

作者简介：戴忠宪（1954~），男，北京人，多年从事园林绿化养护工作，具有丰富的养护种植经验。北京良乡绿景苗木种植中心 010－63980031 13366987810 http://jinruntong.yp.sohu.net E-mail：jianyeshizhu@hotmail.com